中南大学地球科学学术文库

丙申 何继善

中南大学地球科学学术文库

中南大学地球科学与信息物理学院　组织编撰

地球物理勘探新方法新技术

NEW TECHNOLOGY AND METHOD IN GEOPHYSICAL EXPLORATION

朱德兵　著

有色金属成矿预测与地质环境监测教育部重点实验室
有色资源与地质灾害探查湖南省重点实验室　　　　联合资助

中南大学出版社
www.csupress.com.cn

·长沙·

内容简介 /

/ Introduction

本书以"通过观测数据'质'和'量'的提升来增强地球物理勘探深度和分辨能力"为指导思想，分四篇共 30 章论述了传导类电法、瞬变电磁法、弹性波勘探以及物探信号处理等新方法和新技术，介绍了相关技术方法的原理、模拟试验结果、应用实施参考和技术拓展等方面的内容。

第一篇基于大定源或线阵列观测系统，采用近目标激励或径向基阵列观测模式，利用传导类电场和激发极化场的观测数据，形成了掘进巷道隐患超前探测与预警、生产矿山井巷接替资源勘探、基坑及水利工程止水帷幕渗漏隐患探测、随钻超前探测、水底隐伏目标探测以及锚杆或桩基长度检定等多项实用技术。

第二篇介绍了与瞬变电磁法相关的五项新技术，包括基于径向线阵列观测系统的定向探测技术、瞬变电磁响应信号空间梯度测量技术、瞬变电磁响应水平分量高精度测量方法、巷道瞬变电磁法发射和接收辅助装置以及一种瞬变电磁法收发线圈用编织方法。

第三篇内容与弹性波勘探或地震勘探相关，包括地震勘探双能量双通道采集技术、地震信号分频采集方法以及与震源、传感器辅助装置相关的激励与测量装置，同时介绍了一种井巷弹性波超前探测的采集技术、一种高精度桩基检测技术、在运动中实施路基质量检测的横、纵波传感器耦合技术、一种增大动圈式检波器静磁场的方法及检波器。

第四篇介绍了一种铁路路基探地雷达检测中的轨枕干扰信号去除算法、脏污道砟介电常数标定方法、一种 BP 人工神经网络残差级联算法及评估方法、一种泛 CT 几何成像算法。

本书可供地球物理、勘查技术与工程、地质工程高年级学生选作教材或参考书；可供地球探测与信息技术或者地质工程研究生选作教材。

作者简介 /

About the Author

朱德兵 汉族，1968 年 12 月出生于湖北省仙桃市。1991 年毕业于桂林冶金地质学院物探系，获工学学士学位；1998 年毕业于中国地质大学（武汉），获地球探测与信息技术专业工学硕士学位，2002 年毕业于中南大学，获博士学位；2002 年 6 月至 2004 年 6 月在河海大学土木工程学院从事水工结构方向博士后研究工作。2004 年 6 月至今就职于中南大学应用地球物理系，历任副系主任、系主任，曾担任湖南省地球物理学会秘书长，现为中南大学地球科学与信息物理学院副教授，湖南省地球物理学会副理事长。

研究方向为复杂工况环境下矿产资源以及工程灾害地球物理勘探与预报，在新技术研究、整体方案设计、装备研制、信号分析处理及资料综合解释方面也有所涉猎。

主持国家 863 专项子课题和湖南省科技计划专项子课题各一项，主持湖南省自然科学基金 1 项，主持水利水电、交通、找矿、城市及采矿区地质灾害探查等工程技术开发或服务项目数十项；发表科研论文 30 余篇；获国家发明专利 30 余项。

参与的项目"水陆两栖工程物探新方法技术研究"于 1994 年获广西壮族自治区科技成果二等奖；"电阻率测量正演模拟和反演成像"于 1999 年获广西壮族自治区科技进步二等奖；"高速铁路过渡段路基关键技术研究与应用"于 2014 年获湖南省科技进步一等奖；"重载铁路桥梁和路基检测与加固技术"于 2015 年获湖南省科技进步一等奖及铁道部科技成果一等奖；"金属矿山复杂多灾源超前预警与防控关键技术"于 2016 年获有色金属工业科学技术二等奖。

编辑出版委员会

Editorial and Publishing Committee /中南大学地球科学学术文库

总序 /

  中南大学地球科学与信息物理学院具有辉煌的历史、优良的传统与鲜明的特色,在有色金属资源勘查领域享誉海内外。陈国达院士提出的地洼学说(陆内活化)成矿学理论,影响了半个多世纪的大地构造与成矿学研究及找矿勘探实践。何继善院士发明电磁法系统探测方法与装备,获得了巨大的找矿勘探效益。所倡导与践行的地质学与地球物理学、地质方法与物探技术、大比例尺找矿预测与高精度深部探测的密切结合,形成了品牌效应的"中南找矿模式"。

  有色金属属于国家重要的战略资源。有色金属成矿地质作用最为复杂,找矿勘查难度最大。正是有色金属资源宝贵性、成矿特殊性与找矿挑战性,铸就了中南大学地球科学发展的辉煌历史,赋予了找矿勘查工作的鲜明特色。六十多年来,中南大学地球科学研究在地质、物探、测绘、探矿工程、地质灾害和地理信息等领域,在陆内活化成矿作用与找矿勘查、地球物理探测技术与装备制造、深部成矿过程模拟与三维预测、复杂地质工程理论与新技术以及地质灾害监测等研究方向,取得了丰硕的研究成果,做出了巨大的科技贡献,产生了广泛的社会影响。当前,中南大学地球科学研究,瞄准国际发展方向和国家重大需求,立足于我国复杂地质背景下资源勘查与环境地质的理论与方法创新研究,致力于多学科联合开展有色金属资源前沿探索与应用研究,保持与提升在中南大学"地、采、选、冶、材"特色与优势学科链中的地位和作用,已发展成为基础坚实、实力雄厚、特色鲜明、国际知名、国内一流的以有色金属资源为主兼顾油气、岩土、地灾、环境领域的人才培养基地和科学研究中心。

  中南大学有色金属成矿预测与地质环境监测教育部重点实验室、有色资源与地质灾害探查湖南省重点实验室,联合资助出版"中南大学地球科学学术文库",旨在集中反映中南大学地球科学与信息物理学院近年来取得的系列研究成果。所依托的主要研究机构包括：中南大学地质调查研究院、中南大学资源勘查与环境地质研究院和中南大学长沙大地构造研究所。

本书库内容主要涵盖：继承和发展地洼学说与陆内活化成矿学理论所取得的重要研究进展，开发和应用双频激电仪、伪随机和广域电磁法系统所取得的重要研究成果，开拓和利用多元信息找矿预测与隐伏矿大比例尺定位预测所取得的重要找矿成果，探明和研发深部"第二勘查空间"成矿过程模拟与三维定量预测方法所取得的重要研究成果，预警和防治复杂地质工程与矿山地质灾害所取得的重要技术成果。本书库中提出了有色金属资源勘查理论、方法、技术和装备一体化的系统研究成果，展示了多项突破性、范例式、可推广的找矿勘查实例。本书库对于有色金属资源预测、地质矿产勘探、地质环境监测、地质灾害探查以及地质工程预防，特别对于有色金属深部资源从形成规律到分布规律理论与应用研究，具有重要的借鉴作用和参考价值。

感谢中南大学出版社为策划和出版该文库所给予的大力支持。感谢何继善先生热情指导和题词。希望广大读者对本书库专著中存在的不足和错误提出宝贵的意见，使"中南大学地球科学学术文库"更加完善。

是为序。

2016 年 10 月

前言

能够在不接触或部分接触隐蔽对象的前提下获知对象的物理性质和存在的几何状态是地球物理勘探的专业所长和优势。地球物理勘探技术应用在国民经济乃至国防建设的众多领域，在陆地、海洋、深地、深空都能够或有潜力探测各种各样的目标物，解决其定性或定量的难题，早已成为一种必不可少的生产或科研支撑手段。

相比钻探取样等直接揭露对象的技术手段，地球物理勘探（以下简称物探）具有全面、遥测、经济、快速的优点，但总体来说，大部分勘探成果的准确性和分辨能力尚不能尽如人意，提高探测结果的可靠性和分辨能力是物探科研和生产工作者努力求索的目标。

准确性和分辨能力的提高可以通过提升采集信号的"质"和"量"两种改进方式解决。即一是提高信号的测量精度，归为质的提升；二是增加测量信号的密度和类别品种，归为量的提升。前者关联测量系统的灵敏度和操作过程，后者则与观测数据的信息量相关，包括不同物理属性或参数的信息。两种方式的改进或者协同发展可以大幅提高物探成果的可靠性和分辨能力，从根本上为后期的物性、状态反演以及推断解释提供数据保障。

提高信号的测量精度，从理论上说，不论是在主动源还是天然场激励下，被探测目标都会产生激励响应，只不过响应的信号微弱，甚至远远低于干扰噪声背景，或不能为仪器仪表或作业人员所分辨，因此需要提高仪器系统的灵敏度。干扰噪声背景可能来自非探测目标响应，也可能来自作业环境的自然场信号或者是与测量系统相关的噪声信号。从物探工作者的角度来说，测量精度可以分为两个层次，第一个层次来自于信号采集记录层面，即仪器系统是否能够记录来自目标对象的最小响应，即使是低于背景噪声或在表象上掩埋在噪声之中的响应信号；第二个层次是数据分析处理和信号提取水平，看工作者能否从有干扰噪声的复合信号中提取出目标对象的响应信息。

基于信号的测量密度和类别量，是着眼于目标几何和物性参数的定解要求，这些需要定性或量化的参数需要有足够的非线性相关勘探数据信息作为前提。因此地球物理勘探在现场作业过程中需要从物理参数、时间、空间、频率等多维度获取来自目标的响应信号，以尽可能接近或满足多参数定解时对已知数据量的需要。

在电子信息等基础软硬件和地球物理勘探基础理论发展的任何阶段，方法技术的突破在提升物探信号"质"和"量"的进程中都起着关键作用，自然也推动着专业基础理论和电子技术、信息处理理论的进步。在地球物理勘探基础理论尚未能形成根本突破的某个发展时期，从生产实际出发，解决物探工程中的各种技术难题是提高物探成果可靠性和分辨能力的一个重要途径。对重、磁、电、震等常规物探方法以及放射性、温度场、流体动力场等非常规观测手段，除了提高综合作业效率之外，在技术层面上也有许多可以提升的细节或辅助装备。通过技术革新和发明创造，以生产力的提升为目标，各界同行相互配合，不懈努力，一定能够将地球物理勘探推向更广阔深远的应用领域。

全书以传导类直流电法和激发极化法、瞬变电磁法类、弹性波勘探类、地球物理勘探信号处理等四篇分列了地球物理勘探领域多项新技术或发明，内容涉及近介质体表面作业时的超前探测、定向探测和工程无损检测方法及其辅助装置，通过对物探数据信息"质"和"量"的改进来提高地球物理勘探的分辨能力和解释精度，从而提高物探解释结果的可靠性。本书可以作为地球探测与信息技术专业研究生的课程参考用书，也可作为勘查技术与工程等相关专业高年级本科生的选修课指导用书。

目录 /
Contents

第一篇

传导类直流电法和激发极化法

供电电极产生的电场，在特定介质空间有基本固定的分布规律，现场实际测量的激励响应信号为电位或电场强度，其中携带着隐伏探测目标的响应，需要从背景中提取。如表 A 和表 B 所示，理论及物理模拟试验研究表明，传导类直流电法和激发极化法的分辨能力或勘探深度有限。提高探测能力最好的改进方式是提高测量信号的精度，比如对于理想良导球体，当测量精度从传统的 5% 提高到 1% 时，以深径比 (h/D) 为标示的相对勘探深度从约 1.2 提高到约 2.4，探测能力提高了一倍，对于理想无限长圆柱导电体，探测能力则提升得更高。

表 A　理想球体相对异常精度与最大探测深度的关系[*]

异常精度/%	10	5	4	3	2	1	0.5	0.1
良导体探测深径比 (h/D)	0.857	1.210	1.342	1.527	1.821	2.424	3.184	5.800
高阻体探测深径比 (h/D)	0.577	0.857	0.962	1.110	1.342	1.821	2.424	4.500

表 B　低阻水平圆柱体异常相对探测精度与最大探测深度的关系[*]

异常精度/%	10	5	4	3	2	1	0.5	0.1
低阻探测深径比 (h/D)	1.736	2.662	3.036	3.582	4.500	6.571	9.500	21.860

提高信号测量精度有两个途径，一是提高观测系统或仪器的灵敏度，二是提

---

[*] 温佩琳. 湖南省地球物理论丛（2001）[M]. 长沙：中南大学出版社，2001.

高作业人员对采集信号的信息提取能力。后者可以通过对测量数字信号的噪声压制和基于特定地球物理场分布规律的物探数值信号处理等方式实现。

对于有源激励的电法勘探，加大激励电源功率、使激励或接收电极最大限度地接近目标体可以提升隐伏目标的响应信号强度，但不一定能提高对隐伏目标的分辨能力，因为在激励源功率以及仪器系统动态范围和精度得到保障的前提下，即使记录到了来自目标的响应，但是由于任何激励源都同时对背景介质和掩埋目标产生了激励，使得来自目标的响应叠合在了背景介质的响应信号中。

提取相对异常是判断或预警目标存在位置、性状的一种有效手段。它是在观测条件具备的情况下，测量和提取背景响应；在条件受限的情况下，创造性地测量或提取背景响应，是包括电法勘探方法在内的各种物探技术提高测量精度和异常体分辨能力的有效途径。

本篇方法包括了约 8 种新技术，涉及隧道隐患超前预报、止水帷幕隐患探测、走航式水底隐伏目标探测、深埋良导体杆件材料的长度检定以及随钻超前探测预报系统，等等。所用的参数包括相对无穷远极的电位、相邻两电极之间的电位差以及相应观测装置测量的视极化率或幅频率。

第1章　大定源建场条件下掘进工程
隐患电法超前预报方法

1.1　概述

本章介绍一种用于地下掘进工程的隐患超前预报方法，利用传导类电法勘探技术，通过在地表或钻孔埋置长极距供电电极 A、B，并平行于井巷走向建立覆盖巷道的稳定电场，在 AB 中段覆盖的地下巷道内进行电场测量，实现巷道掌子面或掘进停头前方隐患预警预报。一次建场，可以对多条邻近平行巷道进行电场覆盖和测量。由于无须巷道内供电，电极布设施工简便，既可在巷道内用便携式测量仪表进行实时探测，也可于地表设站，将电参数测量仪器通过数字测量电极安装分布于巷道中，通过坑道通讯设备将记录数据实时传回地表，构建预警网络，由地面监控，构成预警预报系统。

本章所述方法广泛适用于地下煤矿以及生产矿山、交通、水利水电、地铁建设等含巷道或隧道施工的工程领域。拓展技术可以用于生产矿山尤其是危机矿山深部接替资源勘探领域。

1.1.1　行业领域现状

巷道或隧道掌子面前方存在的安全隐患目标，包括一定规模采空区以及岩溶、断层、瓦斯聚集体，等等，与其周边围岩存在一定的电性差异，电法勘探用于隐患探测和预警预报具有一定的地球物理前提。目前国内外用于隐患预测预报的电法勘探尚停留在巷道内或钻孔内供电测量的作业方式，受作业空间限制和矿山生产活动电场干扰等因素的影响，难以获得信噪比高的数据资料，从而限制了物探预警预报成果的可靠度；国内外学者就巷道掌子面或停头附近开展的各种电法超前探测技术进行了科学研究和生产试验，已开展过的生产方法包括多种模式的点源法、常规电法、电流聚焦、高密度电法、钻孔电法，等等。

基于传导类电法，国内较早开始生产煤矿井下超前探测仪器的单位包括西安煤科院、重庆煤科院等，但通常是将地面电法仪器通过防爆处理转移到地下；非煤领域将传导类电法应用于超前探测的仪器装备和作业模式与此相似；德国 GD（geohydraulik data）公司开发研制的 Beam 测试系统，以交流电法和激发极化法为探测手段，代表了国际上先进的电法超前预报水平。该套技术仍需要在巷道掌子面布设供电电极，其解释程序需要专门的软件才能完成，专业化程度高，国内仅个别单位引进，目前并未在生产领域推广应用。

1.1.2　主要技术难点分析

在物探界，有一种共识，即物探是一种探测或检测性的工作，也是一种时间间断性的工作。例如，在超前预报中，不论哪种方法，都无一例外地在某个掘进里程探测前方 N 米，然后给出解释结论，等巷道前进一定距离后，又重新进入场地，再做 N 米的探测解释工作。类似这种时间和空间间断性的物探工作，彼此之间参照比对形成解释结果的案例相对较少，往往需要中断巷道施工作业，信号的参照比对也要靠"经验"积累。灾害预警预报对实时性有特殊要求，物探作业如果能发展成随时间相互比对、连续的工作，那么即可升级成监测型地球物理探测工作，而在巷道隐患预测预报工程中，监测工作性质更为突出。

在电法勘探中，传统的解释方式是将测量电场或电位做视电阻率转换，然后通过反演真实电阻率来实现对目标对象及所处环境的地质推断解释，这一转换哪怕有时只是线性变换，也要经过这一固定过程。如果装置不变或相对变化很小，在做横向比对时，电位或电场数据不做视电阻率转换，其相对异常的呈现应该是与视电阻率等效的。本套技术提出的勘探方法涉及的是传导电法类，对于现场测试的电位数据，并不一定做视电阻率转换，而是可以直接用电位或电位梯度的渐进分布特征表述电激励异常，通过观测电参数幅度大小和变化规律实现隐患的预警预报。

现有的传导类电阻率法或激发极化法需要在巷道内供电，探测施工不便；在煤矿等矿山生产中，考虑到防爆或安全标准因素，仪器的安全标准设计、供电电流的控制、供电电极等部件的防爆处理难度大，制约了电法勘探的使用效果和推广应用；此外，电法仪器的超前预报工作在每次测试时都需要专业技术人员把成套仪器装备带到井巷中，再把观测数据带回地面分析解释，作业周期长，施工协调也不方便。

1.2　方法原理与关键技术

1.2.1　方法原理

（1）模型分析

自然界中存在的近似等轴状地质体，如地下溶洞、采空区空腔或囊状矿体等，可近似看作球体或椭球体，该类地质隐患的探测预报方法具有一定代表性。

在均匀各向同性半空间，通过接地供电电极 A、B，可以形成在 AB 中间 1/3 段的近似均匀电流场，作为基础研究，分析在均匀电流场背景下的球状结构体异常特征，这是一种理想探测条件假设。

假设在电阻率为 ρ_1 的均匀各向同性半空间围岩中，掌子面前方的地下隐患为一球体结构构造，其内充填电阻率为 ρ_2 的介质。一般来说，当充填介质为水或富水砂土时，$\rho_2 < \rho_1$，为低阻异常体；当充填介质为空气时，$\rho_2 > \rho_1$，为高阻异常体。另设 j_0 为均匀电流场的电流密度，其方向与隧道前进方向（设为正方向 x）相同；异常体球心在隧道轴线上的投影点为坐标原点 O，假设球心电位为零电位，如图 1.1 所示。应用镜像法，可以计算图 1.1 中沿隧道从球体左侧接近球体时，球外任意一点 P 的电位为：

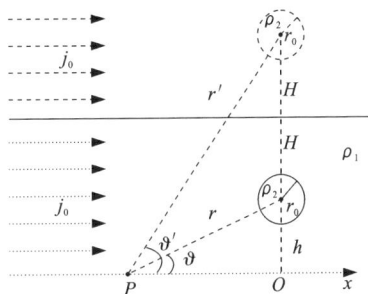

图 1.1 地下均匀半空间中球体电场异常计算示意图

$$U = j_0\rho_1 r\cos\theta + \frac{\rho_2 - \rho_1}{2\rho_2 + \rho_1}\left(\frac{r_0}{r}\right)^3 j_0\rho_1 r\cos\theta + \frac{\rho_2 - \rho_1}{2\rho_2 + \rho_1}\left(\frac{r_0}{r'}\right)^3 j_0\rho_1 r'\cos\theta' \qquad (1.1)$$

式中，x 为 P 点在 x 轴上的坐标；h 为球心到隧道轴线的距离；r_0 为球体隐患的半径；r 为观测点与球体中心的距离；r' 为球体在均匀半空间外的镜像球中心与 P 点距离；H 为球体中心的埋深。式（1.1）中右边第一项为均匀电流场的正常电位，第二项为球体存在时的异常电位，第三项为半空间地面影响条件下存在的附加异常电位。在正常电位背景下异常电位的百分变化量为：

$$P_U = \left[\frac{\rho_2 - \rho_1}{2\rho_2 + \rho_1}\left(\frac{r_0}{r}\right)^3 + \frac{\rho_2 - \rho_1}{2\rho_2 + \rho_1}\left(\frac{r_0}{r'}\right)^3\left(\frac{r'\cos\theta'}{r\cos\theta}\right)\right] \times 100\% \qquad (1.2)$$

特别地，当球体中心位于隧道轴线上，且 $r_0 \ll H$ 时，假设观测方向经过球体中心，即 $h = 0$ 时，式（1.1）中 U 的表达式近似为：

$$U = \left[1 + \frac{\rho_2 - \rho_1}{2\rho_2 + \rho_1}\left(\frac{r_0}{|x|}\right)^3\right] j_0\rho_1 |x| \qquad (1.3)$$

如果取电场强度为观测信号，其表达式为：

$$E = \left[1 + 2\frac{\rho_2 - \rho_1}{2\rho_2 + \rho_1}\left(\frac{r_0}{|x|}\right)^3\right] j_0\rho_1 \qquad (1.4)$$

类似表达式（1.2），可导出电场强度异常百分比：

$$P_E = \left[2\frac{\rho_2 - \rho_1}{2\rho_2 + \rho_1}\left(\frac{r_0}{|x|}\right)^3\right] \times 100\% \qquad (1.5)$$

考虑到电阻率与电场强度的关系：

$$E = \rho \cdot j \tag{1.6}$$

以及视电阻率ρ_s的微分公式：

$$\rho_s = \frac{j_1}{j_0} \cdot \rho_1 \tag{1.7}$$

由式(1.7)可以得出视电阻率以围岩电阻率为参照的相对变化率，其与电场强度的异常百分比(式1.5)结论是一致的。类比地面勘探模式下测量地下球体隐患时的分析模型，电位或电场强度相对异常特征相似。

(2)算例及理想分辨能力

对于储水隐患，如球体隐患半径r_0取5 m，内充填水体电阻率为50 Ω·m，围岩电阻率为2000 Ω·m，电流密度取0.1 mA/m²，观测点与球体中心距离r取6~100 m，计算得到掌子面前方低阻球体异常理论模拟电位及电场强度曲线如图1.2所示。图中横坐标x为观测点与球体隐患中心的距离。图1.2中虚线为无球体异常存在时的电位和电场曲线，实线为有球体异常存在时的电位、电场分布曲线。

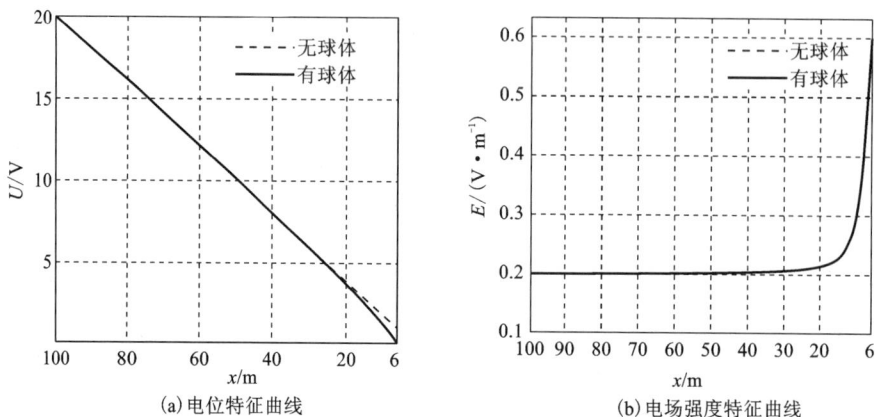

(a)电位特征曲线　　　　(b)电场强度特征曲线

图1.2　掌子面前方低阻球体异常理论模拟曲线

从图1.2可以看出，对于低阻模型隐患，在观测点迫近隐患时，电位下降幅度不甚明显，电场强度的幅度急剧增大。

在图1.2中，当$x = 15$ m或观测点距离球体表面10 m，即相当于球体直径时，电位异常百分比约为3.45%，电场的异常百分比约为6.9%。其他距离点处的观测异常见表1.1。

表 1.1 观测点距离与低阻球体隐患电位及电场相对变化幅度对比

r/m	观测点与球心距离和球体直径之比 $r/(2r_0)$	电位异常百分比 /%	电场异常百分比 /%
10	1	11.6	23.2
20	2	1.5	2.9
30	3	0.4	0.8
40	4	0.2	0.4
50	5	0.1	0.2

结合图 1.2 和表 1.1 中数据可以看出,对于低阻球体模拟隐患,当观测点从 $x=100$ m 前移至 $x=6$ m 时,仅在观测点迫近球体时,电位和电场异常才有较大的相对变化,能够清晰区分隐患的存在,而随着球体隐患的迫近,相对异常也快速增大。理论上,电场相对异常幅度是电位相对异常幅度的两倍,若以 10% 以上的电场相对异常为分辨能力极限,则有效探测距离 $x>13$ m。

对于视电阻率的计算结果,由于迫近球体的观测点与供电点之间的距离很大,分析结论与电场异常分析结果是一致的。

对于高阻隐患,球体内无充填,球体隐患半径取 5 m,空腔球体电阻率为无穷大(∞),围岩电阻率为 2000 $\Omega \cdot$ m,电流密度依然取 0.1 mA/m^2,r 取 6~100 m,计算得到掌子面前方高阻球体异常理论模拟电位及电场强度曲线如图 1.3 所示,横坐标为观测点与球体隐患中心的距离。

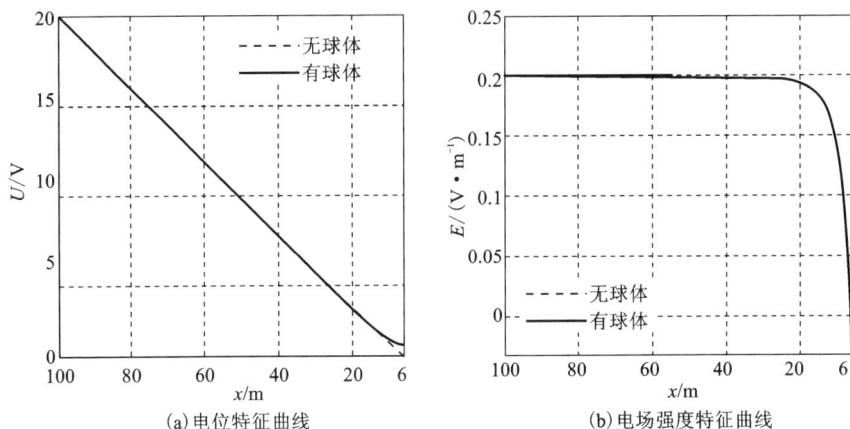

(a) 电位特征曲线   (b) 电场强度特征曲线

图 1.3 掌子面前方高阻球体异常理论模拟电位及水平电场强度曲线

从图 1.3 可以看出，对于高阻模型隐患，在观测点迫近隐患时，电位增大幅度也不甚明显，与低阻目标存在时的状况也类似，电场强度的幅度则急剧减小。几种不同距离点处的观测异常见表 1.2。

表 1.2　观测点距离与高阻球体隐患电位及电场相对变化幅度对比

r/m	观测点与球心距离和球体直径之比 $r/(2r_0)$	电位异常百分比 /%	电场异常百分比 /%
10	1	6.25	12.50
20	2	0.80	1.60
30	3	0.25	0.50
40	4	0.10	0.20
50	5	0.05	0.10

从表 1.1 和表 1.2 的对比结果可以看出，在均匀电流场背景下，电场测量异常对低阻球体的反应要敏于高阻球体；对于高阻球体，若有效异常为 10%，有效探测距离 $x<10$ m。

对于任意半径的球体隐患模型，如果以 10% 为有效的相对异常，当隐患位于隧道轴向上时，根据式(1.2)和式(1.5)可以分别计算出电位和电场强度测量时的理想分辨率(见表 1.3)。

表 1.3　轴向前方球状隐患超前预报理想分辨能力

测量参数	以 10% 为有效异常，计算理想极限分别能力 (r/r_0)	
	理想低阻体 $(\rho_1 \gg \rho_2)$	理想高阻体 $(\rho_1 \ll \rho_2)$
电位 U	2.150	1.710
水平电场强度 E	2.714	2.150

如果隐患为低阻或高阻的圆柱状异常体，则对于垂直于巷道走向的同样半径的异常体，类比地面电法勘探理论分析结果，异常分辨能力应该更高；对于断层构造等近似低阻板状体异常隐患，隐患的相对电阻率越低，异常幅度越大，当电阻率大小相对固定时，板状体的厚度是影响隐患预测预报距离的主要因素。

对于以激发极化法为电法勘探原理的测量方式，其理论表述可以参考相关资料，有关的理论计算取决于激发极化率相对参数的设定。

（3）测量参数与方法

基于地表大定源地下巷道电法超前探测与预报方法，其观测的电性参数有两种，即电场和激发极化率。其中，电场测量时观测数据可以是电位或电位梯度。

为了在待测掘进巷道区段上获得近似均匀覆盖电场，可以选择地表供电和钻孔供电两种模式。钻孔供电模式下可以采用点源和线源供电方式，考虑到供电电流的空间分布规律，线源模式供电更符合建场目标要求。测量系统可以进行电位测量和电位梯度测量，前者测量电极 M 和 B 之间的电位差或极化率；后者测量巷道内两个测量电极 M、N 之间的电位差。相应的极化率测量方式类似。其作业方式见图 1.4。

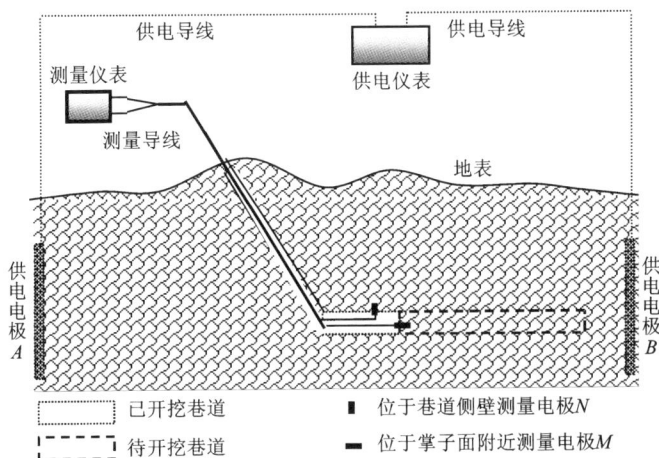

图1.4　以电位为测量参数时超前预报系统工作布置示意图

野外数据采集时，根据设计隧道或巷道的进出口位置以及掘进方向，在地表巷道走向上，于待测巷道区段外延长线上布置供电电极 A 和 B，AB 极距大于预测段距离的 2 倍，供电电极 A 和 B 通过导线分别连接至电法仪器的正极和负极。

作为电位测量，在隧道掌子面埋置测量电极 M 作为测量电极正极，该点同时也是电位测量的记录点。测量电位梯度 ΔU_{MB} 或极化率 F_s 并绘制 $\Delta U_{MB}(x)$-x 曲线或 $F_s(x)$-x 曲线。

采用电场或电位梯度测量方式，测量电极 M 和 N 可以置于巷道内一侧，其中 M 极可位于掌子面，在后续测量中保持测量电极 MN 的极距不变。测量电场的记录点位于 MN 中点，测量数据 ΔU_{MN} 或极化率 F_s 并绘制 $U_{MN}(x)$-x 曲线或 $F_s(x)$-x 曲线。

当地下巷道距离较长时，根据需要可以对待测巷道进行分段观测预报，供电电极 A、B 的距离可以灵活确定；对于深埋巷道，可以通过钻孔埋设供电电极，以保证待测巷道区段有足够大的电流密度。

1.2.2 关键技术

本方法解决了以下几项关键技术:

(1)地表直接或钻井定点供电,避免了在巷道内布极供电的复杂作业程序,为提高供电系统发射功率提供了条件;避免了安全隐患,提高了装备的防爆安全等级,特别适合煤矿等需要仪器装备满足安全标准规范的行业领域。

(2)巷道内测量现场只需布置测量电极和电场测量仪表,可以由非专业人员操作。

(3)利用坑道通讯网络或其他通讯平台在地表建立监控站(巷道内只布设测量电极),专业技术人员和测量仪器仪表可以在地面上通过网络装置来实时跟踪数据,完成数据处理、图像显示和预警预报。

(4)一次建场可以覆盖多条掘进巷道,结合地面监控站,可以形成综合监控系统。

(5)测量数据为电场或极化率变化特征,无须复杂计算程序,即能实现可视化预警。

(6)将地球物理勘探升级为地球物理监测,建立分级预警模型,根据电场和激发极化率的渐变特征来实现隐患的预警预报。

本方法作为一种制造超前预报成套设备的基础方法,可用于研制专业化探测设备;在生产矿山的巷道物探中,可探测巷道周围或掌子面前方的隐伏矿体,为危机矿山接替资源勘探开发做出贡献。

1.3 实验及试验

1.3.1 物理模拟或数字模拟试验

在长、宽、深分别为 5 m、4 m 和 2 m 的水槽中进行物理模拟试验。水槽模拟试验装置结构如图 1.5 所示,图中同时示意了良导目标球在巷道前方、侧面和底部时的位置。

模拟对象为直径为 30 cm 的铝合金球体模型,每次测量前经过全表面打磨。模拟隧道为直径为 5 cm 的塑料棒,长度为 110 cm,在隧道外周上下左右对称的四个方向分别布置测量电极 M、N,供电电极 A、B 距离为 3 m。隧道位于 AB 中间近 1/3 处,MN 极距为 3 cm,M 距隧道掌子面 1 cm。模拟隧道轴线距水面 80 cm,水的极化率为 0。使用中南大学生产的 SQ – 2B 型双频道数字激电仪分别测量 MN 之间的电位差和极化率,以 MN 中点为记录点。

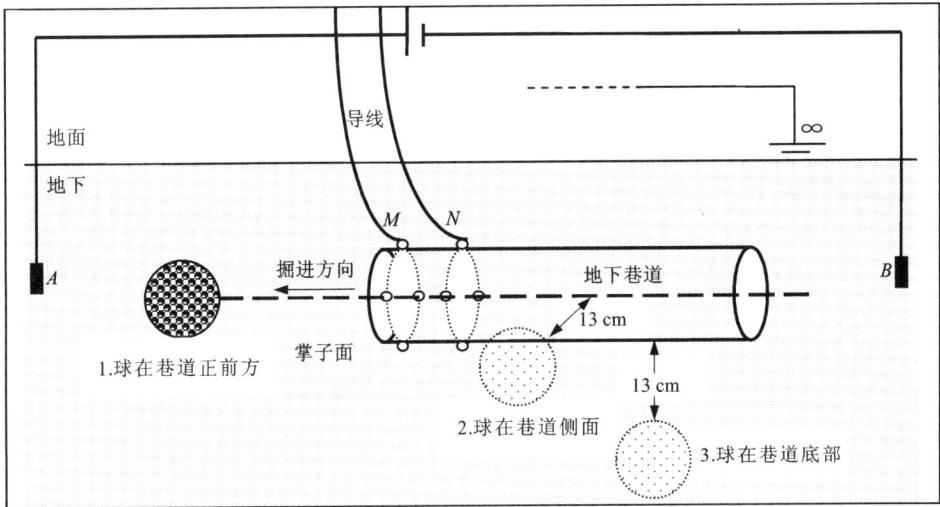

图1.5 水槽模拟试验装置结构示意图

1.3.2 试验数据及成果分析

（1）球体在隧道前方

球体在隧道前方时，电位相对异常 P_U 和极化率异常曲线 F_s 如图 1.6 所示。图中横坐标为测量电极 M 到球体表面的距离（电位相对异常 P_U 为实测电位与无模拟球时的正常电位之差除以正常电位，参考电极为 B 极）。

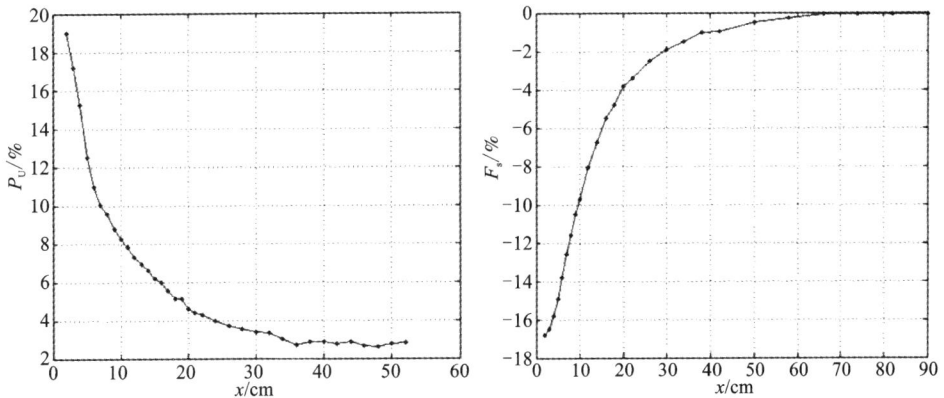

图1.6 球体在隧道前方时电位相对异常和极化率异常曲线

由图 1.6 可知，随着观测点迫近球体电位，相对异常逐渐增大，最大可达 18%，若以 10% 以上的相对异常为分辨能力极限，有效探测距离为 13 cm，深径比接近 1，与理论值基本相符。极化率异常为负异常，随着观测点迫近球体，极化率逐渐减小，最小可达 -16。根据此特征，即电位相对异常随着观测距离的减小而递增，极化率递减，我们可以确定隐患位于隧道前方的位置和大小。

（2）球体在隧道下方

球体在隧道下方，与模拟隧道表面距离为 13 cm，电位相对异常 P_U 和极化率异常曲线 F_s 如图 1.7 所示。取球心在隧道上的投影位置为坐标原点 O。

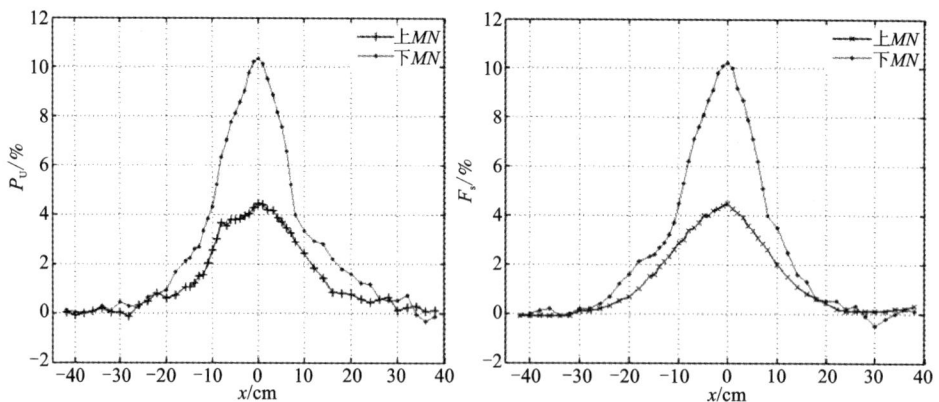

图 1.7　球体在模拟巷道下方时电位相对异常和极化率异常曲线

由图 1.7 可以看出，在观测点经过坐标原点时电位相对异常和极化率均出现极值，靠近球体一侧的电位相对异常远大于远离球体一侧（靠近球体一侧最大可达 10.4%），极化率表现为正异常，且靠近球体一侧的变化幅度大于远离球体的幅度，形成较大梯度异常。

（3）球体在侧面

球体在巷道侧面，与球体表面距离为 13 cm 时的两种异常曲线如图 1.8 所示。取球心在隧道上的投影位置为坐标原点 O。

由图 1.8 可以看出，在观测点经过坐标原点时电位相对异常和极化率均出现极值，靠近球体一侧的电位相对异常远大于远离球体一侧（靠近球体一侧最大可达 10.4%），而采用四个同环电极并联测量方式的相对异常略大于远离球体一侧的结果。极化率表现为正异常，且靠近球体一侧的变化幅度远大于远离球体的幅度。

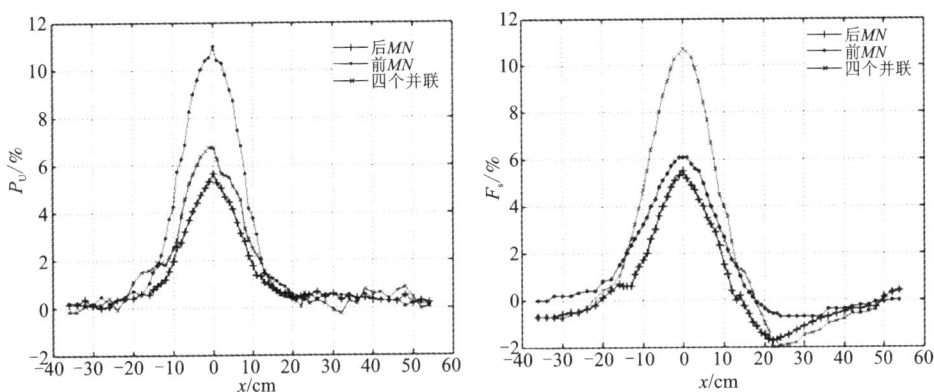

图1.8　球体在前方时电位相对异常和极化率异常曲线

1.4　应用实施

1.4.1　基本使用方法

在工程生产中，供电电极 AB 平行于探测预警巷道走向布置，供电导线位于地面或架空，可以同时对多个相邻巷道进行立体监控。

除恒流或恒电磁场保障外，还需要地 – 井同步，在生产仪器选择上，可以选用类似双频激电仪采集模式的仪器设备。在此基础上可研发更为系统、利用坑通讯技术进行数据传输或预警的成套装备，隧道中可以随巷道掘进布置跟进测量电极系。

通过增大供电电流可以提高采集信号的信噪比，供电电极布设时尽可能减小接地电阻；由于供电导线穿越的距离较长，生产电流可达到安培级别，应避免漏电，沿线有必要进行安全警示，保证人、畜安全。

1.4.2　生产试验中可能存在的技术问题

生产试验中可能存在的技术问题包括：巷道内测量点位的坐标控制精度、测量用不极化电极的选择、电极布极施工、干扰信号的排除等；新装备系统开发还涉及地面监控网建设、测量数据的通讯和预警信息发布、异常的预警分级处理乃至隐患推断。

采用网络探测与监测模式，通过坑通讯传输时需要相关电场测量参数，采用数字化电极是一种较好的选择。

1.4.3　特别提示

大定源建场激励下，在巷道中实施激发极化测量时，极化率测量参数 F_s 为负值，其绝对幅度大小与电极和目标的距离有密切关联，绝对值越大，离目标越近，或者目标体规模越大。

不失一般性，我们将激发极化现象用电容充放电过程来做定性描述。如图1.9所示，一次激励源设为有方向电源 V_1，R_2 用来模拟均匀大地电阻，电容 C 用来模拟均匀大地中具有激电效应的断层构造，在一次场激励下，R_1 用来模拟测量电路的负载，V_1 供电的一次场和激发极化产生的极化效应二次场都可用 V_2 来表征测量。

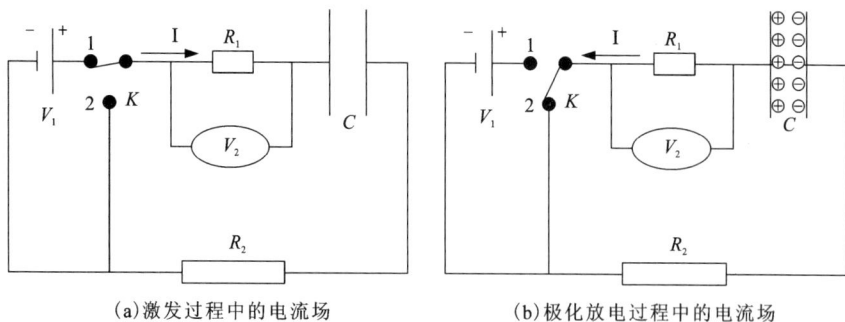

(a)激发过程中的电流场　　　　　　(b)极化放电过程中的电流场

图1.9　断层结构大定源电场激励下激发极化响应电位演示图

电源开关 K 合向供电电源 V_1 的一侧 $K-1$，在一次场 V_1 的作用下，R_1 上的电流 I 方向为从左向右，电容 C 被充电，充电电荷分布如图1.9(a)所示；断开电源，将开关 K 合向 $K-2$，此时电容 C 放电，流经 R_1 上的电流方向与图1.9(a)相比发生了反向，如图1.9(b)中箭头所指。

通过上述模型解析，我们可以解释采用大定源超前预报模式进行激发极化率测量时极化率的测量结果是负值的原因，这一特有的标志性现象在隐患解释分析中特别且重要。在这种超前探测模式下，负极化率是一种特定现象，可用来做隐患预警预报的指标参数，隐含目标方向指征。

从长极距激励源几何装置来看，激发极化效应的生成与激发电流 I 相关，在水槽中进行多次对比试验表明，供电电源与其在地表（水面）或井中（水下一定深度）的位置关系不大；从观测手段来看，测量电极在巷道中迫近被激发体表面，则观测装置处于最有利位置，理所当然会获得高信噪比和高分辨率的数据。

1.5　技术拓展

成套技术可以用于煤矿水患超前预警预报领域，还可用于各种生产矿山、公路铁路和水利水电隧道隐患超前预报。

同时，包括顶、底板和侧帮布极电场观测方法，这种大定源建场模式下的探测技术可以用于巷道周边隐伏目标探测，通过三分量立体探测，能够为生产矿山，尤其是危机金属矿山接替资源探测提供技术保障。由于探测系统具有更好的干扰压制能力，信号测量电极相比地面大大接近可能存在的隐伏矿体，能够更好地提高物探推断成果的可靠性。

条件具备的仪器生产单位，可以结合坑通讯技术研制仪器装备，建立覆盖生产区域的监控体系，在地面形成宏观预警预报网络中心。

地面、井中和巷道观测数据是一种综合立体观测数据，包括除传导类电场和极化率之外的其他观测参数。基于立体观测数据的正反演理论有待发展，为电参数定量反演和解释提供支撑。

第 2 章 止水帷幕渗漏通道隐患的传导类电法探测方法

2.1 概述

本方法通过电流场近似拟合水流场的原理，在止水帷幕中央供电，同时在帷幕旁侧钻孔中进行电场或电位梯度测量，实现深基坑开挖前止水帷幕渗漏隐患探测。

本方法适用于城市建筑用深基坑、地铁施工等在建地下工程止水帷幕，在基坑未开挖前进行周边止水帷幕渗漏隐患探测，提前指导渗漏隐患处理，避免开挖施工时出现漏水险情，保证地面建筑和地下建设工程安全。

2.1.1 行业领域现状

土地资源不可再生，价格越来越昂贵，充分利用地下空间已成为城市建筑开发的一种趋势，深基坑开挖和支护在高层建筑和地铁等工程上广泛使用。由于施工工艺、周边环境、工程地质、水文地质等条件所限，止水帷幕往往不能做到完全的搭接咬合，尤其是砂类土地区，基坑"十坑九漏"的现状很难得到根本改观。如果能够在止水帷幕形成后、基坑未开挖前，检测止水帷幕质量，探测止水帷幕上的渗漏隐患，就可以避免开挖施工时出现漏水险情，保证工程建设安全。在基坑未开挖前国内外公认较好的检测方法是对帷幕内基坑进行抽水试验，来确定渗漏隐患位置，但这种方法施工检测程序复杂，需要通过水文观测孔进行测量，较少为施工工地使用。由于止水帷幕施工场地水文地质条件复杂，止水帷幕深埋于地下，帷幕内侧有支护桩或者钢结构工字型桩等建筑设施。在地球物理探测领域，考虑到深基坑帷幕隐患分辨率的特殊要求，基坑未开挖前的止水帷幕渗漏隐患检测为国际公认难题，国内外还没有有效技术来实现准确探测。

埋置于地下的止水帷幕形成后，假设电阻率相对高的帷幕介质将电阻率相对较低的土层介质或水体隔离开来，质量合格的帷幕渗透系数小、强度大，存在渗漏隐患的局部帷幕介质，渗透系数大、强度低。由于富含电解质的地下水的存在，使得渗透系数大的非咬合区介质电阻率较低，往往接近于土层介质的电阻率，富水时更低，而低电阻率介质在均匀电场作用下存在集流效应；同时由于富水通道的存在，在一次电场激励下，周围介质中会产生激发极化现象，存在极化率参数异常。

目前国内外尚没有直接针对止水帷幕渗漏进行开挖前探测的专门仪器装备，业界通常用地质雷达、常规电阻率法、弹性波法等进行隐患探测，由于现场地球物理勘探背景复杂，探测效果不理想，相关技术也没有在行业领域内推广应用。

2.1.2　主要技术难题分析

止水帷幕检测的技术难题从专业上说，隐患目标小，深/径（目标中心埋深和目标直径）比大，即使帷幕未咬合部位是理想低阻体，地面电法勘探模式也极难分辨；从探测工作开展的综合环境来说，拟建场地绝大多数位于城区，桩基密布，地表施工或旧建筑残余介质影响了覆盖层的电阻率分布的均匀性，导致激励电场分布干扰大；其次是场地工业游散电流、电磁场影响大；另外，由于场地地面作业空间有限，观测装置不方便几何展开。

新技术的基本原理是采用一定的方法向地下供电，由电流场来拟合渗流场或水流场，通过测量电场的异常分布特征来反映地下水流场的渗流异常特征，从而间接发现止水帷幕渗漏隐患存在的位置。

2.2　方法原理与关键技术

2.2.1　方法原理

基于渗漏隐患处介质相对止水帷幕介质为低电阻率和高极化率的假设开展方法原理的分析。

（1）正常止水帷幕背景场

为了便于分析止水帷幕渗漏产生的异常场，首先要分析正常止水帷幕背景场的特点和规律。邹声杰在博士论文《堤坝管涌渗漏流场拟合法理论及应用研究》（中南大学，2009）中，论述了水流场与电流场的相似性，该套技术由邹声杰博士通过稳恒电流场有限单元法进行了数值模拟分析。

正常止水帷幕计算模型参数如下：假设止水帷幕模型由帷幕介质、帷幕外侧介质和内侧介质组成，帷幕厚 1 m，帷幕长×宽×高＝60 m×40 m×25 m，止水帷幕介质电阻率为 500 Ω·m，内外两侧介质电阻率均为 100 Ω·m。图 2.1 为止水帷幕模型示意图。

为了便于分析，定义模型 X、Y、Z 坐标轴和坐标原点（见图 2.1），其中 X 坐标轴为基坑长轴方向，Y 坐标轴为基坑短轴方向，Z 坐标轴为铅锤线方向。

由于实际模型较大,基坑帷幕内、外部介质采用映射网格,帷幕部分采用智能网格划分(网格示意图见图 2.1)。

在基坑正中心地表供电,采用单点源供电,具体坐标为(30,20,0)(单位:m),电流强度为 1 A,不考虑无穷远极的影响。

试验分析表明,在基坑帷幕没有渗漏隐患存在时,其电场的分布呈现平缓过渡,不会存在电位或电场的突变异常现象,从地表到止水帷幕底部,电场基本呈平缓梯度降低的趋势,如图 2.3 所示。

(2)渗漏隐患存在时的止水帷幕异常场

被用来作数值模拟的渗漏隐患异常如图 2.2 所示,图中渗漏隐患由 1 m × 1 m 的一个渗漏通道组成,通道贯穿止水帷幕,形成与帷幕两侧砂土饱水介质电阻率一样的隐患。该隐患在基坑开挖时,如果水头压力达到一定高度,就可能会形成渗漏通道。渗漏通道的标志物性参数是其电阻率为 100 Ω·m,而止水帷幕介质的电阻率维持 500 Ω·m 不变。电场数值模拟结果如图 2.4 所示,可见渗漏隐患处,电场分布发生了明显扰动,但仅限于隐患附近区域,扰动范围有限。

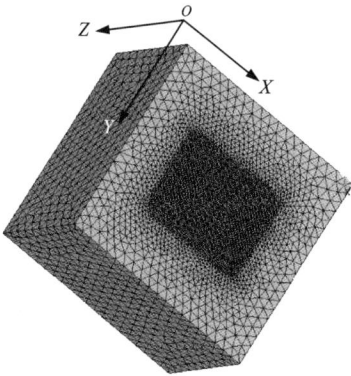

图 2.1 止水帷幕有限单元法模拟
网格剖分立体图

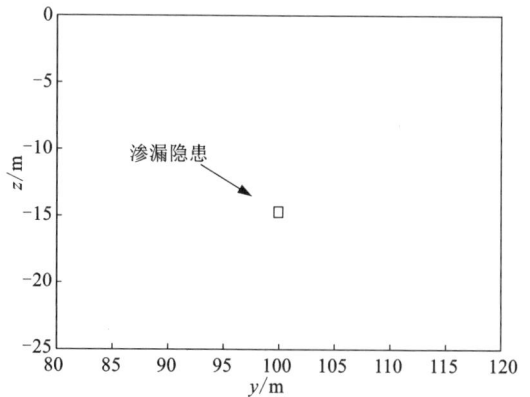

图 2.2 止水帷幕一侧模拟渗漏隐患示意图

有限单元网格剖分中充分考虑了渗漏隐患的几何尺度,以较小的网格使计算结果的可靠性得到保障。对比渗漏隐患存在前后的电场模拟结果,如图 2.3 和图 2.4 所示,在渗漏隐患存在的部位,电场存在较为明显的畸变,具体来说是电位的分布呈现了异常,该异常使得电位梯度在渗漏点周围出现正负变化。而正负变化的电位梯度中心对应于渗漏隐患存在的位置。

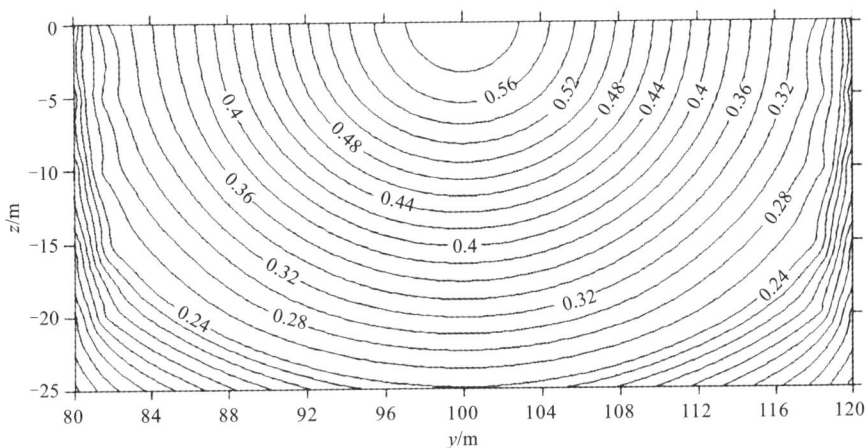

图 2.3　止水帷幕正常场背景下电位分布图

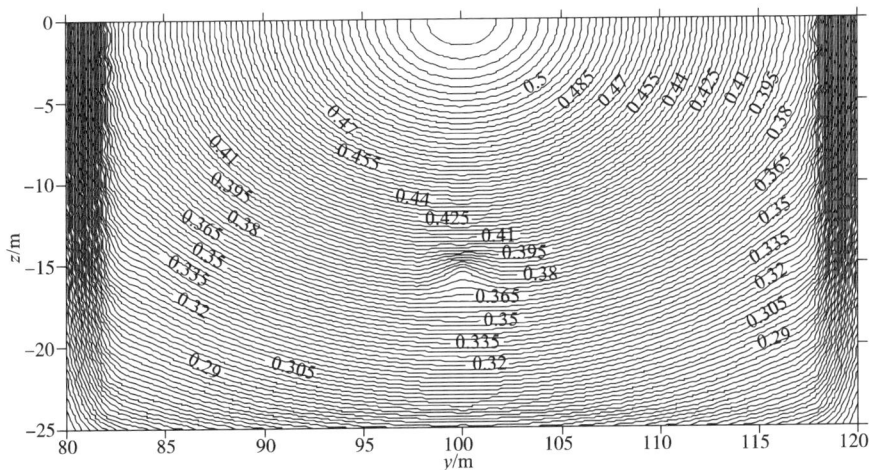

图 2.4　一面帷幕存在渗漏隐患异常时电场电位分布图

(3) 算例分析

通过数值模拟分析可以看出, 具有高电阻率特征的止水帷幕, 当存在相对较低电阻率的渗漏隐患时, 在隐患存在部位电流汇集, 呈现电场异常。

由于隐患规模不大, 尽管渗漏隐患处介质电阻率与帷幕介质电阻率差异明显, 但电场异常幅度小, 影响范围有限, 在地面上进行观测很难发现异常。

2.2.2　关键技术

本方法及可能研发的相关装备，解决了几项关键技术：

（1）采用点源近似对称供电模式，用电流场近似模拟渗流场，达到间接探测止水帷幕隐患的目的。前提条件是相对于土层介质，止水帷幕具有较高的电阻率。

（2）结合钻孔使测量电极更靠近探测目标，获取可靠的电场异常参数，提高探测结果的可靠性。

（3）采用电位差或电位梯度测量方式探测异常目标，根据目标大小灵活确定电极距。

2.3　实验及试验

物理模拟和数值模拟试验可用于验证方法的可行性，在一定程度上研究生产实践的工艺，同时为隐患定性和半定量解释提供参考。

水槽物理模拟实验使用重庆奔腾高密度电法仪器和中南大学 SQ－2B 型双频激电仪，在长、宽、深分别为 5 m、4 m 和 2 m 的水槽中进行模拟。

用上下开口高 85 cm 的塑料桶模拟止水帷幕；在 50 cm 深处开尺寸为 2 cm ×2 cm 的小口模拟渗漏隐患点；塑料桶口贴水面竖直吊垂。

供电电极 A 位于止水帷幕中心，为水面点源供电，另一电极置于水槽外作为无穷远电极 B。测量电极 M、N 为铜电极材料，二者距离为 4 cm。测试数据如图 2.5 所示。

从试验数据可以看出，止水帷幕有渗漏隐患时，电位差分布异常明显，呈现"上正下负"，由此判断的渗漏点空间位置精度高。围绕异常分辨能力完成了大量对比试验，试验结果表明，以面积

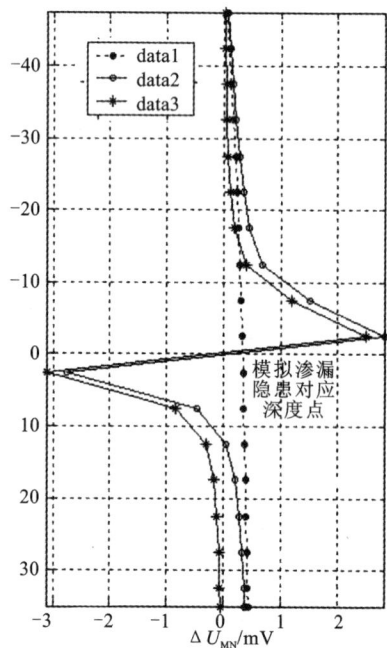

图 2.5　水槽模拟试验实测电位差异常图

[data1：无漏点存在时【$V_1(x)/I$】$-x$ 结果；

data2：有漏点存在时【$V_1(x)/I$】$-x$ 结果；

data3：有漏点存在时的【$V_1(x)/I$】减去

无漏点存在时的【$V_1(x)/I$】后计算结果]

为 2 cm × 2 cm 的隐患点为例，当测量电极排列距离隐患点侧向 8 cm、开孔走向 10 cm 左右时，已很难分辨异常的存在。

2.4　应用实施

在工程生产中，供电电极尽量置于场地中央，"无穷远"极的选择相对自由，尽量远离金属管线，并注意线路供电安全；供电电极 A、B 保证有一定的电极深度并接地良好，有条件时最好置于潜水面以下，以保障良好的供电条件。

提高供电电流大小可以增大观测信号的信噪比，提高测量精度，在城市环境中尤其重要。现场探测工作布置如图 2.6 所示。

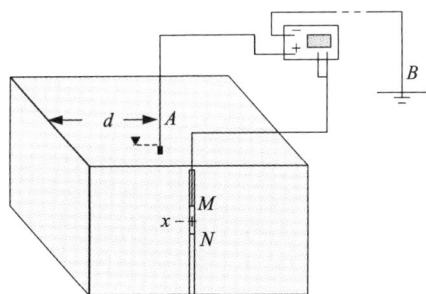

图 2.6　现场止水帷幕渗漏隐患探测工作布置示意图

工地现场一般存在较大的工业游散电流，采用直流电法测量较为理想，若选用激发极化法测量，则测量仪器选择频率域为宜，时间域激电法测量受环境影响更大，对电极的不极化特性要求更高。测量电极尽可能采用不极化电极。

观测钻孔布置在帷幕外侧为宜，内侧紧邻支护桩基，观测钻孔施工难度大，同时电场测量时干扰大，可能影响异常推断结果的可靠性。

生产施工中根据止水帷幕施工记录，并结合水文地质、工程地质资料选择测试帷幕区间，选择勘探靶区，以节省探测施工成本，或采用百分比区段抽检方式进行检测。

2.5　技术拓展

成套技术适用于城市建筑深基坑止水帷幕、地铁施工止水帷幕等在建地下工程，在基坑未开挖前进行周边止水帷幕渗漏隐患探测。

供电电流的选择比较重要，如果采用交流电，相应的频率选择非常重要，最好能够避免包括工业游散电流在内的自然电场的干扰，同时能够避免供电电流产生的电磁感应干扰。

可以根据电场和极化率两种参数进行异常测量和综合解释。

本方法需要在止水帷幕旁的钻孔才能完成测量，测量结果准确，但若要大面积开展检测，施工成本增高。可以研发排列好电极的测量电极棒或电极系，将测量电极棒打或压入止水帷幕旁侧进行测量。

无穷远极布设不便展开时，可以减小 A、B 电极极距，对隐患探测结果产生的影响小；一般来说，供电电极 A、B 横跨拟探测止水帷幕为宜。

止水帷幕的隐患检测方法可以应用于水利工程防渗墙、矿山帷幕、尾矿库坝体的渗漏隐患检测工程，以精细探测为目的，指导帷幕隐患的二次补浆或修复。

第3章　钻孔注浆帷幕质量检测方法

3.1　概述

本方法借鉴中间梯度法剖面测量模式，在拟探测帷幕走向上建立近似均匀电流场，通过电场测量或视电阻率、视极化率转换原理，利用注浆钻孔实施止水帷幕质量检测，为二次注浆作业设计和施工提供参考依据。

本方法适用于水利工程、地下建筑工程、矿业工程等帷幕建造领域，一方面可以为帷幕工程竣工验收提供依据，另一方面也为二次补浆设计施工提供科学参考。在地球物理勘探背景上，帷幕和岩体都是高阻、低极化率介质体，帷幕中的渗漏隐患通常为含水断层构造或裂隙结构、岩溶通道等低阻介质。

3.1.1　行业领域现状

大型水利水电工程或矿山、环保辅助工程需要在存在不良水渗透结构或构造的地下围岩中建设连续止水屏障，采用钻孔注浆的方式形成地下连续封堵帷幕。如果设计建设的封堵帷幕存在渗漏隐患，将会影响帷幕堵水效能，危害严重时将给工程主体带来重大损失。因此有效检测隐患位置并及时有效处理对地下帷幕工程意义重大。

在绝大多数情况下，由于含构造水或裂隙水的结构电阻率明显低于周围岩土介质。采用帷幕注浆封堵后，如果注浆介质为高电阻率或低极化率的材料，封堵完好的帷幕将形成一个高电阻率和低极化率屏障，而存在注浆缺陷的部位，与围岩和注浆完好的部位相比，其电阻率相对较低，极化率相对较高。采用电流场与水流场拟合的相关性，传导类电法勘探是一种施工便捷、成本低廉的隐患检测手段。

电法勘探完成检测任务的前提是通过有效的装备技术获取高分辨率的电场观测数据。地下帷幕隐患探测是在一个近似半空间中建立电场和进行测量，受体积效应的影响，一方面电法勘探的分辨能力有限(参见1.1节)，另一方面既定测线数据受旁侧异常干扰严重，所以实施传导类电法勘探，要想获得良好的效果，拟建立的相应电场应尽可能分布均匀，以提高相对均匀背景下异常的分辨能力，另一方面需要将测量电极尽量靠近隐患目标。

现有的帷幕检测手段包括：一是在基坑止水帷幕检测中用电流场拟合水流场进行止水帷幕渗漏检测（ZL200910033689.7 一种止水帷幕渗漏通道隐患的探测方法，ZL201210571740.1 一种检测高聚物防渗墙完整性的电位映像法，ZL201210087153.5 一种检测高聚物防渗墙的电测量方法及装置）。二是通过电阻率CT探测进行跨孔供电和电场测量，再进行电阻率成像（专利201110241747.2 井间并行电阻率CT测试方法；ZL201210269261.4 地下工程高分辨率三维电阻率CT成像超前预报系统和方法）。前者是在垂直于帷幕的走向上建立电场，具有较好的实用性，但考虑到传导类电法勘探的分辨能力，往往需要帷幕旁侧钻孔进行辅助，否则深部隐患难以被检测。后者采用的观测系统，参照了跨孔弹性波CT或电磁波CT的检测模式，在一个孔中供电，另一个孔接收，供电电极采用偶极、单极（B极在无穷远）、二极装置或多极装置，接收电极测量电位或电位梯度；由于观测点与供电点距离近，容易受到供电点周围近源介质导电性异常的干扰，而且被探测对象处于三维地下空间，解释结果难以真实反映地下介质结构的导电性分布信息，所以"电阻率CT"这种方法是一种新的创意，但用于生产实践存在很大局限。

3.1.2　主要技术难题分析

如本篇所述，在绝对异常分辨率限制的前提下，传导类电法勘探的理想勘探深度和分辨能力非常有限，如果要形成突破，有三个途径：一是仪器精度大幅提升，将传统意义上的相对精度10%提升到1%至5%；二是压制和降低背景噪声，天然电场产生的背景噪声难以约束，可以通过提高激励电场功率来保障，对于人工激励源产生的不均匀激励噪声，可以通过覆盖拟探测区域的电场的均匀化来实现；三是让测量电场的电极尽可能接近被探测对象，在有钻孔辅助的条件下，尽量保证钻孔的完整性并实施有效的钻孔测量。

本方法参照传导类电法中的中梯剖面作业建场方式，一方面让电场能够覆盖被检测的帷幕全断面，并且尽量拉大供电电极的极距，让帷幕位于电极连线的中部，使得电场在帷幕范围内均匀分布，以凸显可能存在的异常隐患；采用多对供电电极供电，将帷幕剖面的电场进一步均匀化，为高精度高分辨率检测提供良好的条件；另一方面借用注浆钻孔布设相对规则的测量电极，由于电极靠近可能存在的隐患目标，电法勘探的分辨能力也得到保证。综合来说，本方法沿帷幕走向建立地下连续电流场，通过钻孔电极观测近目标电场，通过电场或计算电阻率、极化率参数进行全帷幕断面横向比对（剖面等值线），为注浆帷幕完整性检测提供了较为完备的技术保障。

3.2　实验及试验

3.2.1　大极距电流场的分布特征

在均匀半空间的假设条件下，采用中梯装置供电模式，地表 A、B 两电极相距 1200 m，在深度为 200 m 的均匀半空间，其电流场分布的矢量图如图 3.1 所示。

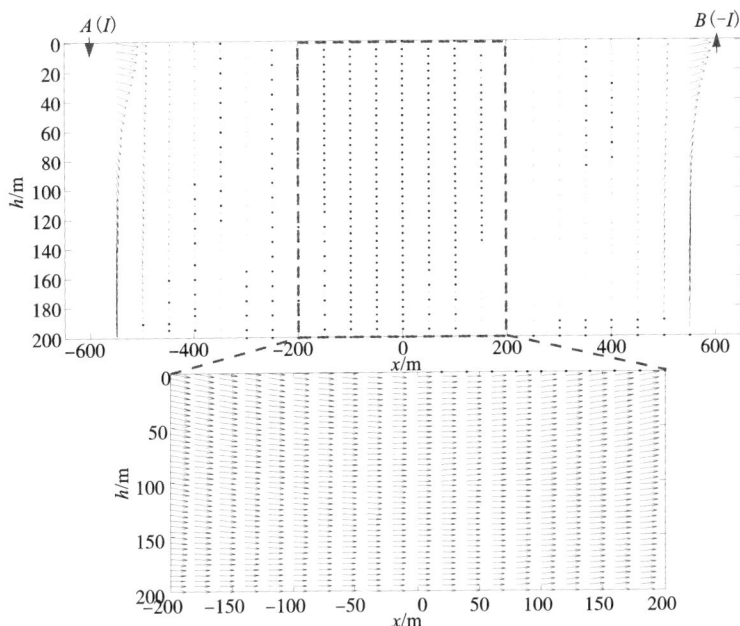

图 3.1　地表点电源形成的电流场分布特征

从图 3.1 可以看出，经过放大，在 A、B 之间 1/3 段即 −200～200 m 的电流场分布较为均匀。如果在 A、B 两供电电极的中部开展钻孔电场测量，两测量电极之间电阻率不均匀体的异常响应能够得到好的体现。由于传导类电法勘探的勘探深度有限，钻孔测量所用测量电极更迫近异常目标，不论采用电位还是电场观测的模式，在相对均匀的电场背景下，其分辨异常的能力都将大大增强。

3.2.2　模型试验

3.2.2.1　数值模拟

水平均匀电流场中球状异常体的电场计算有明确的解析公式，为对比方便，在物理模拟准则下，采用与后期物理模拟试验可比的几何物理参数完成了数值计算分析。

（1）均匀半空间中的低阻球体异常剖面图

在电阻率为 40 Ω·m 的均匀半空间中存在一半径为 0.03 m、电阻率为 1 Ω·m的低阻球体，且球体中心埋深为 0.1 m。采用中梯装置供电模式进行解析计算，供电电流 I 为 1 mA，地表 A、B 两电极相距 1.2 m，测量电极 M、N 位于 A、B 中央且水平距离为 0.1 m，自水面垂直向下进行电场观测模拟计算。在深度为 0.2 m 的均匀半空间，其电流场分布的矢量图、视电阻率、电位异常曲线如图 3.2 ~图 3.5 所示。

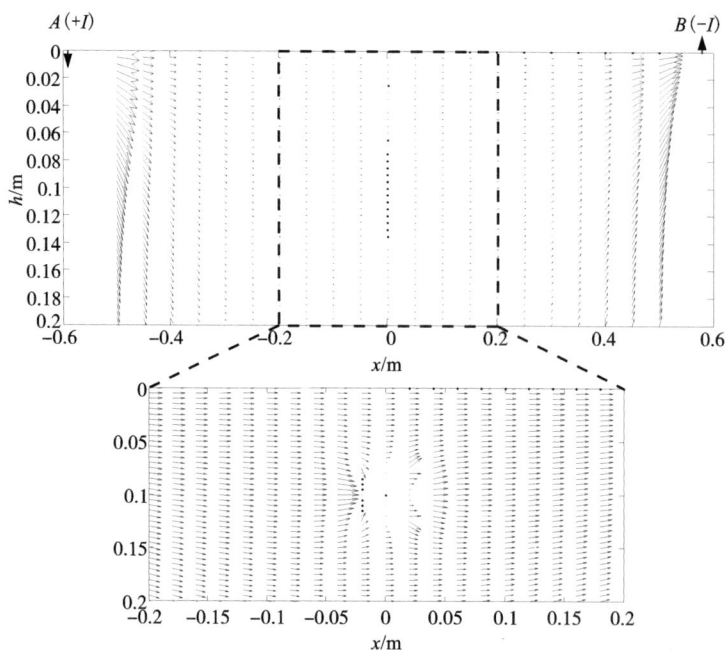

图 3.2 低阻球体地表点电源形成的电流场分布特征

从图 3.2 可以看出，经过放大，在 A、B 之间 1/3 段即 -0.2 ~0.2 m 的电流场分布相对较为均匀，低阻球体边界明显，边界处呈现出吸引电流的异常特征。

从图 3.3 可以看出，在相对均匀的电场背景下，低阻异常特征较为明显。整体上，视电阻率小于背景值 40 Ω·m，从地表到球体中心埋深处，视电阻率逐渐减小并趋于最小值，之后视电阻率逐渐增大，在尾支呈现出趋于背景值40 Ω·m 的趋势。

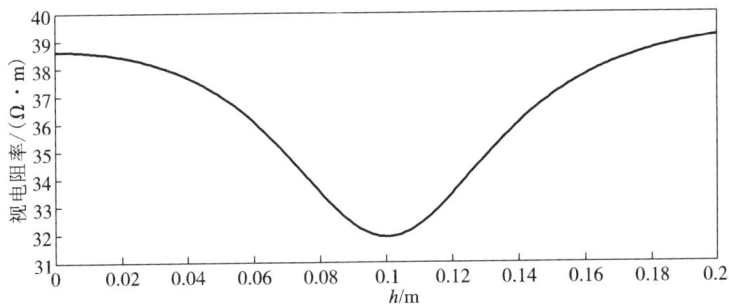

图 3.3　低阻球体视电阻率曲线分布图

从图 3.4 和图 3.5 可以看出，带异常的总电位场较背景场小，在球体中心埋深 0.1 m 处，相差最大，表现出较好的分辨率，最大相对异常百分比高达 25% 左右。

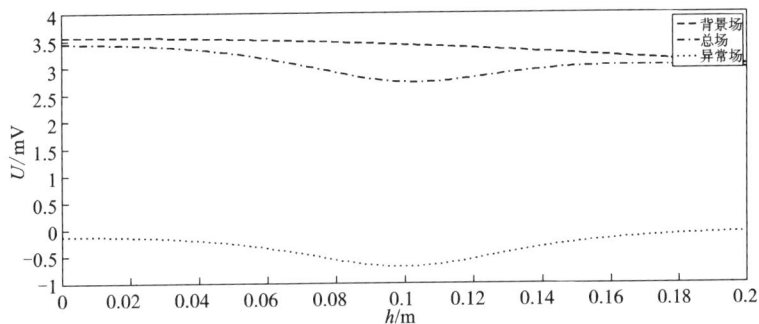

图 3.4　背景异常场电位对比分布特征曲线

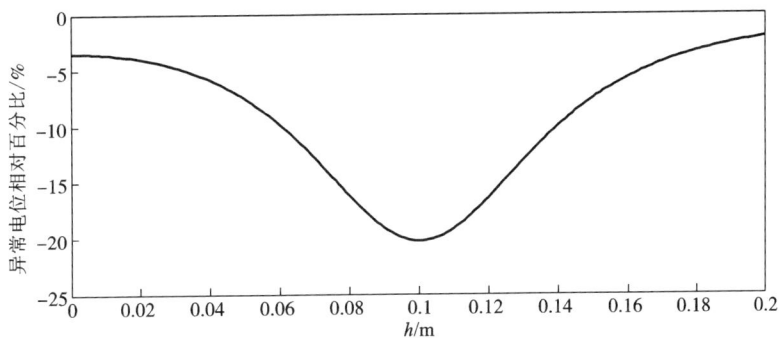

图 3.5　异常电位相对百分比分布特征曲线

（2）均匀半空间中的高阻球体异常剖面图

在电阻率为 40 Ω·m 的均匀半空间中存在一半径为 0.03 m、电阻率为 10000 Ω·m 的高阻球体，且球体中心埋深为 0.1 m。采用中梯装置供电模式进行解析计算，供电电流 I 为 1 mA，地表 A、B 两电极相距 1.2 m，测量电极 M、N 位于 A、B 中央且水平距离为 0.1 m，自水面垂直向下进行电场观测模拟计算。在深度为 0.2 m 的均匀半空间，其电流场分布的矢量图、视电阻率、电位异常曲线如图 3.6 ~图 3.9 所示。

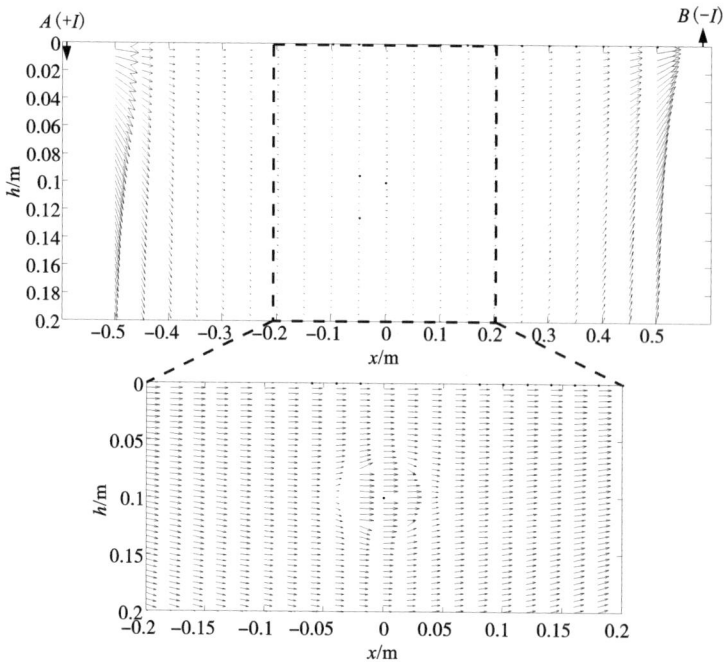

图 3.6 高阻球体地表点电源形成的电流场分布特征

从图 3.6 可以看出，经过放大，在 AB 之间 1/3 段即 -0.2 ~ 0.2 m 的电流场分布相对较为均匀，高阻球体边界明显，边界处呈现出排斥电流的异常特征。

从图 3.7 可以看出，在相对均匀的电场背景下，高阻异常特征较为明显。整体上，视电阻率大于背景值 40 Ω·m，从地表到球体中心埋深处，视电阻率逐渐增大并趋于最大值，之后视电阻率逐渐减小，在尾支呈现出趋于背景值 40 Ω·m 的趋势。

从图 3.8 和图 3.9 给出的电场异常特征可以看出，带异常的总电位场较背景场大，在球体中心埋深 0.1 m 处，相差最大，最大相对异常百分比为 10% 左右，由于高阻异常体对于传导类电法不敏感，其异常分辨率较低阻异常体低。

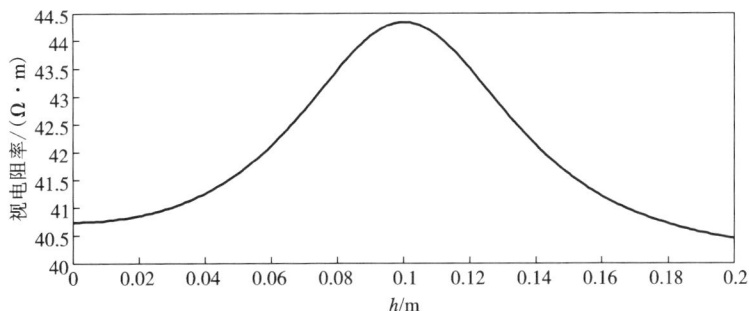

图 3.7　高阻球体视电阻率曲线分布图

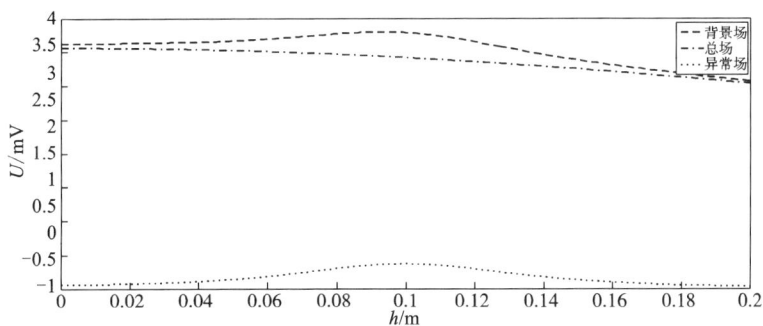

图 3.8　背景异常电位场对比分布特征曲线

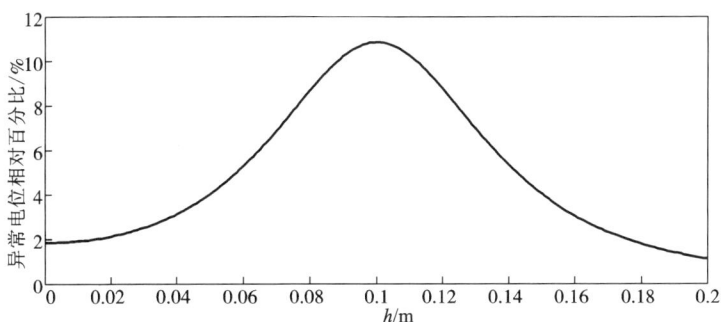

图 3.9　异常电位相对百分比分布特征曲线

3.2.2.2　物理模拟

　　水槽物理模拟实验将让我们更清晰地明了高阻或低阻电性目标存在时断面的异常特征，为本技术投入生产实践提供参考。

　　物理模拟实验在 5 m×4 m×2 m 的大水槽展开，供电电极 A、B 位于水下

0.45 m的深度，$AB = 3$ m，测量电极 M、N 位于 A、B 中央，自水面垂直向下进行电场观测，$MN = 30$ cm，高阻球体(空心皮球)和低阻球体(实心铜球)直径为12 cm，悬挂于 A、B 中间，入水深度为 0.45 m。所用仪器设备为 SQ − 5 型双频激电仪，供电电流为 20 mA。水槽中水的电阻率 ρ_0 为 40 Ω·m。

类似数值模拟，针对物理模拟实验得到背景电场、异常电场和相对异常的相关数据，如图 3.10 ~ 图 3.13 所示。

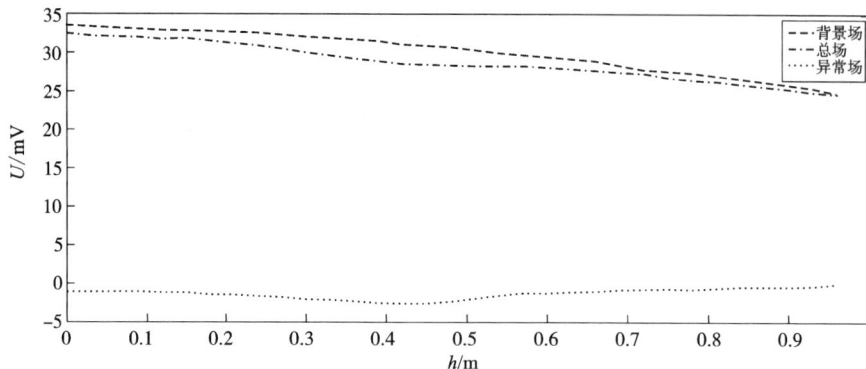

图 3.10　背景异常电位场对比分布特征曲线

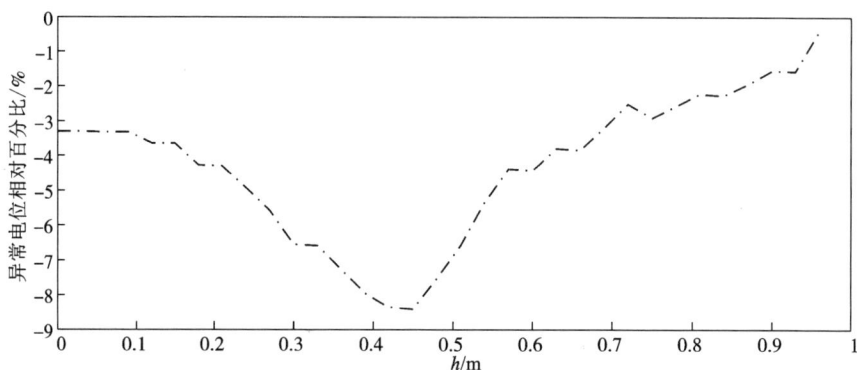

图 3.11　异常电位相对百分比分布特征曲线

从图 3.10、图 3.11 可以看出，水槽物理模拟的低阻异常特征明显，带异常的总电位场较背景场小，在球心埋深 0.45 m 附近，出现极小值，最大相对异常百分比约为 9%。

从图 3.12、图 3.13 可以看出，水槽物理模拟的效果较好，高阻异常特征不如低阻体明显，带异常的总电位场较背景场大，最大值出现在深度 0.4 m 处，大致反映出球体的中心深度，最大相对异常百分比约为 4%。

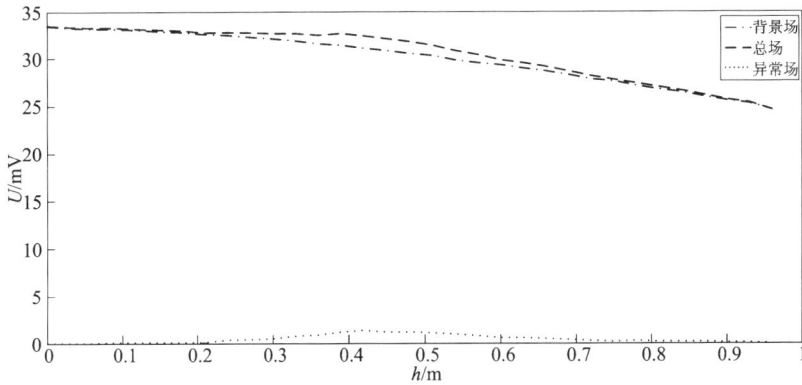

图 3.12　背景异常场电位对比分布特征曲线

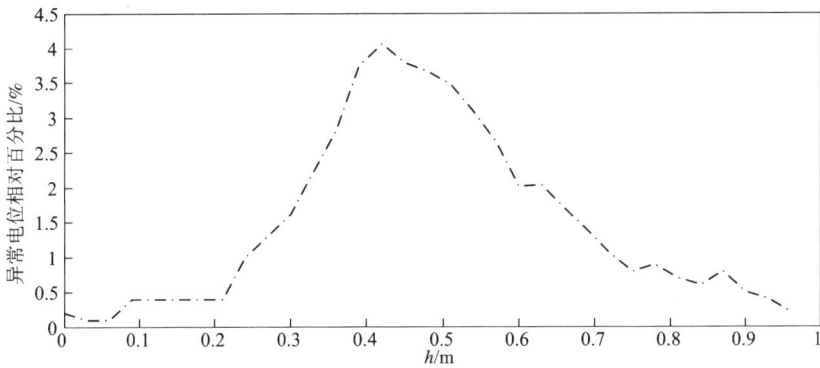

图 3.13　异常电位相对百分比分布特征曲线

3.3　应用实施

3.3.1　视电阻率计算

理论上，对于电阻率为 ρ 的水平均匀半空间，设正、负供电电极埋深分别为 H_a 和 H_b，电极距为 L，供电电流为 I；测量电极 1 到正供电电极的水平距离为 R_1，深度为 h_1，测量电极 2 到正供电电极的水平距离为 R_2，深度为 h_2；用 U_1 和 U_2 分别表示两测量电极上的理论电位值，则两测量电极之间的理论电位差为：

$$\Delta U = U_1 - U_2 = \left(\frac{\rho I}{2\pi \sqrt{(H_a - h_1)^2 + R_1^2}} - \frac{\rho I}{2\pi \sqrt{(H_b - h_1)^2 + (L - R_1)^2}} \right) -$$
$$\left(\frac{\rho I}{2\pi \sqrt{(H_a - h_2)^2 + R_2^2}} - \frac{\rho I}{2\pi \sqrt{(H_b - h_2)^2 + (L - R_2)^2}} \right) \tag{3.1}$$

在实际注浆帷幕检测中，两测量电极之间的电位差记为 ΔU，记录点位于两电极的几何中点，该点的视电阻率表示为：$\rho_s = k \cdot \Delta U/I$。其中，$I$ 为测量时供电电流；k 为装置系数，表达式为：

$$k = \frac{1}{\left[\left(\frac{1}{2\pi \sqrt{(H_a - h_1)^2 + R_1^2}} - \frac{1}{2\pi \sqrt{(H_b - h_1)^2 + (L - R_1)^2}} \right) - \left(\frac{1}{2\pi \sqrt{(H_a - h_2)^2 + R_2^2}} - \frac{1}{2\pi \sqrt{(H_b - h_2)^2 + (L - R_2)^2}} \right) \right]}$$
$$\tag{3.2}$$

3.3.2　全帷幕相对异常提取

假设帷幕上有 N 个钻孔，每个钻孔设置了 M 个深度点进行观测，共获得 $(N-1) \times M$ 个记录点数据。其中距离地表同一深度的记录点共有 M 组，每组有 $(N-1)$ 个数据。取 M 组数据中的一组数据计算平均值 G，该组中每个测点数据 X 与平均值相比较，计算相对变化值，即 $[(X - G)/G]$ 作为该测点的新参数；依此方式将每组深度点的数据都换算成新参数。利用帷幕上的新参数绘制电位差或视电阻率转换后的等直线图，根据等值线图上的正或负异常区域，结合工程地质和水文地质资料识别注浆帷幕的缺陷大小和几何位置。钻孔注浆帷幕质量检测原理如图 3.14 所示。

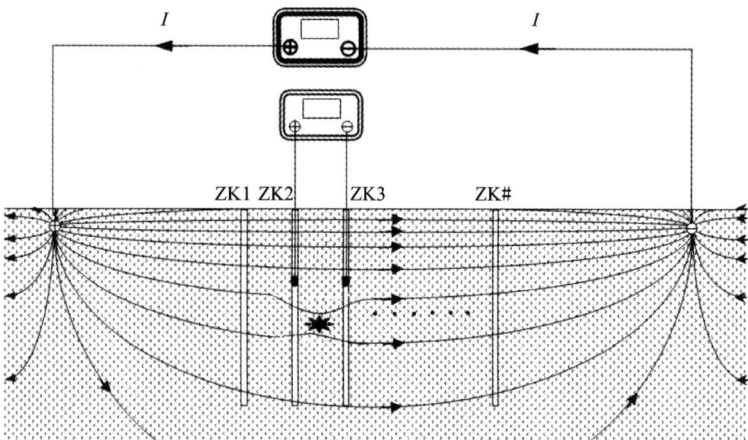

图 3.14　钻孔注浆帷幕质量检测原理示意图

　　综合考虑帷注浆幕工程所处的地质地球物理环境，为保证传导类电法勘探的应用条件以及提高检测结果的可靠性和检测精度，检测作业中还应该注意相应的作业流程，测试前做好一系列的准备工作。比如对帷幕沿线的工程地质勘察报告进行分析，对帷幕穿过的土体、岩体介质进行电阻率或极化率的参数测试，制作注浆混凝土试块并进行不同养护期的电性参数测试等。相关的流程如图 3.15 所示。

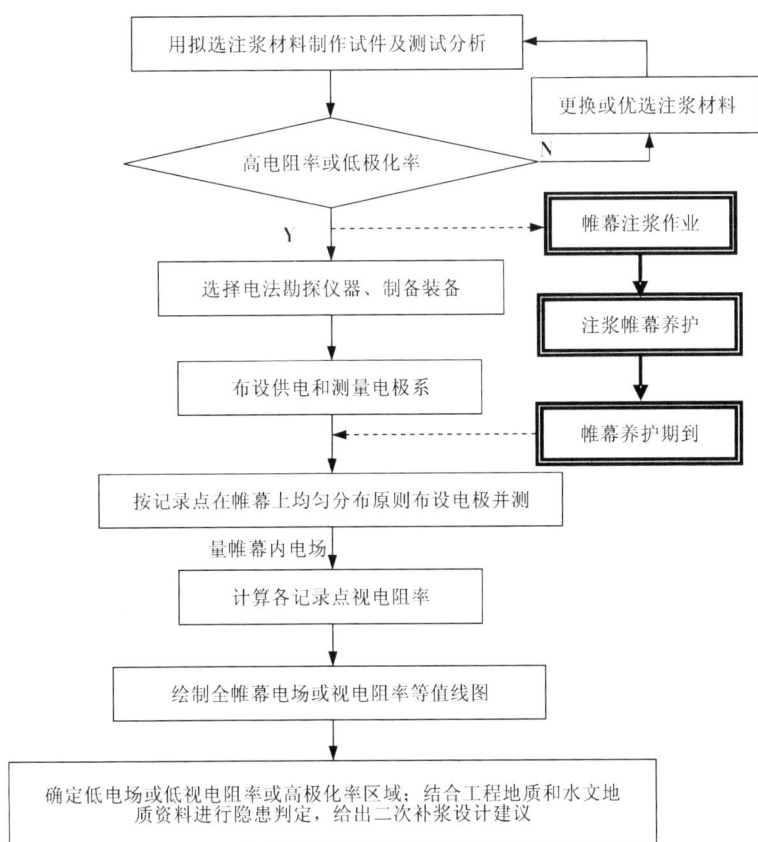

图 3.15　一种钻孔注浆帷幕现场质量检测流程图

　　尽管该套检测手段的技术原理简单明了，但在具体实施过程中如果忽视了相关的细节，尤其是物探实施的地球物理前提条件的保障，物探成果的可靠性将大打折扣。

3.4 技术拓展

3.4.1 均匀建场辅助与分段检测

作为一种便捷手段，直接在帷幕延长线上进行地表供电十分方便，但考虑到地面上电极接地条件的限制，为了使被检测帷幕区段有更均匀的电场，可以考虑建场辅助。比如在帷幕走向两端延长适当距离，各钻一对供电钻孔，钻孔内竖直布设多对正负供电电极（供电点竖向排列），也可以采用线电源的模式，整个钻孔用一根长电极进行供电。另一种供电模式是在帷幕走向两端各延长适当距离，垂直于帷幕走向布设多对正负供电电极，这种作业方式无需实施供电钻孔，但对均匀建场覆盖被检测帷幕大有裨益。

极端情况下，拟检测帷幕较长，不能一次建场完成全段帷幕的检测，可以采用分段检测。分段检测时，也要尽量保证各被检测区段被较为均匀的电场覆盖；另外，如果条件容许，尽量保证各检测分段有一定的重叠区域，以便于横向统一比对。

3.4.2 交错电场测量

在建场覆盖均匀的前提下，采用等深度电极测量两钻孔之间的电位差，进而计算视电阻率等相关参数提取异常较为便捷。考虑到帷幕走向上存在地表起伏，岩体中断层或构造存在大体的走向或倾向，实际检测过程中可以机动掌握测量电极的布置方式或方位，采用交错电场测量模式，然后以实际测量电极的坐标位置进行视电阻率转换和异常分析解释。严格来说，在形成帷幕电位或视电阻率剖面以及提取相对异常时，最好用同一倾斜方向的电场进行横向比对或归一化处理。

以大定源建场为背景，采用钻孔测量的电法勘探模式，数据信息量大，可以进行二维电阻率精细反演，实现更为精确的帷幕电阻率成像，进而结合注浆和水文地质资料完成帷幕注浆质量的解释评估。

第4章 前向点电源激励下线阵列观测系统与异常征候

4.1 概述

钻孔、顶管、巷道或隧道等前向钻进或掘进工程，形成一种典型的轴向物理场观测空间，称为径向基线性空间。实施传统电法勘探时，当激励源（供电点或电磁场源）位于掌子面前，而一组多个测量传感器（电极或磁棒等）线性排列位于后方巷道中时，我们称这种模式为"前向点源电激励下径向基线阵列观测系统"。

前向点源电激励下径向基线性阵列观测系统供电点和接收传感器都贴近巷道掌子面（一说巷道停头）或钻孔底部，特别地，采用 A、B 两极供电时，B 极作为无穷远极。整体作业电极排列呈蛇形，其中供电电极 A 和 B 分别为蛇头和蛇尾。由于激励电极更接近目标，探测目标的激励响应具有更大的强度，观测电极更接近目标，理论上具有更大的绝对异常幅度。

本章和接下来的第 5 章，分两步介绍第 6 章和第 7 章两项实用技术的基本原理。第 4 章建立点电源前向电激励线阵列电场征候的概念，第 5 章引入激电征候概念并介绍电激励综合响应征候及分级预警模式。在第 6 章和第 7 章的两项新技术介绍中将略去相关原理表述的内容。

4.2 地球物理响应征候

4.2.1 征候的定义

对地球物理勘探在特定时间域、空间域测量的各种介质、空间分布或结构异常的物理参数指标，通过建立相应的模型来揭示隐伏介质的性状和空间分布特征。

征候是将要发生某种事件的迹象，通过一种或多种参数的相对变化程度综合反映。工程施工中存在的地质隐患，在施工作业面靠近或灾害爆发前会出现种种迹象，如应力释放、排水排气、声发射、温度场异常等，为了预测或控制掘进巷道隐患，准确观测到这类迹象是事情成功的关键。如果说长期从事掘进现场工作的工人师傅能够感觉到岩石"发汗""心闷气短"等危险将至的征候，那么用先进的传感器结合观测技术接收和感应类似危险将至的征候应该大有可为，事实证明地球物理勘探作为人类感知能力的延伸，可以找到相关的指征参数，在特定环境中胜任隐患预警预报工作。

4.2.2　征候表现

地球物理响应征候的相关概念和表现性质包括如下五个方面：

（1）征候是与可能发生的事件相关的各种地球物理激励响应变化程度的综合反映，如各种信息参数的空间分布、时间分布、频率特征变化或趋势等。

（2）征候的量化参数即症状指标，不仅仅是一个点或某一个物理量的异常，而是一段空间、一段时间上的地球物理异常响应或变化数据。

（3）时间演进性，即在相同环境和激励条件下，同一观测点上任何时刻都可以观测到一致的征候症状；在灾害孕育和形成过程中，征候具有演进特征，往往表现为症状指标由缓慢变化到逐渐增大，最后陡然跃升。

（4）相关累加性，即同一征候相关异常指标可以累加突出异常；不同异常的贡献度可以通过权值来体现。单个传感器的症状线性叠加，可以消除随机噪声的干扰，突出症状或隐患位置；一定维度内多个同类型传感器征候症状可以累加，一则可以提高征候判断的可信度，二则可以突出征候特征。

（5）空间展布特性，即征候症状具有空间展布特征。有最强、最弱观测点，有高强度症状平台，一般来说，越是接近隐患源头，征候症状表现越明显。

以上五个方面是预警预报系统分析的基础，通过它们可以有效分析和表征巷道工程隐患响应特征。电激励征候包含上述五个方面的内容，电位参数的取样在已开挖巷道的一段距离上完成，而不是在个别测量点位上。

4.3　基于断层构造的电阻率异常模型

4.3.1　模型及解析解分析

将断层模型作为用征候描述异常特征的特例。与围岩相比，储水断层结构在电阻率参数上有明显的低电阻率特征，这一差异在电场激励下会形成怎样的响应，如何有效检取和突出这一响应信号的分布特征，在巷道工程界和煤田地质与勘探界都有一些研究。其中基于巷道侧面的电法勘探形成了系统的理论，巷道地质地球物理环境对测量信号的影响分析也在研究中，但在实践中的成功应用很少。基于掌子面前方的隐患电法预报则在煤田地质勘探领域发展了20余年，尽管理论和实践上有一些发展，但以"定点源梯度法视电阻率异常测量"的方法在解释理论和现场施工中受到较大的局限,其他诸如电测深的测量理论在隧道掌子面难以展开,不适合做隐患的超前预警预报。

基于全空间理想地质地球物理电场理论,同时基于半空间水槽物理模拟试验成果,进行巷道掌子面周围低阻储水构造模型的电场激励响应模拟研究,探讨出响应电场的异常特征;并基于这一激励响应征候,提出"跟进(巷道)电场前向激励隐患监测预警系统"模型。

如图4.1所示模型,施工巷道与断层平面斜交。图中 X 轴方向为巷道前进方向,Z 轴为过掌子面供电点的断层平面法向坐标轴,由供电点 $A(I)$ 指向垂直板体方向。z 是观测点 P 在 Z 轴上的投影坐标,r 为投影距离;a 为断层(板状体)厚度,d 为供电点源离板体的垂直距离。

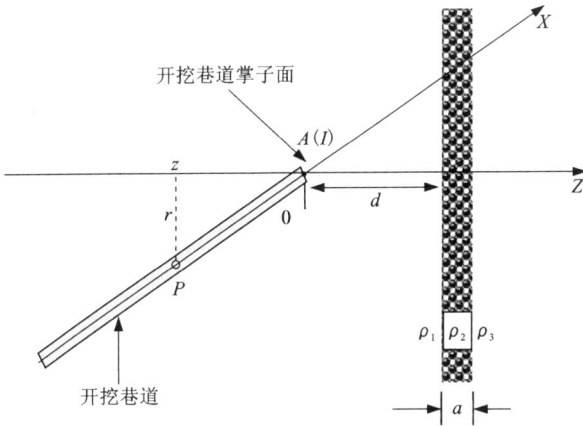

图4.1 板状体隐患存在时超前电法正演解析示意图

对于图4.1所示的坐标系统,巷道内任意一点 P 处的电位 U_1 可以通过解析计算得出:

$$U_1 = \frac{I\rho_1}{4\pi}\left[\frac{1}{\sqrt{r^2 + z^2}} + \frac{k_{12}}{\sqrt{r^2 + (2d - z)^2}} + (1 - k_{12}^2)k_{23}\sum_{n=0}^{\infty}\frac{(k_{21} \cdot k_{23})^n}{\sqrt{r^2 + z_n^2}}\right]$$

$$(4.1)$$

式中,r 为测量点到 z 轴的水平距离;$z_n = 2(n + 1)a + 2d - z$;$k_{12} = \dfrac{\rho_2 - \rho_1}{\rho_2 + \rho_1}$;

$k_{23} = \dfrac{\rho_3 - \rho_2}{\rho_3 + \rho_2}$;$k_{12} = -k_{21}$。

当巷道前进方向垂直于断层界面时,$r = 0$,则有:

$$U_1 = \frac{I\rho_1}{4\pi}\left[\frac{1}{|z|} + \frac{k_{12}}{|2d-z|} + (1-k_{12}^2)k_{23}\sum_{n=0}^{\infty}\frac{(k_{21}\cdot k_{23})^n}{|2(n+1)a+2d-z|}\right] \quad (4.2)$$

本书以巷道走向垂直断层的特例来研究点源位于掘进头时的电激励响应征候。参照背景是远离断层的测量电极系电位分布。

如图 4.2 所示，计算了 $I=1$ A，$r=0$，$a=5$ m，$\rho_1=\rho_3=2000$ Ω·m，$\rho_2=60$ Ω·mm，以供电点为原点，d 分别为 120 m、50 m、30 m、20 m、10 m 和 5 m 时巷道走向上的电位 $U(z,d)$ 分布曲线[图 4.2(a)]。从图 4.2(a)可以看出：

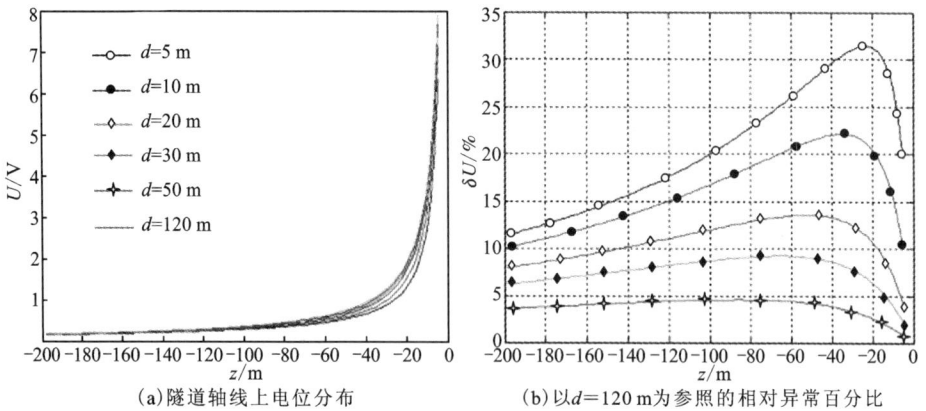

（a）隧道轴线上电位分布　　　　（b）以 $d=120$ m 为参照的相对异常百分比

图 4.2　隧道走向上点电源激励电位相对异常与绝对异常解析计算结果

（1）不论供电点离断层多远，当测量点离开点源点时，电位先急剧减小，然后慢慢衰减，随着距离不断增加，电位趋向于零；电位幅度大，但高电位背景下电位异常差异并不明显。

（2）供电点源离断层越近，电位的衰减越快；在近源位置测量电位参数，位置精度对数据的影响会很大。

（3）当巷道掘进头向断层靠近时，绝对电位变化有规律；其差异主要体现在一段区间上。

以 $d=120$ m 时的电位分布为参考值，利用公式：

$$\delta U(z,d) = [U(z,d) - U(z,120)]/U(z,120)\times100\% 。 \quad (4.3)$$

这里 $z=-5\sim-200$ m，$d=5、10、20、30、50、120$（m），$U(z,d)$ 表示供电点与断层间的距离为 d 时，在相应坐标 z 处的电位值，计算结果反映在图 4.2(b)上。图 4.2(b)表明：

（1）不论掌子面与断层间的距离如何变化，相对电位异常随观测点离供电点距离的增大而快速增加，在一定距离处达到极值点，然后呈现缓慢减小的变化趋势，形成一个异常平台。

（2）供电点或掌子面靠近断层时，电位异常明显增大；差异值大小有明显的区间性，随观测距离的变化，有小—大—小的变化规律。

（3）随着供电点迫近模拟断层，极大值也明显增大，出现点坐标明显向掌子面靠近。如当 $d = 5$ m 时，最大相对异常达到 32%，出现点位置 $z = -22$ m，当 $d = 50$ m 时，相对电位异常达到 4.5%，出现点位置 $z = -82.5$ m。

图 4.2（b）中出现的这种异常特征，能够关联掌子面迫近低阻构造隐患的程度，结合异常的表达式（4.3），我们可以定义"一段测量范围内的电位相对变化百分比趋势"为一种征候指标。

由式（4.4）可获得以 $d = 120$ m 时的电位分布为参考的电位剩差分布曲线：

$$\Delta U(z, d) = U(z, d) - U(z, 120) \tag{4.4}$$

从 ΔU 的变化趋势中可以看出，随着 d 的减小或者说随着电极系靠近断层，ΔU 呈现快速下降趋势，我们可以定义"一段测量范围内电位相对变化趋势"为另一种征候指标，这里不作赘述。

大量的模拟计算结果表明，ρ_2 的减小或者模拟断层厚度的增大将增大异常的幅度。

4.3.2　水槽物理模型试验

为进一步验证隐患模型的电激励响应征候，本书完成了与理论解析相对应的室内水槽物理模型试验。测量仪器为 DDC - 6 型电子自动补偿仪。

试验水槽尺寸：宽×长×深 = 4 m×5 m×2.1 m。

良导板状体模型：铝板，宽×长×厚 = 0.75 m×1.20 m×1.50 mm，沿长度方向垂直浸入水槽，深 1.2 m。

模拟掘进隧道为水平方向，水面下深度 60 cm，走向为铝板法向方向。

模拟掌子面即供电点与铝板距离为 d，$d = [3.5, 5.5, 7.5, 9.5, 11.5, 13.5, 19.5, 25.5, 31.5, 37.5, 42.5, 48.5, 54.5]$，单位：cm，共 13 个距离点。

观测点坐标为 z，指向铝板，原点定义在供电点即掌子面上。供电点后方电位测量点与供电点距离 $z = -[10.5, 12.5, 14.5, 16.5, 18.5, 20.5, 22.5, 24.5, 26.5, 28.5, 30.5, 32.5, 34.5, 36.5, 38.5, 40.5, 42.5, 44.5, 46.5, 48.5, 50.5, 52.5, 54.5, 56.5]$，单位：cm，共 24 个电位记录点。

图 4.3（a）所示为不同 d 条件下实测归化电位变化曲线，图 4.3（b）所示为以 $d = 54.5$ m 时的电位数据为参考的相对电位异常百分比分布曲线；图 4.4 所示为以铝板未放入水槽时的电位分布为参考计算的相对电位异常百分比分布图。

水槽物理模拟试验结果与理论解析计算的结果有一定的区别，前者基于全空间进行计算，后者则在一个有限均匀"半空间"进行模拟。

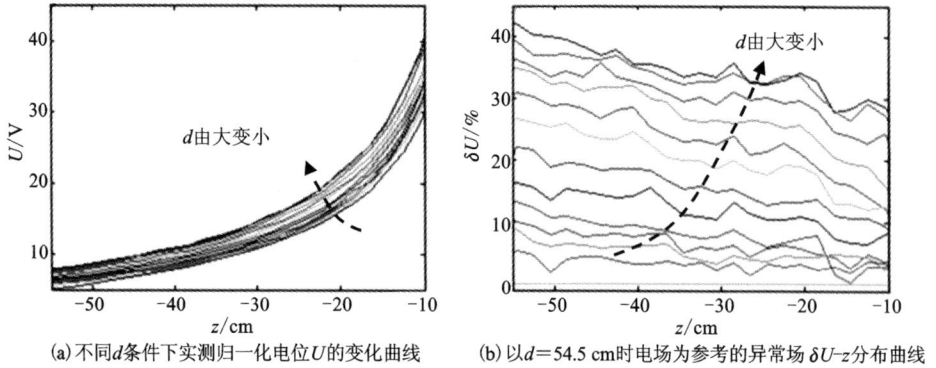

(a) 不同 d 条件下实测归一化电位 U 的变化曲线   (b) 以 $d=54.5$ cm 时电场为参考的异常场 δU-z 分布曲线

图 4.3 水槽物理模拟试验电位异常随供电点离铝板距离 d 变化的分布特征

从图 4.2(b) 和图 4.3(b) 的对比来看，两种模拟结果都有明显一致的"征候"表象；以未放铝板的电位分布背景为参考，异常 δU 幅度明显增大，如图 4.4 所示。

对于同样的 d，随着电场测试点离掌子面距离的增大，相对异常的幅度在经过一个异常平缓的平台后呈增大趋势，说明在一定范围内，增大 x 能够增大相对异常的幅度，从而更好地揭示异常，但该特征尚

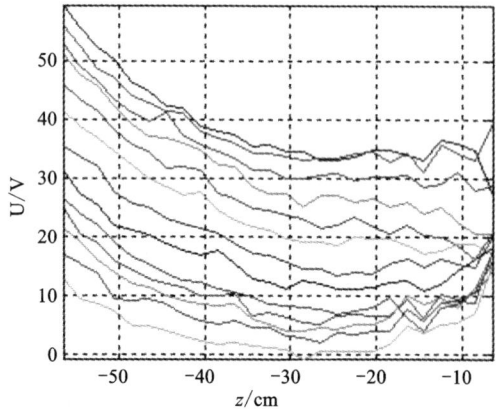

图 4.4 以铝板未放入水槽时的电位分布为参考计算的相对电位异常百分比分布图

需要经过更大的距离测试来证实。从实践上来说，增大 x 意味着绝对电位的减小，太大的 x 将导致电位数据的信噪比不够，从而影响推断揭示的可靠性。

4.3.3 电激励电位异常征候

通过解析计算和水槽物理模型试验分析，可以看出，当巷道工程渐近隐患时，点源激励的电场有明显的变异征候，征候的症状包括绝对电位异常分布和相对电位异常分布。

点源激励电场响应征候有如下几个特征，可以作为有效预测预报的分析信息。

（1）有一个电位相对异常平台，并有相当的幅度。电位相对异常不仅仅在一

个测量点位上,而是在离开供电点源一定距离范围内都存在异常,供电点离断层越远,异常幅度越低,平台范围越宽。平台特征可以作为征候分析的标志参数。

(2)征候有可重现性和叠加性。供电电流一定时,隐患存在所体现的征候症状可以重复观测得到,即具有重现性,如果多次观测叠加,可以消除随机波动干扰,突出有效信号;在设计观测记录仪器时可供参考。

(3)征候症状的渐增性。随着巷道掘进头向断层方向的推进,征候症状不断加重,这种电激励征候不一定能够被人体感知,从这一点上看,传感器将我们人类的电场感知能力进行了延伸。

(4)灵敏度高。如果高于背景幅度3%算有效异常的话,那么通过多次一点重复观测(监测)累加以及利用多点观测异常平台症状,可以提高征候症状的识别能力。

(5)信噪比高。采用人工源供电方式,以及共无穷远参考电极条件下的电位直接测量,电位的绝对值较大,通常,小的背景噪声干扰对电位的影响要小于对电位梯度的影响。

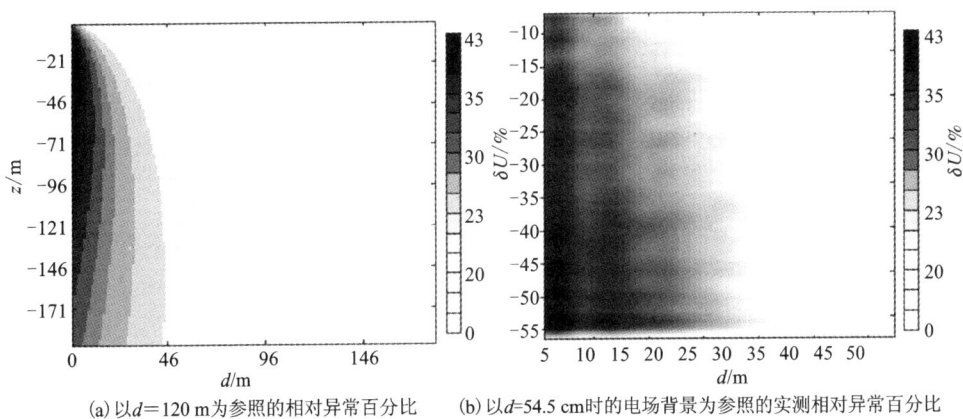

(a)以$d=120$ m为参照的相对异常百分比   (b)以$d=54.5$ cm时的电场背景为参照的实测相对异常百分比

图4.5 解析计算电激励征候与水槽物理模拟试验电激励征候比对

若选定δU为征候指标,掌子面迫近隐患时的征候特征如图4.5所示,图4.5中横坐标为掌子面与断层的距离d,纵坐标为观测点的坐标z。将图中征候划分为四个区:白色、浅灰色区域——安全区,灰色——渐近区,深灰色——迫近区,黑色——危险区。

4.4 电激励征候解译与隐患监测预警系统

"跟进电场激励隐患监测预警系统"是基于电场异常征候的症状做出隐患评价的一套预警预报系统。所谓"跟进"是指电极系以相对固定的分布方式同时随巷道掌子面往前测量，通过电极系上的观测电位异常和电极系控制范围的异常分布特征来判断隐患征候症状的强弱，对强弱不同的症状划定不同的预警级别，当症状位于某一预警级别范围时，通过程控电子系统进行相应的红色预警（最高级别）、橙色预警（危险级别）、黄色预警（一般级别）和白色（安全范围）显示。

在系统应用之前，需要先进行模型解算和分析，以下三个环节在应用过程中是必要的。

（1）模型正演及背景分析。通过有限元或解析计算、统计分析等来对给定地质地球物理模型进行模拟分析，从而为后续的电场征候分析提供初始背景和预警阈值。

（2）征候症状自比较监测。每一次排列布置都可以测量出一组电位分布，其电场幅度、电场分布都有一定的表征，这类表征对比数值正演模型分析结果，可以在一定程度上反映该位置的隐患征候。

（3）渐进比对征候症状分析。随着巷道推进，跟进的排列电场异常会有大小的变化和分布表征变化，这是隐患征候的渐进表现症状；对该症状变化的分析应该能够给出巷道旁侧异常或前方异常分布的结论。

具体的分析参数应该包括：异常幅度（极值特征）、异常平台（宽度、变化趋势）、相对电位下降趋势、绝对电位变化趋势、异常波动（统计特征）等。如图4.6(a)和图4.6(b)所示，异常平台上的相对电位异常平均值与掌子面与隐患间的距离 d 的关系可以清晰显现。

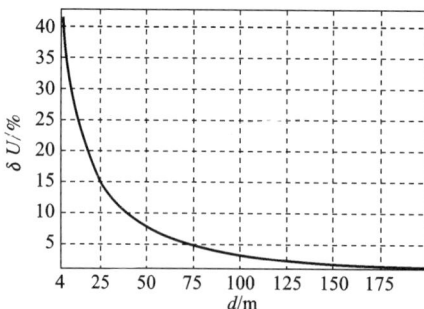

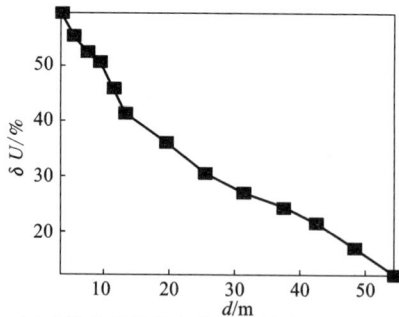

（a）解析计算结果(z=20~100 m)　　　（b）水槽物理模拟条件下计算结果(z=20~55 cm)

图4.6　电位相对异常百分比的平均值与异常距离 d 关系曲线

如图 4.7 所示的监测预警系统，能够胜任监测预警的工作，测量数据信噪比高，除供电电极 A 和测量电极系外，仪器系统可以在地表设站观测，对工程施工进度影响小。巷道中电极可以由技术工人完成布设，电法测量仪器通过电极转换开关完成电极切换，实现电位分布测量。整个预测预警系统可实现自动化。

电激励征候解译是实现准确预警的关键。解译模型主要分两个层次：第一个层次是确定低阻隐患的构造类型，如腔体构造（储水包裹体）或板状体构造（断层构造），包括其几何形态或产状走向标志等，通过第一层次让系统做出选择，不同选择的解译模式和计算的关键参数有区别；第二个层次是通过电位异常分布与隐患距离的关系来确立隐患迫近的距离或程度。

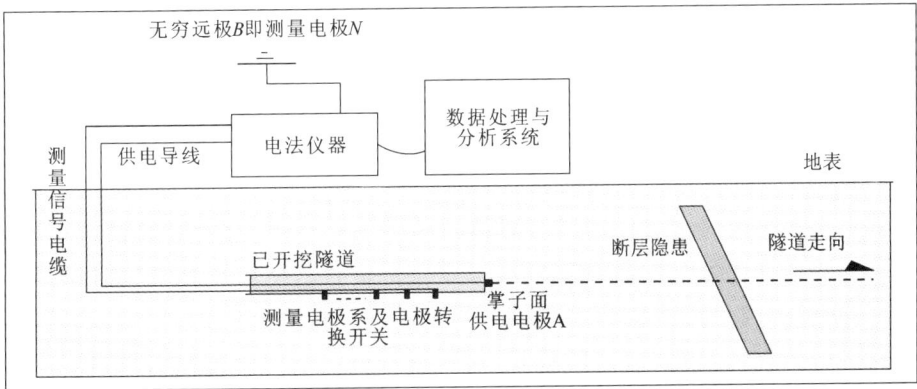

图 4.7 跟进电场激励隐患监测预警系统结构示意图

4.5 技术拓展

前向点源电激励下径向基线阵列观测系统可以在实践中推广应用，它有别于 A－MN 观测方式测量的隐患探测系统，不需要进行视电阻率的转换，同时采用阵列观测模式进行多点位排列电场测量，是一种集物理探测、监测和预警于一体的系统；观测电场数据的非线性系统解译建模等相关内容尚待进一步研究。

观测预警系统的灵敏度是生产实际所关心的，理论上可以有一个标准，在实践中应该具体分析来合理划分出预警级别，以指导预警工作的完成。

断层储水构造是低电阻率目标的一种代表，探测或预警的目标可能是溶洞、采空区等储水隐患，如果是探矿或矿山采掘巷道，目标也可以是低电阻率的矿体。规模越大，引起的电激励征候影响范围和幅度也越大，异常征候症状越明晰。分析和模拟不同的预警目标跟进电场异常对预测预警系统有一定的指导意义。

第5章　前向点电源激励下线阵列观测征候及综合预警

5.1　概述

"前向点源电激励响应径向基线阵列观测系统"通过征候概念来渐进解译或预警隐患的存在和迫近程度，仅作为预警，无需进行电阻率的转换计算。本章更进一层，通过线阵列激发极化响应与电场响应征候来实现目标、隐患综合预警，其中激发极化率本身是一个相对变化量，也无需进行复杂的换算，可以直接作为征候预警指标参数。

电法超前预报归结起来，需要突破两个难题：一是获得高信噪比的地电场信号，二是提高有效信号对隐患的分辨能力，包括反演过程。前者解决测量信号的可信度问题，后者解决探测或预警能力问题。

如果探测工作分两步走，首先是能察觉隐患的存在并实现预警，然后通过适当的方法技术，如地质超前钻探，来精细探测隐患的分布，这可能是避免隧道工程施工危险的一条合理道路。在预警预报这一层面，问题则变得更有针对性，因为无须实现应用地球物理范畴内的真实介质结构性状的反演。事实上如果能够判断掌子面周围或以掌子面为中心，一定半径范围内会有隐患存在及其基本规模和具体方位，对于工程施工的意义就十分重大；如果仪器不需物探专业技术人员现场操作，现场施工技术人员或工人经过简单培训即可上岗操作，实现现场超前预报，则会起到事半功倍的效果。

隧道工程隐患电激励征候在上一章中已有阐述，基于征候概念，本章提出：用电位测量代替电位梯度测量可以提高有用信号的信噪比，从而提高可信度；通过电场异常和激发极化率征候指标综合预警可以提高隐患预警的分辨能力和可靠性。解析技术和水槽物理模拟试验表明，基于电激励综合预警的预报模式，对隐患的分辨能力是可观的，该预报模式可以实现逐级预警。

5.2　地电激励响应中的电场征候优势与电位测量

在隧道掌子面供电，掌子面前方或周围存在低阻目标体时，采用前向点电源激励模式，必然在已开挖隧道内形成电场异常。电场的测量方式主要有两种，一种是绝对电位测量，即测量各个记录点 M 相对于无穷远参考电极的电位差；另一种是相对电位测量或梯度测量，即通过有限距离上布置的两个测量电极 M、N 来完成测量，测量记录点是两个电极 M、N 的中点。

为了验证两种电位测量形式所体现出的电场异常征候，我们进行了一个数值模型的电场解析计算。

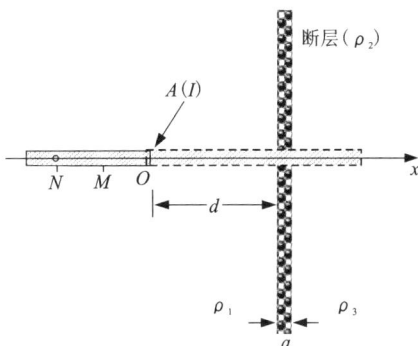

图 5.1　断层隐患存在时电场解析计算示意图

即模拟隧道施工从法向方向上接近一个厚度为 a 的含水断层，电阻率为 ρ_2。已掘进隧道位于高阻介质中，电场测量记录点在已掘进的隧道内。如图 5.1 所示，三种介质的电阻率分别为 ρ_1、ρ_2 和 $\rho_3(\rho_1 > \rho_2, \rho_3 > \rho_2)$。

按照 B 极位于无穷远时的预警预报模式，掘进巷道掌子面处 A 点供电，M 点处的电位 U 可以通过解析计算得出：

$$U(x, d) = \frac{I\rho_1}{4\pi}\left[\frac{1}{|x|} + \frac{k_{12}}{|2d - x|} + (1 - k_{12}^2)k_{23}\sum_{n=0}^{\infty}\frac{(k_{21} \cdot k_{23})^n}{|2(n + 1)a + 2d - x|}\right]$$

(5.1)

式中：

$$k_{12} = \frac{\rho_2 - \rho_1}{\rho_2 + \rho_1}; \quad k_{23} = \frac{\rho_3 - \rho_2}{\rho_3 + \rho_2}; \quad k_{12} = -k_{21};$$

计算参数 $\rho_2 = 50\ \Omega \cdot m$，$\rho_1 = \rho_3 = 2500\ \Omega \cdot m$，$d = 5\ m$，计算模拟掌子面供电时已开挖隧道内的电位分布。

电激励征候的表征参数 $\delta U(x, d)$ 和 $\delta U_{MN}(x, d)$ 为 $d = 200\ m$ 时的电位和电场为参考的相对异常百分比。

绝对电位测量时，相对异常百分比由下式确定：

$$\delta U(x, d) = [U(x, d) - U(x, d = 200)]/U(x, d = 200) \times 100 \quad (5.2)$$

当 $MN = 4\ m$ 时，电场测量时相对异常百分比由下式确定：

$$\delta U_{MN}(x, d) = [U_{MN}(x, d) - U_{MN}(x, d = 200)]/U_{MN}(x, d = 200) \times 100$$

(5.3)

根据式(5.2)、式(5.3)的相对异常计算结果分别形成图 5.2(a)和图 5.2(b)，图 5.2(a)为以无穷远极为参考的测量点的绝对电位征候，图 5.2(b)为 $MN = 4\ m$ 时的记录点电位差分布征候。从两图的对比中不难看出，绝对电位征候明显比有限极距电位差征候异常显著，作为预警参数，电位相对异常较有限极距电位差相对异常要敏感。事实上，电位差测量对空间分辨率相对高，但其测量幅度远不及电位的直接测量；通过计算发现，两种条件下的电场异常征候，当极距 MN 不断增大，电位差异常幅度或覆盖范围也在不断增大，电位测量相对异常是有限极距电位差相对异常的理想极限。

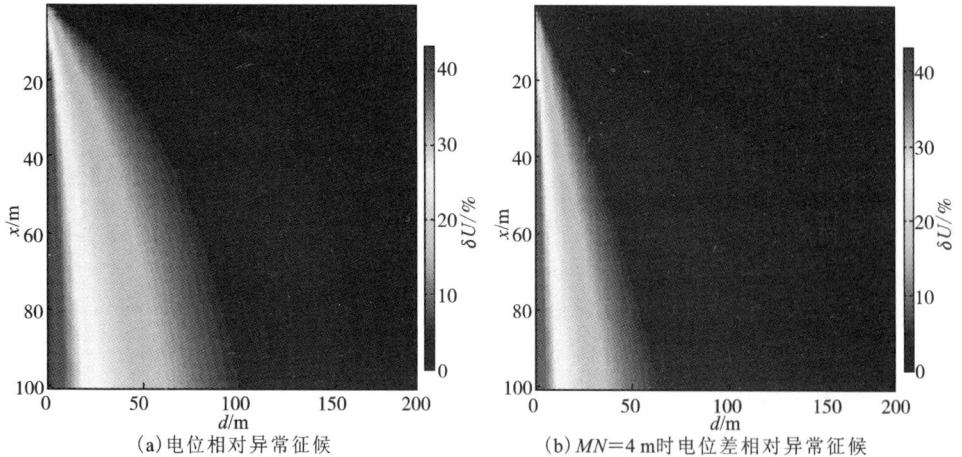

(a) 电位相对异常征候　　　　　　　(b) MN＝4 m 时电位差相对异常征候

图 5.2　垂直接触带前的电激励电位与电场征候对比

由于电位测量具有明显优势，出于隐患预警预报时对地电噪声干扰信噪比的考虑，抗干扰能力强、征候特征明显的电位测量应该是电激励征候预警系统的优先选择。

在水槽物理模拟试验中，由于供电电流小，采用绝对电位测量和电位差测量时，前者数据幅度优势明显，信号稳定，后者当 MN 极距小或 MN 距离供电点 A 相对较远时数据信号小、不稳定，整体数据可靠性差。

基于激发极化场异常的测量方法，同样需要电场电位的测量，如双频激电仪的高频电位和低频电位，采用电位测量模式同样可以大大提高信噪比，从而间接提高极化率测量数据的可靠性。

5.3　电激励响应激电征候

对于具有激发极化特性的介质体，激发极化电法是一种合理方法。当水体或储水构造位于掌子面前方或周围时，其激电效应是可以显现的，只不过需要分析异常的分布特征和异常幅度，看其是否足以形成电激励征候，作为掌子面迫近隐患的表征。

同样引入电激励响应征候的概念，我们将隐患构造激发极化所产生的电场异常称为激电响应征候，本书就板状低阻高极化体的激电响应征候进行水槽模拟试验，并对比电场异常征候进行分析。

水槽物理模拟实验在大水槽中实现，试验水槽尺寸：宽×长×深 = 4 m×5 m×2.1 m，相关参数描述如下：

良导板状体模型尺寸：铝板，宽×长×厚 = 0.75 m×1.20 m×1.50 mm，沿长度方向垂直浸入水槽，深 1.2 m。

测量仪器为 DDC-6 型电子自动补偿仪和 SQ-3C 型双频激电仪各一套，电源为 22.5V 干电池。

模拟掘进隧道为水平方向，在水面下深度为 60 cm，走向为铝板法向方向。

模拟掌子面即供电点与铝板距离为 d，$d = [5.8, 13.5, 18.5, 23.5, 28.5, 33.5]$，单位：cm，共 6 个距离点。

供电点后方电位测量点与供电点之间的距离 $x = -[3.5, 6.5, 10.5, 12.5, 14.5, 16.5, 18.5, 20.5, 22.5, 24.5, 26.5, 28.5, 30.5, 32.5, 34.5, 36.5, 38.5, 40.5, 42.5, 44.5, 46.5, 48.5, 50.5, 52.5, 54.5, 56.5]$，单位：cm，共 26 个电位记录点。

激发极化法测量的数据反映在图 5.3 中，反映为供电点离铝板距离不同时，所对应的激发极化率 F_s，图 5.4 为相应测试数据的相对变化率 δF_s，δF_s 的计算公式如下：

$$\delta F_s(d, x) = [F_s(d, x) - F_s(33.5, x)]/F_s(33.5, x) \times 100 \qquad (5.4)$$

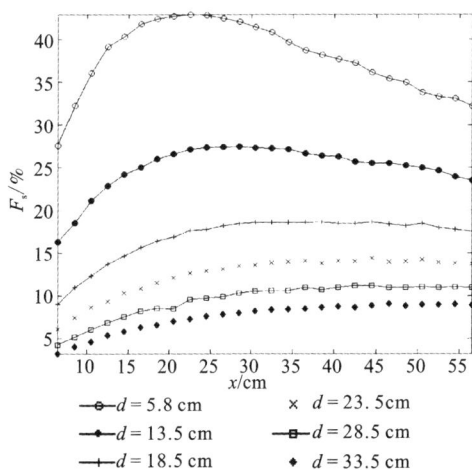

图5.3　实测激发极化率分布

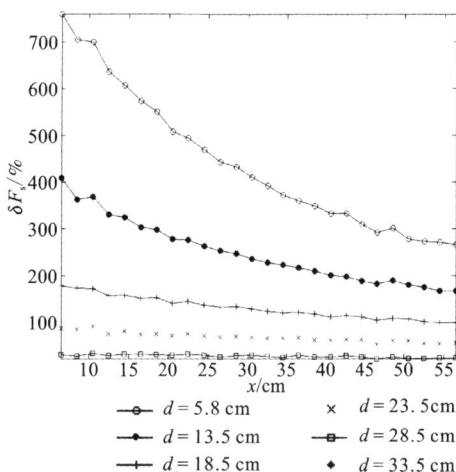

图5.4　实测极化率相对 $d = 33.5$ cm 时的变化率

根据测试数据，总体来看，随着供电点或掌子面逐渐接近模拟隐患，异常的幅度不断增大，迫近隐患时，异常的幅度会迅速增大。

测试的结果表明，针对铝板这一特定的模拟对象，激发极化法抗干扰能力强，数据稳定；掌子面迫近模拟隐患时，激发极化率具有较大的变化率(参见图5.4)。

随着观测距离的不断增大，F_s 有逐渐增大的趋势，但到一定距离后，该异常又逐渐下降，中间有一个极大值。对于不同的供电距离 d，d 越小，极大值出现的距离越小。

从测试区段上的异常表征上看，在 $x > 30$ cm 的一段测量范围内，F_s 异常呈现出一个宽缓的异常平台，随着 x 的变化，F_s 的变化率变小，这为激发极化率的测量提供了一个好的距离段；对于 x 方向上的误差，F_s 的测量误差并不敏感，保证了测量结果的可信度。

类比第3章中电场激励征候正演模拟和水槽试验的结果，电位分布异常对观测点与掌子面的距离 x 反应较为敏感，而且电位相对异常出现极值时，观测点与掌子面的距离 x 较大，即要在远离掌子面的位置才能获得较大的异常征候。

通过试验获得这样的系统认识：利用电激励异常征候预警时，观测距离应尽量远离掌子面，这样一则可以避开由于观测距离误差所导致的电位测量结果的不稳定，二则可以增大相对异常的幅度，此外，采用激发极化测量有较大的优势，激发极化率异常覆盖范围大，相对掌子面近距离观测和远距离观测同样有效，同时由于距离供电点近，实测高频和低频电位数据幅度也较大，抗干扰能力较强。

根据模拟试验，图5.5给出了一段测量范围($x = 10 \sim 55$ cm)内 F_s 和 δU 的平均值与距离 d 的关系，从图中看出，不论是相对电位异常或者激发极化率异常，对于给定的物理模型，其异常平均值都能较好地反映模拟隐患的迫近程度，在距离 x 较远时，其变化相对平缓，但当观测点离掌子面很近时，异常将呈现陡变趋势。这些都为异常征候作为隐患预警作业提供了支撑。

计算结果仅仅是为了说明异常表征的一种方式，这里是将所有距离上测试的结果进行平均获得，并不代表一种必然的征候计算方法。

5.4 隐患电激励征候综合预警

采用分级预警是根据电激励征候来反映隐患威胁程度的一种方法。用指示灯的颜色来对隐患迫近异常的状况给予4色预警：红色、橙色、黄色、蓝色，在蓝色区域，d 值较大，为安全区域，黄色表示可能有低阻和高极化介质隐患存在，橙色表示隐患正在一步一步迫近，可能需要采取一定的防范措施，乃至辅助以其他的超前预报方法进行详细勘探，红色距离表示隐患就在附近，必须严格停工，撤出设备和人员，进行处理后再恢复生产，如表5.1所示。

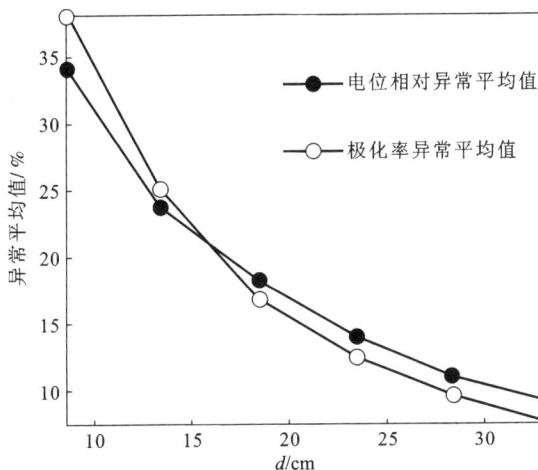

图 5.5　$x = 6.5 \sim 36.5$ cm 时相对异常平均值随 d 变化图

表 5.1　电激励综合预警阀值设定及预警方式

F_s 阈值/%	10	5	2	1
δU 阈值/%	20	10	6	3
隐患离掌子面距离 d/m	$d < 10$	$d < 20$	$d < 30$	$d > 30$
仪器设备预警方式	红色指示灯闪烁报警铃声响	橙色指示灯常亮并闪烁	黄色指示灯常亮	绿色指示灯常亮
异常征候描述及对策	停工,安全检查和处理后复工	需要辅助其它超前预报技术	附近可能有隐患但还可安全生产	安全,掌子面周围没有大型储水构造

　　表中的相关参数只是根据水槽物理模拟试验数据给出的一种参考,具体的数值需要通过原位测试或综合考虑了各种干扰因素后的数值模拟来确定,同时需要考虑到围岩等相关介质的分布及变化特征。

5.5　技术拓展

　　钻孔、掘进巷道或隧道工程施工中,孔底、掌子面前方或周围隐患可以通过地球物理勘探方法进行探测、解释和地质推断,从而对地质隐患或隐伏目标进行预警预报。这一工作需要有较多的专业知识,将地球物理勘探的探测内涵进行监测拓展。

从监测的角度出发，地球物理勘探背景的获取至关重要，微观的背景和宏观的背景都有可能是解决预警问题的关键，纯粹基于数据个体的对比提取相对异常是有必要的，但基于数据集合或数据体本身的结构性特征来提取背景参数也意义重大。

观测参数的择优选择和创新可能达到事半功倍的效果，突破单一重、磁、电、震传统观测手段或参数，观测如震电、电震响应或电化学响应参数，也可以为某些特定难题的解决提供好的途径。

电法勘探受地电条件和环境干扰影响大，受限于测量数据的信噪比和探测方法的分辨能力，物探技术人员很难给出适当的结论。通过对目标异常逐级预警与精细探测两个层次的划分，可以在第一个层次通过相对电位、激发极化率两个隐患征候参数进行初步的目标预警预报，由于无须复杂的计算，相应的程序可以在仪器装备中固化，只用简单的操作即可完成实时监测预警，普通工人经过简单培训也能够上手操作，这对于地下钻进、巷道或隧道掘进施工工程的安全保障是大有裨益的。

第6章　一种水底隐伏目标
走航式电法探测系统

6.1　概述

本项技术涉及一种水底隐伏目标走航式电法探测系统，前提条件是被探测目标相对于周围介质具有低电阻率或高激发极化率特征，特别涉及江、河、库、海的水底渗漏隐患检测或各类水底低电阻率或高极化率目标探测，是一种非汛期探测方法或资源勘探手段。采用近目标供电和多测量电极线阵列排列的电法测量技术，测量数据信噪比高，异常明显，且设备操作施工简便快捷，施测成本低。

本套技术方法采用走航式连续观测手段，配合横向监测比对算法，能够实时显示异常目标位置。也可归类于监测类地球物理勘探，兼有"征候"观测的含义。

6.1.1　行业领域现状

江河库坝存在的渗漏隐患严重影响水利工程系统的运营，为防汛安全和给水保障，迫切需要在汛期或非汛期查找渗漏隐患；另外，江、河、海水底埋藏的金属沉船或其他目标物的寻找，也需要一种经济便捷的探测手段。

现有的地球物理探测系统包括水中声呐、探地雷达、常规电法勘探、地震勘探和瞬变电磁法等。水下隐蔽目标规模小，水中声呐和探地雷达对水底面以下沉积层中的目标分辨能力有限；常规电法勘探和地震勘探一般在水面上作业，施工效率低，对水底隐患的分辨能力不足，大面积、长里程作业受到局限；瞬变电磁等感应类电法一般需要有发射和接收线圈(或电磁探头)，在水底移动不方便，因此也影响了作业效率。中南大学研制的堤坝管涌渗漏探测仪器适宜在汛期作业，采用快速电场扫描进行测量，探测效率高，但需要找到管涌出口才能进行探测作业，一定程度上影响了其适用范围。

6.1.2　主要技术难题分析

靠近目标激励并通过电场测量目标体产生的响应信号是提高物探分辨能力的有效手段，但靠近目标探测信号的探头必须小巧灵活，适应水中或水底复杂环境。

交直流传导类电阻率法和激发极化法采用的是电极激励和测量模式,对电极个体没有明确的方向性要求,测量电极和供电电极可以用金属材料制成流线型,成串排列后呈蛇形,在水中移动方便,一般不会被水体中杂物牵挂。此外,迫近目标的激励和电场参数测量可以提高异常信噪比,增大判断结果的可靠性。

传导类电法自身的原理决定了其有限的探测或异常分辨能力。和其他地球物理探测方法一样,电法探测结果可靠真实的第一前提是通过测量获得了异常响应信号,至于能不能从带有干扰或背景的复合记录中分离和提取信号,则属于下一步骤。

6.2 探测方法与关键技术

6.2.1 探测方法

本套技术的理论原理参见第 3 章和第 4 章论述。

该水底隐伏目标电法探测系统,包括供电电极组、多路测量电极组、电极转换装置、地球物理勘探用电位差或激电测量仪、拖缆、电源。结合图 6.1,通过水底电极 A 和距离 A 大于 2 倍水深的水面电极 B 组成供电电极组;电极 A 随拖船前进方向在前、由多个测量电极组成的多路测量电极组成串在后,通过缆绳挂在拖船上,同时通过多根分离导线将多路测量电极电位信号引入电极转换装置,电极转换装置通过开关切换将多路测量电极电位信号按顺序分别引入电法勘探测量仪器;拖船行进中 A 电极到达某一点,通过供电电极组 A−B 进行供电并记录供电电流 I。

分别用电场和极化率两种测量方式进行测量。通过电位测量仪测量各测量电极相对于供电电极 B 的电位差 $V(i)$,$i=1, 2, \cdots, N-1$,N 为测量电极个数;或者测量相邻两测量电极之间的电位差 $dV(i)$,计算出归一化电位 $V(i)/I$ 或 $dV(i)/I$;通过激电仪测量各测量电极相对于供电电极 B 的激发极化率 $\eta_s(i)$,或者测量相邻两测量电极之间的极化率 $\eta_s(i)$;形成基于供电点 A 的多路电极电位差以及极化率参数,将其分布记录存储,作为一组测量解译数据;拖船继续前进,测量系统随之移动,测量下一个供电点 A 处的测量电极电位差以及极化率,将其分布记录存储,作为第二组测量解译数据,依此类推。若水底 A 电极附近存在一定规模低阻或高极化异常体,则迫近该点的测量电极电位差不断下降或极化率不断升高的数据异常,能够清晰反映迫近异常体的程度。由此可以发现水底可能存在的渗漏隐患或掩埋在水底泥沙下的隐伏目标。

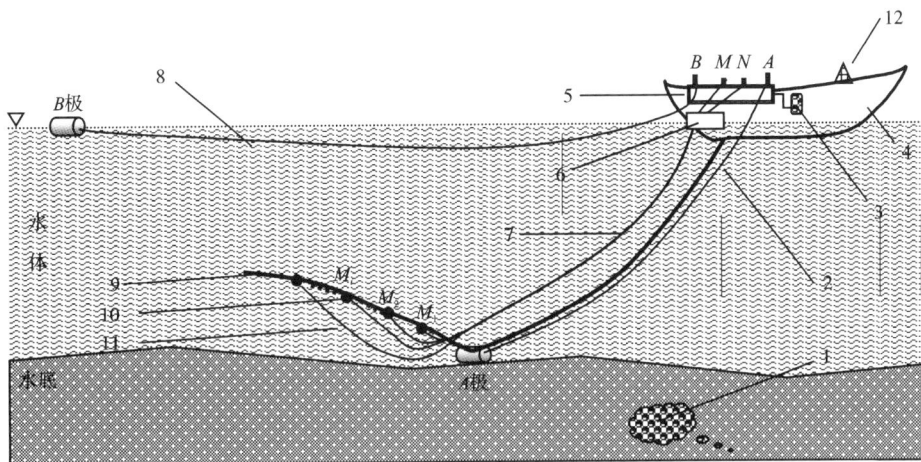

图 6.1 水底低阻高极化隐伏目标探测施工示意图

1—水底隐伏目标；2—A 电极供电导线；3—电源；4—拖船；5—电法测量仪器（电位差或激电测量仪）；
6—电极转换装置；7—多路信号传输电缆；8—连接 B 电极供电导线；9—A 电极和测量电极组附着用缆绳；
10—多路排列测量电极；11—连接测量电极导线；12—GPS 定位系统

6.2.2 关键技术

该套系统解决了如下关键技术：

（1）水下探测环境复杂，水体快速流动中对观测装置有较高要求；采用蛇形含电极拖缆，在水体中运动较为灵活，一般不会被杂物牵挂；在流速较大的汛期也可使用。

（2）点电源激励和电场接收电极都最大限度贴近隐伏目标，观测到的响应信号精度高，增大了探测目标识别的可靠性。

（3）采用线型阵列测量电极和一发多收模式，通过多道电场信号记录进行比对分析，避免了单道记录异常判断的不确定性。

6.3 实验及试验

模型试验在长 5 m、宽 4 m、深 2 m 的水槽中完成，实验装置如图 6.2 所示。模拟隐伏目标为直径 30 cm 的铝球，球顶面在水下 120 cm 处，位于水槽中央。试验用多路电极系垂直水面，从下到上排列 A 电极和多路测量电极，远参考电极 B 点位于该试验水槽的外部数米远的土壤中；A 电极距离水面 90 cm，第一至第八个测量电极（$M_1 \sim M_8$）自下向上与 A 电极距离分别为 15、19、23、27、31、35、39、43（单位：cm），相对位置固定。测量剖面经过球体中心呈对称分布，左右各

70 cm，电极系测量点间距 10 cm，左右各测量 7 个点，形成了 15 组测量解译数据。

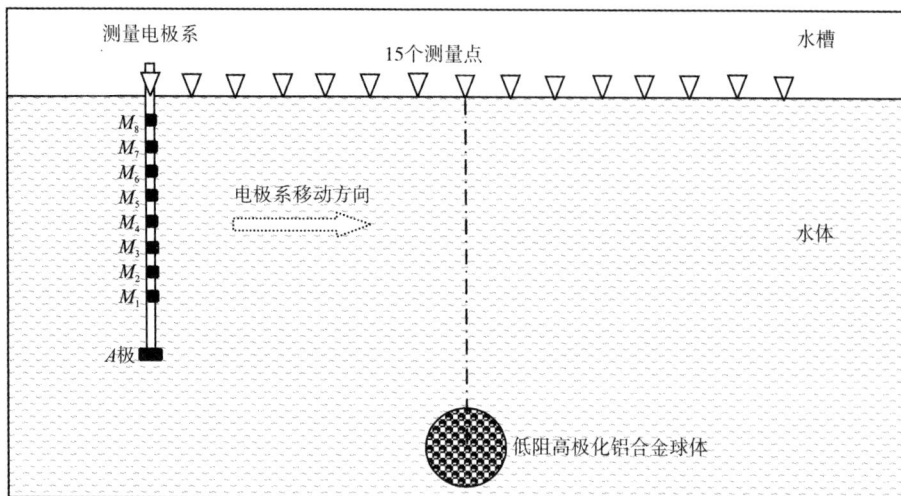

图 6.2　水槽模拟试验测量电极系及隐患目标模拟测量示意图

图 6.3 和图 6.4 中，电位差数据单位为毫伏，极化率参数无单位。

通过测试数据可以看出，球体正上方电位差和极化率出现最大异常；随着测量电极系迫近和远离模拟目标，电极系异常呈现的电位差和极化率异常先由弱增强，然后又由强变弱。

6.4　应用实施

供电电极和测量电极在水下作业，电极材料的选择很重要。供电电极容易氧化腐蚀，测量电极的一致性需要得到保证。

供电电极 B 最好采用悬浮水面的方式，一是便于保证 AB 极极距，二是便于观察阵列电极系的位置走向。

AB 之间的距离最好大于 2~5 倍水深，以增加探测装置的异常分辨能力；第一个测量电极 M_1 与 A 极之间的距离以保证测量电位差信号不超过电法测量仪器量程为宜；测量电极相邻两电极之间的距离大于 0.2 m，以保证电位差测量时有足够的信号强度。

采用的物探仪器为测量电位差或极化率等参数的交、直流电法测量仪器，包括电子自动补偿仪、高密度电法仪、激发极化测量仪器。

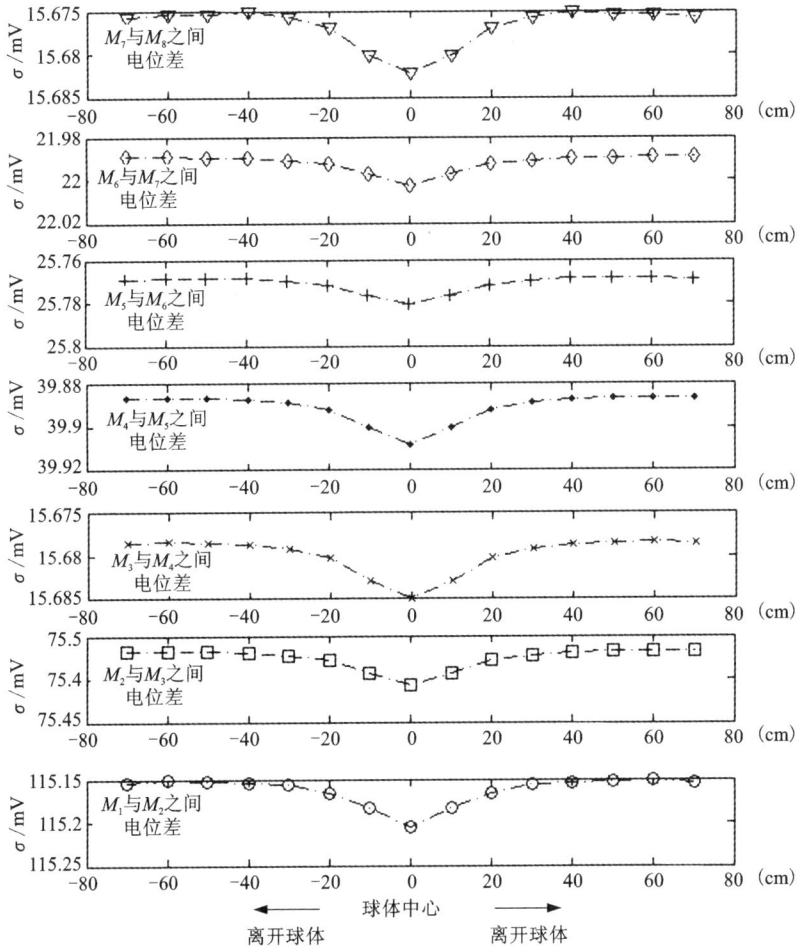

图 6.3 水槽模拟试验有低阻高激化异常体时电场随电极系移动而变化的实测曲线

（若无球状低阻高极化体且电场平稳，则不会出现电场下降特征）

测量参数可以是各测量电极与 B 极之间的电位差，也可以是相邻两测量电极之间的电位差，极化率的测量依此类推。

采用多路阵列电场观测时，可以用多路电极转换开关实现电极电位测量的转换，但最好是用多路同步电法测量装置，实现运动电极电场信号的快速测量。

电法探测对目标识别的方法是，通过测量数据的低电位差和高极化率特征，判断隐患或目标体所处的位置，测量解译数据的异常幅度最大处对应的 A 点为隐患或目标体所处的中心位置，异常幅度逐渐增大，表明 A 点渐渐接近目标；异常幅度逐渐减小，说明 A 点渐渐远离目标。

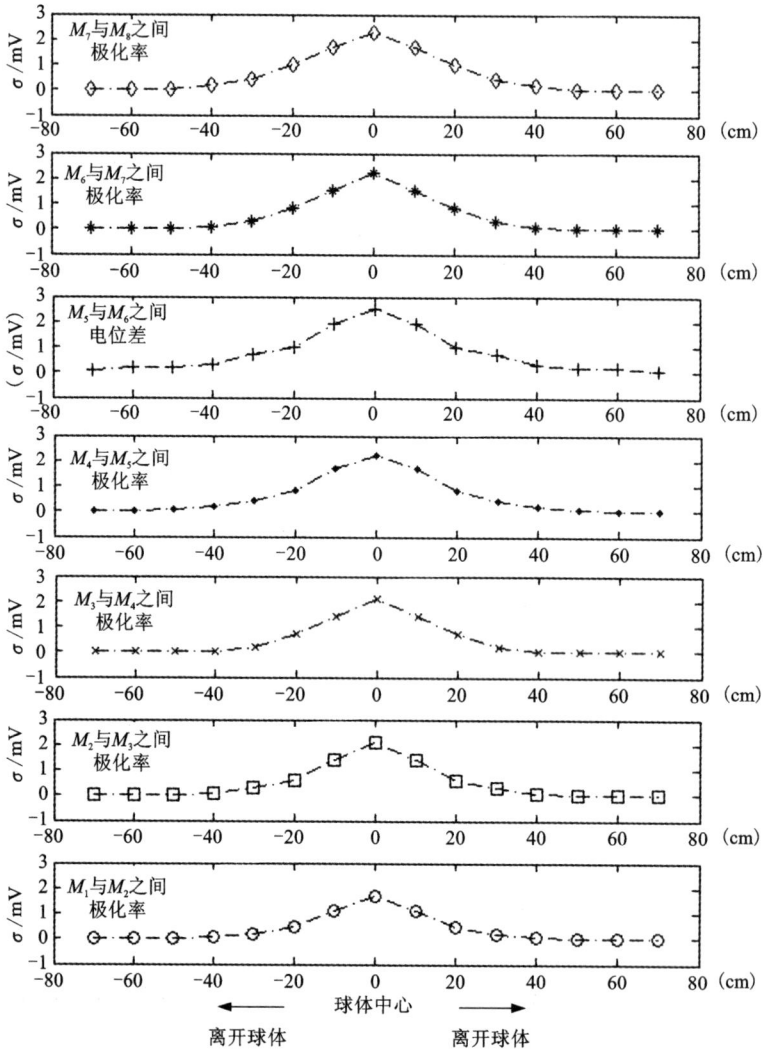

图 6.4 水槽模拟试验有低阻高激化异常体时极化率随电极系移动而变化的实测曲线

（若无球状低阻高极化体且电场平稳，则不会出现极化率上升特征）

根据实测数据绘制两个图形：一是单支排列电场或极化率分布曲线，横坐标为测量电极相对于供电电极的距离；二是渐进排列的扫描异常断面，横坐标为供电电极 A 的位置，纵坐标为供电电极距离（线性坐标或对数坐标），断面内为各对应观测点电位或激发极化率数据。

6.5 技术拓展

建议采用 GPS 定位或陆上全站仪监测方式实现异常目标的定位。

阵列多道电场或激发极化率异常需要开发相应的软件系统,结合 GPS 定位数据,实现快速实时处理,以便及时发现或跟踪目标。

行进中的探测系统,阵列观测数据可以在显示器上实时显示,根据线性分布和平面变化的征候指标(数据的空间分布范围和异常幅度)可以判断异常体的大小规模;结合经验可以判断异常体类别。

对于传导类电法,电位或电场观测到底谁具有优势,对于特定对象或解释方法,都有其定论,应该实事求是地展开分析。

对于传导类电法,激励点源在前或观测点电极在前需要结合探测对象的电学性质和几何结构,对于特定的对象,不同的技术方法各有优缺点,应该因地制宜。

第7章 电法随钻超前预报观测系统

7.1 概述

本套新技术涉及一种随钻超前预报观测系统，依托已钻进一定深度的钻孔，开展钻孔旁侧或下方(前方)隐伏目标探测，适用于金属、油气等矿产资源勘查领域；特别用于预测预报钻孔孔底、钻孔周围一定深度或半径范围内可能被漏钻漏探的隐伏金属矿体，在水资源钻探开采中也有应用前景。

本套技术方法采用阵列观测和电场、激发极化率参数直接比对，无需视电阻率转换，直接反映隐伏目标的迫近程度和基本规模。

7.1.1 行业领域现状

钻探在油气以及金属、非金属矿产资源勘查中广泛采用，根据地质勘探或开采施工需要生产的钻孔有其设计的深度，到达深度后往往选择终孔结束。一个钻井生产来之不易，少则数十米，深则数百上千米，是否在钻孔周围存在隐伏目标、是否需要再进行更深的钻进，也许就在当前钻孔周围或孔底数十米乃至十几米深度范围内就隐伏着我们所要勘探的目标！探测出当前钻孔周围以及底部一定深度范围内隐伏的目标意义重大。

各种物探技术在隐伏矿产资源勘探中发挥着重要作用，但当目标体距离较远、深度太大时，物探对规模相对较小的对象勘探能力和分辨能力都受到局限，如果能够接近目标实施探测，那么信息的获取和可信度的把握能力将大大增强。在钻井中实施探测是一种当然选择，有很多物探测井方法，但现有的物探测井方法往往局限于对穿透钻孔浅地表介质的物理性质测量，电极极距尺度小，只能反映钻井周围极小半径内的情况，勘探深度小。

现有的电阻率法和激电法测井，采用的是小极距装置，测量信号弱，容易受到钻井周围浅部介质影响，测量数据很难用于钻井周围大半径范围内隐伏对象的探测解释；出于对大半径范围内隐伏目标的探测，需要有大功率和信噪比高的探测方法和观测系统。

7.1.2　主要技术难题分析

常规电法或传导类电法需要通过几何装置的展开来增加勘探深度。已经钻探到一定深度的钻孔，少则百米左右，深则数百乃至上千米，是一条很好的测量电极几何展开空间，可以充分利用。

隐伏金属类矿产资源在电阻率和激发极化率性质上与其围岩体介质存在差异。利用低电阻率吸引电流，如第 3 章和第 4 章所述，高电阻率排斥电流的现象，可以通过逐步逼近对象时的测量电位异常征候来反映隐伏矿体的迫近程度；金属矿体、储水构造往往具有良好的激发极化效应，一般来说，越接近矿体，其激电异常幅度越大，同样，利用逐步逼近的测量技术，通过激发极化异常大小及变化症候来反映隐伏矿体的迫近程度。

靠近目标激励并测量目标体产生的响应信号是提高探测分辨能力的有效物探手段，但靠近目标探测响应信号的探头必须小巧灵活，适应充满高压井水、泥的复杂介质环境。

传导类电法自身的原理决定了其有限的探测或异常分辨能力。和其他地球物理探测方法一样，电法勘探推断结果可靠、真实的第一前提是通过测量捕获了异常响应信号，至于能不能从带有干扰或背景的记录中分离和提取信号进行下一步分析，则是后话。

7.2　探测方法与关键技术

7.2.1　探测方法

本套技术方法的理论原理参见第 3 章和第 4 章。

随钻探测超前预报方法和观测系统，包括供电电极组、电流阻隔气囊、测量电极组、电极转换装置、激电仪（电法勘探仪器）、电源。如图 7.1 所示。

通过由无穷远供电电极 B 和钻孔孔底电极 A 组成的供电电极组对钻孔进行供电并记录供电电流 I，置于井中贴井壁的多路测量电极引入电场信号，由导线顺井孔传至地表多路电极转换开关，经过电极转换开关切换，分别进入电阻率仪或激发极化法测量仪器，测量各电极相对于无穷远供电电极 B 的电位大小 $V(i)$，计算出归一化电位 $V(i)/I$ 以及测量电极组所在位置极化率 $\eta_s(i)$ 或幅频率 $F_s(i)$，形成多路测量电极覆盖在钻井区段上的电位和极化率分布，将其分布记录存储作为测量解译数据，钻孔继续钻进一段距离，提钻后，测量各电极与 A 极相对距离保持不变，测量电极系下井，重复观测过程记录测试数据。

若钻孔孔底或周围存在大规模低阻或高极化异常体，则随钻测量的实测数据异常幅度渐进增大，能够清晰反映异常体的存在。由此可以发现可能被漏钻漏探的隐伏矿体，同时为是否继续钻探提供参考依据。

7.2.2 关键技术

本套技术类似于在水平巷道中进行的超前探测，将巷道竖立向下，应用领域拓展到钻孔测量中。

利用已实施或正在实施的钻孔作为传导类电法测量的几何扩展空间，增大了探测深度。

采用阵列式多电极多路同步电场测量模式，增大了异常解释的可靠性。

和第 5 章所述探测方法类似，采用电场与极化率异常同时观测和联合预报模式，通过综合征候特征来反映隐伏金属矿体或其他目标的迫近程度，指标为线阵列渐进排布的电场或激发极化率参数变化。

本发明采用近异常供电和近异常测量原理，测量数据信噪比高，异常明显，且操作施工简单，施测成本低，具有很好的应用价值。

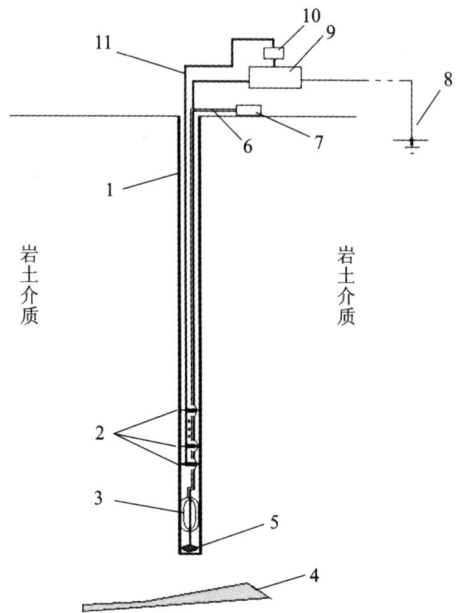

图 7.1 随钻超前探测系统现场测试布置示意图

1—施工钻孔；2—测量电极组；3—阻隔气囊；
4—隐伏矿体；5—供电电极；6—充气气管；
7—充气装置；8—无穷远电极（参考电极）；
9—激电测量仪器；10—多路电极转换装置；
11—测量电极信号电缆；12—供电导线

7.3 实验及试验

试验在长 5 m、宽 4 m、深 2 m 的大水槽中完成，模拟断层为厚 1.5 mm、长 1 m、宽 60 cm 的铝板，铝板水平放置于水中，深度为 78 cm，供电电极和测量电极组在垂直于铝板中心的轴向上移动。图 7.2 和图 7.3 中横坐标为测量电极与水面的距离；电位测量使用重庆奔腾公司高密度电法仪，激发极化测量仪器为中南大学研制的 SQ - 3C 型双频激电仪。

图 7.2 和图 7.3 为本发明的水槽物理模拟试验数据图，图 7.2 中的数据可以通过均匀半空间视电阻率换算公式转换为视电阻率：

$$\rho_s = K \cdot \frac{4\pi U(i)}{I} \qquad (7.1)$$

式中，K 为装置系数，$K = 1 / \left[\dfrac{1}{R} + \dfrac{1}{(2S - R)} \right]$。$R$ 为测量点到供电电极 A 的距离，S 为 A 电极入水深度，I 为供电电流大小。

图 7.2 中纵坐标为测量电极电位，单位为 mV；图 7.3 中纵坐标为幅频率异常 F_s，单位为%。从图 7.2 和图 7.3 可以看出，随着供电电极 A 迫近铝板，电场电位分布异常和幅频率异常幅度明显增大。幅频率异常不断增大，视电阻率参数不断增大，则反映测量点位越来越迫近铝板。

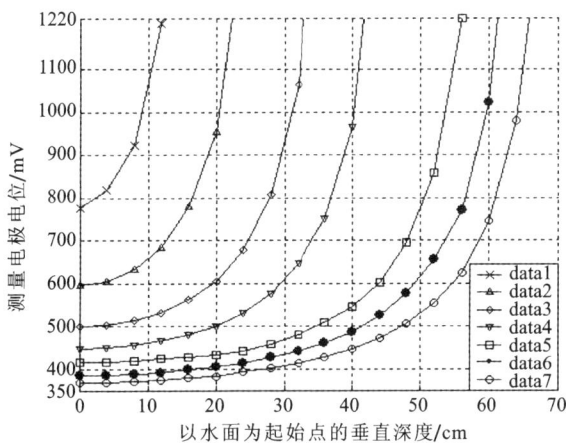

图 7.2　水槽模拟试验电场随电极深度变化实测曲线

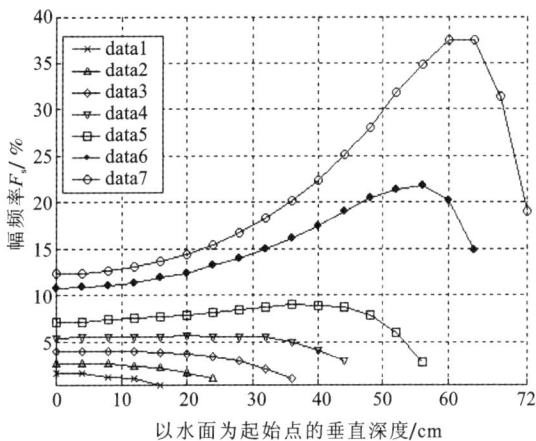

图 7.3　水槽模拟试验幅频率 F_s 实测异常曲线

data1 ~ data7 分别代表供电点 A 距离水面 20 cm、30 cm、40 cm、50 cm、60 cm、70 cm 和 75 cm 时的测量数据。由于测量点不超过供电点 A 的深度，因此图中 A 越浅，则可测量点位的深度越浅，个数越少。

7.4 应用实施

所述的随钻超前探测预报系统，供电电极组包括钻孔下部供电电极和远参考无穷远电极，所述钻孔下部供电电极设置于当前钻井底部或下部，由铜等良导金属制成，可以作为电极系统的下沉坠；所述远参考电极是电法勘探中的"无穷远"电极，设置于离钻孔孔口 500 m 以上或大于钻孔深度 2 倍距离的地表，接地条件好，附近受地电场干扰要小。

所述的测量电极组为铜电极或不极化电极，位于供电电极上方，包括 2 ~ 16 根电极；所述不极化测量电极与供电电极 A 的距离在 10 ~ 100 m 的钻孔内，线性排列，每根电极之间的间距为 1 ~ 10 m，且与钻孔下部供电电极 A 的相对距离固定。

所述的测量电极测得的电位都是相对于远参考电极 B 的电位或两两相连测量电极之间的电位差，相应的激发极化率计算也是以该电位或电位差为转换参数，前者数据记录点为测量电极点，后者记录点为两测量电极中点。

所述的测量电极组电位测量采用电极转换开关实现各个电极相对于无穷远电极 B 的电位测量，如高密度电法仪器，如果有多路电极同步测量系统，则测量记录更为方便。

所述的钻孔底部供电电极与测量电极之间有柱状阻隔气囊将其隔离，阻隔气囊长度大于 1 m，位于供电电极 A 和测量电极组之间，下放前放气并随供电电极一起下放到孔底，电极下放到位后充气，测量完成后放气升井。一般情况下，当井中泥浆的电阻率也较高，由于钻孔尺寸有限，供电点 A 与观测点之间距离较大时，也可以舍弃阻隔气囊装置，简化观测系统结构。

所述的随钻测量超前预报系统，采用的物探仪器为交直流激电电法仪器，包括时间域激发极化法测量仪器以及以双频激电仪为代表的频率域激发极化法测量仪器。

7.5 技术拓展

实测电场或电位数据可以通过视电阻率转换公式进行换算，进而进行半定量或定量反演解算，以更好推断隐伏目标体的性状。

类似于前述传导类电法线性电极阵列观测模式，源在前或观测电极在前，采用电场或电位观测模式在理论上有明确的结论,但在实践中还要根据施工条件进行取舍。

激发极化法观测模式在解决超期探测问题时有一定的特殊性和优势。特殊性表现在"正"或"负"极化率异常都可以作为很好的异常评价参数,优势在于类似时间域激电方法,一次场的影响可以得到较好地控制。

对于线阵列观测系统,由于钻孔旁侧目标存在方向不明确的局限,实施定向探测时可以在地面围绕钻孔东、南、西、北分别布置 B 极或无穷远电极实施供电测量,一定程度上可以通过异常的变化特征来判断钻孔旁侧目标的分布方位。

理论上说多路同步采集模式可以提高电法仪器测试信号的信噪比或测量精度。

在井中供电导线和测量导线相距很近,平行排列,将产生感应干扰;采用电场遥测或分布式数字采集电极可以一定程度上降低感应干扰影响。

第 8 章　一种检定良导体杆件材料埋设长度的方法

8.1　概述

在岩土工程核算、竣工验收中遇到的锚杆或锚索等深埋一维良导体长度检定时，利用良导体直接充电和旁侧平行成孔（检定孔）电场测量的方式可以精确测量并给出检定结果。理论解析计算和水槽物理模拟试验表明这种检定方法的测量精度受杆－孔相对距离和平行度的影响小，检定结果受旁侧无关良导体干扰小；在一个检定孔中可以对周围多根检定对象进行长度检测。这种有效的物探检测方法可以推广应用到类似钢筋笼等良导体长度的精确检定中。

这种检定良导体杆件长度的技术属于极为理想条件的充电电法勘探方法。

8.1.1　行业领域现状

锚杆、锚索、钢筋笼等良导体建材是边坡或围岩支护系统的重要组成部分，其施工质量直接关系到整个工程的安全运营。竣工后对构筑设施进行综合检测，是保障工程质量的可靠手段。其中，良导体建材有效长度的检定是质量检测的一个关键指标。

对于锚杆或锚索长度的检定，目前工程界应用最广泛的是拉拔试验法和应力波反射法，拉拔试验法不仅具有破坏性且费工费时，故仅限于抽检；而应力波法是一种无损检测方法，通过反射波的波幅和相位特征及相应的传播时间判定锚杆的长度以及缺陷的位置和程度，但由于应力波能量沿一维杆件衰减快，检测精确度容易受到围岩的性质或锚固质量等诸多因素的影响；基于导波沿传播路径衰减小、传播远的原理，Beard M D 等提出了用导波检测锚杆端面回波的方法，虽然这种观测模式接收的信号包含了杆件的整体性信息，理论上提高了精确度，但导波的频散特性和多模态特性使得对接收信号的分析和处理很困难，目前该套技术方法尚未进入工程实践。此外，高精度磁测也可应用于金属杆件和钢筋笼等长度检测中，但其钻孔布置不易准确定位，对于一维杆体，相对微弱的磁异常还易受周围磁性介质干扰，仅能针对钢筋笼等大规模金属结构进行探测，在实践中不易推广应用。

　　樊敬亮等将充电法进行良导体检测应用在钢筋笼长度的检测中，取得了良好的探测效果，充电法对于锚杆等一维杆件的应用及干扰影响的系统研究未见报道。本书借用充电法，利用旁侧孔电场特征来检定良导体长度，通过数值计算和水槽物理模拟来验算这种检定方法的精确度，对锚杆与检测孔的相对距离、相对斜度以及周围无关良导体异常干扰进行了分析，为一维良导体检测方法的实施提供了技术参考。

8.1.2　关键技术分析

　　深埋良导体形状特殊，检定其长度即要确定端点的空间位置，在物探方法中很难找到从施工表面直接探测的技术方法。采用单点反射测量原理，小应变检测方式对超长锚杆或锚索的检测也无能为力。

　　金属良导体是理想的电流传导介质，通电导体可以看作等势体，一旦流出导体，则电场会很快衰减，这一点在导体的端点部位也有客观体现。在给导体供电的条件下，若能测量电场突变的部位，即可间接测量到导体的端点。

8.2　一维良导体充电电场数值模拟

　　对良导体充电能够使其自身形成一个等势体，根据其周围介质的电场分布情况，可以探测被充电导体的倾向、长度和位置。工程上使用的锚杆、锚索等良导体设施充电后均可以近似为一维导线线电流源，围岩便可近似为无限半空间并产生充电电场，因此可将问题简化为线电流源在均匀各向同性半空间内产生的电场分布。

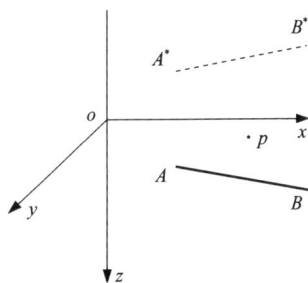

图 8.1　各向同性均匀半空间任意线电流源 AB

　　如图 8.1 所示，在电导率为 δ_0 的地下各向同性均匀半空间存在一任意倾角的线电流源 AB，xoy 平面为地平面，线源 AB 上的电流恒为 I，埋入地下的线源长为 L，A^*B^* 为线源 AB 的镜像，该线元在任意点 p 所产生的电位为：

$$u_p = \frac{I}{4\pi\sigma_0 L}[f(a, b, c) + f(a^*, b^*, c^*)] \qquad (8.1)$$

其中, $f(a, b, c) = \begin{cases} \dfrac{L}{\sqrt{a}}\ln\left[\dfrac{2\sqrt{a(a+b+c)}+2a+b}{2\sqrt{ac}+b}\right] & \text{当}\ 2\sqrt{ac}+b\neq 0 \\[3mm] \dfrac{L}{\sqrt{a}}\ln\left(\dfrac{\sqrt{c}}{\sqrt{c}-\sqrt{a}}\right) & \text{当}\ 2\sqrt{ac}+b=0\ \text{且}\ p\ \text{在}\ AB\ \text{的延长线上} \\[3mm] \dfrac{L}{\sqrt{a}}\ln\left(\dfrac{\sqrt{c}+\sqrt{a}}{\sqrt{c}}\right) & \text{当}\ 2\sqrt{ac}+b=0\ \text{且}\ p\ \text{在}\ BA\ \text{的延长线上} \end{cases}$

$$(8.2)$$

$f(a^{*}, b^{*}, c^{*}) =$

$\begin{cases} \dfrac{L}{\sqrt{a^{*}}}\ln\left[\dfrac{2\sqrt{a^{*}(a^{*}+b^{*}+c^{*})}+2a^{*}+b^{*}}{2\sqrt{a^{*}c^{*}}+b^{*}}\right] & \text{当}\ 2\sqrt{a^{*}c^{*}}+b^{*}\neq 0 \\[3mm] \dfrac{L}{\sqrt{a^{*}}}\ln\left(\dfrac{\sqrt{c^{*}}}{\sqrt{c^{*}}-\sqrt{a^{*}}}\right) & \text{当}\ 2\sqrt{a^{*}c^{*}}+b^{*}=0\ \text{且}\ p\ \text{在}\ A^{*}B^{*}\ \text{的延长线上} \\[3mm] \dfrac{L}{\sqrt{a^{*}}}\ln\left(\dfrac{\sqrt{c^{*}}+\sqrt{a^{*}}}{\sqrt{c^{*}}}\right) & \text{当}\ 2\sqrt{a^{*}c^{*}}+b^{*}=0\ \text{且}\ p\ \text{在}\ B^{*}A^{*}\ \text{的延长线上} \end{cases}$

$$(8.3)$$

式中,

$$\begin{cases} a = a^{*} = |\overrightarrow{r_{AB}}|^{2} = |\overrightarrow{r_{A^{*}B^{*}}}|^{2} \\ b = -2(\overrightarrow{r_{AB}} \cdot \overrightarrow{r_{Ap}}) \\ c = |\overrightarrow{r_{Ap}}|^{2} \\ b^{*} = -2(\overrightarrow{r_{A^{*}B^{*}}} \cdot \overrightarrow{r_{A^{*}p}}) \\ c^{*} = |\overrightarrow{r_{A^{*}p}}|^{2} \end{cases}$$

结合锚杆检测实践, 将模型简化为图 8.2 所示的垂直线源旁侧平行测孔电场解析模型, 钻孔方向与锚杆平行, 测量电极 MN 的中点深度为 x, 良导杆的埋置深度为 L, 与钻孔的水平偏移距离为 R, 供电电流为 I。

由于 $2\sqrt{ac}+b\neq 0$, 所以计算公式选取 $f(a, b, c) = \dfrac{L}{\sqrt{a}}\ln\left[\dfrac{2\sqrt{a(a+b+c)}+2a+b}{2\sqrt{ac}+b}\right]$, 则 MN 中点的电位为:

$$u_{ab} = \frac{I}{4\pi\sigma_0 L} \cdot \ln\frac{\left[\sqrt{(L-x)^2+R^2}+(L-x)\right] \cdot \left[\sqrt{(L+x)^2+R^2}+(L+x)\right]}{R^2}$$

$$(8.4)$$

设计算例参数为: $L=800$ cm, $I=600$ mA, $\sigma_0 = 2.52\times 10^{-2}\Omega\cdot$cm, 由式(8.4)可绘出线源 L 的空间电位分布等值线图以及电位梯度等值线图。

图 8.3 所示为垂直地面长度为 L 的一维良导杆电位分布等值线图,图中纵坐标为线源深度,电位等值线围绕线源分布,并在线源的底端闭合,线源近处的电位较高,随着距离的增加,电位迅速降低。图 8.4(a) 所示为垂直地面一维良导杆电位梯度等值线图;图 8.4(b) 所示为 $R = 60$ cm 和 $R = 30$ cm 时的电位梯度曲线。这两幅图中明确显示了在线源末端电位差曲线呈现明显的峰值,利用这一特点,在测量时就可以得到相对较高的分辨率,所以以电位梯度为测量参数可以得到更好的观测效果;并且由图 8.4(b) 可知,随着 R 的增大,电位差的峰值会变小,所以检定孔离线源越近,导体末端电位差的变化越明显,测量效果越好。但是在实际测量中,R 的选取还要依据现场的条件而定。

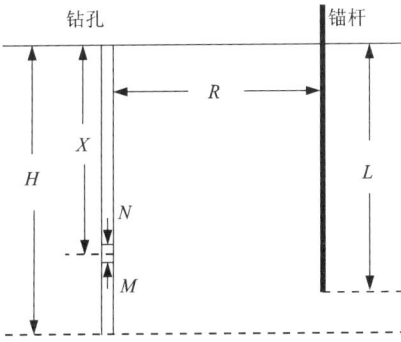

图 8.2 垂直线源旁侧平行
观测孔电场解析模型

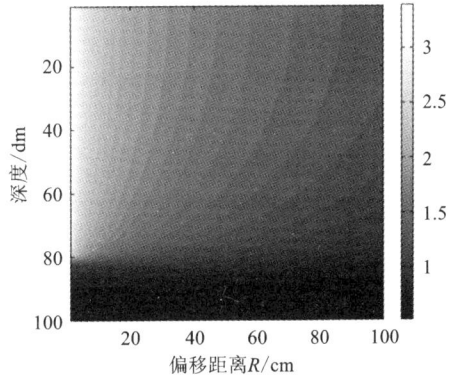

图 8.3 垂直地面长度为 L 的一维良
导杆电位分布等值线图

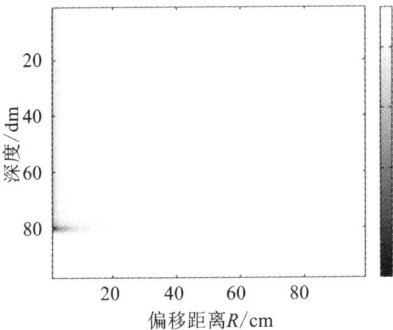

(a) 电位梯度等值线图

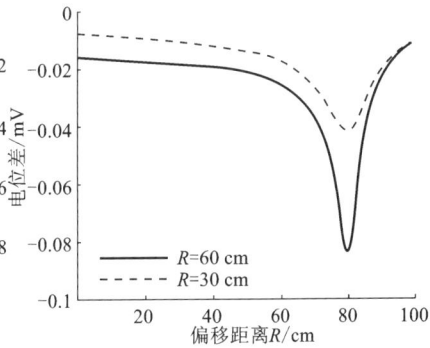

(b) $R = 30$ cm, $R = 60$ cm 的电位梯度曲线

图 8.4 垂直地面一维良导杆空间电位等值线图和电位梯度曲线图

利用电位梯度曲线极值点存在的特征,根据式(8.3)可以反解出线源 L 的长度。按图 8.2 所示的模型计算出极值点对应的线源长度 L,同时列举出计算结果与真实线源长度的误差对比数据,如表 8.1 所示。

表 8.1　良导杆长度判定数值模拟结果误差分析

水平距离 R/cm	模拟长度 x/cm	相对误差/%
10	800.23	0.029
20	800.89	0.111
30	801.92	0.240
40	803.28	0.410
50	804.95	0.618
60	806.88	0.861
70	809.07	1.134
80	811.49	1.436
90	814.11	1.764
100	816.94	2.117

如表 8.1 所示，测量误差随着 R 的增大而增加。对于 800 cm 长的良导体来说，在 100 cm 远处所测量的长度为 816.94 cm，误差率很小，仅为 2.117%。当然，由于采用数值解法，误差的大小还与 MN 极距和测量点距的选取有关，点距和极距越小，精度越高。在实际操作中，要根据杆件的大致长度和测量精度要求选取适合的点距。

8.3　实验及试验

数值模拟能够精确正演一维良导杆件在均匀半空间介质中充电电场的分布规律，进而说明通过电位梯度特征即导体末端极值点位置实现其长度的精确测量，为应用于生产实践和分析典型干扰对探测精度的影响，在水槽中分别进行正常场、倾斜良导体和有干扰源的物理模拟试验。

8.3.1　正常场模拟

基于待测良导体所处的地球物理环境，根据图 8.2 所示的垂直线源旁侧平行测控电场解析模型设置试验装置：将良导体铁棒垂直置入水深 1.7 m、长 5 m、宽 3.8 m 的水槽中央，水的电阻率为 26.22 Ω·m；铁棒总长度为 100 cm，直径为 4 mm，入水深度 $L=80$ cm；采用三极装置用高密度直流电法仪测量 MN 之间的电位差，供电电压 27 V；测量极距为 2 cm，点距为 1 cm，MN 从水面开始向下移动，接收端 MN 中点的极限深度为 1~104 cm；铁棒与接收端 MN 的水平偏移距离

R 分别取 5 cm、10 cm、15 cm、20 cm、30 cm 和 40 cm。测得电位差曲线如图 8.5 所示，曲线均在 80 cm 附近出现明显的拐点，且随着 R 的增大峰值幅度减小。

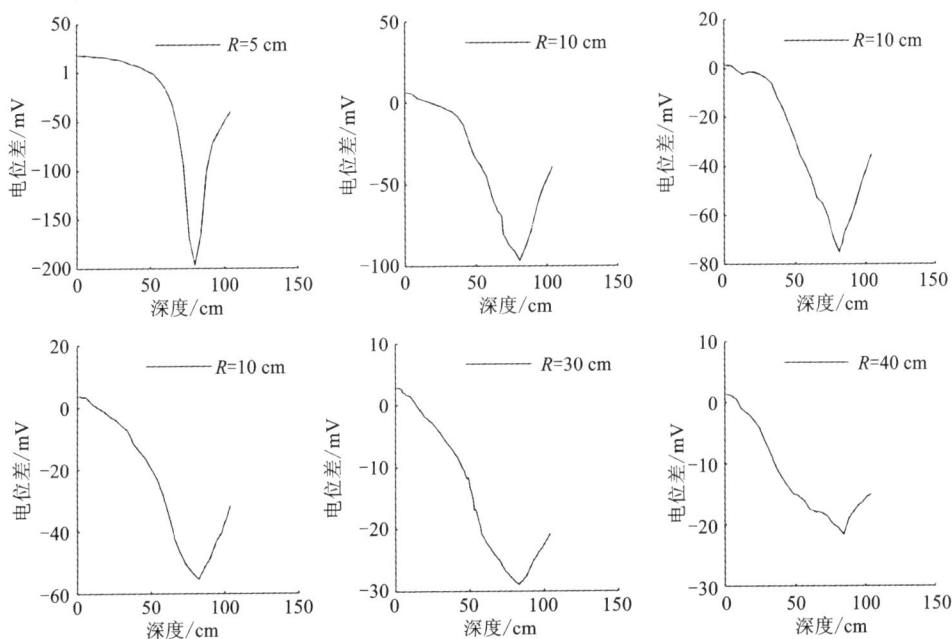

图 8.5　偏移距离 R 不同时的电位差曲线

测量误差分析如表 8.2 所示，误差随着 R 的增大而增大，$R = 5$ cm 时，误差很小，$R = 40$ cm 时误差为 5%，验证了数值模拟的计算结论。

表 8.2　偏移距离 R 不同时的电位差测量误差分析

水平距离 R/cm	实测长度 x/cm	相对误差/%
5	80	0.00
10	81	1.25
15	81	1.25
20	82	2.5
30	83	3.75
40	84	5.00

8.3.2 倾斜良导体模拟

在实际测量中，钻孔方向可能与良导体杆件不平行，为掌握良导杆体倾斜对检定精度的影响，本书进行了一系列试验。在其他条件不变的情况下，将铁棒的入水长度固定在 80 cm，入水点固定在 $R = 15$ cm 处，在杆–孔平面内使铁棒与垂直方向呈 10°、15°、20°、30°向测试孔外侧倾斜。采用同样测量方式进行测量，得到的试验结果见表 8.3，试验数据表明，尽管铁棒与测试孔不垂直，但是电位差曲线在铁棒端点处仍然会出现明显的拐点，并且随着倾斜程度的增加，误差也有所增大。杆体倾斜影响杆体的计量精度，但对于垂直深度或杆体投影在旁侧检定孔中的长度影响很小。在实际操作中，如果倾斜过大，则会导致电位差极值拐点不明显，并且倾角和方向也不易确定，为导体长度的计算带来误差。

表 8.3　倾斜良导杆测量电位差误差分析

倾角/(°)	垂直深度/cm	测量深度/cm	误差/%
0	80	81	1.25
10°	78.8	81	2.81
15°	77.3	80	3.53
20°	75.2	79	5.09
30°	69.3	74	6.81

8.3.3 干扰异常模拟

在实际检定工作中，围岩中可能存在低阻良导体，为检验此方法在低阻良导体干扰情况下的可靠性，选定直径为 150 mm 的实心铝球模拟干扰良导体。先将铝球放置在铁棒和测量电极中间，球心深度为 32 cm，偏移距 R 取 25 cm，其他参数不变。图 8.6(a)所示为铝球位于铁棒和测量电极之间时的电位差曲线。由异常场电位差曲线可知，曲线在铝球所在位置出现明显拐点，并且在铁棒端点处也出现拐点，拐点位置与没有干扰时一致。图 8.6(b)所示为铝球分别位于测量点与铁棒端点中间、外侧，球心深度为 80 cm 时所产生的电位差曲线。当干扰体位于铁棒和检定孔之间时，受干扰影响，实际电位差曲线会反映干扰体所在位置；如果低阻体在铁棒与检定孔外侧，低阻体对于电位差曲线的干扰很小，在端点处曲线仍然出现明显的拐点，曲线末支部分的突变是铝球底端所造成的。

物理模拟试验表明，直接测量电位梯度的检测方法在无旁侧良导体干扰条件下是可行的，且在良导体与测试孔不平行和旁侧存在良导体干扰时仍然适用。

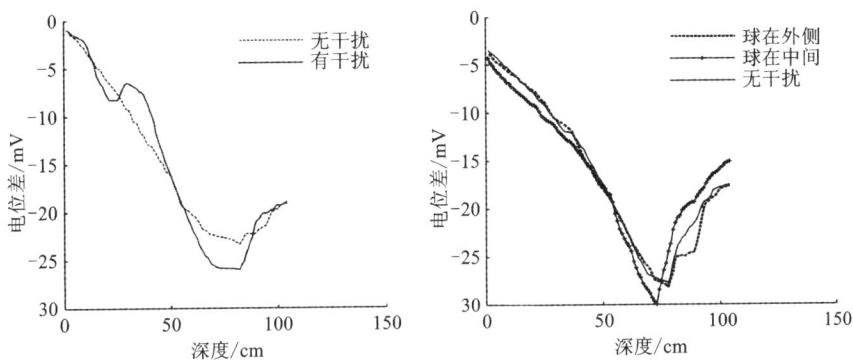

图 8.6　低阻球体在杆身旁侧和低阻球体在底端时异常/正常场电位差对比曲线

8.4　野外工作方法设计

通过物理模拟试验可知，用充电法检测良导体杆件长度是可行的，可应用到工程实践中。在进行现场检定工作时，可以如图 8.7 所示布置测量工作，在待测杆件周围布置一个平行于待测杆件、深度略大于待测杆件的测试孔，向待测杆件的出露端进行供电，在检定孔中布置测量电极 MN，保持极距并保证与测试孔壁接触良好，采用三极装置，由孔口向孔底方向逐步等间距测量 MN 之间的电位差，绘制电位差随深度变化的曲线，曲线的拐点就对应于杆件的端点，待测杆件的长度依此来确定。如果待检定锚杆或锚索集中，就可以将测试孔置于多个杆件中间，同时对周围多个杆件进行长度检定。

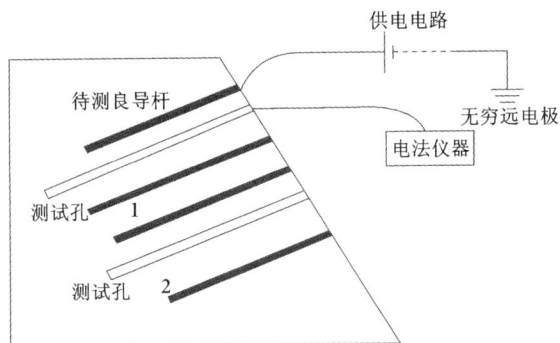

图 8.7　充电法检测锚杆或锚索长度现场工作布置示意图

8.5 技术拓展

数值模拟和物理试验表明，充电法检测准确性高、操作方便，能够有效检定一维良导体杆件材料的埋设长度。试验表明这种检定方法受杆件倾斜、旁侧无关良导体等因素干扰很小，不仅可以对任意长度的锚杆进行检测，而且可以用一个检定孔对周围若干锚杆同时进行检定。这种检定良导体长度的工程核算方法可推广应用到类似钢筋笼等良导体长度的精确检定中。

观测孔与良导体杆件斜交时，异常判断会受到一定影响，但基本不会影响到杆体长度的识别。

穿行于地下的供电线以及各类金属管线等，确定其地面投影位置相对容易，但对于地下埋深则难以精确探测，采用旁侧井孔电法测量可以解决这一难题。

深埋钢筋长度精确检测技术还可以推广应用到一般钢筋混凝土结构长度的检测中，比如深埋桩基长度的确定。在桩基旁侧实施检测钻孔，按所述技术方法检测出钢筋笼的深度，用该深度加上设计图中钢筋笼底距离桩底的深度即可知道桩基的长度。

第二篇

瞬变电磁法类

电磁感应是自然界存在的物理现象，地球物理勘探可以借用天然电磁场或人工产生的电磁场作为场源，激励隐伏目标产生电磁感应，然后通过传感器接收这类叠合了包覆介质响应背景的电场或电磁场信号，通过对该信号大小和分布特征的分析来达到探测隐伏目标或解决工程问题的目的。

电磁感应法的人工场源可以是接地供电回路或不接地发射线圈。由于接地供电方式需要在作业面埋置全部或部分供电电极，受工程场地地形地质条件和接地电阻的影响，相比之下，不接地发射线圈在作业效率和克服地表层高电阻率介质干扰方面具有优势。

瞬变电磁法也称时间域电磁法(time – domain electromagnetic method)，简称 TEM，利用不接地回线或接地线源向地下发射一次脉冲磁场，在一次脉冲磁场间歇期，利用线圈、磁棒或接地电极观测二次涡流场。瞬变电磁法的基本原理是电磁感应定律，电磁场的传播扩散可以用麦克斯维方程组来描述。衰减过程一般分为早、中和晚期。早期的电磁场相当于频率域中的高频成分，衰减快，趋肤深度小；而晚期成分则相当于频率域中的低频成分，衰减慢，趋肤深度大。通过测量一次场断电后各个时间段的二次场随时间衰减变化的规律，可以解译不同深度的地电分布特征。

瞬变电磁法作业的完成，需要几个主要的装置设备：瞬变场激励信号发射机、响应信号接收机、收发线圈或磁棒以及收发同步通讯装置。在传统的重叠回线装置、偶极－偶极装置、中心回线装置和大回线装置基础上，我们引入一种新的装置排列，如图 A 和图 B 所示，发射线圈 T 中心为 O_1，接收线圈 R 中心分别为 O_2、$O_3\cdots O_i\cdots$，X 为探测方向。类比地震勘探，我们将发射线圈类似于震源，将接收线圈或磁棒类似于检波器，给出阵列、偏移距、道间距、收发距的定义。在这些定义基础上，结合传统装置形式，还可以作相应的变通。

（1）阵列：由一个发射线圈和多个接收线圈构成的空间几何分布装置。阵列类型包括面阵列、线阵列和立体阵列。线阵列又可分为径向基阵列和横向基阵列两种主要类型。图 A 所示是一种横向基阵列，线性排列传感器走向垂直于探测方向 X；图 B 所示是一种径向基阵列，线性排列传感器走向与探测方向 X 一致。

（2）收发距：是指发射线圈中心与接收线圈中心的直线距离，如图 A 和图 B 中 O_1O_2、O_1O_2、O_1O_i 等，这个定义对于横向基和径向基阵列都一致。

（3）偏移距：对于径向基阵列，最小收发距叫做偏移距，如图 A 和图 B 中的 O_1O_2。一个阵列的偏移距只有一个；对于横向基阵列，偏移距定义为发射点（中心）与线性接收排列之间的距离。

（4）道间距：线性排列的多个接收线圈，相邻两平行传感器中心之间的距离，如图 A 和图 B 中的 O_2O_3、O_iO_{i+1} 等。道间距可以相等，也可以不等。

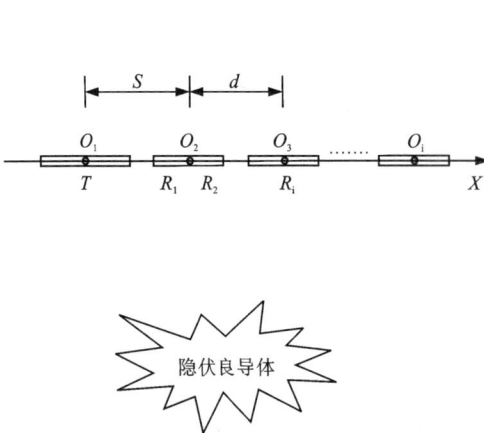

图 A 横向基线性阵列探测方式

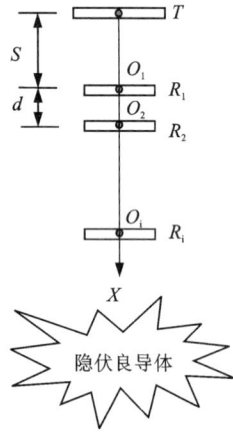

图 B 径向基线性阵列探测方式

这里表述的传感器可以是线圈或磁棒，也可以是电极。

影响瞬变电磁勘探信号的元素包括仪器装备、大气中的电磁环境、隐蔽目标以及包覆隐蔽目标的介质结构。瞬变电磁响应信号由收发传感器的互感信号、隐伏目标体的感应信号以及包覆介质的感应信号组成，更深入地说，还包括了电磁场覆盖范围内所有元素之间的互感或多次感应信号。由于收发距较小，在早时段，来自收发线圈的互感信号很强，基本"淹没"了贴近收发传感器的介质响应信号，但这一信号一般会很快衰减，在随后的晚时段接收信号中主要是由来自深部隐伏目标体的感应信号和包覆介质感应信号组成。

瞬变电磁信号的分析解释方法，通常是将采集系统获得的二次场衰减信号 dB/dt 转换为视电阻率参数，然后建立数值物理模型，通过视电阻率拟合反演得到隐伏介质体的物理、几何性质的真实电阻率反映，结合工程实际或地质对象特点给出推断解释。

瞬变电磁理论与应用的论著较多，最早的论著包括朴化荣的《电磁测深法原理》、牛之琏的《脉冲瞬变电磁法原理》以及方文藻的《瞬变电磁测深法原理》，结合工程应用实践，近年来的相关论著有牛之琏编著的《脉冲瞬变电磁法及其应用》、蒋帮远编著的《实用近区瞬变电磁法勘探》和李狄编著的《瞬变电磁测深的理论与应用》等。

瞬变电磁法应用于隐伏金属矿勘探、岩溶及采空区探测以及生产煤矿隐伏水灾害超前探测等领域。中国矿业大学、吉林大学、长安大学、中南大学、中国地质大学等高校以及中科院地质地球物理所、煤炭科学研究院等科研单位在科研论文和硕、博士论文中分别就瞬变电磁法正反演、综合探测技术以及关键装备进行了多角度的论述，推动了瞬变电磁法理论与应用技术的发展。

我国引进的具有瞬变电磁勘探功能的仪器装备包括加拿大凤凰公司生产的V8电磁法综合勘探系统、美国 Zonge 公司 GDP32 多功能电法仪系统、加拿大Geonics 公司 Protem 瞬变电磁仪系列。国产瞬变电磁仪器来自北京骄鹏科技有限公司、重庆奔腾数控技术研究所、重庆地质仪器厂、长沙白云仪器开发有限公司、西安飞度测控技术有限公司、武汉地大华睿地学技术有限公司等，国产设备在瞬变电磁勘探领域发挥了重要作用。就整个瞬变电磁法勘探仪器装备市场来说，进口仪器占主导，而且价格昂贵，配合了相关的解释软件自成体系，成套装备价格一般为国产仪器的数倍。

类似于反射波、折射波地震勘探，不同的瞬变电磁法几何观测系统、瞬变电磁阵列获取的电磁感应信息有特定的时间和空间分布规律。为提高瞬变电磁测量的精度和系统分辨能力，几种利用这种规律进行信息提取和信号增强的创新技术在本篇列出，供理论研究、仪器和工程实践领域的科研或技术人员参考。

基于大回线的地面多测点、多测线采集数据也是瞬变电磁阵列采集的一种形式，有相应的解释软件。基于本篇提出的图 A 和图 B 所示两种阵列模式，类比地震勘探方法技术，尚待有针对性的解释软件或数据反演算法开展进一步研究。

第9章　线阵列多路同步瞬变电磁定向探测方法及其装置

9.1　概述

本章提出一种阵列多路同步瞬变电磁定向探测方法及其装置，采用径向基线阵列模式。发射线框平面朝向探测方向布设，以发射线框中心为起点沿勘探方向的"前向"或"后向"布设多路接收线框或磁棒，线框或磁棒接收方向与发射线圈一致；根据有规律向前或向后响应信号的幅度和变化特征做出前方有无低阻异常体存在的定向解释。

成套装备和解释技术适合在隧道瞬变电磁法超前预报，通过地面钻孔实施向下定向探测以及航空、海洋瞬变电磁法勘探领域中使用。

探测对象可以是充填水、泥等低阻介质的采空区隐患或地质构造，也可以是低阻金属矿体等，对于采空区无充填的高阻目标体分辨能力相对较弱。

9.1.1　行业领域现状

在传统瞬变电磁法勘探作业中，重叠回线和中心回线装置布设简单，适合在地势平坦的地面或丘陵地带进行；大回线装置勘探效率高，更适合在复杂地表开展施工；分离回线装置也称偶极－偶极装置，采用收发线圈共面作业模式，在生产实践中应用较少。

现有的井巷瞬变电磁法基本上是将地面进行的瞬变电磁勘探仪器和方法略作改进后沿用到地下，通过近全空间瞬变电磁响应规律来分析和解译数据，完成超前预报或其他勘探任务。

由于在井巷中实施瞬变电磁法勘探时，系统处于受限空间中，瞬变电磁法传感器，尤其是收、发线圈不能大面积展开，而收、发线圈的面积直接影响勘探系统的有效功率或理论勘探深度，所以巷道瞬变电磁法的勘探深度受到制约。

另外，在井巷中的施工环境较为复杂，电磁感应干扰因素多。这些干扰因素主要分为两类，一是工程施工中已经存在巷道内的良导体介质结构，如机械设备、支护钢拱架、钢筋网和运输钢轨等；二是地下机电工程施工存在的电磁场干扰。后者通过瞬变电磁仪测量信号的多次叠加技术和数字信号处理可以在一定程度上进行压制，但效果有限；对于第一种干扰，除搬离干扰源外，目前还没有较好的解决手段。

　　瞬变电磁法在地下巷道超前探测中的作用大小，尤其是有效探测距离尚未得到业界公认，但资料表明，相关方法技术和仪器已在若干工程中得到应用，超前探测深度可以达到百米级。国内外专家学者一直致力于探索在井巷中实施瞬变电磁法勘探的可靠技术和在井巷环境下探测数据反演解释的理论方法。其中在煤矿安全生产领域的需求导引下，相关高校、科研院所和勘探单位都做了大量研究工作。突破性的成就体现在含巷道影响的全空间瞬变电磁场正演模拟和反演算法上，其中以中国矿业大学的研究成果最为突出。尽管如此，瞬变电磁法勘探中的激电效应问题、早时段收发线圈或磁棒互感信号的利用问题尚未得到圆满解决，在地面瞬变电磁法勘探精确反演问题尚未得到根本性突破之前，巷道瞬变电磁法勘探中的反演解释难度仍然较大。

9.1.2　主要技术难题分析

　　现有的瞬变电磁法通常采用一发一收或一发多分量接收模式，而且发射线框和接收线框一般在同一平面上。三大主要难题制约了该方法的应用。

　　一是共轴排列的一发一收线框装置不具备轴向上的正负方向选择性。地面作业时，上半空间为空气介质，但对于深埋地下的巷道来说，只要有响应信号，正轴向和负轴向低阻感应目标都会产生同样的二次场响应，叠合在瞬变电磁接收信号上。

　　二是由于观测时间和观测激励环境有变化，时间或空间上分次激励接收的多次观测信号之间的比对性不强，进而降低了数据的测量精度，影响了测量系统对微弱信号的分辨能力。

　　三是有限空间内无法展开垂直于巷道走向的横向排列测线或测网，若有必要，必须减小收发线圈的面积，尽管如此，横剖面测线长度也非常有限，这必然影响到装置系统的探测功率、探测分辨率和勘探深度。一种在掌子面的展开扇形面作业的模式在科研和工程试验中被提及，其应用效果值得商榷。

　　事实上，瞬变电磁激励响应在巷道内，沿巷道轴向（径向）方向，包括一次场激励源在内，来自不同方向的对象响应信号有其空间分布的规律，把握空间分布的规律则有可能通过相应的测量系统，一定程度上有效解决限制瞬变电磁法应用和解释的难题。

9.2 方法原理与关键技术

9.2.1 方法原理

如图 9.1 所示的巷道超前探测工程，在巷道走向上布置瞬变电磁观测系统，对于发射线圈发出的激励信号，观测系统前方的储水构造和后方的金属构件都会在接收点位上产生二次响应信号，如果将多个接收点呈径向基展开形成线阵列，忽略已开挖巷道空间影响，那么来自储水构造和金属构件的响应幅度随收 – 发距离变化呈现相反的变化规律：沿巷道走向上前者逐渐增强，后者则逐渐减弱。

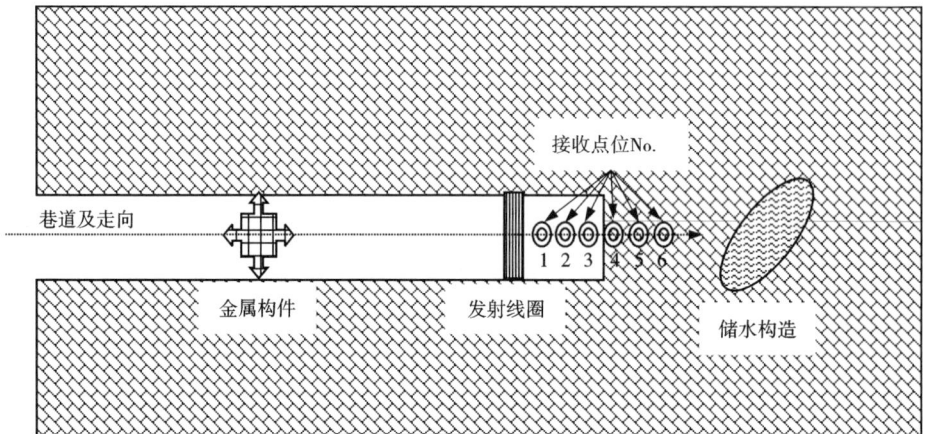

图 9.1　径向基前向线性阵列探测方式异常特征分布

如果绘出两种不同对象响应的变化示意图（见图 9.2），可以看出，通过径向基阵列线圈观测的瞬变电磁响应信号强度随径向坐标位置的变化而变化，这一现象可以反映异常信号来自掌子面前方或后方。

图 9.2 还象征性表达了二次响应信号的幅度变化规律，即越靠近被探测目标，二次响应信号增强的幅度越大，反之越小。

来自发射线圈的一次场激励互感信号与金属构件的响应信号随径向坐标位置呈同样的幅度变化规律。

由于在理论模拟算法上的实现难度和可能脱离仪器系统而缺乏对仿真结果的确切把握，本书未能开展数值模拟计算仿真。

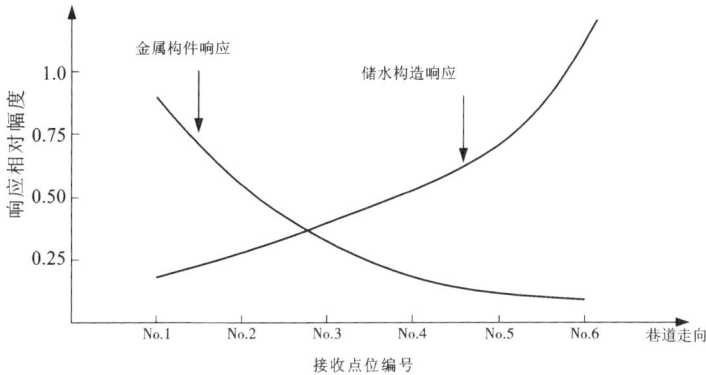

图 9.2　巷道径向基阵列接收二次响应信号随接收点位的变化特征

9.2.2　关键技术

本方法解决了三项关键技术难题：

（1）通过径向基阵列观测信号不同点位的响应变化规律，实现瞬变电磁响应异常信号的方向判断。

（2）通过多道同步观测技术，实现一次激发多道同步接收，保证了多点位接收信号的背景一致性，从而更有利于分辨二次响应信号，提高勘探精度。

（3）提供一种新的解译信息，即可以从信号的幅度随早、中、晚期时间变化特征上反映观测系统迫近对象的程度。

9.3　实验及试验

通过物理模拟试验可以验证本套技术的实践效果。使用长沙白云仪器开发有限公司研制的 MSD−1 瞬变电磁仪器，以 15 cm×20 cm 铜板（厚 1 mm）为模拟对象，图 9.3 为模拟试验获得的数据。发射线圈为 10 cm×10 cm 的 10 匝漆包线绕制线圈，接收线圈为 5 cm×5 cm 的 20 匝漆包线绕制线圈，都与铜板平行，发射线圈与铜板间距离为 50 cm 且固定不动，接收线圈分别在距离铜板 5～45 cm 以 5 cm 间隔等距离平行移动观测，得到 9 条记录（分别对应于多路采集系统的 9 路信号：data1～data9）。为说明效果，图 9.4 给出了没有放置铜板时的测量数据，物理模拟参数不变。发射频率为 225 Hz，发射电流为 2.9 A。图中横坐标为发射频率为 225 Hz 时所对应的 40 个时间采样序号；纵坐标为经过指数函数调整后的 dB_z/dt 数值，指数函数为：

$$U(i) = \left[dB_z(i)/dt \right]^{1/10} (i \text{ 为记录时间编号})。$$

从图 9.3 所示 9 路多道测量曲线上可以看出二次场信号的变化特征：随着接

收线圈与发射线圈距离的增大，收发线圈互感产生的信号很快减弱（如15号时间道之前），来自于铜板产生的二次场感应信号则不断增强（如15号时间点之后），由此可以很好判断铜板的存在和趋近情况，而不再疑虑低阻响应异常来自何方。

为表述方便，如图9.3所示，可以将这种径向基排列获取信号的现象称为超覆现象。超覆现象的出现一方面为确认影响瞬变电磁法异常目标的方向提供了准确信息，另一方面超覆现象中，排列信号中不同偏移距信号的大小和变化趋势也为量化反演既定方向上目标体的物性参数提供了条件。

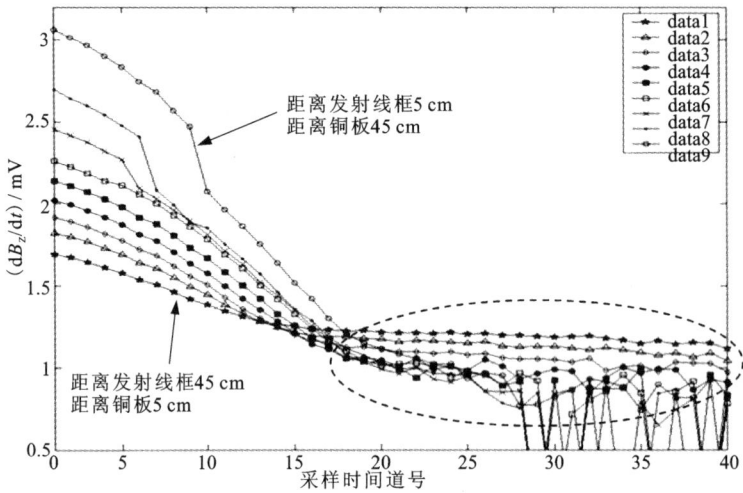

图9.3　前向径向基阵列模拟试验有目标时实测多道数据图

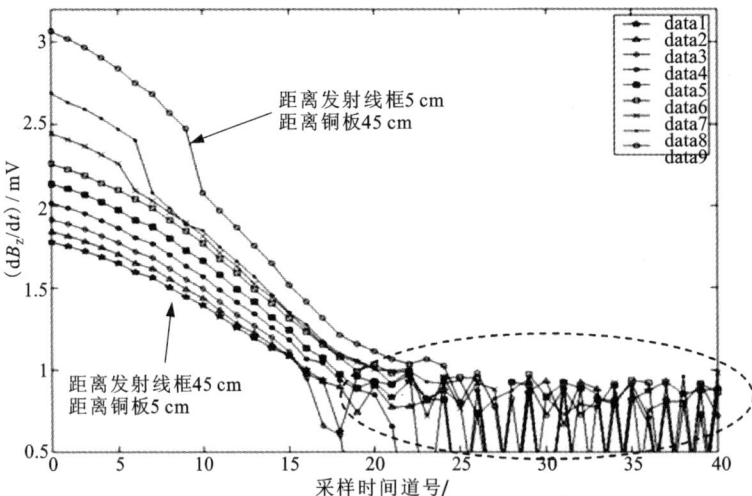

图9.4　前向径向基阵列模拟试验无目标时实测多道数据图

9.4 应用实施

如图 9.5 所示。选定探测方向，顺探测方向布设发射线框，在垂直于发射线框面的中轴线上，以发射线框中心为起点沿探测方向向前方布设多个接收装置，将发射线圈连接至瞬变电磁发射机上，将多个接收装置信号连接至多路同步采集系统上，多路同步采集系统的信号通过导线同步的方式控制连接至瞬变电磁发射机；启动的瞬变电磁发射机和多路同步采集系统，根据瞬变电磁发射机提供的同步信号，完成多路瞬变电磁响应信号同步采集。发射线框周围和后方干扰体的响应信号以及所述的源线框和多路所述的接收装置的互感信号呈现向前衰减的规律，前方目标体的瞬变电磁响应异常信号呈现向前增强的规律，根据有规律向前增强信号的幅度和变化特征进行前方有无低阻异常体存在的定向解释。

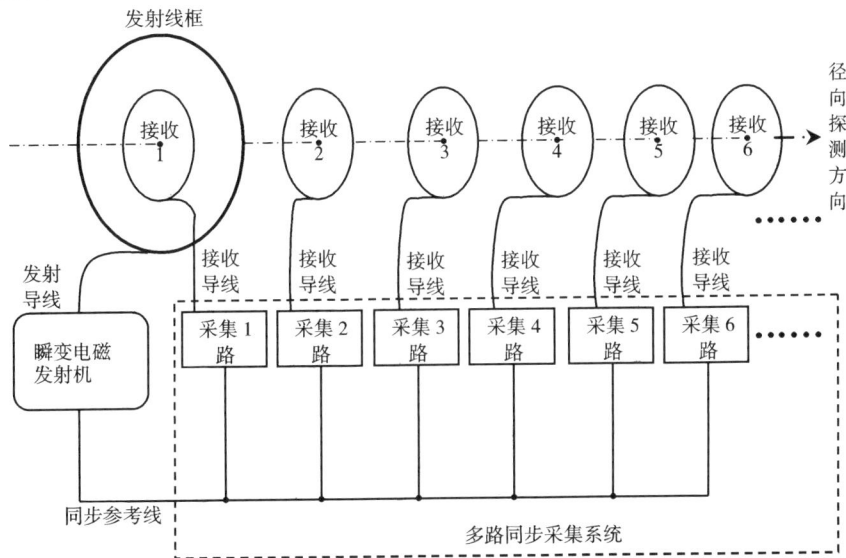

图 9.5 径向基阵列多路同步瞬变电磁勘探系统结构示意图

接收装置采用单分量测量或正交分量测量，单分量测量时接收装置的耦合方向与轴向一致，正交分量测量时接收装置的耦合方向与轴向垂直。

线阵列多路同步瞬变电磁定向探测接收装置是接收线框或磁棒。

实现径向基线阵列多路同步瞬变电磁定向探测方法，当采集仪器和接收线圈都只有一个时，可以使用一个接收线圈，在探测方向上与发射线圈不同距离处，分多次发射和接收，实现多组数据采集，利用采集的多组数据，根据有规律向前增强信号的幅度和变化特征的方式进行前方有无低阻异常体存在的定向解释。但这种勘探方式的分辨能力不及多路同步勘探方式。

图 9.6 为收发分离的径向基阵列瞬变电磁响应观测系统线圈实物图，图中采用了一个方形发射线圈和 4 个接收线圈。方形发射线圈的面积为 2.5 m × 2.5 m，接收线圈半径为 1 m。观测系统偏移距为 1.3 m，道间距为 0.5 m。当探测对象位于图中所示发射线圈左侧时，观测系统为背向探测模式，当探测目标位于接收线圈阵列右侧时，观测系统为前向探测模式。

图 9.6 径向基前向阵列瞬变电磁勘探系统线圈实物图

9.5 技术拓展

考虑到接收装置与源的互感影响，径向基前向探测模式下，实测数据呈现一种"超覆"现象：早时道小收发距接收线圈的通道信号强，大收发距接收线圈的通道信号弱，随着互感信号的衰减以及相对来说大收发距接收线圈更接近探测目标，在晚时道小收发距接收线圈的信号变弱，而大收发距的通道信号则超过小收发距通道信号并覆盖在其上面，如图 9.3 所示。

图 9.7 所示的前向探测模式可以另行设计成背向模式，即发射线圈贴近掌子面，接收线圈在巷道内按一定间距排列。排除源与接收传感器的感应耦合影响，从阵列信号幅度变化特征上依然可以判断响应异常的目标方向。

径向基阵列信号接收传感器需要保证线圈直立并且线圈之间的距离需要固定，采用线圈方式不够灵活，而采用磁棒有一定优越性。

包括海洋电磁法勘探在内的水域勘探可以使用这种勘探模式，以定向探测隐伏目标。

航空瞬变电磁法探测领域可以使用这一模式，完成多参数探测数据的采集与解释。

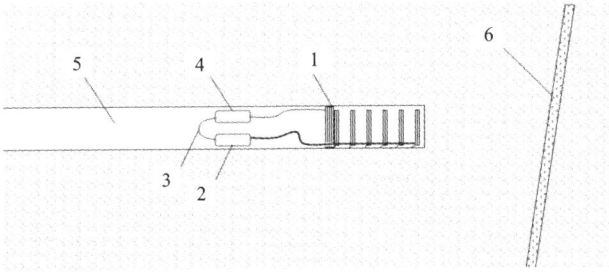

图 9.7　径向基阵列瞬变电磁前向探测工作布置示意图

1—发射线圈；2—接收机；3—信号同步导线；4—发射机；5—开挖巷道；
6—掌子面或停头前方储水断层

采用磁棒作为接收装置，井中瞬变电磁探测可以用于钻孔超前探测，在钻探过程中随钻孔前进实施超前探测，如图9.8所示。

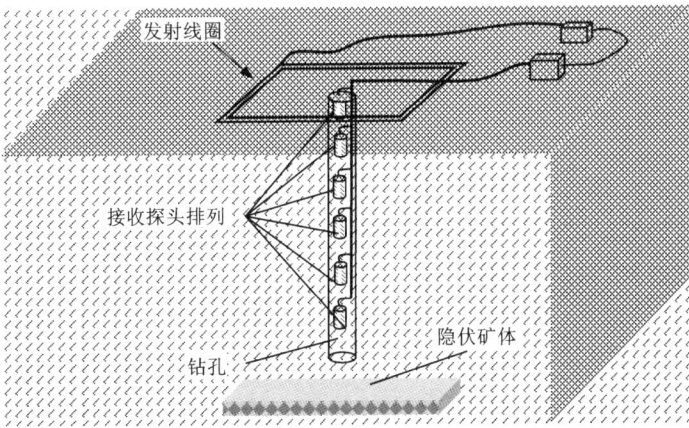

图 9.8　径向基阵列瞬变电磁前向探测工作布置示意图

参考第一篇第 7 章"电法随钻超前预报观测系统"，采用磁棒作为适应钻孔大小的传感器，实现随钻超前探测时，这种瞬变电磁类技术有异曲同工之妙。使用时可以在地面布设围绕钻孔的回线，下放阵列探头，实施超前探测，预测预报钻孔地下可能存在的隐伏金属矿体。

由于包括传感器在内的瞬变电磁法仪器装备上的差异，径向基阵列瞬变电磁勘探数据的解译目前只能停留在半定量的程度，采用概率统计或人工神经网络等非线性反演解释方法更切合实际。

第 10 章 瞬变电磁响应信号空间梯度测量方法及观测装置

10.1 概述

本章介绍一种瞬变电磁响应信号梯度测量方法及观测装置。以发射线圈中心为原点 O，线圈平面为 XOY 坐标平面，在 X、Y 或 Z 方向同轴平行布置两个相同规格的接收装置；两个接收装置共四个信号输出端分成两组，通过两个独立集成运算放大器进行减法运算后输出两路信号，输出信号再经过一个集成运算放大器进行减法运算，获得两接收装置感应电场信号之间的相减模拟信号，模拟信号再经过信号调理和 A/D 转换电路形成数字信号，数字信号除以两接收装置之间的距离 Δx，形成瞬变电磁响应信号的平均梯度。

该套技术使瞬变电磁观测信号的信噪比和异常分辨能力得到提高，为目标异常的精细解释提供了一种新的数据参数，即瞬变电磁响应空间信号梯度，结合传统的瞬变电磁观测数据——绝对瞬变电磁响应信号（dB/dt），可以更准确地解译隐蔽目标的性质和状态。

10.1.1 行业领域现状

如上章所述，径向基阵列式接收传感器能够捕获瞬变电磁场的空间分布规律，从而通过信号的强弱变化等特征来判断引起异常的目标方位，进而通过幅度的渐进变化特征来推断探测系统迫近对象的程度。结合电磁场传播扩散的基本原理，多通道两两接收线圈或磁棒之间的响应信号变化率实际上是一种广义的梯度概念，如果每个独立的通道能够精确地获得数据，并进一步获得信号的强弱变化和大小，那么对于每两个接收线圈或磁棒来说，就必然能够在仪器系统同样的精度控制范围内直接获得响应信号差，即广义范围内的梯度。目前，在瞬变电磁领域，没有相关文献提及瞬变电磁梯度测量和解释的相关理论和技术。

对于有限规模的对象来说，梯度的变化是直接反映迫近目标程度的关键参数。同时，梯度的变化也有可能与探测目标的物理性质和规模相关。在理论研究尚未形成定论前，个人认为不能仅以梯度测量方式来进行金属矿资源勘探或隐患超前探测资料的定量解释，必需结合某一观测坐标上的绝对瞬变电磁响应信号

dB/dt 来综合反演或解译。

10.1.2 主要技术难题分析

现有的瞬变电磁法勘探技术分析本章不作赘述。

瞬变电磁梯度测量实际上记录的是不同空间坐标上两个接收线圈的响应信号差，类似于传导类电法测量两电极之间的电位差。因此接收线圈或磁棒的一致性是形成梯度测量的关键，由于接收线圈或磁棒不用接地，受外界环境影响相对小。

两个接收线圈和磁棒之间的响应信号差分测量，需要通过模拟电路或数字电路来实现，相关硬件系统必须有最好的动态范围和测量精度指标。

梯度测量可以确定异常电磁场的方向性，但无法解决收发传感器之间的互感难题。

10.2 方法原理与关键技术

10.2.1 方法原理

在电磁波传播方向上，将探测对象等效为二次场源，观测点距离探测对象越近，则感应电磁场的幅度越大、衰减越快，反之幅度越小、衰减越慢，两种数值分别体现在绝对响应幅度和变化梯度两个参数上；换句话说实测二次电磁场幅度越大、梯度变化越大，则目标越接近观测点，反之目标远离观测点。

分别设来自同一个接收线圈或磁棒的信号为 U_i^+ 和 U_i^-，i 为编号，正负号分别代表某一固定绕向的两个输出端口。相同接收线圈或磁棒的下标相同，但两个不同接收线圈正负标号与线圈绕向是对应和一致的。

图 10.1、图 10.2 和图 10.3 所示为三种瞬变电磁场梯度测量方式的基本原理图。图 10.4 所示为利用现有的瞬变电磁仪进行简单梯度测量的工作原理示意图。

瞬变电磁发射机 10 电连接至发射线圈 4，以发射线圈 4 的中心 3 为原点 O，所述的发射线圈 4 平面为 XOY 坐标平面，Z 轴垂直于所述的发射线圈 4 平面构建坐标系；在 X、Y 或 Z 方向平行布置两个相同规格的第一接收装置和第二接收装置，第一接收装置和第二接收装置与瞬变电磁仪接收机输入端口信号连接，发射线圈 4 与瞬变电磁仪的瞬变电磁仪输出端口相连接；瞬变电磁仪接收机内设有第一集成运算放大器 7、第二集成运算放大器 8、第三集成运算放大器 9、模拟信号调理电路 5 和 A/D 转换电路 6，所述的第一接收装置电连接所述的第一集成运算放大器 7，所述的第二接收装置电连接所述的第二集成运算放大器 8，所述的第一集成运算放大器 7 和所述的第二集成运算放大器 8 电连接所述的第三集成运算放大器9，所述的第三集成运算放大器9电连接所述的模拟信号调理电路5，所述的模拟信号调理电路5电连接有所述的A/D转换电路6。各集成运算放大器执行相减运算，有公共的模拟信号地线。

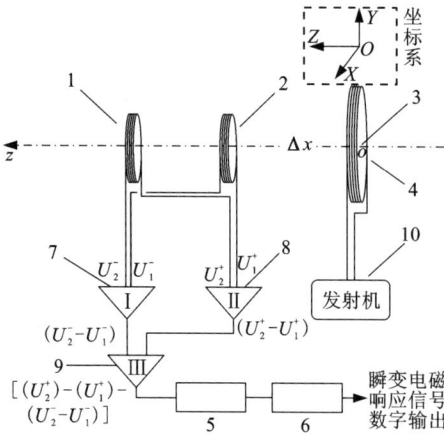

图 10.1　瞬变电磁场梯度测量的基本原理示意图(1)

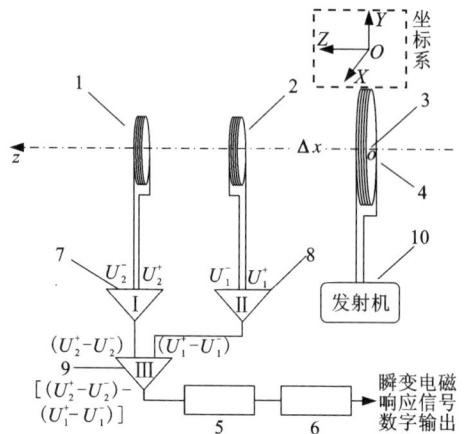

图 10.2　一种瞬变电磁场梯度测量方法原理示意图(2)

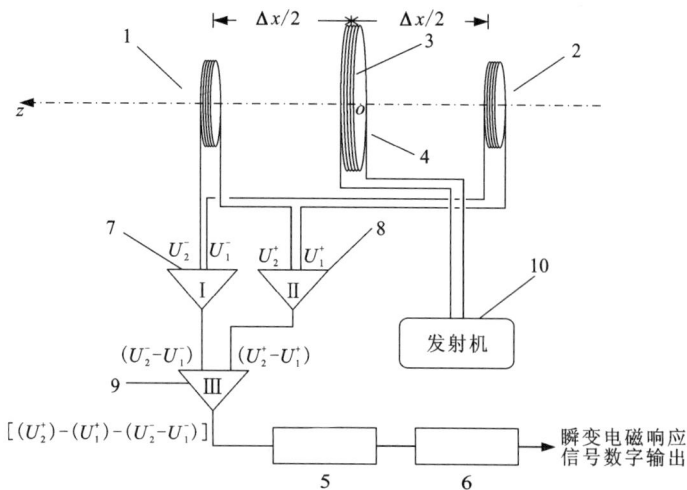

图 10.3　一种瞬变电磁场梯度测量装置的特例示意图(3)

1—接收线圈之一；2—接收线圈之二；3—发射线圈中心；4—发射线圈；
5—瞬变电磁采集模拟信号调理电路；6—A/D转换电路；7—第一集成运算放大器；
8—第二集成运算放大器；9—第三集成运算放大器；10 瞬变电磁发射机

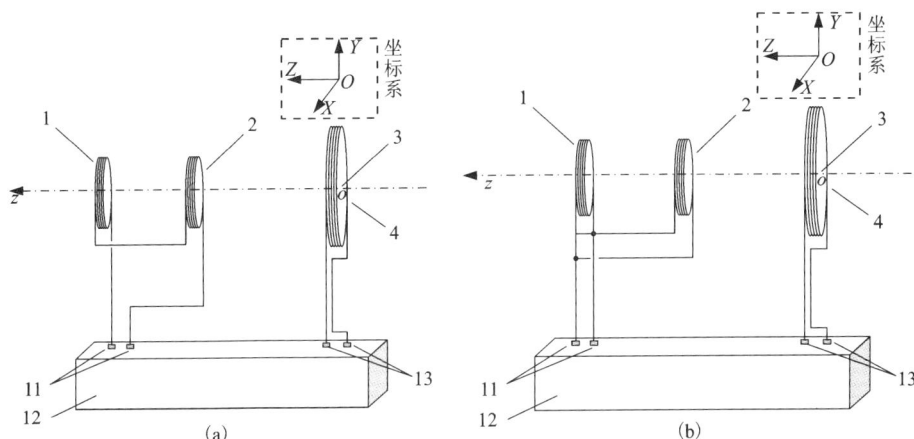

图 10.4　两种简易的瞬变电磁场梯度测量装置示意图

11—瞬变电磁仪输入端口；12—收发一体式瞬变电磁仪；13—瞬变电磁仪发射端口

图 10.4 是两种简易的瞬变电磁场梯度测量装置示意图，对于差分输入的现有瞬变电磁仪，通过两接收线圈输出端组合，形成梯度测量的一种模式。由于这种算术表象的梯度测量模式不能代替真实的物理信号采集，所以其采集信号可能与瞬变电磁仪硬件本身有直接关系，一般来说，信号质量不会太好。

10.2.2　关键技术

本方法主要是提出了瞬变电磁梯度测量的概念，结合瞬变电磁观测系统实践，给出了梯度测量的几种观测装置和测量方法。其中一种梯度测量装置特例如图 10.3 所示，在观测系统中，由于左右两个接收线圈或磁棒的几何位置相对于发射线圈严格对称，一次场方向完全相同，在实现差分测量时，一次场的影响可以相互抵消，剩下净二次场梯度，是一种有前景的梯度测量装置，从理论上，这种抵消作用包括了收发线圈互感信号很强的早时段，所以很好分辨早时段目标响应信号信息，利于实现浅层勘探任务。

用于梯度测量的两个线圈或磁棒规格应严格一致，这种一致性体现在绕线材料、线圈几何尺寸和匝数等完全一致。

梯度测量方法为瞬变电磁法资料处理和分析解释提供了一个新的参数。

10.3 实验及试验

利用既有瞬变电磁仪 MSD – 1 型，采用图 10.5 所示梯度测量简易装置开展了测试试验，试验线路连接如图 10.4(a)所示。

实测试验装置如图 10.5 所示。发射线圈位于两接收线圈正中间，分别相距 1.0 m。拟探测目标位于接收线圈外侧一定距离，线圈直径 2.0 m。

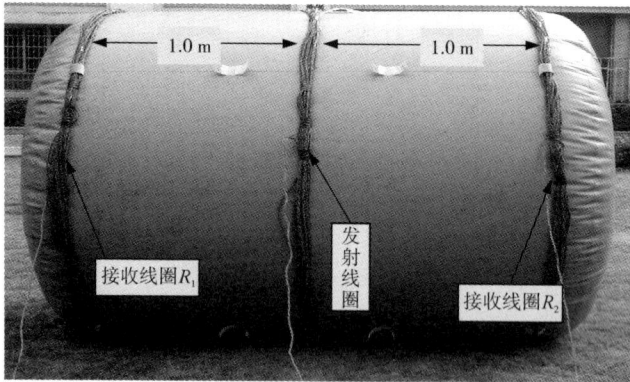

图 10.5 一种简易瞬变电磁梯度测量试验装置

采用简易梯度测量装置获得的背景记录如图 10.6 所示。可以看出分别用 R_1 和 R_2 两个独立线圈进行测量时，瞬变电磁响应记录相近，反映了没有目标存在时一致的背景电磁场。用 R_1 和 R_2 反向串接后，由于两接收线圈信号反向串接，瞬变电磁场信号抵消，获得图中反向串接记录。反向串接记录幅度明显减小，感应段信号得到压制。由于简易装置 R_1 和 R_2 在工艺上不能完全一致，所以存在抵消残余。

在简易梯度装置前方放置良导体目标(target)，如图 10.7 所示，可以观测到图中所示异常目标的瞬变电磁响应记录，T 为发射线圈，位于接收线圈 R_1 和 R_2 正中间。独立 R_1 和 R_2 两个接收线圈都能记录道来自目标的响应，由于两接收线圈与目标体之间存在距离差异，瞬变电磁响应信号的幅度有差异。按照背景测量的方式将 R_1 和 R_2 反向串联后，实测记录如图中反向串接记录曲线所示。可以看出，反向串接后的信号保持了有目标存在时的响应特征，在早时道来自收发线圈之间的感应信号得到较好压制，感应时间段明显缩短。

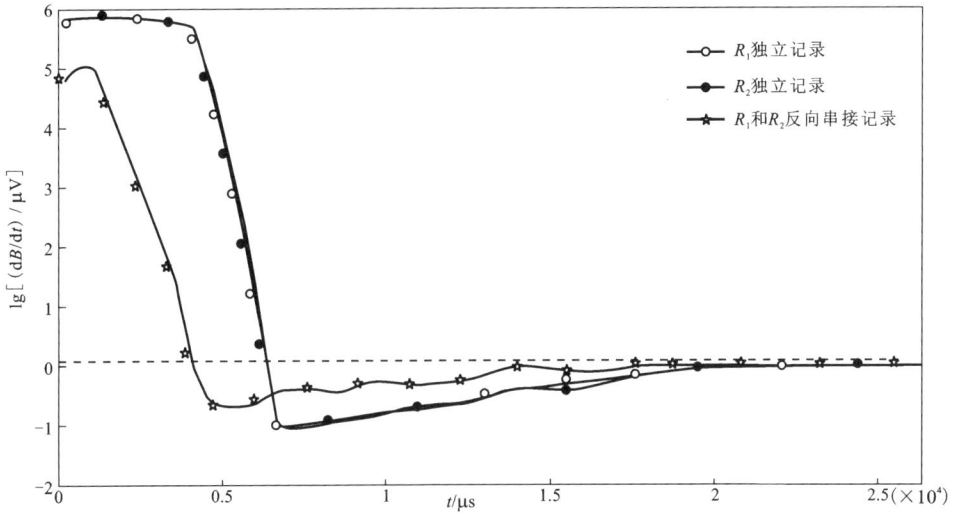

图 10.6　简易梯度测量装置瞬变电磁响应背景测量记录

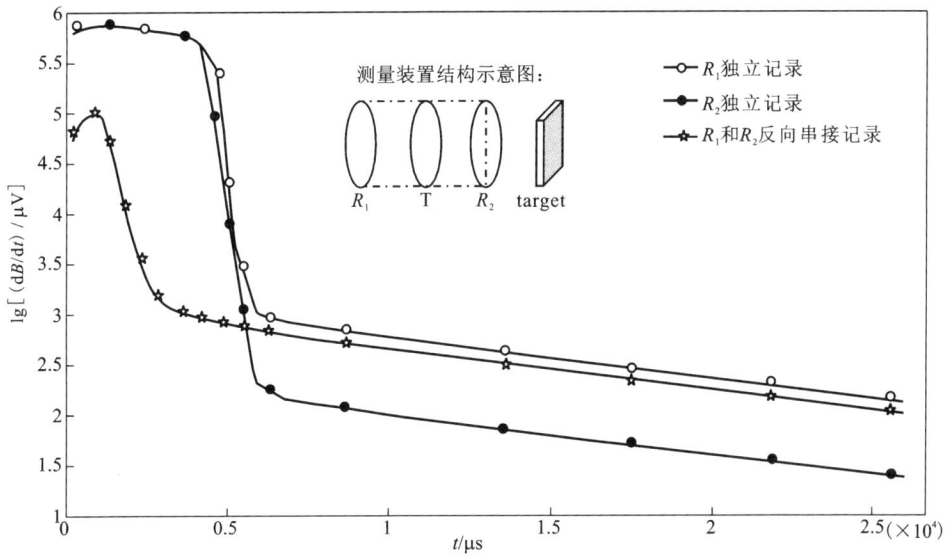

图 10.7　简易梯度测量装置前方良导体目标瞬变电磁响应测量记录

图 10.6 和图 10.7 所示观测数据的工作参数为:工作频率 8.3 Hz,发射电流为 1.0 A,叠加次数为 128 次。从测试结果上看,简易梯度测量装置具有梯度测量和压制收发感应耦合,缩小感应时间段的明显效果,由于两接收线圈装置的精密度不够,测试数据质量有待提升。

10.4　应用实施

瞬变电磁响应信号梯度测量的接收装置为线圈时，第一接收线圈和第二接收线圈在发射线圈激励下两个接收线圈端线信号电位为：U_1^+ 和 U_1^- 以及 U_2^+ 和 U_2^-，Δx 为两个接收线圈之间的距离，两接收线圈之间的平均梯度为：

$$\Delta U/\Delta x = [(U_2^+ - U_2^-) - (U_1^+ - U_1^-)] /\Delta x \qquad (10.1)$$

根据式（10.1），在同一源激励下，两个线圈回路感应电动势输出，进入集成运算放大器进行相减运算；相减运算后的信号输出到下一级集成运算放大器的输入端口。

瞬变电磁响应信号梯度测量也可以是另外一种模式，第一接收线圈和第二接收线圈在发射线圈4激励下的端线信号电位为：U_1^+ 和 U_1^- 以及 U_2^+ 和 U_2^-，Δx 为两个接收线圈之间的距离，两接收线圈之间的平均梯度为：

$$\Delta U/\Delta x = [(U_2^+ - U_1^+) - (U_2^- - U_1^-)]/\Delta x \qquad (10.2)$$

根据式（10.2），两个接收线圈四个输出信号分成两组，一次场激励电场方向相同的信号为一组，进入集成运算放大器进行相减运算，输出到下一级集成运算放大器的输入端口。

瞬变电磁响应信号梯度测量中所指的相同规格接收装置，是指线圈支架、磁棒、绕线材料、绕制方式和形状、线圈匝数完全相同。

瞬变电磁响应信号梯度测量中，相减运算的三个集成运算放大器由一个综合了和、差运算功能的一个或多个集成运算放大器完成。

瞬变电磁响应信号梯度测量装置的特例是指两个接收装置相对于所述的发射线圈对称放置，即与发射线圈距离均为 $\Delta x/2$。

瞬变电磁响应信号梯度测量方法的特例是，直接将两个接收线圈的四个输出信号端以一次场激励感应电动势方向为参照，异向两端并联形成两路信号，两路信号分别接入瞬变电磁仪的两个输入端，进行瞬变电磁梯度信号的采集。

实现瞬变电磁响应信号梯度测量方法的测量装置中接收装置为接收线圈或磁棒。

10.5　技术拓展

本书直接表述的是径向基阵列梯度测量模式，实际上横向基阵列梯度测量模式也是可行的，相应的测量方法类似。

在两接收装置与发射线圈参数和相对位置固定后，可以通过信号调整或补偿，将两线圈之间的感应背景信号调到最小，以突出探测对象存在时的梯度异常特征。

梯度测量法可以广泛应用于瞬变电磁勘探领域,包括地面、地下巷道以及水域和航空瞬变电磁测量领域。

基于瞬变电磁梯度参数以及其与原有瞬变电磁响应参数的联合解释是一个新的构想,梯度测量数据可正可负,反映了隐伏对象的存在方位,在巷道瞬变电磁勘探中有重要意义,相关理论及正反演算法尚待同行进一步的研究。

根据空间梯度瞬变电磁测量技术,可以进一步设计小型化瞬变电磁测量探头,用于极小型目标体的检测测量,也可以用于受限空间隐蔽目标的高精度探测。如图 10.8 所示,基于空间梯度、阵列同步采集技术,可综合研制成浅层 TEM 探测系统。利用多匝线圈回线、一体化收发线圈磁棒可以制造不同规格的测量装置,在地面、井中隐蔽目标探测中发挥作用。

空间梯度瞬变电磁测量数据的反演可以沿用现有瞬变电磁法数据反演的几种思路,在没有真三维反演算法支持的情况下,定性或半定量反演解释技术值得推崇,遵循基于测线或测网的勘探解释模式。

①地面工程探测线圈 ②TEM多路同步采集系统 ③井中测量磁棒 ④井地两用磁棒

图 10.8 基于空间梯度、阵列采集技术综合研制的浅层 TEM 探测系统(彩图 10.8)

第 11 章 瞬变电磁响应信号水平分量测量方法及其观测装置

11.1 概述

以发射线圈平面上对称轴为参考轴时，左右两侧载流线圈激励一次电磁场及其衰变呈对称分布的规律，本章设计了一种瞬变电磁响应信号水平分量测量方法及其观测装置。在保障接收装置机械精度的前提下，能够最大限度压制接收线圈和发射线圈之间的互感，突出水平分量的净值。

该套水平分量测量装置可以观测到极早时段的二次响应信号。

该套装置适合航空、海洋、地面、井中和巷道等瞬变电磁勘探领域使用。对于极浅层介质结构的探测有重要意义。

11.1.1 行业领域现状

瞬变电磁多分量探测数据融合能够更精确地分辨异常并进行更可靠的定量解释。由于多分量测量工程较复杂，加上线圈或磁棒定向困难，因此在找矿或工程勘察中较少使用。

不论采用哪种分量测量，瞬变电磁的接收线圈如果靠近发射线圈，两者之间的互感就很强，早时段的瞬变电磁二次响应信号完全淹没的一次场互感信号中，有效信号难以提取，使得瞬变电磁勘探效果大打折扣。

瞬变电磁激励下，隐患目标的响应信号不仅有与发射线圈激励方向一致的二次响应信号，也存在与该方向垂直的二次响应信号，后者在异常精确定位和边界确定等推断解释中具有重要作用，不少瞬变电磁勘探作业方式采用三分量测量模式，能够更大限度地保障异常信息量，保证推断结果的可靠性。但这种多分量测量模式同样受到收发线圈互感影响的严重制约。

保证多分量瞬变电磁信号测量精度，压制一次场互感信号的影响是瞬变电磁勘探中的一大难题，尤其是近地表深度 10 ~ 20 m 的介质目标探查，关键技术突破对于瞬变电磁法的应用领域拓展有现实意义。

11.1.2 主要技术难题分析

设经过发射线圈中心且垂直于发射线圈平面的方向为 Z 轴方向，理论上，相对于 Z 轴方向一次场激励的异常响应，与之垂直的 X 轴或 Y 轴水平方向上的信号往往很微弱，加上一次场感应耦合的干扰，测量精度和分辨能力十分有限。

既希望瞬变电磁二次感应接收信号强，又希望一次场作用下的感应耦合弱，这是互相矛盾的。降低一次场感应耦合影响，提高水平分量测量的精度，是拓展瞬变电磁多分量勘探应用领域的必要途径。

收发分离的偶极－偶极模式可以较大程度上避免收发耦合干扰，这种收发分离装置与本技术提及的收发一体的观测模式在信号分析处理上有待对比分析。

11.2 方法原理与关键技术

11.2.1 方法原理

如图 11.1 所示，水平布置的发射线圈，取横切发射线圈的一个断面成图。垂直于纸面入射和出射的导线通入电流，在横断面上，来自左右两个载流导线产生镜像的水平磁场，在虚线所示的水平柱内，水平方向的一次场 $\vec{B}_{1x}$ 大小相等方向相反，不论电流关断与否，相对来说，内部的磁通量将保持抵消态势；发射电流关断后，来自掩蔽目标的响应信号分量通过二次场 $\vec{B}_{2x}$ 形式可以被绕虚线所示水平柱面的线圈接收。如此，成套装置克服了一次场感应耦合信号的干扰，提高了二次场水平分量的测量精度，尤其是早时段的信号，利于测量和提取二次场响应信号。

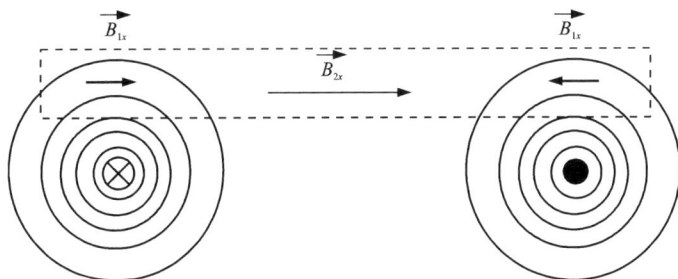

图 11.1 瞬变电磁一次场和二次场水平分量分布原理示意图

高精度瞬变电磁水平分量测量技术的方法原理还是电磁感应基础理论。

11.2.2 关键技术

本方法利用了对称发射线圈一次电磁场方向的异向性和一次场相互消减的原理，采用对称布置的接收线圈，最大限度压制了线圈互感的影响，从而提高了水平分量的测量精度。

提高水平分量测量精度的原理简单，保障装置的几何精度是成功的关键。

11.3 实验及试验

根据本套技术，结合下一章将要介绍的充气线架，构造了一套水平分量接收线圈系统。如图 11.2 所示。基于反射面水平放置的发射线圈，处于对称位置的两接收线圈方向一致且串联，串联后的信号引入瞬变电磁仪接收机，即可进行水平分量的测量。

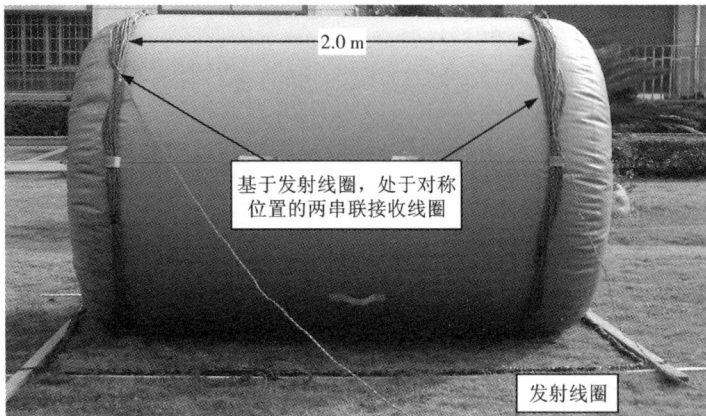

图 11.2 一种瞬变电磁响应水平分量测量试验装置线圈实物图

图 11.2 所示观测装置发射线圈为正方形，边长为 2.5 m，接收线圈位于发射线圈中心，两串联接收线圈之间的距离为 2.0 m。

采用上述水平分量测量装置获得了背景测量时的响应记录，如图 11.3 所示。图中两线圈独立测量时的记录基本相同，反映了接收线圈 R_1 和 R_2 位于以发射线圈为参考时的对称位置。按照本发明的串接方式，两线圈同向串接后的记录如图中同向串接记录曲线所示，可以看出来自线圈或背景感应的水平分量信号得到明显抵消，感应时间段缩短，信号质量得到大幅改善。作为试验对比，如果将 R_1 和 R_2 反向串接，则获得图中反向串接记录曲线，该曲线信号主要为两线圈互感信号的串联叠加，感应时间段延长，自然也不利于水平分量测量。

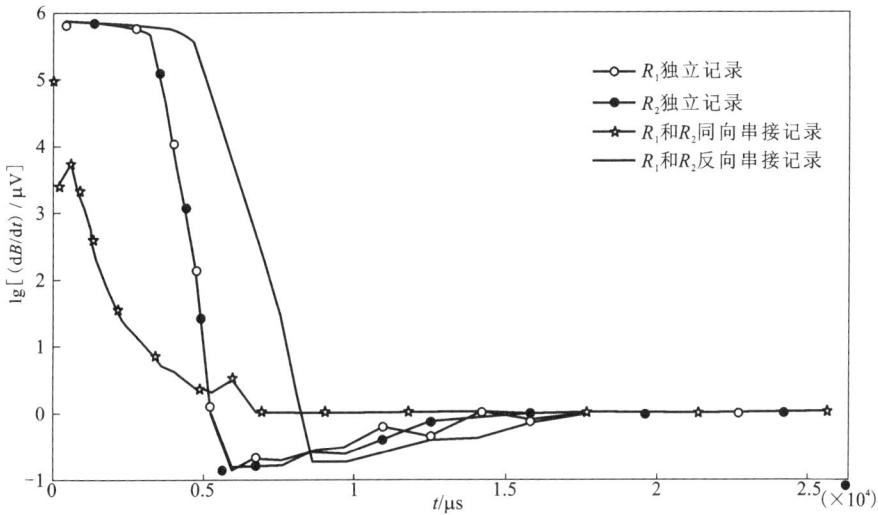

图 11.3　瞬变电磁水平分量测量装置背景测量记录图

采用本方法提供的水平分量测量装置，在有良导体目标(target)在接收线圈 R_1 和 R_2 一侧时，可以观测到来自目标的瞬变电磁响应，如图 11.4 所示。图中两线圈独立测量时，由于线圈与目标的位置不同，获得的响应记录差异较大，特别是接收线圈 R_1，其响应信号在感应时间段之后，响应异常为负值，体现出与接收线圈平面平行的发射线圈两条边在激励方向上的反向性。

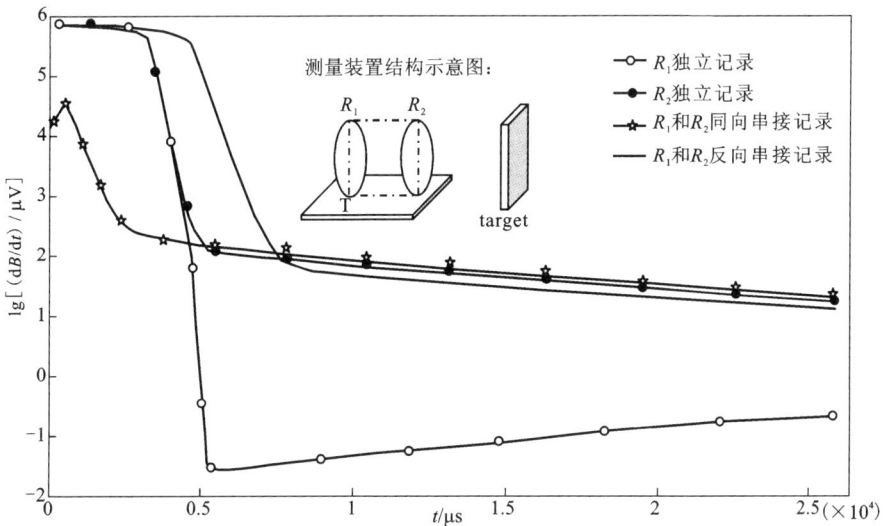

图 11.4　瞬变电磁水平分量测量装置背景测量记录图

将两接收线圈同向串接后，如图 11.4 所示的背景场改进后的结果，可以观测到较好的水平分量异常。从异常的感应段来看，相比独立线圈测量记录，时间段缩短；从信号幅度上看，由于两线圈串联，信号幅度也得到加强，理论上，来自目标的响应信号幅度应该等于两线圈分别测量时的响应幅度之和。

通过实测试验对比，采用水平分量测量新装置可以明显提升瞬变电磁响应记录质量，缩短收发线圈互感时间有利于提高浅部异常的分辨能力，两接收线圈串联，还可以提高水平方向接收信号的异常幅度，是一种有前景的瞬变电磁响应信号测量方法和观测装置。

11.4　应用实施

结合图 11.5，本章公开一种瞬变电磁响应信号水平分量测量方法及其观测装置。发射线框分别绕制成以 $A-A'$ 轴左右和以 $B-B'$ 轴上下对称的形状，$A-A'$ 轴和 $B-B'$ 轴相互垂直；垂直于 $A-A'$ 轴并经过 $B-B'$ 轴的平面构成一参考平面 1，垂直该参考平面 1 并平行于 $A-A'$ 轴构成接收线圈绕制柱面 2（圆柱面、方形、棱柱面等），以绕制柱面 2 为基准在参考平面 1 两侧同方向连续绕制接收线圈，保证绕制线圈在参考平面 1 两边相互等同；绕制线圈与发射线圈通过支架固定并保证其相对位置精确，构成瞬变电磁响应信号分量测量发－收组合线圈，用于测量平行于发射线圈平面的目标瞬变二次响应信号分量；接收线圈两端接入具有差分输入功能的瞬变电磁仪输入端口，发射线圈两端接入瞬变电磁仪发射端口，开启电源，即可完成瞬变电磁勘探分量测量准备。这种测量装置利用了对称发射线圈一次场水平分量信号的对称性，将一次场信号相互抵消，二次场水平分量信号得以保留，保证了瞬变电磁二次响应信号测量的信噪比，从而提高了勘探系统的分辨能力。适合航空、海洋、地面、井中和巷道等瞬变电磁勘探领域使用。

实现瞬变电磁响应信号梯度测量方法的测量装置中接收装置为接收线圈或磁棒。

图 11.6 是以接收线圈绕制参考面全段缠绕接收线圈时的结构图；图 11.7 为方形水平接收线圈绕制结构示意图；图 11.8 为高精度水平分量测试用线圈固定支架示意图。

采用图 11.8 所示支架，支架材料避免用金属等导电或导磁性材料，各材料结构之间保持几何尺度的精确性，从而最大限度克服一次场耦合干扰，提高测量二次场信号的精度。

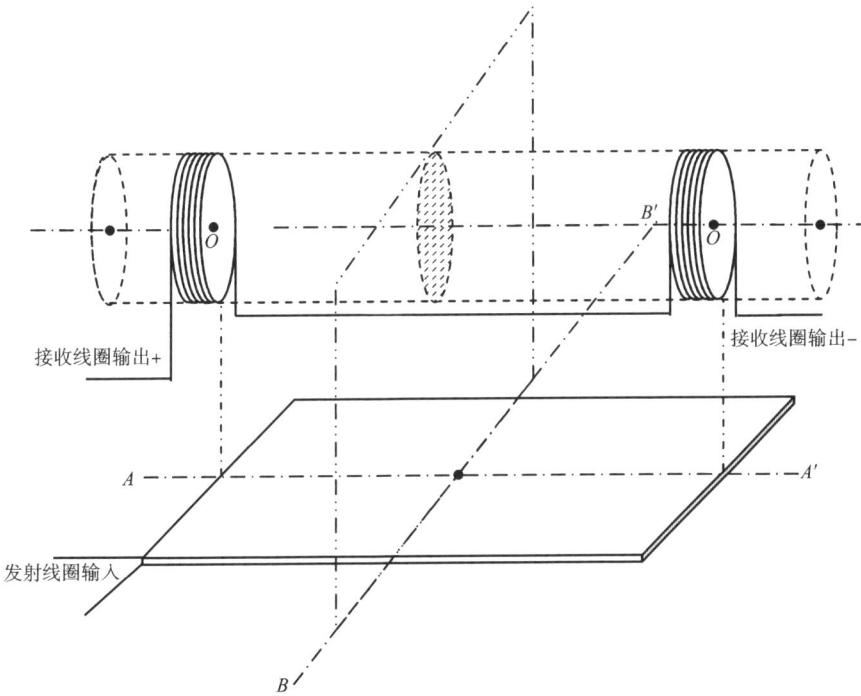

图 11.5　瞬变电磁水平分量高精度测量装置结构示意图

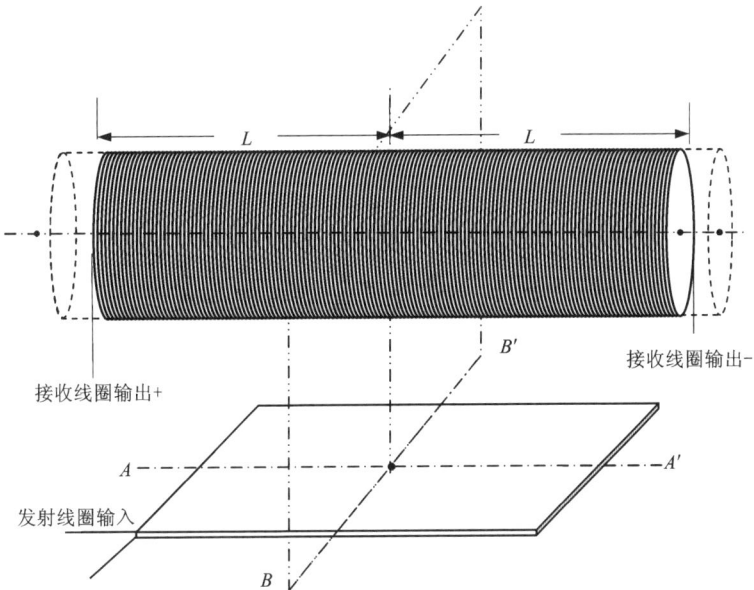

图 11.6　以接收线圈绕制参考面全段缠绕接收线圈时的结构图

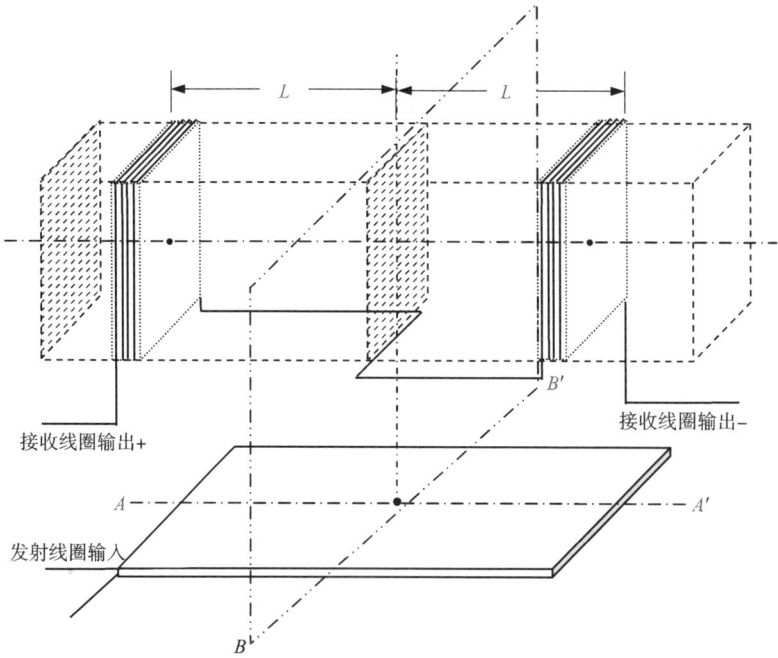

图 11.7 方形水平接收线圈绕制结构示意图

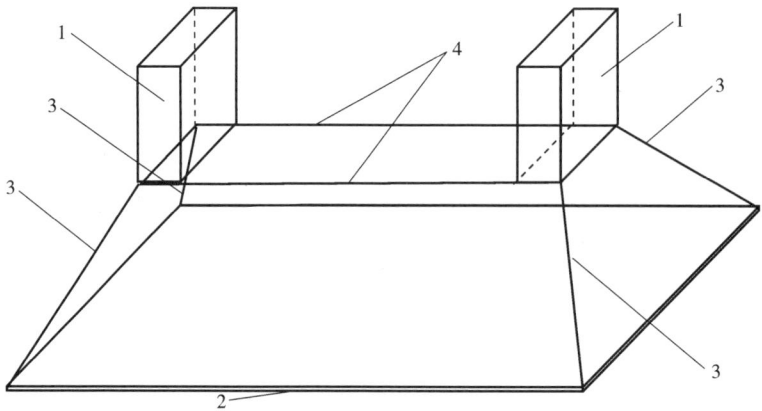

图 11.8 高精度水平分量测试用线圈固定支架示意图

1—接收线圈支架；2—发射线圈支架；3—连接收发线圈支架；4—连接两串联接收线圈支架

11.5　技术拓展

采用本套技术测量瞬变电磁水平分量，X 和 Y 分量可以同时测量，线圈绕制和布设方式如图 11.9 所示。图中发射线圈平面和接收线圈中心剖面可以共面设计制作。

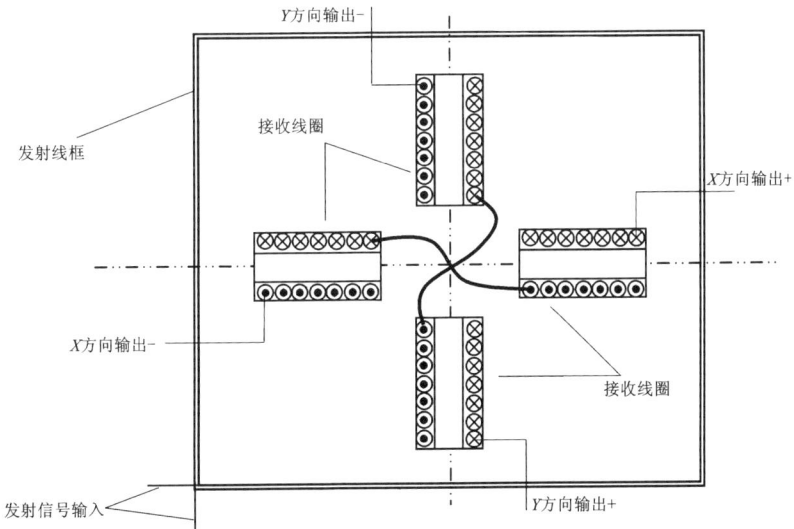

图 11.9　瞬变电磁水平分量 X 与 Y 分量同时测量时的观测装置

根据水平分量测量方法可以设计相应的装置用于近作业面的浅层地质勘探，一定程度上可以覆盖瞬变电磁在近地表勘探的盲区。

根据水平分量测量技术，可以进一步设计小型化瞬变电磁测量探头，用于受限空间隐蔽目标的高精度探测。

结合第 10 章空间梯度瞬变电磁测量技术，水平分量与梯度分量同时测量并不冲突，未来将形成一发多收多参数多分量的一体化观测系统。

第 12 章 瞬变电磁勘探用线圈充气支架及其使用方法

12.1 概述

本章介绍一种瞬变电磁勘探用线圈充气柱支架及其使用方法，由单个或多个气室充气形成外径或边长等于接收或发射线圈半径或边长的柱状支架，配接有进气管和排气管，进气管和排气管安装有控制阀门，阀门内气柱一侧安装有监测气柱内气压的气压计。在指定空间测量瞬变电磁场时，充气柱支架轴向指向瞬变电磁场测量方向，发射和接收线圈附着在充气柱支架上，随着充气柱充气密实而成型，接收和发射线圈自然打开并排列成设计距离，完成线圈固定布置，利用瞬变电磁仪可测量给定方向上的瞬变电磁场。

该线圈排列距离具有较高的精度，线圈形状具有好的一致性；另外，充气支架重量轻，携带使用方便，适合在井巷等受限空间或水面上实施瞬变电磁勘探时使用。

12.1.1 行业领域现状

地球物理勘探技术通过空间、时间和频率等不同维度下的观测数据来推断隐伏目标的性质和几何状态。其中空间观测是物探工作的必备手段，在空间观测中，位置或坐标的精度至关重要。

为提高测量系统的精度，众多的物探方法离不开辅助设施。对于有矢量参数采集的物探方法，作为后期处理与运算的重要数据参数，更应该通过辅助设施提供保障。

概括来说，辅助设施的作用有三点：一是提高作业效率；二是提高勘探数据的精度或可靠性；三是提供一种与辅助设施相关的特殊参数(数据)。不同的物探手段有不同的辅助设备，由于某些物探方法的特殊性，好的辅助设备对于物探野外工作来说，可以达到事半功倍的效果。

12.1.2 关键技术难题

瞬变电磁法勘探需要使用发射线圈或接收线圈，由于线圈是柔性导线绕制而成,因此需要支架支撑并保证线圈的面积规格一致稳定,采用刚性固定结构的线圈,运输存放不方便。当勘探实践中需要采用半径或边长较大的线圈时,支架不仅制作不方便,而且移动搬运非常麻烦。

考虑到电磁感应干扰,一般的线圈支架采用不导电材料制成,现有的接收线圈一般制成边长为 1 m 的方形或直径为 0.5 ~ 1 m 的圆形,这类线圈只是放置在地面上测量时方便,若要将其立起来或悬空放置测量某个瞬变电磁场分量,则显得异常麻烦。

现有瞬变电磁法勘探向阵列式多接收线圈观测方式发展,对于采用多个接收线圈的观测模式,各个线圈之间的方向一致性、距离精确度的保障是个难题。用非金属材料制作支架,难以使其有较高的强度,支护困难;用金属材料制作支架,不仅笨重,而且会有电磁感应干扰。

由于这些原因,瞬变电磁法勘探实践中迫切需要一种电磁干扰小,便于存放、移动和运输,使用安装方便,安装后接收或发射线圈几何状态好而且安装精度高的线圈支架。

12.2　应用实施

12.2.1　几种典型的充气支架

如图 12.1 所示,本套瞬变电磁勘探用收发线圈充气柱支架,气压计(4)安装在气管(6)上,处于控制阀门(5)与充气柱(1)之间。

充气柱(1)的外表设置有平行的环状距离标识(2),环带状距离标识(2)上设有粘贴或挂靠线圈的绑带。

充气柱(1)的外形呈柱状或中空环形柱状结构,柱状为圆柱状、方柱状或菱柱状。

发射线圈或接收线圈在充气前后直接附着在所述的充气柱(1)上的附着方式是粘贴、绑扎或缝制。

气管(6)包括送气管和排气管,进气管和排气管用两个或两个以上的管材制成,它们共用一个管道。

充气柱(1)的外表面贴有一层柔性塑料膜或布作为保护层。

瞬变电磁勘探用收发线圈充气柱支架,在指定空间测量瞬变电磁场时,采用径向基探测模式,充气柱轴向指向瞬变电磁场测量方向,发射线圈或接收线圈附着在充气柱上,随着充气柱充气密实而成型,接收线圈或发射线圈自然打开并排列成设计距离,完成接收线圈或发射线圈的固定,利用瞬变电磁仪测量给定方向上的瞬变电磁场。

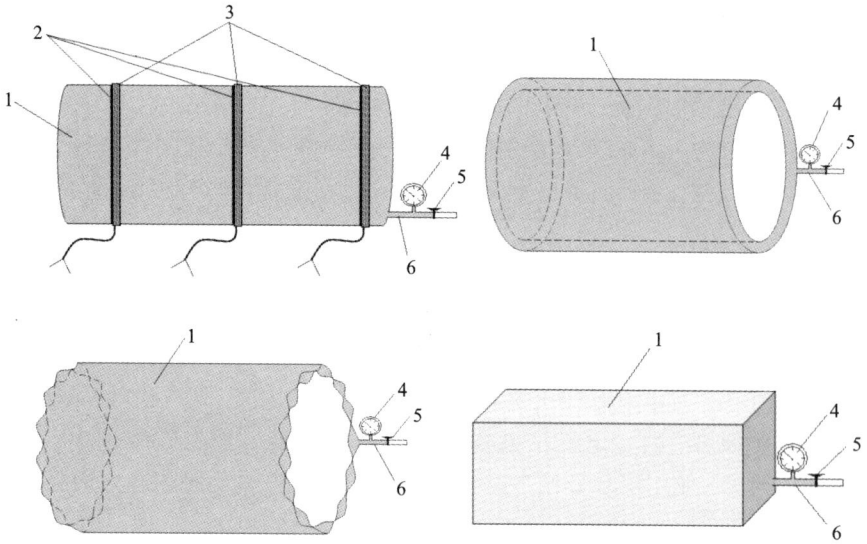

图 12.1　瞬变电磁发射或接收线圈用充气支架

1—充气柱；2—线圈固定用标示线；3—发射或接收线圈；4—气压计；5—阀门；6—充气管或排气管

接收线圈或发射线圈的附着方式有两种：一种是现场所述的充气柱充气到基本成型后套上接收线圈和/或发射线圈绑好，另一种是事先将接收线圈和/或发射线圈在充气前直接绑附着在充气柱上形成一体。

使用瞬变电磁勘探用收发线圈充气柱支架，在给定空间测量瞬变电磁场时，充气柱轴向指向哪个方向，即测量该方向上的瞬变电磁场，在充气柱上安装 1 个、2 个或 2 个以上接收线圈和/或发射线圈。

12.2.2　装置实物

图 12.2 展示了一个充气柱支架实物图片，发射或接收线圈直径与支架外径相等，在充气柱支架充气尚未完全时，按照设计好的间隔距离套上多个线圈，然后继续给充气柱充气直至完全鼓胀，将接收或发射线圈绷紧。套好线圈的充气柱支架如图 12.3 所示。

采用前向基阵列，即接收线圈在前，发射线圈在后，由薄铝板模拟探测目标，接收线圈道间距离为 1 m，充气柱支架支撑的收发线圈实测数据如图 12.4 所示。图中可以清晰看出接收线圈远离发射线圈的同时逐渐接近探测对象，早晚时道数据出现超覆现象。

图 12.2　充气柱支架实物图片

图 12.3　固定好线圈的充气柱支架实物图

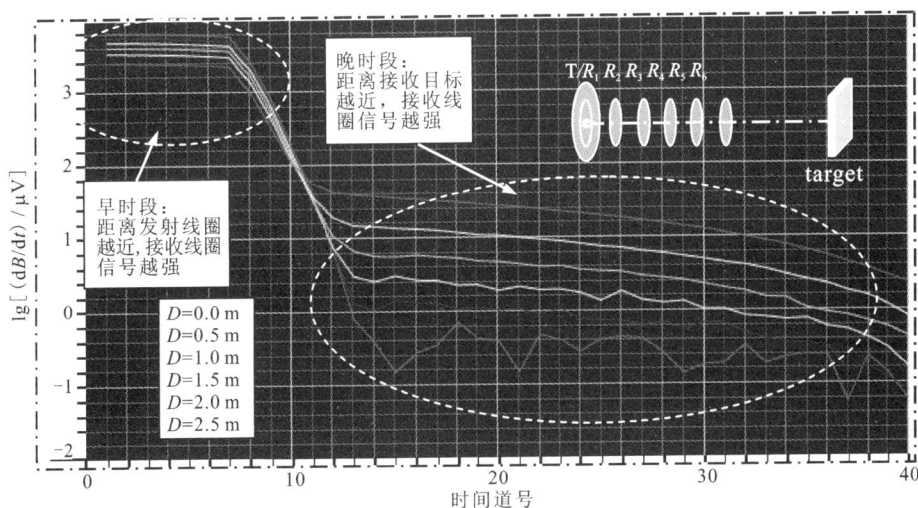

图 12.4　利用充气柱支架实测径向基线阵列多道瞬变电磁记录观测到的超覆现象

12.3　技术拓展

携带这种使用方便和安装精度高的充气支架用于巷道超前探测，既可实施横向阵列探测，也可用于径向基阵列探测。

本方法结合瞬变电磁法的几种阵列观测技术，超越了超前探测的应用模式，实现了定向探测功能。用于巷道上下、左右四周的构造探测，尤其适合在开采巷道周边的探测时，在金属矿接替资源探测领域应用推广。图 12.5 为充气支架在巷道超前探测中实施时的俯视图，主要针对掌子面前方隐伏储水构造；图 12.6 为充气支架在巷道做矿山接替资源勘探时的俯视图，主要针对巷道两侧的隐伏矿产资源；图 12.7 类似图 12.6，为巷道资源勘探作业时面向巷道方向的侧视图，用于探测巷道顶或底板下的隐伏矿产资源。在所述的两个领域勘探作业，可以分别进行横向基阵列和径向基阵列探测。

成套装备可以用于地面、空中或水域实施的工程物探领域。

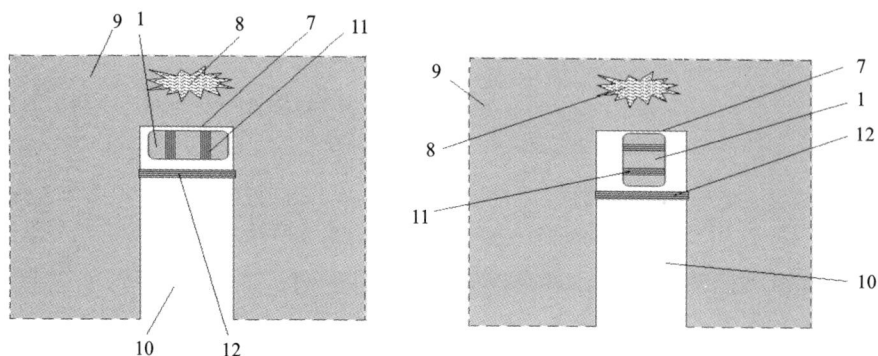

图 12.5　充气支架用于巷道超前探测中的实施例

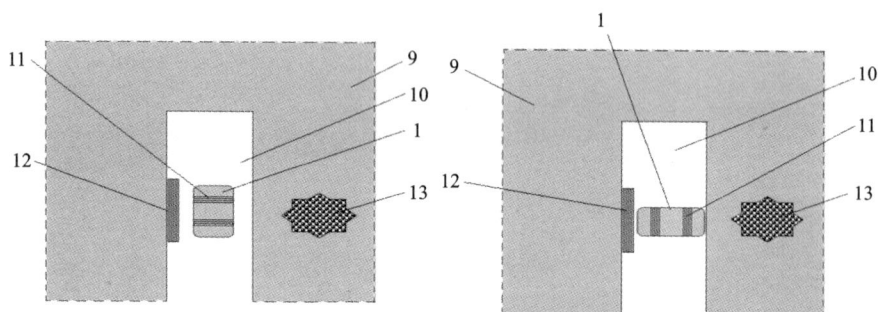

图 12.6　充气支架用于矿山接替资源勘探中的实施例(1)

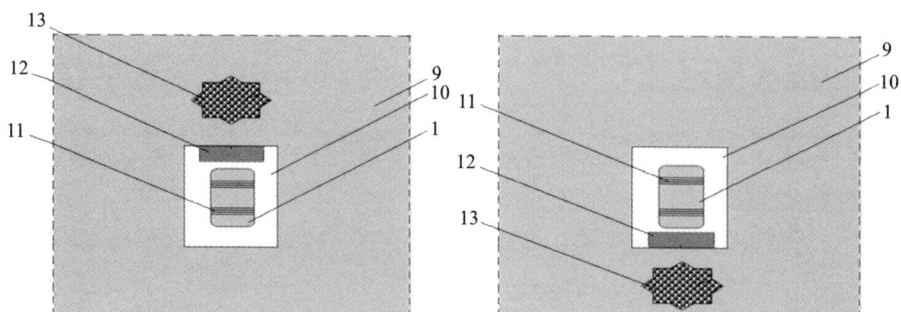

图 12.7　充气支架用于矿山接替资源勘探中的实施例(2)

1—充气支架；7—巷道停头或掌子面；8—储水隐患；9—围岩；10—已开挖巷道；
11—接收线圈；12—发射线圈；13—隐伏金属矿体

第 13 章　瞬变电磁勘探用发射或接收线圈

13.1　概述

本章介绍一种瞬变电磁法勘探用发射和接收多匝线圈的编织方法，通过麻花状编织的线圈在使用中具有较好的响应特性，具有较短的关断时间，相比平行重叠绕制的发射线圈，发射效能高。

在瞬变电磁法勘探中，对于浅部工程物探，尤其是井巷等受限空间勘探领域具有应用推广前景。

13.1.1　行业领域现状

在瞬变电磁法勘探中，一般采用单匝或多匝重叠回线发射电磁场。提高仪器发射的一次瞬变电磁场效能对于提高瞬变电磁法的勘探深度和分辨能力至关重要。瞬变电磁发射效能理论上正比于发射线圈的面积、发射电流和发射线圈匝数。

发射电流和发射线圈的面积一般受仪器或环境条件的限制，因此提高发射线圈的匝数在瞬变电磁法勘探中是一种常用的方法，一般由多匝重叠绕制的回线制成。

然而在实践中，由于受平行绕制多匝回线自身电感、电容和电阻的影响，增大线圈匝数，瞬变一次场辐射能量并不能如理想状况成比例增大，辐射效能发挥受到很大限制；因此行业中，我们希望在通过多匝重叠回线绕制发射线圈时，也保证发射一次场有较好的辐射性能，以综合提高瞬变电磁场的发射功率。

13.1.2　关键技术难题

瞬变电磁法所用发射或接收线圈需要考虑线圈的响应性能。这些响应性能包括收发线圈的幅频特性、相频特性、线圈灵敏度以及噪声特性，影响因素包括线圈电阻、电感、电容以及绕制方式引起的参数变化。

为了增强发射功率，对于发射线圈来说，较大的面积、较小的电阻和一定的匝数可以达到一定效果。在空间受限条件下，增大匝数是一个可以尝试的手段，但匝数太多会增大线圈电感，直接导致一次场关断时间太长，影响了辐射功率。

同样，为了增大接收线圈的响应灵敏度，也需要增加线圈的匝数，但匝数过多将对线圈响应特性产生负面影响。线圈的匝数越多，自感系数越大，同时收发线圈的互感系数越大。

基于接收和发射线圈的制作，关键难题是如何平衡线圈匝数。间接手段是在保障线圈匝数的前提下，如何有效降低线圈的自感系数等性能参数，提升线圈的使用性能。

13.2　基本原理①

瞬变电磁法所用接收和发射线圈属于电感线圈。参照蜂房式线圈设计原理，目的是提高发射或接收线圈的使用效能。

电感线圈是由导线一圈挨一圈地绕在绝缘管上，导线彼此互相绝缘，而绝缘管可以是空心的，也可以包含铁芯或磁粉芯，简称电感。用 L 表示，单位有亨利（H）、毫亨利（mH）、微亨利（μH），$1H = 10^3 mH = 10^6 \mu H$。

（1）电感的分类

按电感形式分类：固定电感、可变电感。

按导磁体性质分类：空芯线圈、铁氧体线圈、铁芯线圈、铜芯线圈。

按工作性质分类：天线线圈、振荡线圈、扼流线圈、陷波线圈、偏转线圈。

按绕线结构分类：单层线圈、多层线圈、蜂房式线圈。

（2）电感线圈的主要特性参数

（a）电感 L

电感 L 表示线圈本身固有特性，与电流大小无关。除专门的电感线圈（色码电感）外，电感一般不专门标注在线圈上，而以特定的名称标注。

（b）感抗 XL

电感线圈对交流电流阻碍作用的大小称感抗（XL），单位是欧姆。它与电感量 L 和交流电频率 f 的关系为 $XL = 2\pi fL$。

（c）品质因素 Q

品质因素 Q 是表示线圈质量的一个物理量，Q 为感抗 XL 与其等效的电阻的比值，即：$Q = XL/R$；线圈的 Q 值愈高，回路的损耗愈小。线圈的 Q 值与导线的直流电阻、骨架的介质损耗、屏蔽罩或铁芯引起的损耗、高频趋肤效应的影响等因素有关。线圈的 Q 值通常为几十到几百。

（d）分布电容

---

① 内容转自《电子工程世界》：http：//www.eeworld.com.cn/mndz/2011/0731/article_11191.html

线圈的匝与匝间、线圈与屏蔽罩间、线圈与底版间存在的电容被称为分布电容。分布电容的存在使线圈的 Q 值减小，稳定性变差，因而线圈的分布电容越小越好。

（3）常用线圈

（a）单层线圈

单层线圈是用绝缘导线一圈挨一圈地绕在纸筒或胶木骨架上。如晶体管收音机中波天线线圈。

（b）蜂房式线圈

如果所绕制的线圈，其平面不与旋转面平行，而是相交成一定的角度，这种线圈称为蜂房式线圈。而其旋转一周，导线来回弯折的次数，常称为折点数。蜂房式绕法的优点是体积小，分布电容小，而且电感量大。蜂房式线圈都是利用蜂房绕线机来绕制，折点越多，分布电容越小。

（c）铁氧体磁芯和铁粉芯线圈

线圈的电感量大小与有无磁芯有关。在空芯线圈中插入铁氧体磁芯，可增加电感量和提高线圈的品质因素。

多层线圈的缺点是分布电容大，采用蜂房方法绕制的线圈可以减小分布电容量，增大线圈电感量，而且 Q 值较高，所以许多收音机的调谐线圈、振荡线圈和高频扼流圈等，都按这种方式绕制，效果比其他方式好。

瞬变电磁用发射和接收线圈采用这种模式取得了较好的实践效果。

13.3 应用实施

瞬变电磁勘探用多匝发射线圈的特征是：绕制线圈（1）是由 2 根导线制成双绞线或 3 根以上导线编织成麻花辫状而成的导线束，多根所述的导线束通过麻花状编织形成更多根导线组成的麻花辫状导线束，利用所述的麻花辫状导线束进行单圈或多圈重叠绕制而成。

麻花辫状瞬变电磁勘探用多匝发射线圈，其特征是绕制线圈（1）为圆形或方形。

如图 13.2 所示，首先利用 4 根导线 3 编织成麻花辫状的长导线束备用；根据方形发射线圈边长需要，利用麻花辫状的长导线束进行 4 圈重叠绕制；绕制完成后，经过颜色标识将 4 根导线两两串接相连，保证所有导线串联形成 16 匝环形回路；抽出其中两根作为进、出端口。四根导线标识为 A、B、C 和 D，用"＋"和"－"号标识导线束两端。串联方式见图 13.2，接线端口为：A^+ 和 D^-；回路和接线路径：$A^+ \rightarrow A^- \rightarrow B^+ \rightarrow B^- \rightarrow C^+ \rightarrow C^- \rightarrow D^+ \rightarrow D^-$。

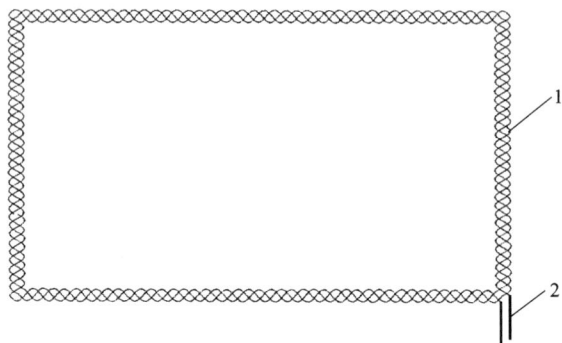

图 13.1 一种麻花状发射或接收线圈

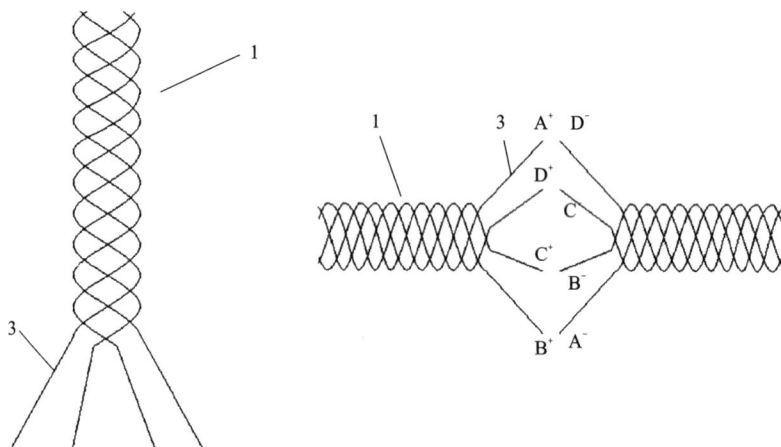

图 13.2 一种麻花状发射或接收线圈编织工艺

根据上述线圈结构制成的麻花状瞬变电磁用线圈实物,线圈结构类似蜂房状绕制线圈,测试试验结果表明其应用效果明显优于普通绕制线圈。

13.4 发射线圈对比模拟试验

用图 13.2 所示方法编制线圈进行了发射线圈对比模拟试验,采用同样的接收线圈和同样的收发距离排列,模拟探测目标为面积 1.5 m×1.0 m、厚 1.5 mm 的铝板。发射机统一用 12 V 外接电源。

试验对比结果如图 13.3 和图 13.4 所示,对比结果表明,采用麻花状线圈时接收线圈的能量整体增强,在接收线圈的感应段出现较长一段饱和段,在响应曲线的尾支，麻花状线圈发射的幅度明显有优势。

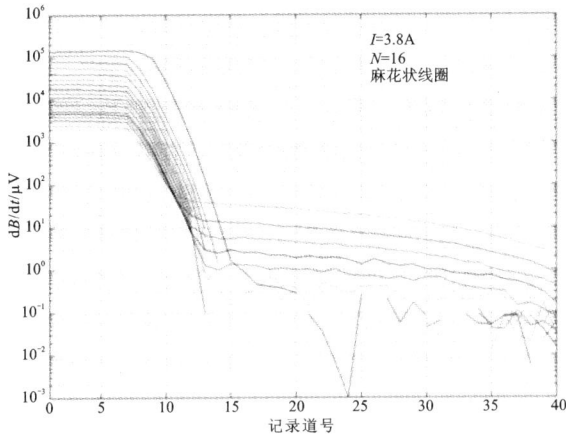

图 13.3　采用同样导线材料和匝数的麻花线圈采集响应信号

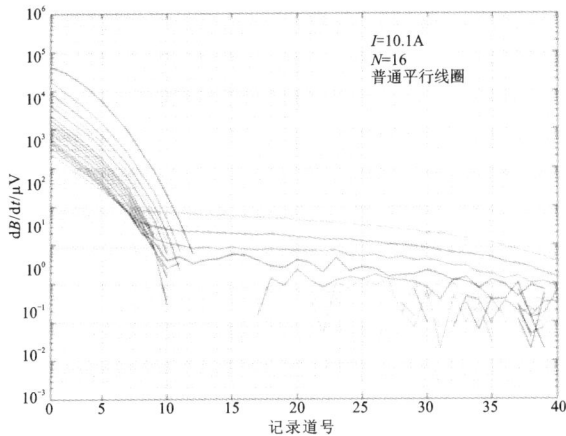

图 13.4　采用同样导线材料和匝数的平行绕制线圈采集响应信号

13.5　技术拓展

用来编织麻花线圈的导线应该有一定规格，一般来说，导线直径越大电阻越小，同样匝数和面积的线圈，其品质因子越高，应用效果越好；缺点是线圈重，运输安装不便。

编织麻花线圈工艺简单，但一次性编织较长麻花线圈费工费力。我们在试验中采用手工分段编织然后串接的方法进行，若能找到或研制相应的编织机械最好。

麻花状发射或接收线圈绕制方式灵活机动，若能配合充气支架使用，现场安装方便，也利于不同阵列模式的切换作业。

蜂房线圈品质因子高，是接收或发射线圈的理想选择，其绕制通常采用多股漆包线或丝包漆包线，建议在麻花线圈编织中尝试使用多股丝包漆包线，以达到更为理想的线圈响应性能。

第三篇

弹性波勘探类

弹性波类勘探利用弹性波在介质中传播的波动学(运动学)和振动学(动力学)特征来分析隐伏介质结构性状,由于弹性波所属相关表征参数与介质弹性动力学参数有理论的相关关系,即便考虑动、静力学参数转换以及工程实践中客观对象或介质结构复杂等影响因素,这种关联也非常密切,因此弹性波勘探被广泛应用于地层分层和构造探测中,在工程物探领域,弹性波类勘探解译成果的可参照优势相比电法勘探更为突出。

地震勘探、声呐或声波探测、超声检测、声发射探测以及各类地面或井中弹性波测井都可以纳入弹性波勘探或检测的范畴。

地球物理勘探手段都需要在物理参数域、时间域、频率域或空间域采样,并满足一定采样要求。

(1)对所有物探方法,空间域多点采样是必备的,单一空间坐标点的单分量数据一般只能对一维介质形成定解。

(2)具有波动学特性或者信号旅行时差分辨属性的物探方法,理论上可以无限制地提高探测深度。根本原因在于其能够分离和规避背景耦合响应信号,提取"纯异常";对于这类能激励到目标产生响应并具备观测视点或视角的方法,理论上只要增大激励信号强度、提高接收信号的传感器灵敏度,就可以无限地增加勘探深度。

(3)仅具备动力学特性而不具备时间信号分辨属性的电法勘探,如传导类电法勘探或仅在频率域开展测量的物探技术,单从信号的角度来说,给定异常精度,其勘探深度应该有理论界限。根本原因在于其没有完全回避背景信号,即源与传感器之间通过了空气和周围介质的直接耦合信号、目标体周围介质的激励响应信号,这种勘探技术主要通过相对异常来反映目标的存在和性状。根据异常识别的精度和分辨率必要条件,这类方法的分辨能力受包括覆盖介质响应在内的环境制约。

（4）共振和共鸣现象是一种特殊的波动动力学现象，广泛应用在结构分析中。以特定介质结构的先验结构信息为初始模型，可以通过波动动力学特征来分析结构的特征或隐患目标特征，因此基于波动学和动力学特征解算的两类方法可以有机结合，达到有效勘探的目的。频率域电磁法或时间域电磁法信号的频率域分析也有特殊的共振现象。

作者以为，以上表述对所有有源激励的物探方法来说皆为通理，包括电法勘探和电磁法勘探，值得地球物理勘探研究和实践工作者参考。

弹性波具有波振二相性，振动是波的源泉和最终表现形式，波是振动的载体和传递方式。弹性波的振动学或动力学特征携带了介质的粗结构特性和波动学属性，通常可以以模态分析的方法提取特征参数和解译，广泛应用在结构无损检测领域；弹性波的波动学或运动学特征则携带了波旅程中历经介质的结构细节和波动学属性，通常以射线理论来进行解译或成像。传统地震勘探中，尽管在瑞利波勘探中广泛提及模式波的概念，但真正将模态试验分析理论完全贯穿于理论和实践的研究很少。事实上，将模态分析理论应用于地震勘探，结合层状结构、几何腔体、角域地层的响应特征，并与以波动学特征研究为主导的传统地震勘探解译算法相结合，用来解决近介质表面的工程地质问题有实践意义[1]。

本篇从地震信号采集的过程分析出发，探索了一种弹性波振动信号保真采集的硬件系统设计思路，提出了单坐标点双能量采集技术和地震勘探系统分时采集技术；从传感器自身响应及安装模型分析出发，提出了增强传感器耦合性能和适应软土、道砟类场地的检波器尾座设计技术；从震源一致性、有效性和特殊场地勘探施工的需求出发，分别设计了在土类场地和地下巷道岩壁上使用的两种地震勘探用锤击垫板；结合反射波地震勘探"负视速度法"，提出了一种受限空间定向探测技术和一种小应变桩基质量精确检测技术。

---

① 朱德兵. 波振二相拟模态试验分析理论研究[D]. 长沙：中南大学，2002.

第 14 章 地震勘探双能量双通道采集技术

14.1 概述

本套技术涉及一种单坐标点双能量地震信号采集系统，包括低主频频带信号采集通道、高主频频带信号采集通道、微处理器和数据存储及预处理单元，通过不同的模拟信号增益及相关信号调理电路，利用两个独立的数据采集通道实现两个宽频带信号的双能量采集，每个坐标点上采集两道地震记录以代表不同的频带，便于后期有针对性地完成地震数据处理与资料解释，并能相互参照，有效地提高了勘探施工效能。同时，由于高主频频带信号采集电路充分利用了检波器的灵敏度和硬件动态范围，具有较大的模拟信号前置增益，使得高主频频带信号的信噪比得到增强，为后期高分辨率地震资料处理提供了保障。

在采用双能量地震信号采集系统后，相应的地震仪信号通道数扩展了一倍，兼顾了频带能量的分布特征和相对独立的动态范围。

从弹性波波动学和动力学综合分析的出发点来说，低频带能量主要用来做介质结构的动力学特征分析，高频带能量则主要用来做介质结构的波动学特征解析。

14.1.1 行业领域现状

在地震勘探中，需要采集地下介质结构对人工激发地震波的响应信息，其基本采集过程是利用检波器获得坐标点上介质表面振动的模拟电信号，再通过放大、滤波等信号调理电路进入数字信号采集系统，形成振动随时间变化的数字记录。

一个采集点上安装一个检波器，检波器有频率通带选择性，通带外的信号被压制；检波器检测到的信号能量主要是面波等低频响应成分，在有效频带上能量占绝对优势。基于模拟信号的前置放大增益，考虑到主频信号溢出可能，倍数不能太大；此外，与之相适应的滤波、降噪等信号调理电路也主要针对频率较低的主频带信号。

假设检波器检测到的震动信号能够包含所有的频率成分，而且地震仪也能够不失真地记录所有的信号并将其数字化，理论上说基于数字滤波等的后期处理解释工作也能够得到所需的高频带信号，利于高分辨率地震资料的处理解释，但事实上各种数字滤波的算子不可能无限长，各种数字滤波算子总存在一些"频率泄漏"，从而导致数字滤波后的信号有时不尽人意。

地震勘探震源激励的地震波具有初始频带特征，该信号经过了地层介质结构扩散吸收、检波器接地耦合、敏感元件的转换、后置模拟信号调理以及模数转换等环节的再造，最后形成了地震仪实际记录的数字信号，该记录信号的能量主要集中在低主频带上。双能量双通道采集技术在一个空间坐标点上，用一个通道保留地震记录的主频宽带信号，同时用另一个采集通道获取非主频的高频宽带信号。高频带采集通道针对技术人员设计的高分辨率地震勘探目的，主要通过高灵敏度检波器和后置增益电路来实现，包括更大的前置增益、高通滤波或高频补偿等针对高频信号的信号调理电路。利用该技术可以设计相应的地震勘探仪器装备，提高一次震源激励后的数据采集效能，双能量数据便于高低频带资料的相互比对解释。

14.1.2 主要技术难题分析

震源激发产生的地震信号，作为低频段的主频与非主频的有用高频信号之间常存在几倍乃至一两个数量级的振幅差异；地震波经介质结构扩散、反射、吸收等作用后传递至检波器所在坐标点，被检波器检测到的信号中，低主频与相对高频信号之间的能量差异将进一步扩大，甚至可以达到几个数量级的差异；由于自身的幅度差异，它们与相应的背景噪声之间的信噪比也会存在同样的级差。作为高频信号采集的出发点，采用基于低频信号的前置增益或信号调理电路，使用同样的地震仪通道进行高频高分辨率地震数据采集必然存在硬件动态范围以及小信号调理机制上的局限。

基于这些原因和当前地震仪采集系统的硬件局限，本章探讨提出了单个坐标记录点地震数据的双能量双通道采集技术，震源一次激励，同时完成两个频带能量的数字信号采集，高频宽带信号可直接用于高分辨率地震资料解释。

14.2 方法技术原理

14.2.1 激励信号的频带特征及信号再造

作为地震仪所获取的数字化记录，信号本身能量大小、频谱特性的决定因素很多，按照信号的传递次序，主要包括如下几个方面：

(1)激励源的强度和频谱特征；

（2）地震信号传播过程中各种运动学、动力学因素导致的衰减、吸收以及频谱改变；

（3）检波器与地表耦合特性；

（4）检波器的灵敏度、动态范围及频率响应特性；

（5）与检波器采集模拟信号相关的放大等信号调理电路特性，包括元器件的动态范围和频带特性；

（6）数字化电路特性，包括采样率和元器件动态范围、频带特性。

我们将震源激励后高于激发前背景噪声的信号都称为有效激励信号。这种有效激励信号包括了经过模拟、数字信号处理后能够高于背景噪声的信号，特别地，如通过多次震源激励垂直叠加，可以获得原本看似低于噪声幅度的振动信号。有效激励信号经过一系列环节将发生谱征改变，与地震仪器记录的信号有很大差别，我们称这类改变信号能量、频谱特性的过程为信号再造，其整个过程可以用图 14.1 来表达。对于地震采集记录或数据，我们将震源激发前地震仪记录的地表震动统称为背景噪声，类比有效激励信号定义，震源激发后，地震仪接收信号，高于背景噪声能量或幅度的信号都称为有效接收信号。

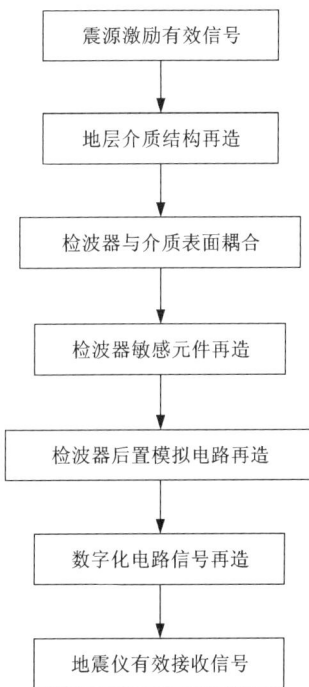

震源激励有效信号

地层介质结构再造

检波器与介质表面耦合

检波器敏感元件再造

检波器后置模拟电路再造

数字化电路信号再造

地震仪有效接收信号

图 14.1　地震信号的再造过程

14.2.2　震源激励频带特征

不论采用何种震源，地震激励后，准备向四周传递的地震波有其固有的频率分布特征。潘纪顺等对各类震源激励信号进行了系统的对比分析，从资料上看，高于有限背景噪声的能量在一个很宽的频带范围分布，作为震源激励震动来说，这部分能量是有效激励信号中的主要信号。这里我们不讨论受限于检波器和地震仪性能而可能漏采的高频有效信号。

可控震源在扫描频带范围内的能量均匀分布，非可控震源的能量则分布极不均匀，有固有主频和有效频带宽度。作为主频带之外的非主频能量一般很小，而且分布极不均匀。突出的表现是，非主频能量中约为两倍主频频率的高频成分与主频能量比，有多倍乃至数量级上的差异，但这些高频能量是实实在在的有效激励信号。

这里通过分析炸药爆炸和锤击震源两种非可控震源的振动信号特性来对有效激励信号的频带特征做出说明。

图14.2中列举了不同药量的炸药震源的两种情况，从图中可以看出，在给定的药量范围内，大药量的激发能量要远远高于小药量，而且频率成分丰富，高频能量也很强；而小药量则避开了50 Hz以内的低频能量。如果用小药量激发，则可以获得高的主频频率，从而提高勘探的分辨率，但很明显，小药量激发主频能量低，勘探深度受到影响。以为小药量激发勘探分辨率相对高而避开大药量震源，就是因为受限于单通道的动态范围和增益控制，采用单道全频带采集，不能将大药量激发时有效的高频成分即图14.2(a)中所示次主频带能量体现出来。

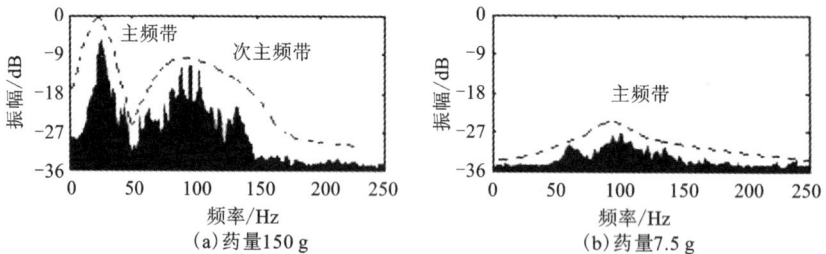

图14.2　不同药量炸药震源的谱(据文献[31])

锤击震源常用于浅层地震勘探，如图14.3所列举的两种不同锤重震源频谱特征，震源激励的主频带有区别。主频带和次主频带之间有能量的区别，采用同样的增益进行调理，不同频带信号的信噪比存在较大差异。小锤激励时，有效激励能量中的高频成分，如350~450 Hz频带内的高频可能在浅层地震勘探中发挥作用并成为有效接收信号中的一部分。如果采用单道全频带接收，高频能量不能有效突出。

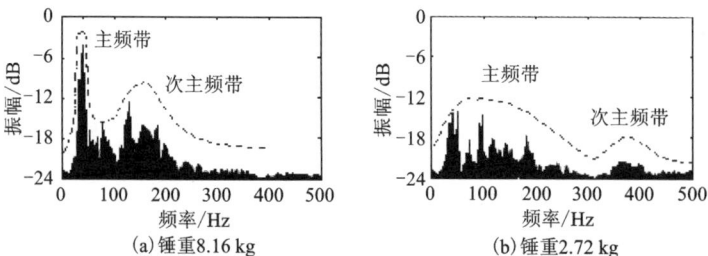

图14.3　不同重量锤击震源的谱(据文献[31])

由此可以看出浅层地震仪采集的有效信号频带范围很宽，应该提倡并通过地震勘探系统成功记录。但高、低频带之间的幅度差异很大，以同样的信噪标准，同时让硬件接收从低频到高频的有效激励信号对检波器和地震记录仪来说有一定难度。从震源有效激励的观点来说，炸药震源的有效频率可以扩展到 150～200 Hz 及以上，而锤击震源的有效频率可以扩展到 300～400 Hz 及以上，但该频段内的能量与主频能量相比，就有效激励信号来说，已有了较大差异。

14.2.3　地下介质结构对震源信号的改造

地下介质结构对在其中传播的地震波进行改造，通过波前扩散、吸收衰减、散射、转换等来实现，一个最根本的规律是：高频成分吸收衰减快，有效传播距离短，低频成分则吸收衰减慢、传播距离远。因此我们说，震源激励的有效信号在这一过程中，将经过一种近似低通滤波的作用。到达接收空间点位的信号与震源激励的有效信号相比，所有能量都被耗散，低频能量衰减小，部分高频能量几近消失，所以此时此点的地震信号，低频和高频之间的能量差异得到进一步扩大，有效接收信号也界定为高于背景噪声能量的信号，在有效接收信号中，低主频成份与其倍频程高频成份的相对能量一般都有了数量级上的差异。

根据地震波扩散和吸收衰减的规律，通过信号补偿或反 Q 滤波等算法可以一定程度上实现地震波的恢复，特别是对高频成分进行补偿。

14.2.4　检波器及后置模拟电路对记录信号的影响

地下介质结构对地震激励有效信号的作用，无法人为改变。实际到达某坐标点的信号，尽管高、低频信号之间的差异较大，但只要是成功返回地表的振动信号，实际地说，都需要被保真接收。从检波器这一环节来看，检波器接地耦合以及检波器的灵敏度、频响特性、动态范围对地震记录有效信号的影响至关重要，可以尽最大限度人为改善。

（1）检波器的频响特性

检波器具有频率选择和带通特性，通过检波器自身的频响特征来体现，从物理原理上，当前地震勘探中广泛使用的检波器有磁电式速度检波器、涡流检波器、压电加速度检波器几种主要类型。

其中，磁电式速度检波器应用较为普遍，其自然频率在 4～100 Hz 有多个挡位，国内检波器高频假频（spurious frequency）一般为 300 Hz 左右，国外超级检波器假频小于 300 Hz，大部分在 200 Hz 左右，可以看出传统速度检波器的有效频带范围主要集中在相对低的频段。涡流检波器是一款加速度地震检波器，其最大特点是在速度检波器的高频段灵敏度随着频率的增加而提高，工作频带与一般速度传感器相当，理论分析和测试结果皆表明，其中高频响应存在非线性，有效频带的高限也在 200 Hz 左右。压电加速度检波器能够实现真正的宽频带，在 500 Hz 左右也能实现良好的线性响应，具有较好的相频特性，其动态范围一般在 100 dB 左右，已在油气地震勘探中得到应用。在提高灵敏度的基础上，通过涡流检波器高频补偿来实现高频能量幅度提升和压制低频干扰也能取得较好的应用效果。可见，检波器的频响特性直接影响了有效接收信号的频率特性。

选用检波器，应该首先确认地表震动的有效信号特征，只要是高于背景噪声的信号，应该不论其频率高低，都得到检波器完整的记录最为理想。

从检波器的种类来说，要想通过一种或一个检波器将所有到达记录点的信号都记录下来有难度，可能需要分别用两个不同频响特性的检波器来分别记录低主频频带信号和高频频带信号，用压电加速度一类的检波器可以解决宽频带问题，但其动态范围可能成为一个要考量的因素。

（2）检波器接地耦合

不论使用哪种检波器，其与介质表面密切接触的耦合刚度都直接影响到检波器频响特性及灵敏度的发挥，同时也关系着检波器对各种噪声干扰信号的抑制程度。检波器接地耦合差直接影响检波器对地表震动的响应，这种响应在频率特性上一般是非线性的，这就使得各个频率的信号都受到不同程度的削弱，尤其是高频信号得到较大的削弱。通过组合检波器以及加长检波器尾锥会对检测信号有一定程度的改变，但却能够达到较好的应用效果。

检波器接地耦合特性直接影响了有效接收信号的特征，从检波器耦合的角度，能够提高检波器的高频响应性能，也应该是高频带信号能够完美体现其高分辨率的必要条件之一。

（3）检波器的灵敏度

各类检波器的基本原理决定了检波器的灵敏度特性，而且对于不同频带信号，其灵敏度特征又会有差别，提高各类检波器的灵敏度和改善频带特性任重道远。目前对于独立的检波器，内装 IC 加速度检波器的灵敏度可以在较大范围得到提高，但由于其动态范围的限制，高的灵敏度将使其极限响应幅度减小。相对高的灵敏度和高频响应特性利于地表震动的高频有效信号被检波器响应；由于检波器灵敏度的提高，噪声信号也同样被检测进检波器，所以噪声的监测和压制问题也凸显出来，这就提出了针对高频宽频带信号如何有效压制噪声的问题。

从检波器灵敏度来说，照顾了高能量的低主频频率信号，恐怕实际存在的有效高主频信号会被忽略。

（4）检波器及后置模拟电路的综合影响

震源有效激励的信号通过"艰难"的旅程回到地表，尽管经过再造后，高频能量被大大削弱乃至湮没，其有效频带范围依然很宽。这些客观有效的频带是否能够转化为地震仪记录的有效信号是检波器及后置模拟电路所决定的。地表振动的有效信号最理想的结果是能被检波器完全接收并有效转换成数字信号。事实情况是由于检波器的接入以及后续模拟、数字电路的引入，单道信号地震记录有如下局限。

①检波器与模拟电路的匹配问题。

②后置模拟信号调理以及数字信号转换电路动态范围和频带范围有限。

③后置模拟信号的调理对高 - 低频能量相差悬殊的有效信号没有区别对待。

④后置模拟信号的调理对噪声信号的压制没有区别对待。

由于上述局限，单道地震记录要么基于低频主频，采用高灵敏度检波器，用较小的增益得到低主频宽频带炮集记录，要么采用较大的增益、高的低截频率或高频补偿获得高主频宽频带炮集记录，考虑到现有元器件的频响特性和动态范围，两者目前难以通过一条通道同时获得。

对于有效接收信号和有效激励信号的区别本章不做研究，借用文献[38]中的资料来说明相对高频有效接收信号的可靠性。文献[38]基于煤田地震勘探，有效频带的宽度可达 300～400 Hz，视主频为 150～200 Hz，其中的高频能量近似为视主频的倍频，对该频率范围恐怕一般的检波器也难以保真记录。这反映出有效接收高主频宽带信号确实有一定潜力，可以在地震勘探尤其是浅层地震勘探中应用。

14.3　双能量双通道数据采集技术与薄层分辨能力

薄层分辨能力是衡量地震勘探高分辨率的一个标志，不论是基于高频检波器还是模拟信号高通滤波，在采用了模拟信号高频补偿或大的前置增益后，都获得了较好的高分辨率地震记录。其中基于高低切频率的模拟信号调理必然直接影响到记录信号的相频和幅频特性，这些响应特性与相关的调理电路直接关联，必要时可以通过理论校正来解决。

14.3.1　Richer 子波特征影响薄层分辨能力

要使地震勘探资料对薄层具有较高的分辨能力，就需要检波器检测信号为宽频带，但严格地说，是需要以高频为主频的宽频带。

如图 14.4 所示，以 Richer 子波为例，主频分别为 2.5 Hz、5 Hz 和 10 Hz 倍频单位数，其相应的 Richer 子波视波长有对应的近等比缩减变化，显然，高主频的宽频带信号具有更高的薄层分辨能力。从图中可以看出，所谓的高分辨率宽频带应该是以高频为主的宽频带。满足这一要求需要通过震源最大限度提供高频有效激励信号、检波器与地表最佳耦合、检波器自身较好的频带特性和高灵敏度，以及模拟电路和数字化电路具有优越的高频响应性能和较小的系统噪声。

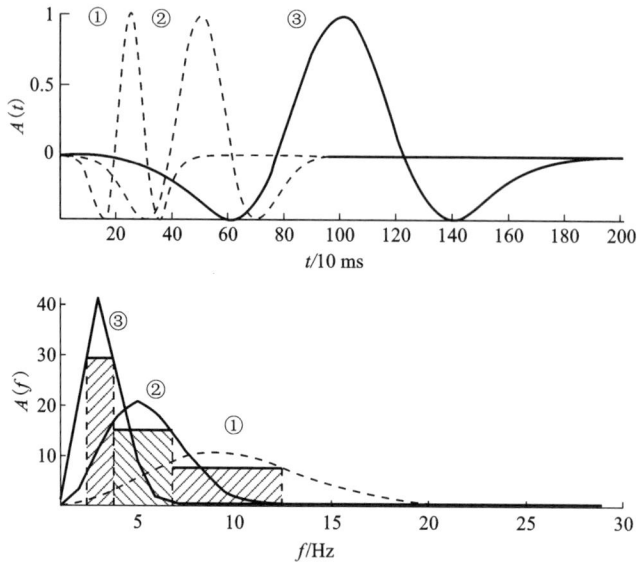

图 14.4 不同主频 Ricker 子波及其幅频特性

实现双能量采集的难处是如何区划频带，以及根据信号频带特性设计压制噪声的模拟电路和数字电路。基于垂直叠加来提高信噪比的方法可以在浅层地震勘探中应用，其应用的一个很大好处是能实实在在提高有效接收信号的信噪比，当然也提高了高频信号的信噪比。

14.3.2 单坐标点双能量采集技术

双能量双通道采集技术的提出是基于一次震源激励，同时在一个坐标点获得高低两个主频频带的地震记录。充分利用包括检波器的灵敏度、动态范围以及后续模拟电路和数字电路上元器件的动态范围，低频通道用适当的增益和信号调理电路获得低频宽频带记录，高频通道通过高频检波器或高通滤波器、高频补偿电路，以及针对高频信号的信号调理电路来获得以高频为主频的宽频带记录。

这里我们将同时提供高、低两个主频的检波器或检波器组，称之为双能量双检检波器。如此功用的双检检波器可以通过单体检波器实现，如压电加速度检波器，也可以通过两个独立的检波器实现。对于理想宽频带检波器，在检波器模拟信号输出后，采用分频方式，使两个频带信号分别进入各自独立的调理通道进行调理。

由于检波器灵敏度的增大，必然需要引入大动态范围的信号处理硬件，通过双频带的通道处理，低频带信号和高频带信号可以在不同的采集通道上各自享用高灵敏度检波器和相应通道内元器件的动态范围。

前置增益提高后，硬件系统产生的白噪声相对变小，从而提高了有效高频信号的信噪比。通过相关的小信号调理补偿以及非有效频带信号压制、滤波处理，又可以使目标频带有效信号信噪比进一步增大。如此采集的高频带地震记录，主要通过模拟器件的选用来实现，使其信号与后期数字滤波信号相比，在相位特征上具有明显的优势，自然会在薄层分辨方面得到更好体现，由于低主频频带信号的同时保留，地震装备极限勘探深度也能得到最大限度的实现。

双能量数据采集，需要地震仪在设计时采用双通道技术，分别针对不同频带、不同能量特征的信号，可以通过在原有地震仪通道上增加一个高频道数据采集通道。高频道数据采集通道与原有地震采集通道相比，主要区别在于模拟信号调理部分，可以通过程控开关来实现必要的参数调整。对于数字遥测检波器，相应的模拟电路或数字电路在检波器内部实现。高频带模拟通道主要有如下几个特点：

①充分发挥检波器的灵敏度和动态范围；

②充分考虑检波器的接地耦合刚度；

③检波器为高频带响应或具有基于高灵敏度的高频补偿功能；

④设置高通滤波器，考虑其倍频程；

⑤充分利用硬件动态范围，采用大增益；

⑥有高频补偿电路和针对高频带信号调理电路。

根据双能量采集原理，相应的硬件系统可以设计成如图 14.5 所示的结构。

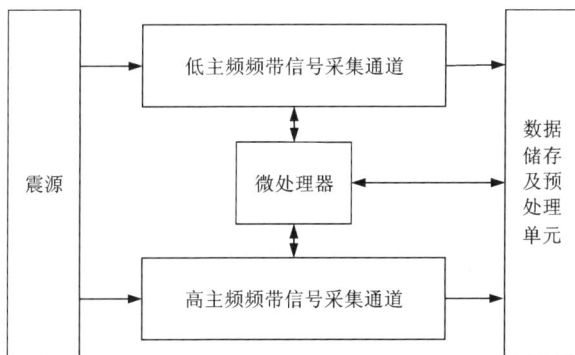

图 14.5　双能量采集系统硬件结构示意图

14.4　两种相关新技术

14.4.1　单坐标点双能量地震信号采集系统

对于宽频带大动态范围的传感器，在模拟信号上采用分频模式形成两路采集通道，分别记录高、低两个频段的弹性波记录，如图 14.6 所示；在不具备宽频带大动态范围传感器条件时，采用两个分别具有高、低频段大动态范围响应特性的传感器配合，如图 14.7 所示，完成双能量采集。两种采集方法都需要单坐标点双通道采集。

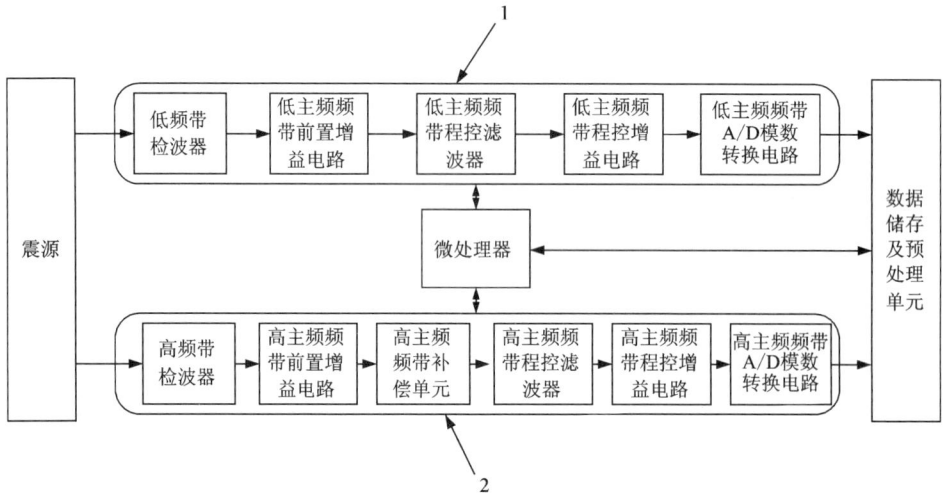

图 14.6　双检波器双通道采集系统原理

地震激励有效信号被再造后，可用的高频能力与低主频能量差异被拉大，现有的单道地震采集系统包括检波器、模拟电路、数字电路，有必要对高、低两个宽频带信号分别对待。在地震勘探生产试验中，震源一次激励单个空间坐标记录点，通过双能量双通道采集技术可以保证传统地震勘探中低主频信号的完整采集，用于后期数字信号处理和大深度解释，同时获得了避开主频能量而基于实际工程特点的有效高频宽带采集信号，后者对地震勘探高分辨率资料的解释将具有较大的帮助，两个不同频带的能量信号相互对比和参考，将对资料的解释处理大有裨益。

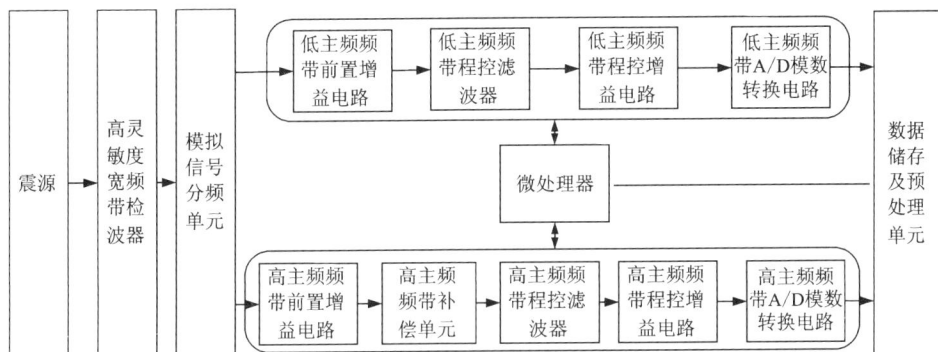

图 14.7 单检波器双通道采集系统原理

14.4.2 一种陆用双检检波器

地震勘探中，考虑到检波器性价比和安插方便，大都使用磁电式速度传感器进行介质表面震动检测。在浅层地震勘探中，由于勘探深度浅，作为高分辨率勘探的需要，往往都在弹性波激发和接收上努力提高频率，在较坚硬场地，特别是混凝土板体、地梁、路面上，高频弹性波激发不存在问题，但使用传统的速度传感器，由于其自身频率响应特性的制约，高至几百赫兹的地震信号，已在速度传感器的有效响应频带范围之外，这部分信号不能完整记录。

加速度传感器是一种灵敏度高、高频响应性能突出的传感器，但其个体和质量小，考虑到工作效率等因素，其与介质表面有效耦合和在勘探中的使用效率都难以保证。

震源激发产生的的振动信号，既有频率相对较低振动信号，又有高分辨率地震勘探需要的高频成份，高频成份能量小，需要高灵敏度的加速度传感器接收，但加速度传感器和数据采集系统硬件的动态范围有限，我们在很好地保证高频信号的同时，不得不将低频背景进行压制，如果两者同时进入一个信号通道，必然出现信号削波现象，从而损失部分高频信号。

利用速度传感器做载体，将加速度传感器安置在载体内，两个不同类型的传感器分别对高、低两个主频段进行检测，获得丰富的振动信号。加速度传感器质量轻，基本不会影响速度传感器的频响特性；加速度传感器附着在质量较大的速度传感器身上，其高频响应范围会受到一定影响，但试验表明它的使用功效还是很好的；由于加速度传感器基本不受磁铁影响，因此速度传感器的磁铁不会影响加速度传感器的响应性能。

如图 14.8 和图 14.9 所示的双检检波器，既能够进行较低频段的震动测试，又能够接收高频响应信号的震动信号，通过不同的传输导线，将测试信号引入各自的数字信号采集通道。

（1）解决了高灵敏度传感器在被测介质表面的安置固定问题

（2）在对频响性能影响不大的前提下，保证了高灵敏度加速度传感器的利用，从而为高分辨率地震勘探提供了必要条件。

（3）保证了传统速度传感器的响应性能，通过双检检波器同时获得了主频较低的震动信号。

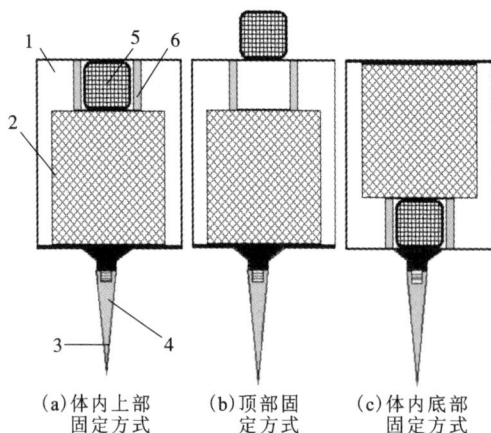

图14.8 陆地双检检波器的几种结构类型图

1—速度传感器封装外壳；2—速度传感器芯体；3—检波器尾锥；4—尾锥与检波器主体连接的螺孔和螺丝；5—内装电荷放大器压电加速度传感器；6—速度传感器芯体压紧固定件

图14.9 一种测试用双检检波器实物

选用重庆地质仪器厂生产的 CDJ—Z/P28 型速度传感器和朗斯测试技术有限公司生产的 LC0119 型加速度传感器（质量为 12 g），在速度传感器顶面用螺纹螺钉固定，速度传感器采用石膏固定在混凝土大板表面；采用在混凝土大板上锤击激发的方式完成测试，测试记录如图 14.10 和图 14.11 所示。

在同一个坐标点上使用双检检波器和双能量采集模式的地震仪，可以有效控制检波器的灵敏度和动态范围，如图 14.12 所示，两个通道捕获的主频较低和主频较高的振动信号，有利于后期的资料处理与解释，同时便于两个信号通道信号相互比对。

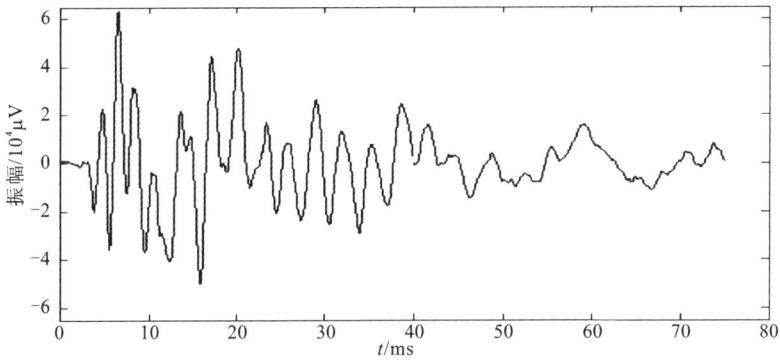

图 14.10　速度传感器测试数据

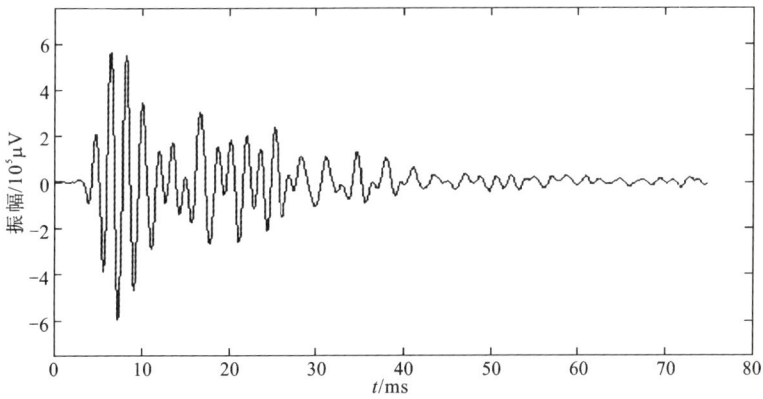

图 14.11　加速度传感器测试数据

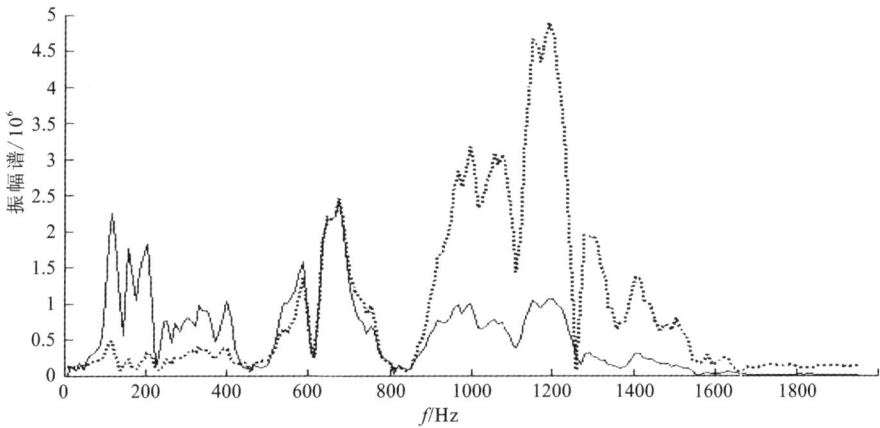

图 14.12　速度传感器和加速度传感器测试信号振幅谱对比图

实线为速度传感器通道采集数据；虚线为加速度传感器通道采集数据

14.5 技术拓展

地震勘探中所利用的弹性波具有波振二相性。振动信号能够反映结构的信息，而波动特征能够反映结构的细节。从结构分析的角度，瑞利波是一种典型的结构响应模式，可以从模态分析的角度进行分析，当前广泛使用的层状介质结构多模态正反演理论也充分证明了这一特征和规律的存在，但由此也可以得出一个结论，瑞利波勘探无法揭示复杂的介质结构；从结构细节分析的角度，以波动学特征分析为代表的地震勘探方法是唯一的选择。当然基于瑞利波勘探的结构特征可以为波动学勘探提供初始参考乃至初始模型。

除双能量特性外，基于波动学特征采集的地震勘探系统，就反射波地震勘探方法而言，由于早时段记录信号对应于浅层介质的反射波信号，晚时段记录对于更深介质结构的反射信号，所以从时间段上进行硬件增益的动态调整也很有价值。

瑞利波勘探所利用的弹性波频带一般在低频段，尤其是对于土类场地的勘探；基于波动学特征的地震勘探寄希望于高频信号或者宽频带信号，以期得到更高的分辨率。两者有冲突，基于硬件系统的局限，在一个系统中同时采集分辨可能存在矛盾。如果采用双能量采集系统，可能得到事半功倍的效果。

双能量采集系统的两个通道可以通过智能增益和智能频带调整来实现硬件参数设计的动态管控，这应该是未来弹性波数据采集仪器发展的方向。结合本篇介绍的双能量双通道采集技术以及震源、检波器新方法形成的一种浅层地质剖面仪如图 14.13 所示。配合波、振二相性理论解释，在近地表介质结构探查中可以达到良好的勘探效果。

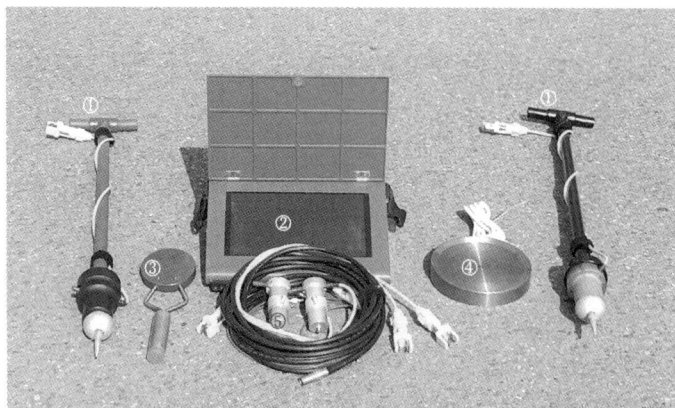

①公路路面检波器 ②地震波双能量采集仪器 ③手持凹垫板
④锤击震源凹垫板 ⑤陆地双检检波器

图 14.13 基于双能量采集技术综合研制的浅层地质剖面仪系统(彩图 14.13)

　　将空间梯度探测、常规直流电法探测以及浅层地质剖面仪应用于湘江江中洲
覆盖层探测试验,三种探测剖面的方法具有很好的相关性,如图 14.14 所示。

(a)近地表不同物探新技术探测对比试验场地

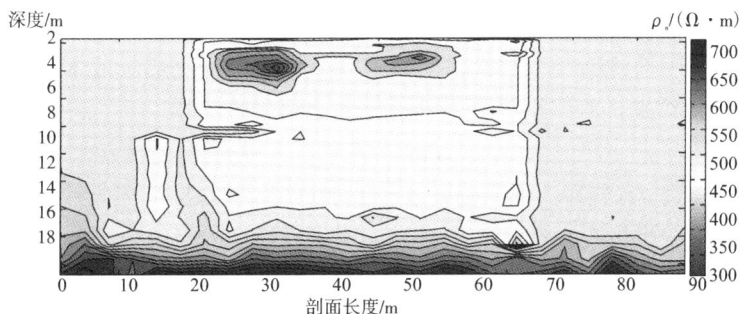

(b)试验场地空间梯度TEM视电阻率拟断面图(点距1m)

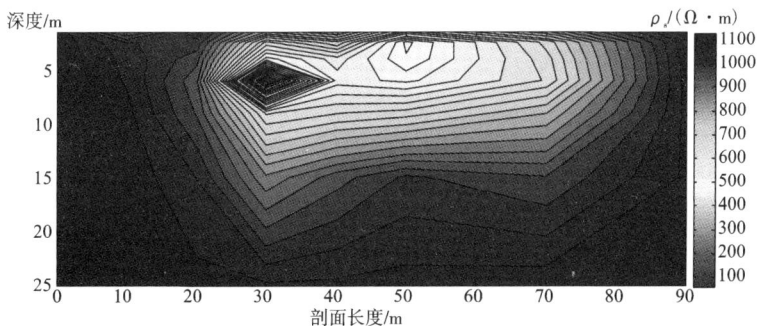

(c)试验场地常规直流电法视电阻率拟断面图(点距2 m)

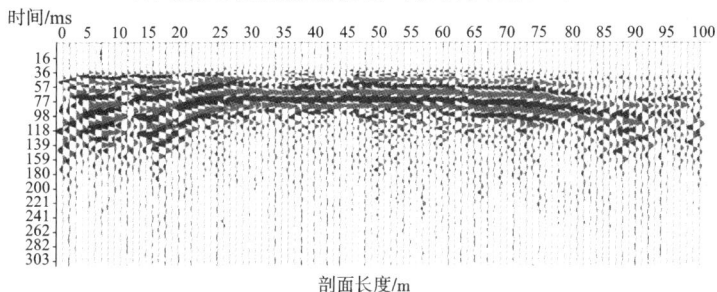

(d)试验场地浅地质剖面仪地震波列剖面图（点距1 m，偏移距5 m）

图14.14　湘江江中沙洲覆盖层探测新技术对比试验(彩图14.14)

第 15 章　压电加速度传感器响应特性与新技术

15.1　概述

地震勘探用检波器性能的改进为高分辨率地震勘探提供了技术支撑。当前广泛使用的检波器按照工作原理主要可以分为动圈式检波器、压电式检波器以及数字式检波器。其中压电式检波器与传统的磁电式速度检波器相比，具有高保真度、大动态范围、宽频带、小相位差、高灵敏度和高敏感性等特点。但该类检波器在实践应用中难以在土层介质中找到固定支点，应用推广有难度。检波器尾锥结构(如图 15.1 所示)和检波器尾座(如图 15.2 所示)分别提供了一种加速度检波器在土层介质和道砟介质上安置的部件，使加速度检波器的应用推广具备了一定条件，但两种安置方式都要考虑尾锥(座)质量和安装刚度的影响，需要从理论上和实验中论证两种安置方式下加速度传感器的频响特性，以用于指导生产实践。

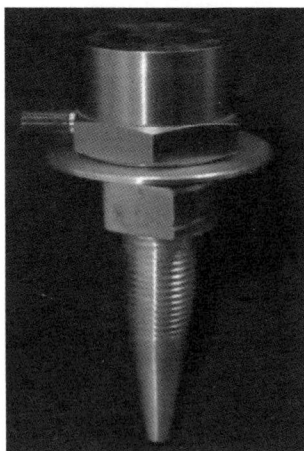

图 15.1　加速度检波器用尾锥装配图

图 15.2　加速度检波器用尾座装配图

15.2 方法原理与关键技术

15.2.1 压电式加速度传感器的频率响应特性

压电式加速度检波器在工作中的力学模型如图 15.3 所示,简化后的力学模型如图 15.4 所示。

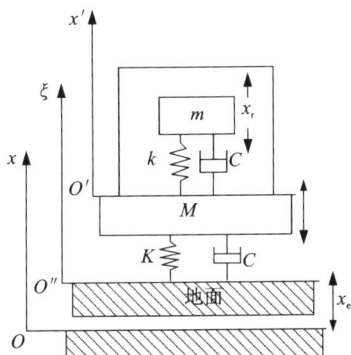

图 15.3 压电式加速度检波器
的力学模型

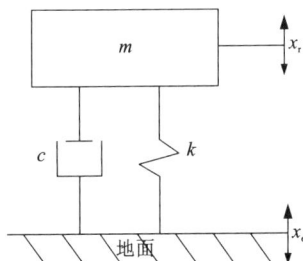

图 15.4 简化后的压电式加速度
检波器的力学模型

将内部的压电传感器简化为一个惯性质量体 m,同时将压电效应用等效弹性系数 k 和等效阻尼系数 c 来代替,整个检波器 M 以有限的接地刚度 K 和阻尼系数 C 固定于地表。x_e 为地表的绝对振动,ζ 为检波器相对于地面的振动,x_r 为惯性体 m 相对于检波器的振动。即对于检波器,x_e 为振动系统的输入,x_r 为振动系统的输出。可以得到一个两自由度的运动微分方程组[2]:

$$\begin{cases} m(x''_r + \zeta'') + cx'_r + kx_r = -mx''_e \\ M\zeta'' + C\zeta' - cx'_r + K\zeta - kx_r = -Mx''_e \end{cases} \quad (15.1)$$

当检波器刚性接地时,整个模型也可简化为如图 15.4 所示的物理模型。
此时,式(15.1)可以简化为一个单自由度的方程:

$$mx''_r + cx'_r + kx_r = -mx''_e \quad (15.2-a)$$

或

$$mx''_r + cx'_r + kx_r = -ma \quad (15.2-b)$$

令 $x_r = \overline{X}e^{j\omega t}$,$a = \overline{A}e^{j\omega t}$,$\zeta = \dfrac{c}{2\sqrt{mk}}$,$\omega_n = \sqrt{\dfrac{k}{m}}$,代入式(15.2-b)可得

$$\left| \frac{x_r}{a} \right| = \frac{1}{\omega_n^2 \sqrt{\left[1 - \left(\frac{\omega}{\omega_n} \right)^2 \right]^2 + \left(2\zeta \frac{\omega}{\omega_n} \right)^2}} \quad (15.3)$$

又由于 $q = d \cdot f = d \cdot K_y \cdot x_r$，其中 K_y 为压电元件自身的刚度系数，于是有

$$x_r = \frac{q}{dK_y} \quad (15.4)$$

综合式(15.3)与式(15.4)，可得压电传感器的电荷灵敏度系数 K_Q

$$K_Q = \left| \frac{q}{a} \right| = \frac{dK_y}{\omega_n^2 \sqrt{\left[1 - \left(\frac{\omega}{\omega_n} \right)^2 \right]^2 + \left(2\zeta \frac{\omega}{\omega_n} \right)^2}} \quad (15.5)$$

由图 15.5 可以看出，传感器的灵敏度随着被测对象频率的增大而逐渐增大。而高频信号在地层中衰减较快，传感器接收到的高频信号相对其低频部分往往能量较弱。压电式传感器的这一特性使其高频响应非常好，这就大大拓宽了它的频响范围。

根据式(15.5)，可以得出传感器输出的相对位移对输入的振动加速度的复振幅比为

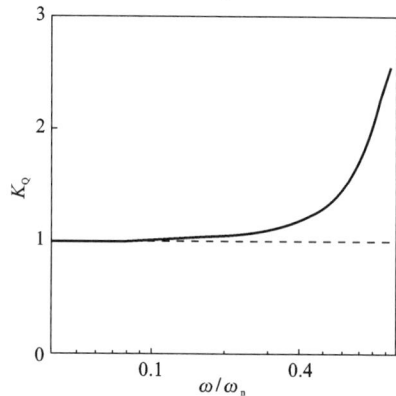

图 15.5　压电式传感器的灵敏度特性曲线

$$\gamma = \frac{\overline{x_r} \cdot \omega_n^2}{\overline{a}} = \frac{\omega_n^2}{\omega^2 - \omega_n^2 - 2j\zeta\omega\omega_n} \quad (15.6)$$

其幅频特性为

$$A(\omega) = \frac{1}{\sqrt{\left[1 - \left(\frac{\omega}{\omega_n} \right)^2 \right]^2 + \left(2\zeta \frac{\omega}{\omega_n} \right)^2}} \quad (15.7)$$

相频特性为

$$\varphi(\omega) = \arctan\{ (2\zeta\omega/\omega_n) / [1 - (\omega/\omega_n)^2] \} \quad (15.8)$$

则传感器的幅频特性曲线簇和相频特性曲线簇分别如图 15.6 和图 15.7 所示。

从图 15.6 可以看出，当 $\omega/\omega_n < 0.2$ 时，压电传感器的幅频特性曲线簇近似为恒定的直线，即在地震勘探的主要频带范围内是线性的。由于压电检波器的固有频率相当高，通常在千赫兹一级，因此压电检波器的可使用频率范围很宽，幅频特性受阻尼变化的影响小。同样，从图 15.7 可以看出，当 $\omega/\omega_n < 0.2$ 时，相频

特性曲线簇也近似为一条直线，说明在地震勘探频带范围内相位失真小，这样有利于提高地震记录的品质，对于高精度和高分辨率勘探有意义；但随着阻尼的变化，幅频和相频特性也受到影响，如图 15.6 中放大作用加强和图 15.7 中相位失真。

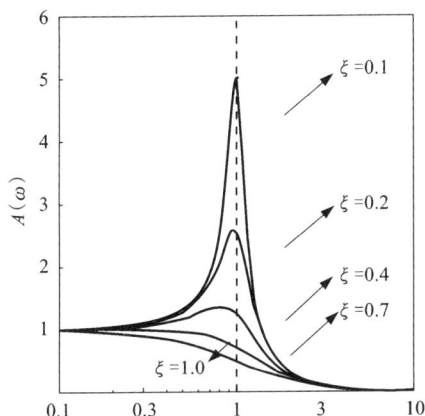

图 15.6　压电式传感器的幅频特性曲线簇

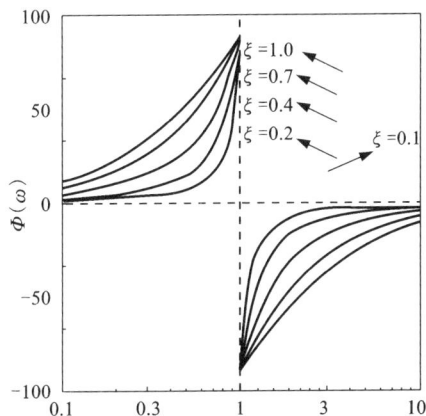

图 15.7　压电式传感器的相频特性曲线簇

针对实际工作中的加速度检波器，可令 $p_1 = \sqrt{k/M}$，$p_2 = \sqrt{K/M}$，$c_1 = c/m$，$c_2 = c/M$，$c_3 = C/M$，$x_e = \overline{X_e} \mathrm{e}^{\mathrm{j}\omega t}$，$\zeta = \overline{\Sigma} \mathrm{e}^{\mathrm{j}\omega t}$。则式(2.1)可化为：

$$\begin{pmatrix} -\omega^2 + \mathrm{j}\omega(c_1 + c_2) + \omega_\mathrm{n}^2 + p_1^2 & -\mathrm{j}\omega c_3 - p_2^2 \\ -\dfrac{1}{\omega^2}(\mathrm{j}\omega c_2 - p_1^2) & -\dfrac{1}{\omega^2}(\omega^2 - \mathrm{j}\omega c_3 - p_2^2) \end{pmatrix} \begin{pmatrix} \overline{X_\mathrm{r}} \\ \overline{\Sigma} \end{pmatrix} = \begin{pmatrix} 0 \\ \overline{X_e} \end{pmatrix} \quad (15.9)$$

其中 $\begin{pmatrix} -\omega^2 + \mathrm{j}\omega(c_1 + c_2) + \omega_\mathrm{n}^2 + p_1^2 & -\mathrm{j}\omega c_3 - p_2^2 \\ -\dfrac{1}{\omega^2}(\mathrm{j}\omega c_2 - p_1^2) & -\dfrac{1}{\omega^2}(\omega^2 - \mathrm{j}\omega c_3 - p_2^2) \end{pmatrix}$ 称为阻抗矩阵 $Z(\omega)$，当

$|Z(\omega)| = 0$ 时，可求得系统的第一、二阶无阻尼固有频率：

$$\omega_{1,2}^2 = \frac{1}{2} \left[\omega_\mathrm{n}^2 + p_1^2 + p_2^2 \mp \sqrt{(p_1^2 + p_2^2 - \omega_\mathrm{n}^2)^2 + 4p_1^2 \omega_\mathrm{n}^2} \right] \quad (15.10)$$

系统的频响函数为：

$$\gamma = \frac{\overline{X_\mathrm{r}}}{\overline{X_e}} = \frac{-(\mathrm{j}\omega c_3 + p_2^2)}{|Z(\omega)|} \quad (15.11)$$

由图 15.8 可以看出，加速度检波器的实际频带宽度主要受 ω_1 影响，其可使用频率上限总是略低于 ω_1。下面讨论接地刚度 K 以及检波器质量 M 对 ω_1 的影响。

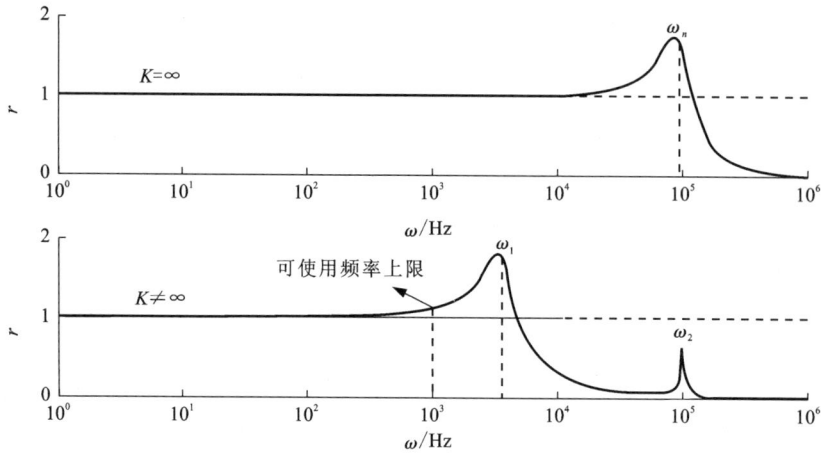

图 15.8　接地刚度对压电式加速度检波器接收特性的影响

（1）如图 15.9 所示，随着检波器接地刚度 K 的增加，自然频率 ω_1 呈现增速逐渐变缓的趋势，当 $K > 3 \times 10^5$ 时，已经呈线性增加。因此，对于加速度检波器必须有良好的接地条件以保证接地刚度够高，这样才能获得理想的宽频特性。

（2）如图 15.10 所示，随着检波器质量 M 的增加，自然频率 ω_1 呈现降速逐渐变缓的趋势。由于检波器的质量 M 一般都不会低于 0.25 kg，而接地刚度的大小和场地条件以及人为因素有很大关系，常常变化剧烈，因此实际中加速度检波器的频率上限受接地刚度的影响要大于受附加质量的影响。

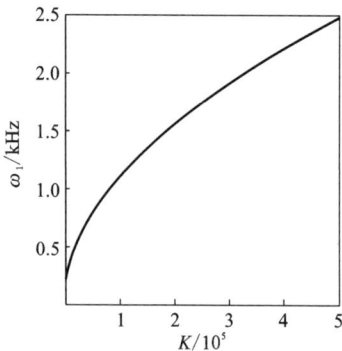

图 15.9　接地刚度对压电式检波器
频率上限的影响

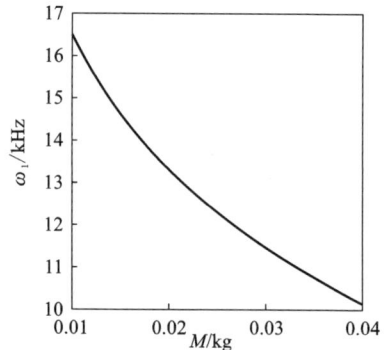

图 15.10　质量 M 对压电式检波器
频率上限的影响

因此我们说，地震勘探用传感器或检波器改进的关键技术是提高传感器与介质表面的耦合刚度，但又不因为附加质量的引入严重影响其响应性能的有效性。根据不同的地震勘探技术，选择相应的耦合方式或耦合性能改进技术。

15.2.2　关键技术

压电式加速度传感器个体质量和体积小，但具有频带宽、灵敏度调节方便等特点，在常规地震勘探中可以选择性使用。由于小而轻的加速度传感器需要有安装载体，必然引入耦合刚度和附加质量控制难题，如果应用目的明确，结合理论分析，在传感器频响特性满足应用要求的前提下，可以通过特定的附属装置选择加速度传感器来实现振动测量。

15.3　实验结果及分析

根据理论分析的结果可知，加速度检波器的频带宽度受接地刚度和附加质量两因素影响，针对这两种因素分别进行了对比试验，选用的加速度传感器为朗斯公司生产的型号为 LC0101 的压电式加速度传感器，质量为 8 g，灵敏度为 100 mV/g，谐振频率为 30 kHz。

15.3.1　接地刚度实验分析

选用泥团固定和面团固定方式模拟两种接地刚度，并分别与石膏固定作对比，频谱分析结果如图 15.11 所示。图 15.12 是将两种固定方式下的振幅谱曲线与石膏固定方式下的曲线相除得到的放大倍数曲线。

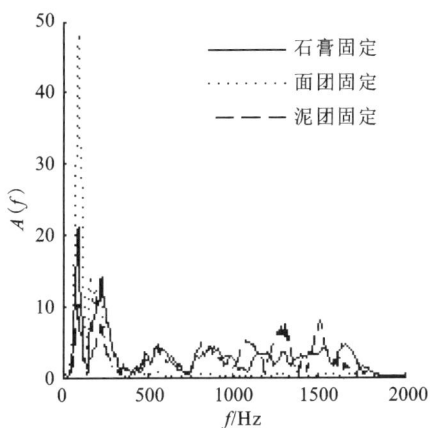

图 15.11　不同接地刚度下信号的振幅谱　　图 15.12　不同接地刚度下检波器放大倍数曲线

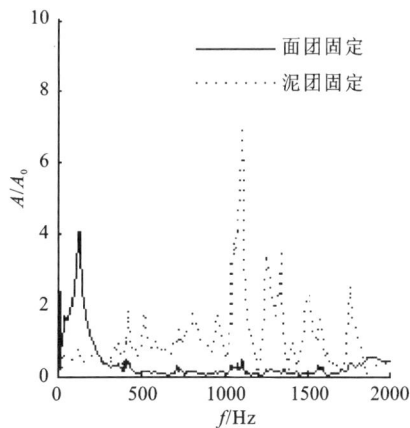

在实验中，笔者设置的泥土接地和面团接地分别代表大、小两种接地刚度，石膏由于固结后所具有的接地刚度远大于前面两种接地方式，因此可将其作为真实信号来对比分析。综合上面两图可以看出，面团固定时由于具有较小的接地刚度，频带上限已经降低到 200 Hz 左右，泥团固定时由于具有相对较大的接地刚度，其可使用频带上限在 1000 ~ 1100 Hz。这也验证了前文中检波器可使用频率上限随接地刚度减小而向低频方向移动的结论。

15.3.2　附加质量实验分析

本章选用了四种不同的附加质量分别与裸传感器（附加质量为 0）进行对比，结果如表 15.1 所示。

表 15.1　附加质量与对应的自然频率

编号	M/g	$f(\omega_1)/\text{kHz}$
m_1	24	> 2.00
m_2	120	1.80
m_3	400	1.50
m_4	940	0.85

在图 15.13 中，对于附加质量为 m_1 的情况进行试验，由于包括传感器响应性能在内的仪器系统带宽有限，导致这种附加质量条件下的自然频率无法显示出来，但放大系数逐渐增长的趋势还是比较明显。几种附加质量条件下自然频率的对比列于表 15.1 中，由表中数据可以绘制图 15.14。

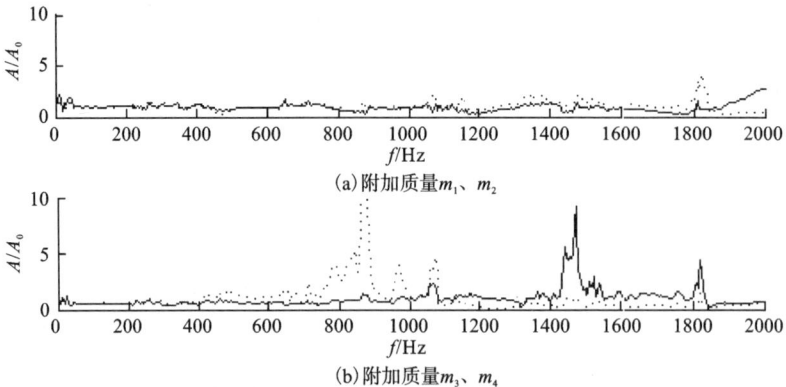

(a)附加质量 m_1、m_2

(b)附加质量 m_3、m_4

图 15.13　不同附加质量下检波器放大系数曲线

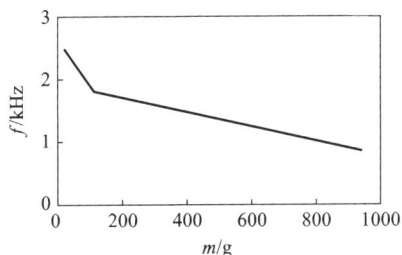

图 15.14 实测自然频率随附加质量变化曲线

图 15.14 中所反映的参数与理论分析的结果(如图 15.10 所示)基本一致,验证了前文关于检波器自然频率随附加质量增加而降低的结论。

15.4 原位测试实验分析

为了说明压电式加速度检波器的宽频特性,笔者分别在道砟类场地和沙土类场地使用前文中所述的尾椎(座)进行了实验,并与速度检波器进行了对比。

15.4.1 道砟类场地的对比实验

实验在一段铁路上进行,用作对比的速度检波器为重庆地质仪器厂生产的速度检波器,自然频率为 4 Hz;加速度检波器为朗斯公司生产的 LC0155 型加速度传感器,灵敏度为 700 mV/g,谐振频率为 12 kHz,并分别使用如图 15.2 所示的同样型号尾座,放置于相接近的两点,以保证接收到同样的信号,其波形图与频谱图如图 15.15、图 15.16 所示。

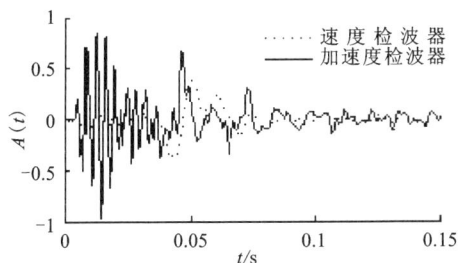

图 15.15 两种检波器的波形对比图

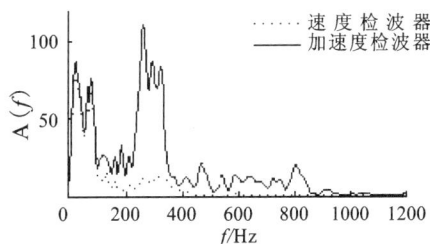

图 15.16 两种检波器的频谱对比图

从图 15.15 可以看出,加速度检波器在整个采集时间内所接收的信号,其能量都比速度检波器要高,尤其是获得了浅部的高频信号。在图 15.16 中,加速度检波器的宽频响应优势体现得更加明显。首先，在 100 Hz 以下的低频段，加速度检波器可以获得与速度检波器基本一致的能量。而在高于 100 Hz 的频段，加速度检波器能量普遍高于速度检波器，其可使用频率上限拓展到了 800 Hz。

15.4.2　沙土类场地的对比实验

对比实验在一块平整的土地上进行。用作对比的两检波器与道碴场地实验用检波器相同，且均配有如图 15.1 所示的尾锥。实验结果如下图 15.17 和图 15.18 所示。

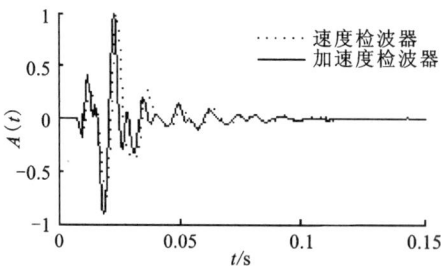

图 15.17　两种检波器的波形对比图

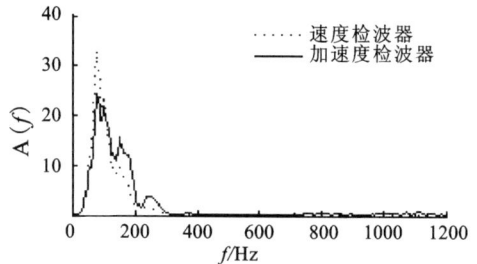

图 15.18　两种检波器的频谱对比图

在图 15.17 中，与速度检波器相比，加速度检波器信号的能量优势主要集中在浅部，即在旅行时 0～0.03 s。即使用加速度检波器可以更好地获得浅层的高频信号，这一特征在频谱图中体现得更加突出。如图 15.18 所示，可以大体分为频带 1(0～45 Hz)、频带 2(45～110 Hz)、频带 3 (110 Hz 以上)三个部分进行讨论。在频带 1、3 中，加速度检波器信号均有较明显的优势，其宽频响应特性得到了验证。在频带 2 中，速度检波器由于受自身自然频率影响，信号发生了畸变。

15.5　技术拓展

道碴场地广泛存在于铁路沿线，一直以来，由于检波器在铁路上安插不便，极少有同行在道碴上完成弹性波勘探工程，使用这种带尾座的传感器，检波器性能能够得到较好的保持。

使用圆形或锥形底检波器尾座，常规地震勘探所使用的反射波、折射波乃至面波勘探都可能有应用前景。

第16章　磁电式速度传感器响应特性与新技术

16.1　概述

　　为方便磁电式速度传感器(检波器)的安装固定,采用一定质量的尾座对检波器响应性能的影响是有限的,也可以通过改变检波器尾座的结构或形状,从而为检波器的安装固定提供方便,同时,通过提高检波器与安装介质表面的耦合刚度,可以一定程度上改善检波器响应性能,提高弹性波记录的数据精度。

　　地震勘探用检波器包括传统的模拟检波器和近年来推出的数字式检波器。前者包括磁电式检波器、压电式检波器、涡流检波器等,后者是基于 MEMS(微电子机械系统)技术的数字传感器,实际上也包含模拟电路和相关器件。数字式检波器在频带宽度、动态范围、灵敏度等方面明显优于传统的模拟检波器,是检波器的一个发展方向。但由于磁电式检波器性能稳定、成本低廉、生产工艺成熟、可组合接收以提高信噪比等优势,仍将会在很长一段时间内被广泛使用。

　　陆用磁电式检波器一般采用尾椎结构,对于铁路道碴等类似凹凸不平的坚硬路面,安置这种结构的各类检波器有很大困难,致使地震勘探方法应用受到局限。粗砂石场地地震勘探用检波器尾座解决了检波器的安置问题,可适合各种类型的检波器安装。但这种安置方式对检波器频响特性的影响如何尚需要系统论证。现以磁电式检波器为例,从模态试验理论上分析其响应特性,并结合实验室实验和现场测试结果进行对比分析,以验证这种检波器尾座用于实践的可行性。

16.2　理论模型分析

16.2.1　磁电式检波器频响特性分析

　　磁电式检波器物理模型如图 16.1 所示。实际情况下,检波器是以有限的刚度固定在地表,等效刚度系数用 K 来表示,C 表示安装面的等效阻尼系数,检波器的整体质量为 M。惯性体质量 m、弹簧 k 和阻尼 c 构成振动系统的信号接收部分。

选定图 16.1 所示的坐标系，$O-x$ 为绝对坐标系，$O''-\xi$ 为以地表为参考的相对坐标系，$O'-x'$ 为以检波器底座为参考的相对坐标系。相应地，地表的绝对振动、质量为 M 的检波器相对于地表的振动、质量为 m 的惯性体相对于底座的振动分别用 x_e、ξ、x_r 表示。可以得到两自由度模型的运动微分方程组 [见式(3.1)]。

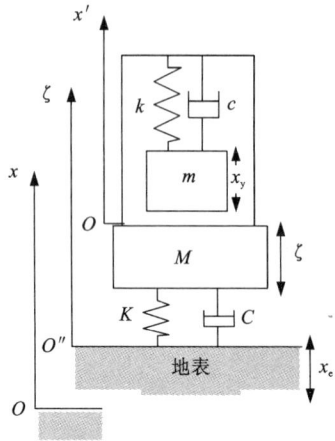

图 16.1 磁电式传感器的接收部分简化模型

$$\begin{cases} m(x''_r + \xi'') + cx'_r + kx_r = -mx''_e \\ M\xi'' + C\xi' - cx'_r + K\xi - kx_r = -Mx''_e \end{cases}$$

(16.1)

写成如方程组(16.2)所示的形式。

$$\begin{cases} -x''_r - (c_1 + c_2)x'_r - (\omega_n^2 + p_1^2)x_r + c_3\xi' + p_2^2\xi = 0 \\ c_2 x'_r + p_1^2 x_r - \xi'' - c_3\xi' - p_2^2\xi = x''_e \end{cases}$$

(16.2)

其中 $\omega_n = \sqrt{\dfrac{k}{m}}$, $p_1 = \sqrt{\dfrac{k}{M}}$, $p_2 = \sqrt{\dfrac{K}{M}}$, $c_1 = \dfrac{c}{m}$, $c_2 = \dfrac{c}{M}$, $c_3 = \dfrac{C}{M}$。

令 $\vec{X} = \begin{Bmatrix} x_r \\ \xi \end{Bmatrix}$, $\vec{Y} = \begin{Bmatrix} 0 \\ x_e \end{Bmatrix}$, 设输入的被测振动的复数形式为 $x_e = \overline{X_e}e^{j\omega t}$, 则 $\xi = \overline{X_\xi}e^{j\omega t}$, 检波器输出的相对振动的响应为 $x_r = \overline{X_r}e^{j\omega t}$, 代入方程组(16.2)可以得到式(16.3)。

$$Z(\omega)\{\overrightarrow{X(\omega)}\} = \{\overrightarrow{Y(\omega)}\}$$

(16.3)

其中 $Z(\omega) = -\dfrac{1}{\omega^2}\begin{bmatrix} \omega^2 - j\omega(c_1 + c_2) - \omega_n^2 - p_1^2 & j\omega c_3 + p_2^2 \\ j\omega c_2 + p_1^2 & \omega^2 - j\omega c_3 - p_2^2 \end{bmatrix}$, 称 $Z(\omega)$ 为阻抗矩阵。

检波器接收特性相对应的频响函数为 $H_{12}(\omega)$, 由式(16.4)确定。

$$H_{12}(\omega) = \frac{-\omega^2(j\omega c_3 + p_2^2)}{\begin{vmatrix} \omega^2 - j\omega(c_1 + c_2) - \omega_n^2 - p_1^2 & j\omega c_3 + p_2^2 \\ j\omega c_2 + p_1^2 & \omega^2 - j\omega c_3 - p_2^2 \end{vmatrix}}$$

(16.4)

$H_{12}(\omega)$ 在这里也称为动力系数 (D_2), 其意义是输出对输入的幅值比。

理想安装情况和实际安装条件下的接收特性曲线如图 16.2 所示。

图 16.2(a) 为检波器完全刚性固定的理想情况下的接收特性曲线，理论上没有高频限制。使用范围为检波器自然频率在 ω_n 以上。图 16.2(b) 为在实际安装条件

下的接收特性曲线，由于接地刚度有限，会出现共振，这就限制了检波器的频率使用范围。理论上 ω_1 较 ω_n 稍低，但这对接收特性影响较小，一般使用频率的下限认为与 ω_1 相当，显然使用频率上限要低于 ω_2，一般认为使用频率的上限 $\omega_l < 0.3\omega_2$。

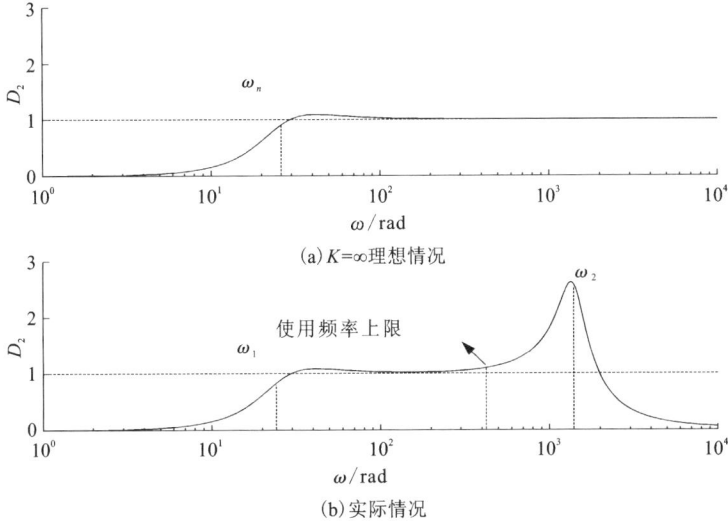

(a) $K = \infty$ 理想情况

(b) 实际情况

图 16.2 安装刚度对磁电式检波器接收特性的影响

16.2.2 接触刚度与附加质量对信号影响的理论分析

参考式(16.4)，磁电式检波器安置系统第一、二阶无阻尼固有频率可由式(16.5)计算得到。由式(16.6)表达。

$$\begin{vmatrix} -\omega^2 + j\omega(c_1 + c_2) + \omega_n^2 + p_1^2 & -j\omega c_3 - p_2^2 \\ j\omega c_2 + p_1^2 & \omega^2 - j\omega c_3 - p_2^2 \end{vmatrix} = 0, \text{ 其中 } c_1 = c_2 = c_3 = 0 \tag{16.5}$$

$$\omega_{1,2}^2 = \frac{1}{2}\left[p_1^2 + p_2^2 + \omega_n^2 \mp \sqrt{(p_1^2 + p_2^2 - \omega_n^2)^2 + 4p_1^2\omega_n^2} \right] \tag{16.6}$$

图 16.3 为第一、二阶无阻尼固有频率 ω_1、ω_2 随安装刚度 K 变化的理论曲线。可以看出，当检波器的接触刚度较小时，ω_2 较小。随着安装刚度 K 的增大，ω_2 迅速增大，ω_1 迅速接近 ω_n。所以野外工作中检波器一定要与地表很好地耦合。图 16.4 为第一、二阶无阻尼固有频率 ω_1、ω_2 随整体质量 M 的理论变化曲线。可以看出随着传感器体质量的增大，ω_1 基本不变，ω_2 迅速下降。也就是说在接地良好的情况下传感器体质量对使用频率下限基本上没有影响，但严重影响使用频率的上限。为了扩大检波器的理想频带宽度而有利于高分辨地震勘探，检波器体应有较小的质量，尽可能高的安装刚度，这样可获得较高的 ω_2，即有较高的使用频率上限。

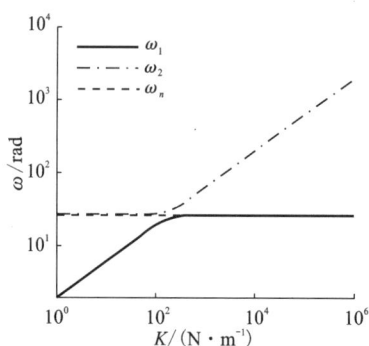

图 16.3　固有频率 ω_1、ω_2 随 K 的变化曲线

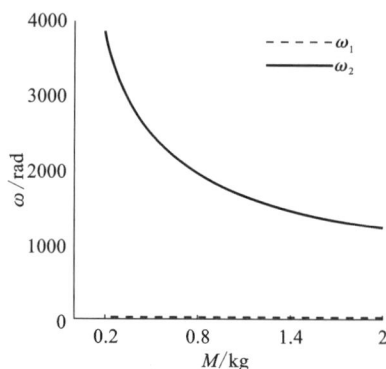

图 16.4　固有频率 ω_1、ω_2 随质量 M 变化曲线

16.3　实验分析

16.3.1　检波器尾座

试验检波器尾座为球缺或柱状球缺(底面为球面的圆柱,通过圆柱增大附加质量),采用铝合金等非磁性材料制成,用以替代原有检波器的尾锥。球缺尾座的俯视和侧视图如图 16.5 所示,尾座顶面安置万向水准泡,指示人工调节使尾座顶面水平。图 16.6 展示了加装尾座的检波器现场工作图,检波器能方便地安置在道碴上。尾座的使用解决了砂石场地,特别是铁路道碴上面安放检波器的难题。

图 16.5　尾座俯视、侧视图

图 16.6　带尾座磁电式速度检波器现场安装

16.3.2 接地刚度影响

对于接地刚度对信号的影响，在板状素混凝土实验台上，检波器分别用面团、泥团、石膏固定，面团固定的接地刚度较泥团固定的接地刚度小，石膏固定可看作是近似刚性固定检波器的情况，将其采集的信号作为参考信号。其波形图和相对幅频特性曲线分别如图 16.7 和图 16.8 所示。多组试验有一致的试验结果，图中所示仅为代表。可以看出，面团固定的固有频率 ω_2 约为 200 Hz，泥团固定的固有频率 ω_2 约为 700 Hz，随着刚度的降低其固有频率 ω_2 也相应减小。

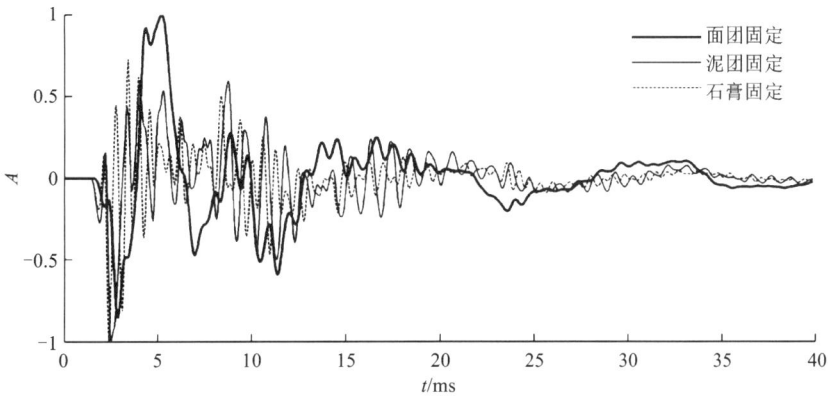

图 16.7 不同固定方式下实测波形图

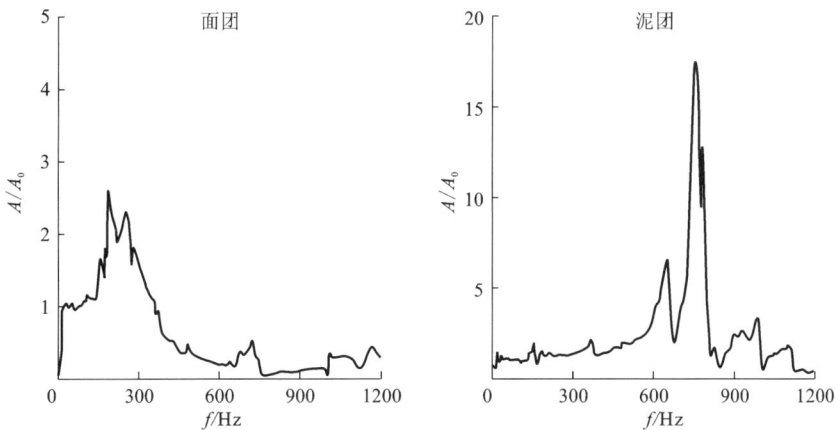

图 16.8 面团、泥团固定的相对幅频特性曲线

16.3.3 附加质量影响

对于附加质量对信号的影响，在土类场地上使用同种直径的球缺、柱状球缺作为实验样本。实验用尾座共加工了三组，每组两种类型，直径相同的球缺与柱状球缺仅质量存在差异，如表 16.1 所示，尾座均由铝锭材质加工而成，不会对磁电式检波器磁场产生扰动。

表 16.1 实验用尾座列表

尾座类型	尾座直径/mm	质量/g
球缺	55/60/90	100/150/500
柱状球缺	55/60/90	300/400/850

将使用尾椎所采集的信号作为参考信号，55 mm 直径的球缺、柱状球缺实验的波形图和相对幅频特性曲线分别如图 16.9 和图 16.10 所示。可以看出，使用球缺尾座的固有频率 ω_2 约为 200 Hz，使用柱状球缺尾座的固有频率 ω_2 约为 150 Hz，随着质量增大固有频率 ω_2 逐渐减小。

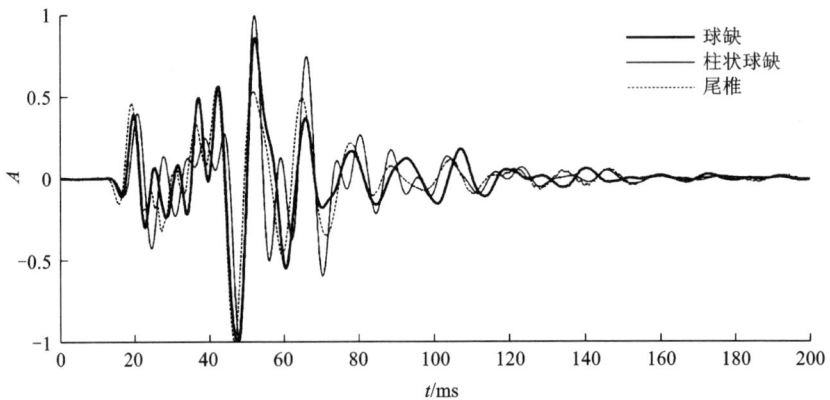

图 16.9 不同质量尾座、尾椎实测波形图

上述实验表明，检波器的附加质量增大或者接地刚度减小都会造成固有频率 ω_2 的下降，减小了理想频带响应的宽度，有效信号的高频部分被扭曲，得到失真的振动信号，控制失真程度可以保证检波器的可用性，否则获取的地震记录会造成解释结果的偏差或错误。

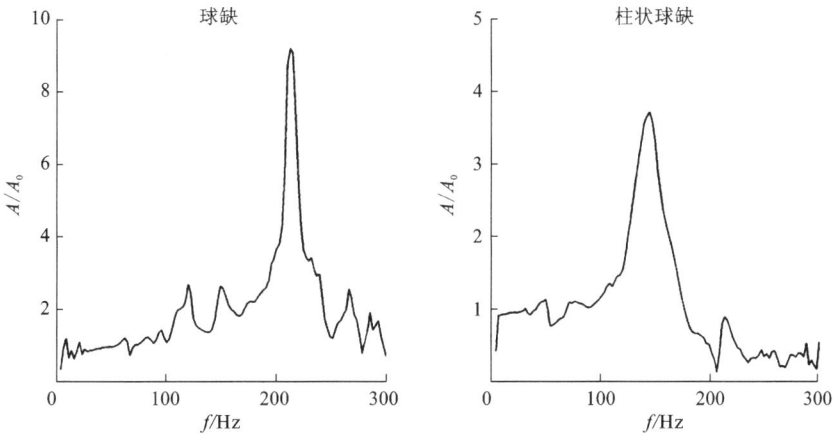

图 16.10 使用球缺尾座、柱状球缺尾座的相对幅频特性曲线

16.3.4 尾座应用的可靠性

（1）土类场地测试

在土类场地上实验结果表明，采用直径为 55 mm 和 60 mm 的球缺尾座与采用尾椎所得到的波形图基本吻合；采用柱状球缺对比尾椎所得到的信号有一定程度的畸变。采用直径为 90 mm 的球缺和柱状球缺尾座所得到的信号发生严重的畸变。

使用直径为 55 mm 的铝制球缺尾座，从尾座、尾椎对比实验的波形图 16.11 可以看出两个波形基本吻合。在浅层勘探上，尾座的使用不会导致信号波形的畸变。

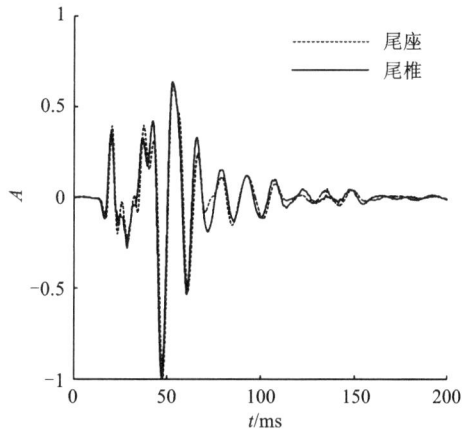

图 16.11 尾座、尾椎对比实验的波形图

图 16.12 分别是尾座、尾椎对比实验的幅频、相频特性曲线。可以看出，幅频特性曲线基本重合；对于相频特性，在 200 Hz 内，基本无相移，200 Hz 以上相移也较小。对于常规的浅层勘探，若不考虑高频记录，有用信号可以被不失真地记录。

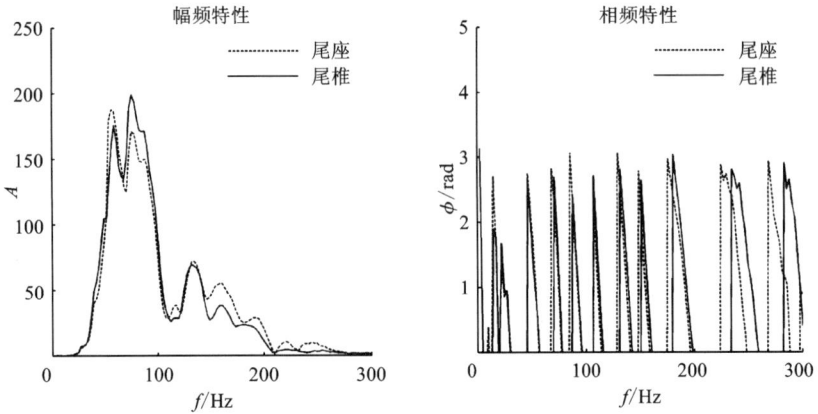

图 16.12　尾座、尾椎幅频特性和相频对比图

(2)铁路道砟场地测试

对于道砟场地,检波器尾锥无法完成固定,尾锥换成尾座后,检波器接地刚度增大,附加质量增大,一定程度上会影响接收信号的质量,但如果尾座质量控制在一定范围内,如使用上前文提到的直径为 55 mm 的尾座,就能基本满足勘探需要,对于反射、折射、面波勘探都可以应用这种尾座。

图 16.13 展示的是道砟上地震实验的记录。有效信号延续时间较长,完全能够达到对于铁路路基病害隐患的探测,频谱分析表明其频谱丰富,满足基本的浅层勘探要求。

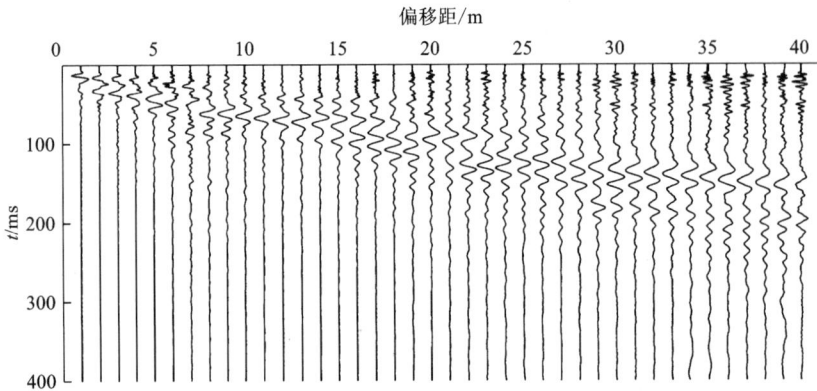

图 16.13　铁路现场试验记录

16.4 拓展技术

16.4.1 在道砟上直接使用

在道砟类场地与加速度传感器配合使用，形成双能量数据采集模式。如图16.14 所示，现场传感器用压电式速度传感器和普通磁电式速度检波器组合安置。

图 16.14 道砟上安装好的带尾座的速度和加速度传感器

图 16.15 为采用磁电式速度传感器获得的地震映像记录，从映像记录剖面上看，弹性波频率成分丰富，同相轴清晰连续，并能较好地反映路基结构中存在的涵洞构造。

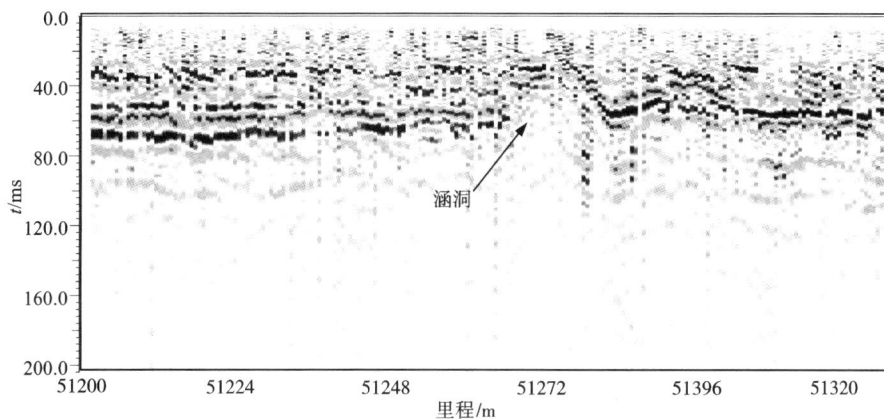

图 16.15 某铁路工点道砟上获得的一段弹性波实测地震映像记录剖面

16.4.2 增大接地刚度的检波器尾座

根据增大接地刚度可以提高检波器频响特性的原理，我们发明了一种检波器尾座结构，如图 16.16 所示。给检波器尾锥（1）上设有尾罩，尾罩设置于尾锥与检波器的连接处；尾罩为球面（2）、圆锥面（4）或弧面，尾罩和尾锥为固定连接或可拆卸式活动连接。圆锥面或球面或弧面选用刚度大、质量轻的非磁性材料或磁性材料制成。前者适用于磁电式检波器，后者适用于压电式加速度传感器。

该辅助装置克服了单一尾锥安装固定时欠稳定的缺点，尤其是在沙漠或疏松土地上，由于安插耦合条件不好导致传感器信号灵敏度下降或信号失真，检波器尾座增大了检波器的耦合面积和接地刚度。不仅如此，尾座的应用可以减小检波器尾锥过长导致的叠加效应，从而提高检波器的灵敏度，改善检波器的频响特性，进而提高了检波器对高频信号的检测能力。

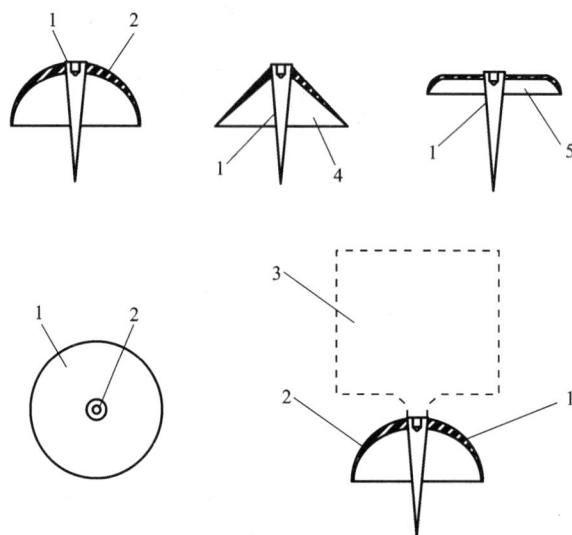

图 16.16 几种典型的陆用检波器尾座

图 16.17 为采用图 16.16 中的一个检波器尾座，在软土场地上实际测试的结果及频谱特性分析曲线。实测记录中两道地震记录通道，一道用普通尾锥插入地表，另一道用尾座配尾锥插入地表，两道记录合并在两张坐标纸上进行实际记录道和振幅谱分析。

从实测记录上看，检波器尾座确实达到了增强响应信号和改善信号特征的明显效果。其性能的改善主要得益于检波器接地耦合刚度的增大。

结合本书第 14 章所述的双能量采集技术和第 15 章所述的带尾座加速度传感

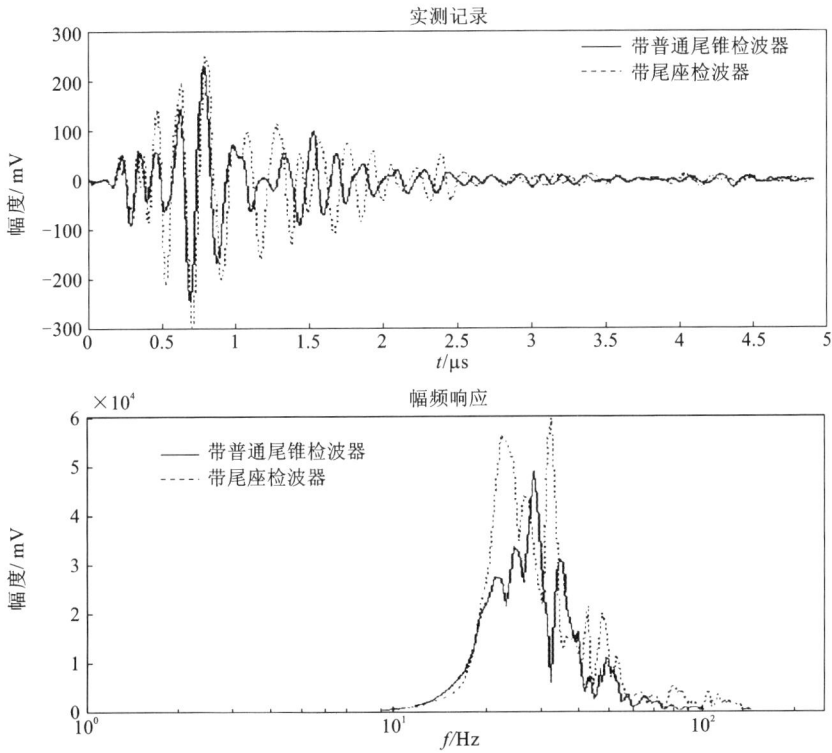

图 16.17 普通尾锥和陆用检波器尾座在软土场地上接收信号对比

器，双能量采集技术可以在不扒砟的前提下应用于铁路路基的检测。由于弹性波勘探所反映的波速或波阻抗参数与岩土介质的工程力学参数有密切的相关关系，这种勘探方法对于路基状态评估具有重要意义。

第17章 浅层地震勘探数据拟同步采集技术

17.1 概述

拟同步采集技术可以充分利用独立模拟信号和 A/D 转换器采样通道的高采样率资源，在不影响低频信号采集质量的前提下，最大限度地实现多道信号采集。这种采集技术可以大大减少硬件成本，有利于采集系统的软硬件集成，在浅层地震勘探中有一定现实意义。

理想的地震勘探数据采集，其硬件系统采用多道同步方式实现，保证多路信号的时间或相位的一致性。理论时差分析表明，就地震信号的初至时刻来看，多路同步采集系统也存在系统误差。浅层地震勘探数据记录道数少，采用单个 A/D 模数转换器件通过逻辑系统控制实现少量地震道的多路循环分时采集，在满足采样定理所需采样频率和不增加地震信号初至系统误差的前提下，可以以较少的硬件成本实现浅层地震信号的有效采集，这种采集方式我们称之为有效拟同步采集；通过实践证明了其采集方式的有效性。

浅层地震勘探是工程物探的主要方法之一，被广泛应用于工程勘探。现代浅层地震勘探仪器和油气地震勘探系统一样，为了保证信号采集的时间精度，普遍采用多路同步采集模式，在硬件系统的实现方式上，通过独立的信号模拟通道和独立的 A/D 转换器件实现多路信号的调理和模数转换。由于采集系统采用了等地震道数的 A/D 元器件，从而使得该部分硬件系统的成本无法减小。而从数据采集本身来看，浅层地震勘探的地震信号频率一般在 1 千赫兹范围内，需要的单道数据采样频率数倍于地震信号的频率，即可保证有效信号不被泄漏。如此一来，单个 A/D 元器件所具备的高采样率功能就被大大浪费。能否通过单个 A/D 转换器实现多路信号的分时采集，地震勘探技术人员通常不愿意去考虑。

针对地震信号采集系统的时差问题，对比同步采集和分时采集系统，论证了两种采集系统的可比性和多路同步分时采集系统的合理性，并通过一套 A/D 转换器采集系统对分时采集方式进行了实践，获得了原始数据采集记录。

17.2 同步采集与分频采集理论误差

17.2.1 基于取样定理的模拟信号保真采集

数据采集涉及到模拟信号到数字信号的转换，根据采样定理，当取样频率 f_s 不小于输入模拟信号频谱中最高频率 f_{max} 的两倍，即 $f_s \geq 2f_{max}$ 时，取样信号 v_s 才可以正确反映输入信号，或者说在满足上式条件下，将 v_s 通过低通滤波器，就可使它无失真地还原成输入模拟信号 v_1。在实际系统中，一般取 $f_s = (2.5 \sim 3)f_{max}$，便可以达到要求。

浅层地震勘探的地震记录道一般为 12 道、24 道或 48 道，作为多路同步采集，采样间隔为 250 μs，即采样率为 4 kHz，可满足千赫兹信号的保真采集。就采样频率来说，如果用单个 A/D 转换器实现分时采集，24 道地震仪，A/D 转换器采样间隔为 10 μs，48 道地震仪，A/D 转换器采样间隔为 5 μs，采用多道循环采集，即可以满足每道 240 μs 的采样间隔要求，从而保证采集系统对信号的保真采集。

对于多路分时循环采集系统采集记录，通过多路时差的系统校正后，剩下的主要问题是地震波到达时间能否满足精度要求。

17.2.2 多路分时采集系统采集方式

多路分时采集系统采集方式主要是通过硬件来实现。

多路震动响应信号通过各自的检波器进入等数量相互独立的模拟信号调理电路，等待 A/D 转换器的模数转换，整个模数转换通过一个高采样频率的 A/D 转换器来完成，该 A/D 转换器通过时钟控制来分频给每个模拟信号道，每采集完某道的一个数据即可调整到下一个模拟通道，如此循环采集，完成等地震记录道数的模数转换，一次循环完成后即可重新回到第一个采样通道进行重新循环，直至完成所要采集的记录长度，其数据排列如图 17.1 所示。可以看出该 A/D 转换器所完成的模数转换工作量是多路同步采集中所有 A/D 转换器的工作量。对于本来就具备高频采集性能的 A/D 转换器，其作业效率能得到充分发挥。

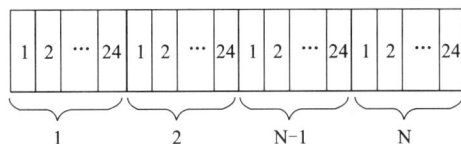

图 17.1 独立 A/D24 道分时采集数据排列

（N：单道数据长度）

这种采集方式决定了该系统原始记录存在时间延迟，由于采集存在延迟，而记录时忽略了延时，效果是初至比实际提前，因此在资料处理之前需先进行时差校正，加上各道对应的延迟时间，得到校正后的时刻。假设采样间隔为 dt，相邻道的时间延迟为 Δt，采样通道数为 n，记录中的初至为 t_i，各道相对于第一道的延迟用 δt_i 表示，那么有：

$$\delta t_i = \Delta t \cdot (i-1)(i=1, 2 \cdots n) \tag{17.1}$$

其中

$$\Delta t = dt/n \tag{17.2}$$

加上各道对应延时校正后的其初至时间 τ_i 为：

$$\tau_i = t_i + \delta t_i \tag{17.3}$$

17.3　采集系统误差对比分析

检波器拾取震动信号，采集系统完成对检波器输入模拟信号的离散采集，除了基于采样定理的信号保真外，仪器记录的到达信号不能出现相位延迟或超前现象。不失一般性，初至时刻的精度可以代表信号延迟或超前的误差程度。

多路同步采集系统应该不存在信号的相位延迟现象，理论上说是正确的，这也是业内共识。但实际采集过程中，由信号旅程和速度所确定的旅行时并非精确地落到采样点上，位于不同空间位置的采样信号也并非完全相同，也就是说，不同通道之间本身就存在相差问题。实践过程中必然存在相位系统误差，基于多路同步采集和分时采集所带来的系统误差是相当的。

17.3.1　系统时差的产生

为了便于初至系统时差的分析，我们用 24 路多道同步采集系统和等道数的多路分时系统来进行分析对比。初至波在地震记录上表现为较强的能量值，研究时用子波来模拟震动源，选取的模拟子波函数为单一频率的衰减振动信号：

$$y = A\sin 2\pi ft \cdot e^{-\lambda t} \tag{17.4}$$

其中，A 为信号振幅，f 为频率，分析时取频率 $f=500$ Hz，λ 为信号衰减系数，该信号初始震动的时刻取为零，其起跳明显。此函数选取不同于初至拾取预处理中选取小波，本模拟为明确表达拾取时产生的系统误差而非着重于初至的预处理，采用式(17.4)中函数能更直观地表达系统时差的产生。给定偏移距后，我们从直达波和反射波检取的初至时刻来鉴别信号采样系统误差。其函数波形如图 17.2 所示。

对于直达波，设各个记录道上的初至时间为 $t_i(i=1, 2, \cdots, 24)$，从 t_i 的表达式 $t_i = x_i/v$ 可知：当 t_i 正好是采样间隔 dt 的整数倍时，初至时刻的零点位于一个采样点上，此时初至时刻没有误差；但遗憾的是 t_i 等于 dt 的整数倍是要碰机会的，因此绝大多数情况下，实际到达某个检波器的直达波初至不卡在采样整数点位上，这样就给信号的初至带来了系统误差。

图 17.2 是震动源发出振动信号到达某道检波器，检波器检取初始到达信号的一个很小时间段，将理想振动信号和离散采样信号在图上作了明确的对比。

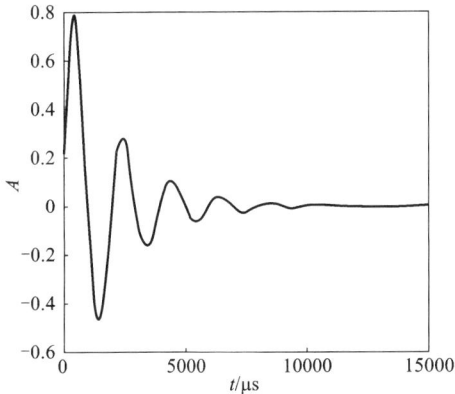

图 17.2　地震子波函数

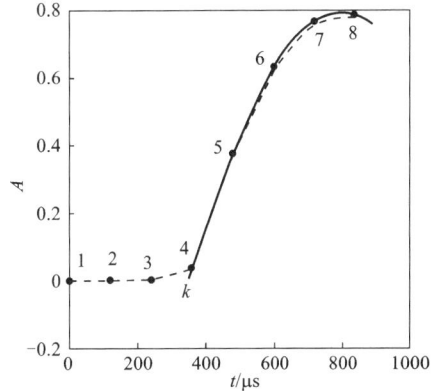

图 17.3　初至识别的示意图

图 17.3 中，实线为"连续"的地震子波波形，k 处其初始震动位置。虚线为以 dt 为采样间隔获得的离散数据及点画线采集信号波形，黑点代表采样点。

由信号旅程和速度所确定的旅行时并非精确地落到采样点上，图 17.3 中初始振动位置 k 落在采样点 3 和 4 之间，根据采样数据将采样点 3 认为初至时刻。因此离散信号的初至和理想的初至存在时差即系统误差，如图 17.3 所示不考虑延时，真正的初至在采样的零点之后会合，故对于同步采集而言，误差为 – dt ~ 0，对于分时采集而言，经过时差校正后的误差将为 – dt ~ dt。

从离散信号和理想连续信号的其他点的对比来看，离散信号在整个采集数据上都或多或少地存在局限，如 8 号离散点，如果正好落在理想信号的极大值点即特征点上，离散信号最为理想，而事实并非如此，这一缺憾只能通过后期数字信号处理来进行补偿。

17.3.2　直达波法的系统时差分析

实际获取的地震记录，初至时刻可能是直达波也可能是折射波，理论时距曲线中二者均是直线，只是斜率不同，因此分析直达波的系统时差便具有代表性。

直达波时距曲线方程为：

$$t = x/v \tag{17.5}$$

其中 x 为炮检距，v 为上层介质速度。

在模拟计算中需要利用以下公式进行计算：

同步采集初至时刻为：

$$t_1 = dt \cdot \text{floor}\left(\frac{x \cdot 10^6}{v \cdot dt}\right) \qquad (17.6)$$

其中 floor( ) 为向下取整数函数。分时采集初至时刻为：

$$t_2 = dt \cdot \text{floor}\left(\frac{x \cdot 10^6}{v \cdot dt}\right) + \Delta t \cdot \frac{x - m}{dx} \qquad (17.7)$$

也可以写成

$$t_2 = t_1 + \Delta t \cdot \frac{x - m}{dx} \qquad (17.8)$$

同步采集误差：

$$\varepsilon_1 = t_1 - t \qquad (17.9)$$

分时采集误差：

$$\varepsilon_2 = t_2 - t \qquad (17.10)$$

其中 x 为炮检距，v 为波在介质中的传播速度，dt 为采样间隔，Δt 为分时采集的相邻道延迟时间，m 为偏移距，dx 为道间距。

系统误差分析时结合标准误差对两种采集方式进行分析比较。标准误差定义为各测量值误差的平方和的平均值的平方根，故又称为均方根误差。设 n 个测量值的误差为 ε_1，ε_2，$\cdots$，ε_n，则这组测量值的标准误差 σ 为

$$\sigma = \sqrt{\frac{\varepsilon_1^2 + \varepsilon_2^2 + \cdots + \varepsilon_n^2}{n}} = \sqrt{\frac{\sum \varepsilon_i^2}{n}} \qquad (17.11)$$

根据上述公式计算各道的时差，绘制时差随炮检距变化曲线如图 17.4 所示，并计算标准误差 σ_1、σ_2。

图 17.4 中偏移距 m 为 1 m，道间距 dx 为 1 m，数据采集通道数 n 为 24，地震波速度 v 为 1300 m/s，采样间隔 dt 为 120 μs，误差为 −120 ~ 120 μs。同步采集的标准误差 σ_1 为 69.4043，分时采集的标准误差 σ_2 为 47.5621。

同步采集和分时采集的系统时差在理论零点附近上下波动（范围和采样间隔 dt 相关，即为 −dt ~ dt），同步采集时差为负，分时采集则有正有负。曲线形态也会因选取速度 v、采样间隔 dt 及偏移距 m、道间距 dx 的不同而有不同的表现形式，但变化总趋势是一致的；误差的绝对值控制在 dt 范围内；一般来说，在速度一定的介质中，距离越大，两种采集方式相对误差就越小。多次改变参数计算表明，标准误差有时是同步采集大，有时是分时采集大，二者的值相当。即对于直达波的初至拾取来说，同步采集和分时采集的系统误差和标准误差相当。

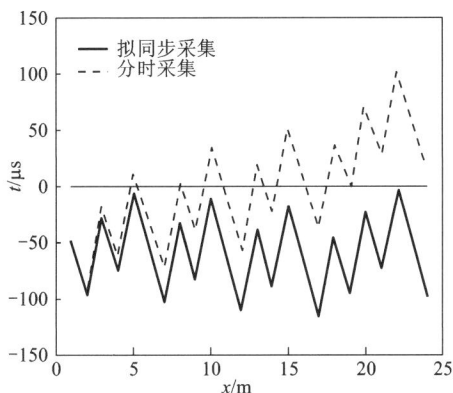

图 17.4　直达波法误差与炮检距关系

17.3.3　反射波法的系统时差分析

在反射波法的资料处理中，要根据时距曲线分析复杂的地下状况，间接涉及到初至的拾取。反射波法的时距曲线方程为：

$$t = \frac{\sqrt{x^2 + h^2}}{v} \tag{17.12}$$

式中 t 为初至时间，x 为炮检距，h 为界面的法向深度，v 为地震波在介质中的传播速度。

类比直达波分析算法，可以计算各炮检距 x 上对应的时差，并求出标准误差，同时绘制出误差随炮检距变化曲线如图 17.5 所示。

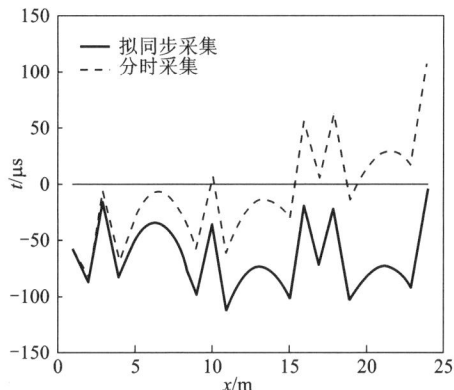

图 17.5　反射波法误差与炮检距关系

图 17.5 中偏移距 m 为 1 m，道间距 dx 为 1 m，数据采集通道数 n 为 24，地震波速度 v 为 1300 m/s，采样间隔 dt 为 120 μs，界面的法向深度 h 为 20 m，误差为 $-120 \sim 120$ μs。同步采集的标准误差 σ_1 为 71.3420，分时采集的标准误差 σ_2 为 44.7341。

类似于直达波，系统时差在理论零点附近上下波动，同步采集误差均为负，分时采集则有正有负。并且曲线形态也会因选取速度 v、采样间隔 dt 及偏移距 m、道间距 dx 及界面法向深度 h 的不同而有不同的表现形式。多次改变参数后的计算表明，同步采集和分时采集的系统误差相当，标准误差无规律，有时同步采集大，有时分时采集大，数值上相当。

17.4　实践验证

系统时差的分析是在介质以及信号都比较理想的条件下进行的，两者是相当的。实际的野外数据采集条件要远远复杂于理想条件，但可以肯定的是，不论采用何种采集方式，系统时差的最大值就是 dt。

基于同步采集和拟同步采集的可比性，我们用一个多道分时采集卡实现了多路地震信号的同步采集，采集卡的 A/D 转换器采样频率为 200 kHz，由 24 个地震信号通道去分时采集，采样间隔为 120 μs。

图 17.6(a) 是采用多道分时式采集系统所得野外实际数据的原始波形图，图 17.6(b) 为进行初至拾取后绘制出的实际时距曲线。

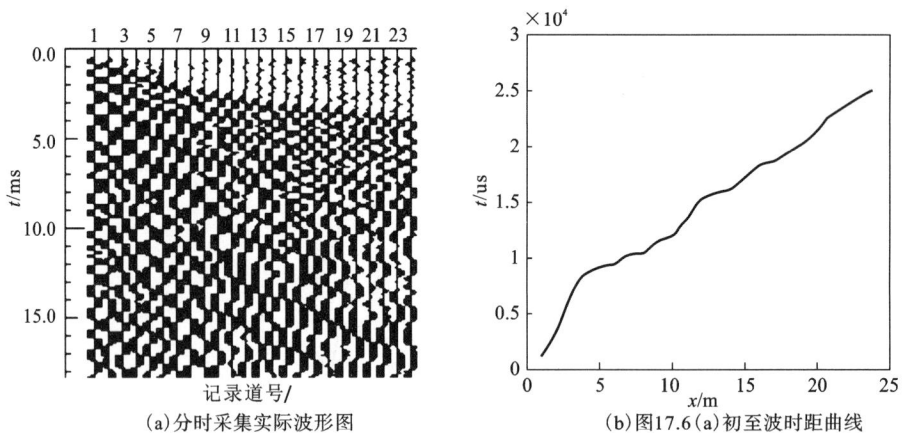

（a）分时采集实际波形图　　　　　（b）图17.6(a)初至波时距曲线

图 17.6　实测分时采集炮集记录和初至波时距曲线

试验装置参数：锤击震源，偏移距为 1 m，道间距为 1 m。

试验地点表层为第四系覆盖土层，下层为全风化 – 强风化砂岩。

实践表明，多路分时采集系统在浅层地震勘探中能够获得较好的数据采集记录，初至波起跳明显，便于识别，可以为后续资料解释提供合格的数据。

17.5 技术拓展

理论时差分析表明，在采样率和采样通道数相同的条件下，多路分时式采集系统经过时差校正后，其系统时差、标准误差与多路同步采集系统是相当的，两种采集方式都能满足采样定理，证明了分布式采集的可行性；野外的实践也证明了分时采集可以实现数据的实际采集。

因此，浅层地震勘探数据记录道数少，采用多道分时式采集系统可以用一个 A/D 模数转换器实现多路模拟信号的拟同步采集，节省了 A/D 转换器件的数量，达到了和同步采集相近的效果。

对于两种方式的采集系统，应该继续就采集信号进行全面的对比分析。

从信号保真采集的目的来说，依据采样定理，分频采集也具有理论依据，通过后期数字信号处理实现时间域记录内插，依然可以恢复完整的数字信号。

从波至时刻的提取来说，不论是原始记录或是经过上述数字信号恢复的记录，采用相关分析提取算法较起跳点识别具有优势。

第18章 井巷定向探测地震勘探数据采集方法

18.1 概述

本章涉及一种井巷定向探测地震勘探数据采集方法，即传感器串线性排列在定向钻孔中，形成径向基线阵列，在钻孔周围布设至少二个弹性波激发点；震源锤锤击一个弹性波激发点，多路地震信号采集仪器完成单次激发采集记录，在该同一个弹性波激发点上多次激励实现重复采样并叠加，采集结束后将叠加数据和该激发点及接收点坐标一并存储；在钻孔周围布设的其他弹性波激发点上激发，重复采集过程，形成另外一个弹性波激发点激发的炮集记录；将钻孔口周围坐标不同的多点激发、传感器串径向基线性排列的多个炮集记录组成定向探测用地震勘探数据集。采集的数据资料有更高的信噪比和频带宽度，并且可以实现轻便高效采集，为后续行波分离计算和弹性波精细解释提供支撑。

本方法主要为井巷弹性波超前地质预报而设计，适用于更为广泛的弹性波定向探测。

18.1.1 行业领域现状

各种地下工程隧道掘进和矿产资源的地下开采过程中，井巷掘进前方或四周存在的隐伏灾害对企业财产和员工生命带来极大威胁，准确探测这类灾害形成的不利构造具有巨大现实意义。

作为地球物理勘探方法之一，受制于井巷特定的空间条件，现有的地震勘探定向探测数据采集方法有两类，一类是沿井巷走向在井巷侧壁布设等间距炮孔安放炸药震源，在远离掌子面的一端并在炮孔排列后方布设接收传感器，这类仪器如瑞士安博格公司生产的 TSP 系列仪器和国产 TGP 等超前探测系统；第二类是在巷道内掌子面附近数个固定坐标点上安放传感器，在巷道掌子面或侧壁一点或多点激发获得多炮多传感器的炮集记录集合，如美国 TRT 和国产 TST 等超前探测系统。两类方法都是利用弹性波激发和反射、散射原理，其中第一类方法根据弹性波朝井巷前方传递时上行波和下行波波场分布特征，采用波场分离算法可以对来自前方的反射、散射信号进行分离提取，为反射波的反演解释提供了高信噪比的数据。但这种方法采用放炮激发弹性波，作业效率较低，而且炮集记录不具有可重复性，自然也不能多次叠加。第二类方法传感器布设相对灵活，但不足之处是所有传感器置于巷道表面，影响了信号记录质量；而且需要通过全站仪对传感器——定位，影响了实施效率；在反演成像中，直达波、面波等多种类型波场干扰严重，会对解译结果造成很大影响。此外，现有的两类超前预报方法仅仅针对掌子面前方进行，需要有一定长度的隧道空间，对于巷道侧面或顶、底的探测，数据采集无法进行，自然也无法实施定向探测。

单点多次激发重复叠加是提高地震勘探数据采集质量的有效手段，可以压制随机噪声的干扰，提高信号的信噪比。不同激发点激发的弹性波，实施定向探测时，前方的构造反射特征不同，携带了不同的信息，因此多点的多炮炮集记录集合有利于更精细的地质解释。

巷道超前探测工期紧，探测精度要求高，迫切希望用小震源或非放炮激发方式提高作业效率，最好对包括掌子面在内的井巷四周都能够进行定向探测或隐患预报；在不大幅降低探测深度的前提下提高探测精度。而高频宽带和高信噪比的可靠数据记录是保证勘探效果的技术关健。

18.1.2 主要技术难点分析

阵列数据采集、波场分离和偏移成像是弹性波超前探测系统的核心技术。采用掌子面附近三维阵列采集可以获得丰富的弹性波场记录，但 TRT 类方法直接利用绝对坐标来进行偏移成像，缺乏直达波和反射波的波场分离或压制环节，成像效果过度依赖后期偏移或聚焦成像算法，当采集环境或掌子面前方构造复杂时，成像结果的可靠性或精度不能保证；但这种采集模式只要用手锤作为震源，在施工效率上有优势。

采用 TSP 类径向基线阵列采集模式，充分利用了直达波和干扰波的时空分布特性，有效压制了干扰信号，从而使偏移算法具有更好的数据基础，因此反演结果理论上应该相对可靠。但这种采集模式工序多，采用多炮震源和 1～2 个接收传感器的作业模式，需要以炸药作为震源，形成 24 个左右的炮孔。炮孔的展开需要较大空间，通常只能面向掌子面探测掌子面前方的地质隐患，对于侧面、顶面和底面的探测则无能为力；传感器安放需要特制的耦合钢管，被作为耗材使用，造成大量浪费，而且在超前探测施工中工艺较为复杂，占用时间也较长；此外，在煤矿等地下工程施工中，由于放炮等作业方式基本被限制，因此类似 TSP 系列的超前预报系统难以在煤矿井巷中施展。

几种现行的勘探作业仪器装备价格昂贵，难以为工程界广泛接受。因此在隧道工程界迫切需要一种简便易行的探测作业方式，能够方便快捷地实现弹性波超前地质预报，尤其是在有限地下空间内进行各个方向的超前探测；而这一突破需要有阵列布置的传感器接收地震波。

既能采用方便灵活的施工作业模式，同时又将径向基线阵列采集数据的优势发挥出来，并保证提高数据的精度，是超前探测的一条思路，它将融合两种既有技术的优势。

现有超前探测对掌子面有效作业长度有特殊要求，如 TSP 技术需要 50 m 左右，TRT 技术需要 30 m 左右，这也制约了两套技术的应用环境。只有放宽应用条件，新技术才能有更强的生命力。

18.2 方法原理与关键技术

18.2.1 方法原理

本套技术的根本原理是国内较早时期提出的"负视速度法"采集，类似于现在的 TSP 超前探测的数据采集原理：利用下行直达波和上行反射波在径向基线性排列上的正负视速度特征，进行行波分离，最大限度压制直达波的干扰，提取反射波。根据上行反射波视速度的时空分布特性还可以做进一步特征信号提取和精细数据处理。只不过 TSP 是多发单/双收模式，本套技术采用的是一发同步多收模式。

超前探测一般在岩石地层或巷道施工，手锤或炸药爆炸提供的震源主频频率高，有效频带宽，由于弹性波传播速度很快，所以对炮集记录的数据精度有更高要求。通常情况是两次激发，两次记录信号的某些有效细节存在较大差异。通过固定排列的震源多次激发叠加技术可以提高记录的精度和可靠性。

通过模拟地震记录可以进一步说明固定排列多次叠加技术的优势特点。结合图 18.1、图 18.2 和图 18.3 说明单激发点多次重复叠加的信号增强效果。图 5.1 是不含噪声的单炮 10 道炮集模拟地震记录剖面，接收信号的传感器串 10 由 10 个传感器组成，坐标位置固定，反射信号的最大振幅为 0.5，从图 18.3 中可以看出，虚线所示的各组有效信号清晰，规律性好；图 18.2 是图 18.1 剖面叠加了随机噪声的单炮 10 道炮集记录剖面，随机噪声信号的最大振幅为 0.5，可以看出，在该炮集剖面上噪声几乎完全淹没了有效信号；图 18.3 是图 18.2 所示同震源点 40 个单炮 10 道炮集记录叠加平均后的炮集记录剖面，经过叠加后，随机噪声被压制消弱，相关性好的反射信号被凸显出来，虚线所示的各组有效信号清晰。

18.2.2 关键技术

本套系统得益于定向钻探技术的进步，目前采用风钻工艺，定向成孔作业空间很小，可以快速形成直径为 30~60 mm 深达 10 m 的钻孔，使用定向钻，钻孔直径和方位精度更能得到保证。本套系统采用了如下三项关键技术。

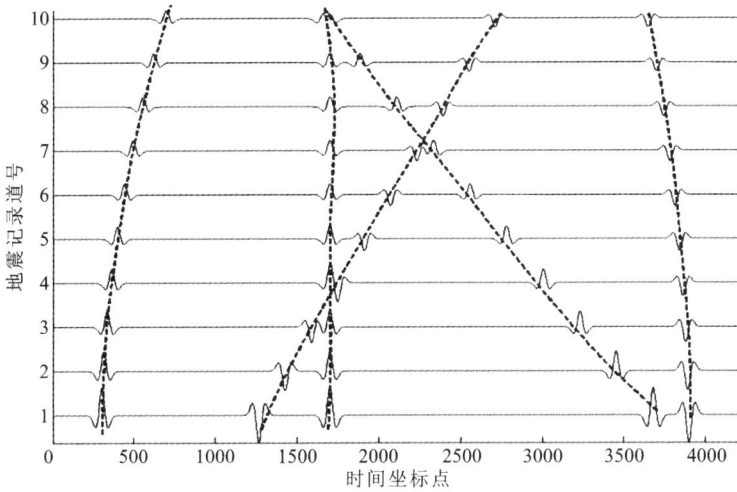

图 18.1 模拟不含噪声的单炮 10 道炮集地震记录剖面

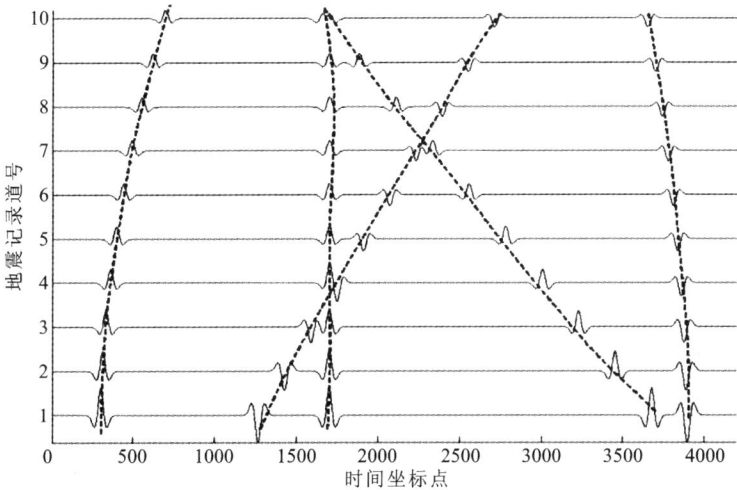

图 18.2 图 18.1 所示剖面叠加了随机噪声的单炮 10 道炮集记录剖面

（1）径向基阵列技术，为行波分离准备高品质的波场记录。

（2）采用多源－固定径向基传感器阵列配套采集技术，形成多炮点阵列波场记录，为实现更精细的超前或定向探测提供充分数据。

（3）运用多次叠加技术，同地面地震勘探中的垂直叠加技术。该套技术大大压制了高频弹性波记录中的噪声信号，增强了有效信号，保证了宽频带地震记录的信号质量。

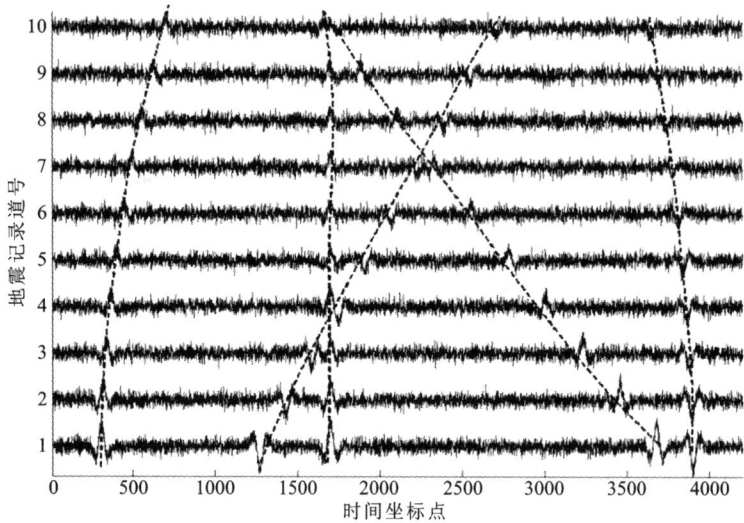

图 18.3　图 18.2 所示 40 个单炮 10 道炮集记录叠加平均后的炮集记录剖面

18.3　应用实施

18.3.1　基本使用方法

如图 18.4 所示，井巷定向探测地震勘探数据采集方法，是在探测施工作业面，朝定向探测方向布施钻孔(9)，3 个以上传感器组成的传感器串(10)等间隔串行排列在钻孔(9)中并贴壁固定，传感器串(10)通过多路信号传输线(2)接入多路地震信号采集仪器(1)；在钻孔(9)周围布设至少二个弹性波激发点；开启多路地震信号采集仪器(1)等待采样，震源锤(5)锤击一个弹性波激发点，激发向探测方向传播的纵波或横波，安装在震源锤(5)上的触发器(4)提供同步信号通过信号同步线(3)给多路地震信号采集仪器(1)，多路地震信号采集仪器(1)开始采集多路同步信号，完成单次激发采集记录，在该同一个弹性波激发点上多次激励实现重复采样并叠加，采集结束后将叠加数据和该激发点及接收点坐标一并存储，作为一点多次激发的炮集记录；在钻孔(9)周围布设的其他弹性波激发点上激发，重复采集过程，形成另外一个弹性波激发点激发的炮集记录；将钻孔(9)的孔口附近坐标不同的多点激发、传感器串固定排列时的多个炮集记录组成定向探测地震勘探数据集。

在所述的井巷定向探测地震勘探数据采集方法中，钻孔(9)的深度大于 2 米。

在所述的井巷定向探测地震勘探数据采集方法中，在钻孔(9)周围布设的弹性波激发点位于传感器串(10)的后方；传感器串(10)朝向定向探测方向等间距在钻孔(9)中贴壁固定，位于弹性波激发点的前方。

面向掌子面前方实施多炮集地震记录采集的坐标及震源点布置正视图如图 18.5 所示。

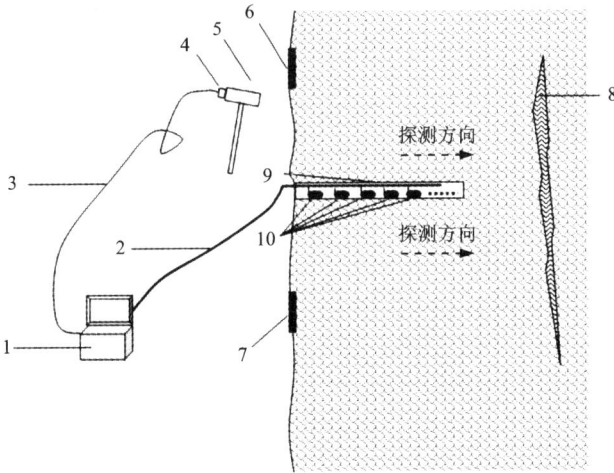

图 18.4　多炮径向基线阵列定向探测现场工作的装置布置示意图

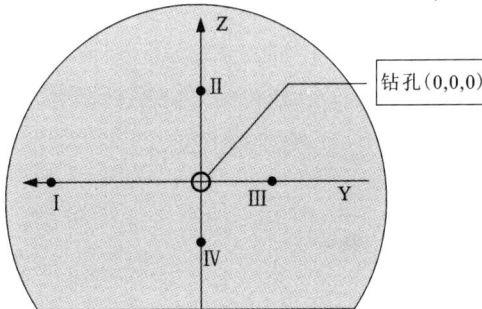

图 18.5　面向掌子面前方实施采集的坐标及震源点布置正视图

井巷定向探测地震勘探数据采集方法，每个弹性波激发点设有垫板。由于岩壁激发弹性波的特殊性，该垫板的一项新技术请参考本篇第 21 章内容。

18.3.2 生产试验中可能存在的技术问题

在现场作业生产中，震源可以选用手锤、机械式冲击等，在岩体表面进行激发，同一个点两次激发会有较大差异，尤其是高频信号部分，所以对炮集记录来说，一是多次叠加非常重要，二是尽量保证同点多次激发要力度、方向较为一致。

传感器个体及排列是定向探测数据采集的关键。以锤击激励的有效弹性波频率来说，千赫兹左右的带宽记录非常正常，因此传感器应选择宽频带加速度传感器为宜；传感器排列的送放固定是一个技活，请参考本篇第 19 章相关内容。

道间距和排列长度是定向探测数据集合的关键参数，尽管道间距很短，基本不会存在空间采样率低的问题，但由于排列长度有限，会在较大程度上影响排列记录对结构产状或方向的分辨能力。这就需要通过改变震源位置来进行弥补，实施精确的定向探测，震源位置至少应该有两个点。

在定向探测中使用三分量传感器，大大丰富了记录的信息含量，对于介质结构的精细化解释非常重要。但若没有足够的条件，包括纵横波分离技术以及相关成像技术作为支撑，只用单一纵波作业，实施效率高，可以完成一定程度的定向探测，获得较为满意的解释。

18.4 技术拓展

这种直接利用掌子面上的定向钻孔实施超前探测数据采集的技术并非仅仅使用在超前探测领域，它是一种定向探测用数据采集技术，可以在任意受限空间开展施工工作，突破了 TRT(需要 30 余 m)TSP 系统(需要近 60 m)的使用限制。

在既有矿山接替资源勘探中，以巷道为作业面开展定向探测也更有利于发现隐伏在巷道周围的成矿构造，从而间接探测隐伏矿体，因此这种定向探测技术在金属、非金属矿尤其是危机矿山中值得试用推广。

第 19 章　超前探测用传感器送放装置

19.1　概述

为配合受限空间定向探测用地震数据采集技术的实施，本章介绍两种定向送放传感器用配套装置。用来实现弹性波定向探测时径向基线阵列传感器的安装、投放和固定。这种送放装置仅限于弹性波定向探测中使用，可以面向任意探测方向。

19.1.1　行业领域现状

地球物理勘探受限空间是指依据某种物探方法原理需要在空间维度形成特定观测阵列以采集数据参数，但现场存在的不具备几何展开条件的空间。受限空间在地面和地下都存在，但地下更显得突出，如钻孔、巷道、竖井等。

地震勘探用传感器成线状排列指向探测方向布置，我们称之为径向基线阵列排列。

利用弹性波类方法实施超前探测，必须使用传感器，而且传感器必须与巷道围岩耦合良好。径向基线阵列传感器串能够接收来自于源的各种直达波，同时也接收来自检波器串前方反射回来的各种弹性波。在地震勘探理论中，两种类型的弹性波分别归类于下行波和上行波，由于它们在视速度上的差异，可以很好地通过行波分离算法提取来自检波器串前方的反射波，从而压制各种直达波、表面波；通过对反射波的进一步处理和偏移计算，可以形成指向勘探方向的波速或波阻抗拟断面，用于工程或地质解释。利用该方法原理可以研制效果良好、应用广泛的 VSP 地震勘探系统和地质超前预报勘探装备。如瑞士安博格公司生产的 TSP 系统、北京水电物探研究所生产的 TGP 超前探测系统等。

采用线性排列多炮单点或双点观测系统，TSP 系统用到了三分量传感器送放装置，其使用方法是在巷道侧壁成 2 m 深钻孔，在孔中先安放 2 m 长合金套管，合金套管与钻孔壁岩石用环氧树脂黏合，套管内壁加工成与传感器外径一致吻合的方形通道，使传感器通过合金套管送放到管底并与套管耦合，从而间接形成传感器与岩石的耦合。值得一提的是美国生产的另一种 TRT 超前探测系统，直接将三分量传感器用黏合剂贴附在巷道内岩石表面，岩石表面应严格清理，避免传感器固定在浮石上。

以上两种传感器安装方式，前者为保障数据信号质量，严格规定套管只能一次性使用，施工过程中会造成浪费；后者将传感器安放在巷道围岩表面，近围岩表面的面波、声波等多种干扰容易耦合入传感器，引起叠加噪声。由于两种方法都使用三分量传感器，对于传感器耦合的方向性有更高的要求。

在油气地震勘探领域广泛使用的 VSP 测井技术，通常将检波器串放置在竖井中进行地震勘探数据的采集；同时，为了保证检波器能够与钻孔壁较好地耦合，使用机械装置或充气袋来驱动检波器贴壁。

对于三分量传感器在钻孔中既能定向送放又能贴壁的装置和方法尚没有先例。

19.1.2　主要技术难点分析

三分量传感器贴壁耦合并保证耦合方向是定向探测数据可靠和勘探成果可信的关键。采用径向基线阵列传感器实施超前探测，阵列长度达到数米到十米深度，如此深度的传感器阵列要求每个传感器都方向一致并且牢固贴壁，对送放装置和贴壁系统有严格要求。

结合巷道探测现场实际条件，首先要求传感器的性能可靠，严格保证传感器的耦合强度、距离位置和耦合方向；其次是送放装置轻便，安装方便快捷，拆卸方便；再次是经济实惠，能够重复使用。

19.2　方法原理与关键技术

19.2.1　方法原理

为解决柔性连接的传感器串送放和安装问题，如图 19.1、图 19.2 和图 19.3 所示。送放管(8)前端固定设有送放帽(6)，后端设有封堵吸声结构体(11)，送放管(8)设有开口槽(7)，在送放管(8)内设有中空柔性管(1)，中空柔性管(1)的前端连接在送放帽(6)上，中空柔性管(1)连接有充填阀(9)且充填阀(9)穿过封堵吸声结构体(11)，传感器串(3)安装在中空柔性管(1)上且处于面对开口槽(7)的一侧，传感器串(3)的软信号线(4)穿过封堵吸声结构体(11)连接至多路信号连接器(5)。在有限地下空间内，这种传感器串定向送放装置可以向任意方向探测的钻孔投放，并保证传感器牢固贴壁。同时，由于传感器串事先已排列好，并相对固定在充气袋或送放管上，这为三分量传感器耦合方向的精确性提供了保障。

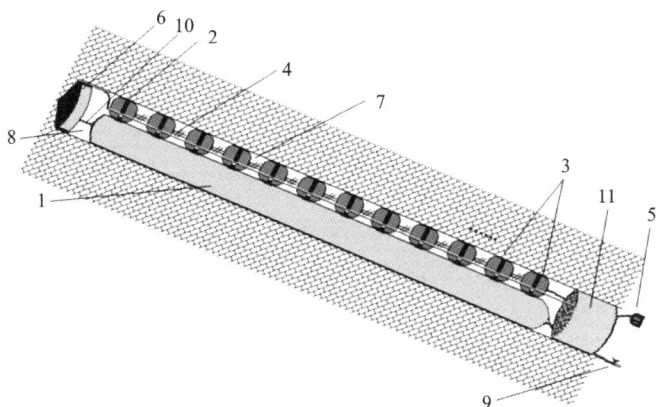

图 19.1　定向弹性波探测用线阵列传感器的安装工况示意图

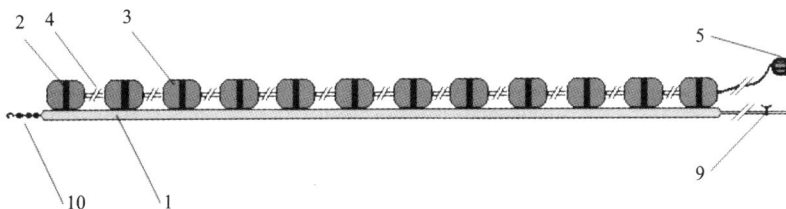

图 19.2　线阵列传感器串和中空柔性管带组装结构示意图

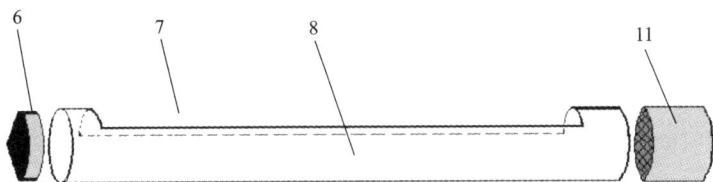

图 19.3　轻质送放管的结构示意图

1—充气或充水管带；2—传感器系带；3—传感器；4—信号线；5—接插件；6—送放管帽；7—送放管开口槽；
8—送放管体；9—充水或充气管带阀门；10—管带挂件；11—吸声结构体(如消声海绵)

单根送放管太长，装卸运输不便，难以适应实践环境。为了解决可能长达数米的传感器串的投送和安装固定问题，我们设计了一种分段连接送放管，如图19.4 和图 19.5 所示。

该套装置包括送放管本体(1)，送放管本体(1)的中间设有开口槽(5)，其特征是：送放管本体(1)的前端固定设有外螺纹管(2)，后端设有内螺纹管(3)，前一段所述的送放管本体(1)的外螺纹管(3)能旋进后一段所述的送放管本体(1)的内螺纹管(2)内相互连接。该分段连接送放管是一种可以方便送放钻孔超前探测传感器、电极或贴壁系统的简易装置，成本低廉，便于拆卸和携带，并可重复使用。

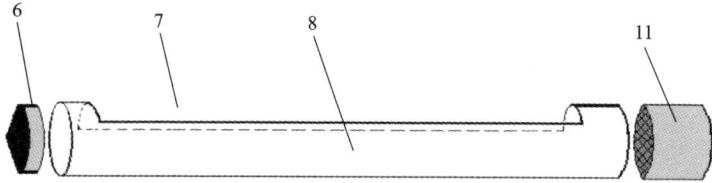

图 19.4　单支分段连接送放管的结构示意图。

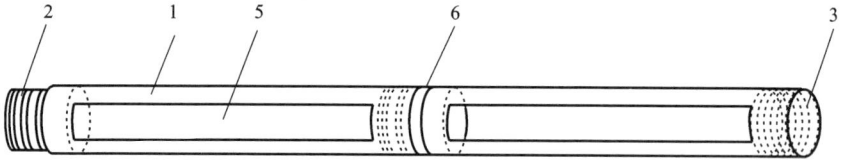

图 19.5　两支组合分段连接送放管的结构示意图。

19.2.2　关键技术

通过以上两项技术，较好地解决了传感器在钻孔中定向投放和安装固定的难题，为弹性波定向探测技术的实施提供了辅助装备支撑。成套装置保证传感器耦合性能可靠，同时送放装置轻便、安装快捷、拆卸方便并可重复利用。

其中的关键技术之一是通过充气或充水管带与送放管开槽相结合，使传感器露头并与围岩直接贴壁；同时在开槽送放管或充气水袋上相对固定传感器，保证了传感器的道间距精度，也为三分量传感器的定向安装提供了条件。

19.3　应用实施

19.3.1　基本使用方法

结合图 19.1、图 19.2 和图 19.5，本套装置的基本使用方法如下：

所述的超前探测用传感器串定向送放装置中，传感器串(3)通过绑带(2)或卡扣固定在中空柔性管(1)的外壁。

中空柔性管(1)的前端通过连接链(10)连接在送放帽(6)上。

封堵吸声结构体(11)为吸水海绵或类似吸声材料，用于吸收巷道内的高频声波。

中空柔性管(1)是橡胶或塑料软管、帆布、尼龙软管，上面标有刻度，便于核对传感器道间距。

所述的超前探测用传感器串定向送放装置中，送放管(8)由略带柔性的塑料管制成，使用较为轻便。

送放帽(6)朝前，开口槽(7)向上，推动送放管(8)进入钻孔，到达所需深度后，通过充填阀(9)向中空柔性管(1)充水或充气，在管带挤靠作用下使传感器串(3)牢固贴于钻孔内壁，完成传感器串(3)的贴壁固定，将传感器串(3)的多路信号连接器(5)连接至地震采集仪器；传感器串(3)使用完毕，通过充填阀(9)放气或放水，拉出送放管(8)，取出传感器串(3)，清洁收储相关装置以备下次再用。

结合图 19.4 和图 19.5，所述的送放管本体(1)上的外螺纹管(2)上套装有胶垫圈(6)，前一段所述的送放管本体(1)的外螺纹管(3)旋进后一段所述的送放管本体(1)的内螺纹管(2)内时，胶垫圈(6)处于外螺纹管(2)与外螺纹管(3)之间，用于微调两两连接的送放管开口槽一致，保证其线性对齐。

送放管本体(1)上设有使两段相连的送放管本体(1)上的开口槽(5)一致的参考标记(4)。

19.3.2 生产试验中可能存在的技术问题

结合弹性波定向探测数据采集技术，本套装备在巷道中开展包括超前探测在内的定向探测施工，可能存在的技术问题包括：

(1)实施定向钻孔要保障方向，钻孔直径略大于送放管外径。

(2)围岩应力大或定向钻孔中有碎石时，可能导致送放管卡孔，投放送放管前应用风管清理钻孔。

(3)三分量传感器对定向耦合有较高的精度要求，在既有安装方法基础上，进一步提高传感器耦合的方向精度十分必要。

(4)充水充气管带工作时有足够的压力给传感器，能够保证其耦合良好，选择管带时尺寸不易过粗，能够使传感器贴壁并略有富余即可。

19.4 技术拓展

所述传感器定向送放装置在超前探测中使用，可以扩展为定向探测的必要装备，对巷道侧面和顶、底面实施定向探测。

成排列布置的探测孔中，实施定向探测，可以形成精细的探测剖面，用于各种地下工程的隐患探测，也可应用于岩体构造的精细探测，并间接应用于矿产资源勘探领域。

第 20 章 土类场地浅层地震
勘探用震源垫板

20.1 概述

除炸药震源和震源枪外，可控震源、锤击震源、夯击震源或机械冲击等多种震源也都需要使用垫板。

本技术涉及一种浅层地震勘探震源锤击/冲击垫板，属于浅层地震勘探用配件，辅助于锤击或类似冲击震源，安放在土类柔性介质表面，在垫板上顶面有冲击激励作用时作为振动传递，和所有震源垫板一样可以避免冲击头陷入软土介质，同时还可以一定程度上克服垫板产生的横波干扰，提高地震波记录的信号质量。

20.1.1 行业领域现状

陆地浅层地震勘探对震源有理想要求，即要求震源能量强、频带宽、重复性好。较强的能量可以提高有效地震波的强度，从而增大勘探深度；较宽的频带可以提高反射信号记录质量，从而提高解释成果的分辨能力；好的重复性便于炮击记录的比对和后期信号处理，有利于地震资料的处理解释。

尽管垫板在众多的震源中使用，大多为方形、圆形，但很少有人对垫板进行相关设计，也没有相关文献对垫板的传递作用机理以及产生的各种震相弹性波的分类、分布做进一步分析。在现有的地震波场数值模拟中，通常将震源作为一种理想的点源，并想当然地给予一定的初始条件。在土类场地垫板传递作用下，真正的"点源"作用机理缺乏理论和实证研究。

在浅层反射波法勘探中，需要使震源产生的弹性波近铅垂向向下方介质传递，能量集中在一个有限扇形区域内最好；而表面波或水平传递的横波被视为干扰波，希望被最大限度地压制。

20.1.2 主要技术难点分析

由于介质表面一般为第四系覆盖层，属于砂土等表面松软介质。锤击垫板的作用一是避免冲击头陷入松软介质，二是作为冲击力的传递媒介，因此其使用至关重要。目前广泛使用的锤击垫板为饼型，截面为方形或圆形，由于与介质表面接触的一面为平面，在垫板上表面受锤击击打后，垫板下边缘对介质表面产生较大的垂向剪切作用力，这一作用力直接产生部分表面波和水平传递横波；另外，由于垫板底面为平面，锤击作用后垫板向下方传递的振动向四周发散，不利于集中产生向垫板下方近垂向传递的纵波。这两个主要原因影响了锤击震源的功能效果。

有效提高垂向激励的纵波能量，压制横波或表面波是改善垫板设计结构的一大目的。

20.2　方法原理与关键技术

20.2.1　方法原理

由于弹性波波长通常远远大于震源垫板的尺寸，所以无论从理论还是从经验上来说都可以将垫板传递振动的激励看作"点源"激励，弹性波主要以纵波模式呈球面向下向外扩散。

但在真实的弹性波记录上，60%以上的能量成分为表面波和横波，通常将这种属性波分布极不均衡的现象归因于自由界面的存在。

通过图 20.1 来描述垫板作用下的纵波和横波的产生机理。由于垫板所受冲击力 F 向下，所以首先产生了垂直垫板面向下扩散的纵波，同时 F 力作用在自由界面，自然也产生横向传播的第一类横波和面波；由于垫板是有型的刚性介质，沿垫板周围的表层介质必然受到剪切力 F_1 作用，产生沿水平方向传播的第二类横波和面波，介质表面越坚硬，则切割位移越小，产生的弹性剪切力越大，第二类横波能量越强。

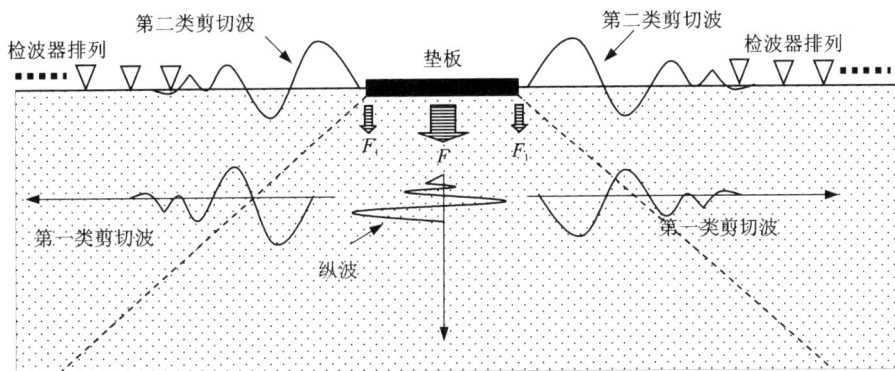

图 20.1　平面垫板产生纵波和横波的简要原理示意图

如果将垫板边界产生的剪切力 F_1 通过耗散转化，则可以大大降低弹性剪切力，从而一定程度上压制第二类横波和表面波。

20.2.2 关键技术

锤击垫板底面边缘改制成刃口，底板内陷为平面、弧线形或球面形后，在锤击作用下，垫板的锋利刃口切入介质内；垫板底面下的介质受弧形或球形界面束缚，产生集中向下的作用力。这种垫板在垂向振动激励下，有利于向介质中传递近垂直向下的旅行纵波，而垫板边缘对介质表面的切向作用所引起的切向振动相对较小，避免了震源产生的部分表面波和沿着表面水平传递的横波。

刃口式垫板产生纵波和横波的简要说明如图 20.2 所示。

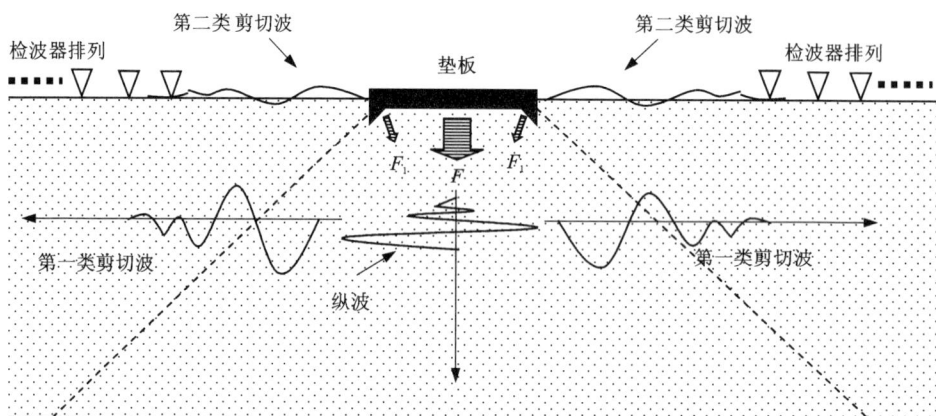

图 20.2　刃口式垫板产生纵波和横波的简要说明示意图

刃口式垫板的主要作用是减小第二类剪切波，从而压制部分表面波干扰，提高纵波能量和集中程度。

20.3　应用实施

20.3.1 基本使用方法

如图 20.3 所示，刃口式内陷垫板适合各种人工锤击和机械冲击震源，在土类场地上使用，可以一定程度上压制横波干扰。

所述的垫板本体(1)整体为圆饼形或正方形或长方形时，采用柱面凹底，垂直于测线安放垫板激发。

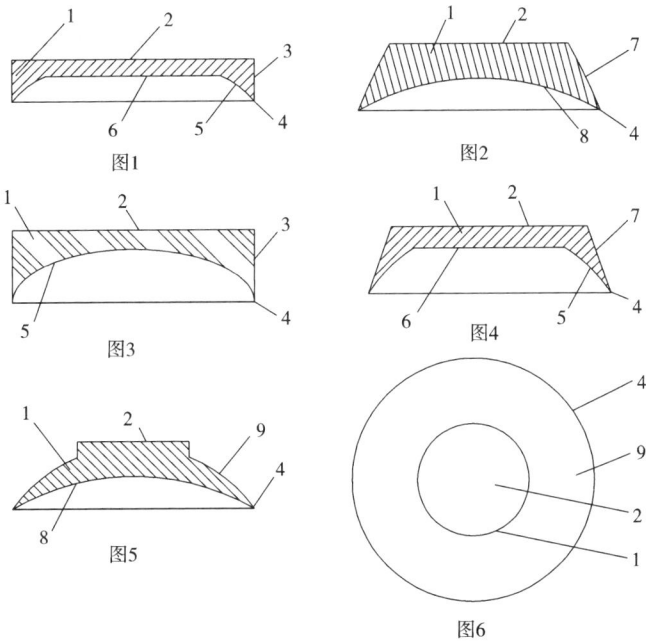

图1

图2

图3

图4

图5

图6

图 20.3　几种典型结构的锤击垫板示意图

1—垫板本体；2—垫板上平面；3—垫板侧柱面；4—锋利刃口；5—弧面结构；6—垫板下平面；
7—垫板侧斜面；8—垫板球面下底面；9—垫板球面上顶面

所述的内陷的弧面形结构（5）或者球面形结构（8），中央部分可设平面结构
（6）。垫板本体（1）的侧面是柱面（3）、斜面（7）或弧面（9）。

场地地表坚硬时，应在震源有效激励前，刃口向下放置垫板，先击打垫板顶
面，使刃口先切入地表。

20.3.2　生产试验中可能存在的技术问题

在地震勘探的众多类方法中，非三维剖面作业模式依然是浅层地震勘探的首
选，因此不论是反射波、折射波还是面波勘探，都需要对第一类横波进行有效压
制，以减小来测线旁侧的干扰。特别是在地震映像记录等缺乏剖面和侧向偏移
处理条件的资料时，更加需要对第一类横波进行压制。

如图 20.4 所示，地震映像采用 6 m 偏移距从一个浅水坑旁侧经过，点距为
1 m，震源采用人工锤击和普通垫板，获得的记录存在明显的假异常，这种假异常
来自第一和第二类横波，如果不加注意，就可能产生误判。假设采用凹型垫板，
将对假异常干扰产生一定的压制效果。

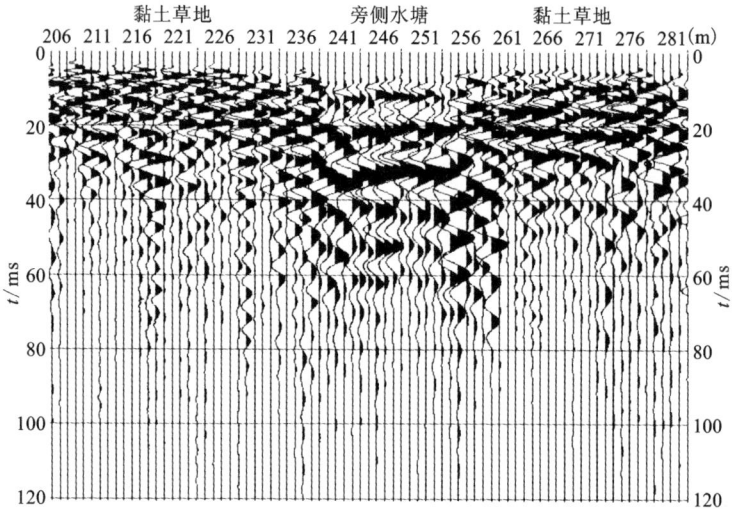

图 20.4　采用 7 m 偏移距普通垫板锤击震源获取地震映像原始记录

凹型垫板侧沿为刃口，必须锋利，携带使用过程中应注意安全。垫板的重量与可能使用的锤击或机械冲击力有关，一般来说，冲击力量越大，垫板的重量乃至尺寸也越大，相应的凹陷曲率越大。

凹型垫板适合在土类场地上使用，在坚硬场地上，凹板内侧形成空腔，将影响震源激励效果。

20.4　技术拓展

作为一种常规地震勘探震源，不论是平板垫板还是凹型垫板，在土类场地上复合弹性波的产生和扩散机理对于地震勘探应用本身至关重要，但目前尚无文献或物理模拟试验报道。通过数值模拟可以一定程度上把握震源作用规律，但包括通过有限元或有限差分进行的浅层地震波波场模拟在内，几乎无一例外都使用理想"点震源"作为初始条件，这与实际情况存在一定差异，也是数值模拟结果与实际地震记录相比差异很大的一个重要原因。

物理模拟研究有助于浅层地震勘探技术的提升，现有的先进地震勘探记录仪器以及各类传感器为物理模拟提供了很好的条件，因此这类研究值得鼓励和支持。

第 21 章　地震勘探或振动测试用
岩壁附着垫板

21.1　概述

本章介绍一种地震勘探或振动测试用震源的岩壁附着垫板,适合在岩石表面开展地震勘探时作为震源配件使用,特别适用于不适宜使用炸药震源的隧道、煤矿井下地震勘探或超前预报,与手锤或冲击震源配套使用,其中震源具有重复性好、稳定可靠和高效的特点,岩壁附着垫板安装使用方便,可以重复利用。

21.1.1　行业领域现状

地震勘探通过介质弹性波波速或波阻抗差异来实现介质结构划分或隐患探测,由于波速和波阻抗与介质的弹性力学参数直接相关,在油气勘探和工程物探中被广泛应用。

在隧道、采矿巷道或煤矿井下掘进物探中,由于物探作业表面都是岩石地层,地震勘探震源的解决是一个重要难题。通过炸药来实现弹性波激发是一种很好的方式,但由于井下作业空间狭小、爆炸可能带来对岩体的破坏、爆炸震源同坐标点不可重复等问题,爆炸震源的使用受到很大局限;特别地,在煤矿等矿用巷道中,出于安全考虑,炸药的使用受到严格限制。为此设计选用一种安全有效快捷的震源有重要意义。

浅层地震勘探中广泛使用锤击震源,重锤直接在岩体上敲击,激励弹性波传播能量可以达到百米数量级的距离。在巷道中使用锤击震源时,往往直接在岩石表面锤击。由于岩石表面容易破损,一锤下去,方向不易控制不说,锤击点上石渣飞溅,也不安全;由于重锤控制难、岩石表面受损,同一点上重复激发很难得到幅频特性和一致性好的弹性波。

如果能够有效解决锤击震源在岩石表面激发的稳定性问题、安全问题和可重复性问题,这种有效快捷的震源将在地下地震勘探、弹性波超前预报等工程物探和资源勘探中发挥更大作用。

21.1.2　主要技术难点分析

随机信号在物探记录中是一类主要的干扰信号,在某一时间段甚至整个采样周期中,随机信号可能一直存在甚至极值要远远大于有效信号。根据随机信号的特点, 电法和电磁法勘探采用固定装置通过多次叠加来压制随机干扰, 地震勘探中采用垂直叠加模式增强有用信号, 提高信噪比。

在地震勘探中, 高频弹性波较低频弹性波的相位更难以控制, 由于震源作用的一致性差, 不通过多次垂直叠加, 不同炮击记录之间很难进行比对。在岩体上进行激发和弹性波接收时问题尤为突出。

弹性波超前探测要提高信号质量, 增大勘探深度, 必须增大震源强度, 但增大震源强度必然会对激励点产生破坏。

使用垫板, 既能保护激励点, 又能加强震源多次激发的一致性, 可以达到事半功倍的效果, 但垫板的安装固定是关键。

21.2 方法原理与关键技术

21.2.1 方法原理

地面上使用的锤击垫板不能在岩壁上附着, 如果使用墙钉做附件, 使垫板以墙钉为挂靠支点, 则可解决该技术难题。

岩壁附着垫板的结构和安装示意图如图 21.1 和图 21.2 所示。

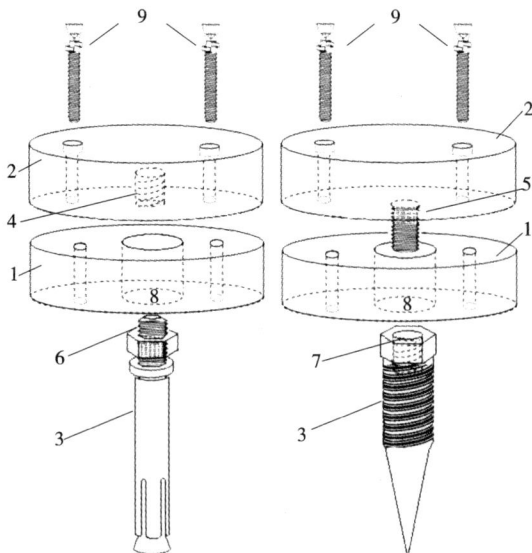

图 21.1 垫板结构示意图

1—垫板底板; 2—垫板面板; 3—墙钉(膨胀螺钉等); 4—螺孔 1; 5—螺柱 1; 6—螺柱 2; 7—螺孔 2;
8—底板中心开孔; 9—固定底板和面板用螺栓; 10—岩体; 11—用于安装固定墙钉(3)的钻孔

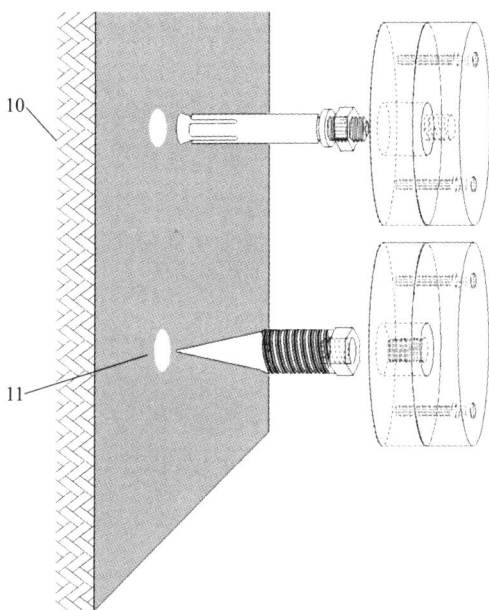

图 21.2 垫板在岩壁上安装示意图

10—岩体；11—用于安装固定墙钉(3)的钻孔

在岩壁安装锤击垫板前，要先将安装垫板的岩石表面打磨平整，然后用冲击钻在岩壁表面成孔。

21.2.2 关键技术

通过一体化结构设计，使用岩壁附着垫板使震源的一致性和重复性得到保障，为高分辨率勘探提供更高精度的地震数据记录。使用墙钉配垫板结构便于安装固定，关键部件可以拆卸重复使用。

连接柱要用强度高的钢质材料制成，保证垫板与其连接牢靠。

有条件时，采用一体化设计，将锤击垫板的面板和底板一体化加工成型，更有利于提高垫板的综合强度。

旋进垫板的螺柱有一定富余，保证垫板在旋进过程中与岩壁紧密接触；在垫板与岩壁之间用一韧质垫片可以起到更好效果。

21.3 应用实施

地震勘探或振动测试震源用岩壁附着垫板可以是一体加工，也可以是底板(1)和面板(2)分体加工后通过螺钉(9)固紧连接。

所述的底板(1)中心成孔，保证底板旋进贴壁时，有足够空间避让墙钉，从而保证底板紧密贴附于岩壁表面。

所述的垫板中央设有螺孔或螺柱，分别对应固定在岩壁上的墙钉(膨胀螺钉或其他)上的螺柱或螺孔，通过旋进方式将垫板固定在岩壁上，并保证底板与岩壁紧密贴附。

所述的垫板由铝合金或钢板制成，保证有足够的强度，适合重锤击打。

锤击垫板所用材料为轻质硬合金，如硬质铝合金、钛合金等，较轻的质量可以保证垫板有效安装和使用，垫板较高的强度保证垫板受力击打时不致破损。

墙钉是锤击垫板的关键部件，应用钢铁材料制成，保证其硬度和韧性。

图21.3为某煤巷中使用岩壁附着垫板采集的地震映像记录，点距为1 m，煤层侧壁激发。在激发方向上相距20 m有一平巷，平巷中存在大小两处会车点。从地震映像记录上看，采用岩壁附着垫板激发的弹性波道集记录道间的一致性很好，有利于相互对比。

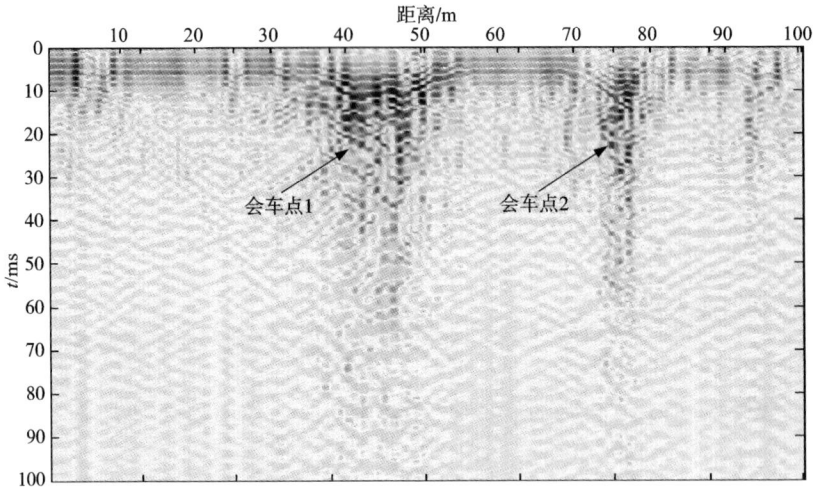

图21.3　某煤巷中使用岩壁附着垫板采集的地震映像记录

21.4　技术拓展

岩壁附着垫板既可以作为超前探测用震源附件使用，也可以广泛应用于地下巷道中的各种地震勘探工程。

混凝土表面实施弹性波勘探时，震源与传感器都需要与介质表面耦合良好，以充分发挥激发和接收效能，可以采用类似的装置辅助作业。

在拆卸掉垫板后，安装垫板用的墙钉上可以安装检波器，地震映像采集记录时使用磁电式速度检波器。

第 22 章 小应变桩基质量检测技术

22.1 概述

本章介绍一种小应变桩基质量检测技术及信号采集装置,该技术能够用于深、大桩基的质量无损检测,具有检测精度高、作业方便等优势。

本套技术涉及径向基阵列多传感器信号采集关键技术,真正体现了地球物理勘探的思想,是将地震勘探技术用于桩基检测的一个实例。

相关技术经过拓展也可应用于锚杆、锚索质量及水泥充盈度检测、钢筋拉索质量检测等行业领域。

22.1.1 行业领域现状

现代建筑、桥梁等地面工程广泛采用桩基基础,桩基质量关系着工程的安全和使用寿命。几乎所有桩基都需要进行质量检测,重大工程一桩一检。除沿用传统的小应变检测、静载荷试验等技术手段外,发展新的、快速准确的测桩技术非常必要。

现有的小应变桩基检测方法有两种,一种是将弹性波传感器固定于桩头,同时在桩头激励弹性波,根据弹性波反射信号的旅行时间和波形特征来分析桩基下部隐患的位置和性状;另一种是在桩基浇注过程中通过预埋 2~4 个相互平行的竖直检测钢管,成桩养护后,通过孔-孔之间的弹性波透射信号传递时间来检测分析桩基质量。前者,弹性波的收发位置和桩基内部缺陷位置几乎没有相对变化,从单一的一条检测曲线上难以识别和把握缺陷产生的反射波,特别是对于长桩,下部反射信号本来就十分微弱;同时,由于高能量直达波不能被有效压制或滤出,也直接影响到缺陷反射信号的识别;对于浅部缺陷的反射,信号的提取和判读非常困难,成为小应变测桩实践中公认的技术难题。第二种方法具有检测数据直观、结果相对可靠的优点,但在浇注施工的同时要预埋检测钢管,影响施工进度和质量;另外,由于预埋检测钢管经常出现弯曲等异常现象,也会影响到检测结果的可靠性;同时这种检测方法使用了大量钢管,浅则十来米,深则数十上百米,是一种极大的资源浪费,综合成本很高。

由于桩基检测中采用"单锤单检波器"作业模式观测数据的局限,从仅有的单道弹性波记录信息提取反射的算法完全是基于一维数字信号处理，信息提取和异常识别能力非常有限，往往为了确定某信号是否为桩底反射而令人伤透脑筋。由于包括纵波和横波在内的直达波干扰信号直接叠加在浅部反射信号中，导致浅部缺陷隐患不能准确识别。所以，行业中迫切需要有一种可以提高小应变桩基检测信号质量和可信度，同时也能有效提取桩基质量异常特征的可靠算法，以保障桩基检测结果的实用性和可靠性。

22.1.2　主要技术难点分析

本技术难点之一是如何获得高信噪比的采集信号，增大勘探深度。实际上，现有的桩头小应变检测方法从根本上并没有体现物探信号观测与解释的核心思想。

难点之二是当小应变桩基检测记录中确实包含了各种桩基隐患信息时，如何有效提取和识别对应的反射信息，并做出精确推断解释。

22.2　方法原理与关键技术

22.2.1　方法原理

单锤单检波器小应变桩基检测中，在施工方不提供准确桩长的前提下，检测分析方法中涉及的理论函数表达式为：

$$L = V \times t$$

其中，t 为反射波旅行时间。式中存在桩长 L 和桩身平均波速 V 两个未知数，无法对其进行定解，当桩底反射信号不能确定时，甚至三个未知数同在一个待定关系的方程中时，更是无从下手。

欲求得桩身波速和桩身长度，有必要将地震勘探技术引入到桩基检测工程实践中，即通过排列获取地震波场分布规律，建立时空维度的多个方程，采用最优化定解模式来确定待解的未知数。

（1）模型分析

径向基线阵列数据采集模式可参考径向基瞬变电磁法勘探。

径向基阵列传感器在桩基检测中的数据采集原理如图 22.1 所示。在桩头一定深度内埋置顺桩身方向的线阵列传感器，桩头震源激发的弹性波顺桩基向径向传播，当桩头直径远远小于桩身长度时，近似将沿桩身传播的纵波视为平面波。图 22.1 中未考虑弹性波在缺陷段和桩顶、底面产生的多次波。

根据地震勘探时距振动特性描述原理，绘制阵列传感器坐标 X 与瞬态激励弹性波旅行时 t 相关的波列示意图。来自震源的直达波随传感器远离桩头（震源），信号逐渐衰减，旅行时增大，呈现正的视速度时距曲线特征；来自桩身缺陷两个

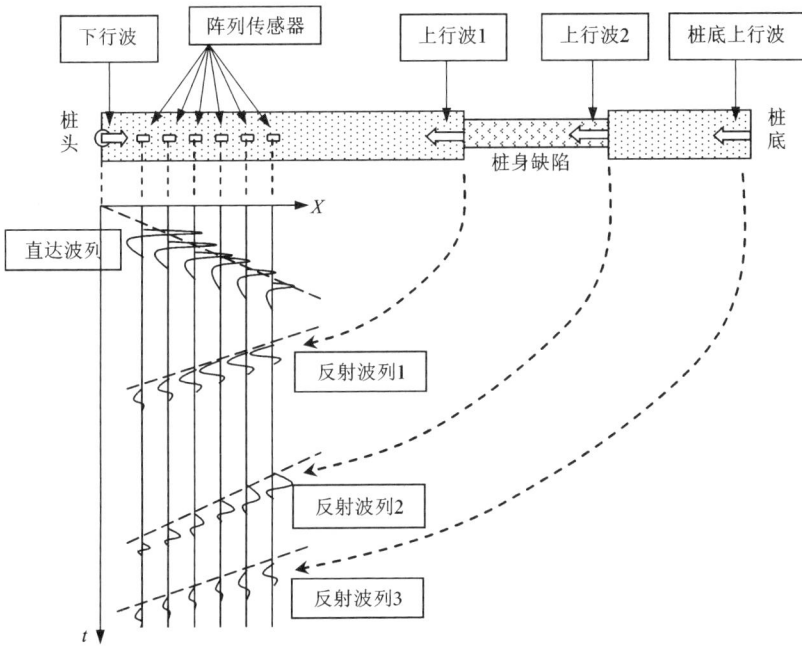

图 22.1　径向基阵列传感器在桩基检测中的数据采集原理示意图

端面和桩底的反射信号，随传感器靠近隐患和桩底端面，幅度逐渐增大，旅行时变短，呈现负的视速度时距曲线特征。

图 22.2 为行波分离前后桩身浅部反射信号提取示意图。视速度相反的弹性波列，运用地震记录的波场分离等处理手段可以进行行波分离。来自震源的直达波信号能量强，包含了各种波相或属性的干扰波，在得到很好压制或滤除后的桩身缺陷或桩底反射波被凸显出来，如图中反射波列 1，经过能量补偿和波场偏移成像算法，即可以较精确地反映桩身质量或缺陷存在的位置。

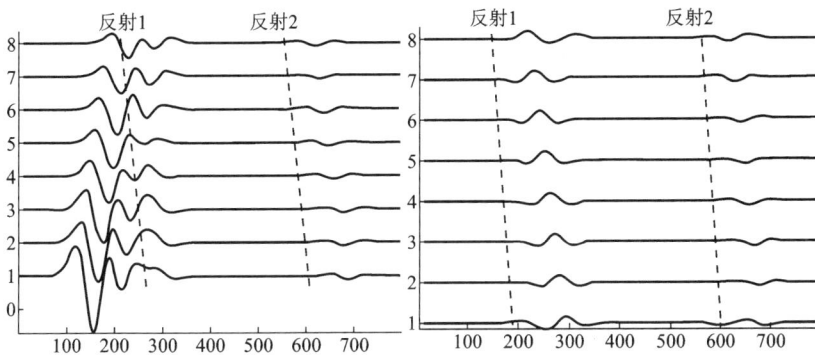

图 22.2　行波分离前后桩身浅部反射信号提取对比示意图

采用传统的小应变测量方法，桩身浅部缺陷淹没在直达波中，缺陷位置、反射信号的相位等特征很难识别。对于阵列采集记录，采用行波分离算法，可以很好地压制直达波，突出浅部反射信号，从而为精确判断桩身质量提供保障。

22.2.2 关键技术

本方法关键技术之一是获得阵列数据，从而为采用精确反演桩长、桩身波速以及桩身缺陷提供基础条件。

采用多次叠加技术，在桩头同一震源点进行多次激发采集，多次激发阵列数据可以相关或垂直叠加，从而增大有效信号的强度，提高信噪比。

在桩头面积较大时，可以采用多点激发获取多组阵列数据，相互比对参照，进一步提高探测结果的可靠性，甚至可以分辨缺陷可能存在于桩身的方位。

22.3 应用实施

22.3.1 基本使用方法

如图 22.3 所示。径向基阵列小应变桩基质量检测方法，首先由多个微型速度或加速度传感器形成间隔为 5 ~ 20 cm 的检波器串(1)，检波器串(1)的输出信号通过第一信号电缆(2)与多道同步弹性波采集仪器(3)连接，锤击震源(7)所带触发器(9)通过第二信号电缆(8)与多道同步弹性波采集仪器(3)连接；去除桩基(4)的桩头浮浆，清洁桩头，在桩头中央部位形成与桩基(4)轴向平行的检测孔(5)，检测孔(5)孔径为 40 ~ 60 cm、孔深为 0.7 ~ 1.5 m；顺检测孔(5)轴向放置检波器串(1)并用贴壁装置使检波器串(1)的各个检波器与检测孔(5)壁紧密贴附；在桩基(4)的桩头用锤击(7)方式激励弹性波，多道同步弹性波采集仪器(3)通过信号电缆记录弹性波响应信号，重复锤击形成信号叠加；将多道弹性波响应信号所包含的上行波和下行波进行行波分离，压制或滤出下行波，保留反映桩基下部缺陷反射信号的上行波，根据缺陷反射上行波信号的相关性进行偏移叠加，计算获取桩基下部缺陷位置和性质。

所述的桩基质量检测方法中的检测孔(5)是用钻孔机械在桩头中央部位形成，或在桩基浇注施工中的预留。

所述的桩基质量检测方法的装置，由多个微型速度或加速度传感器形成的间隔为 5 ~ 15 cm 的检波器串(1)，检波器串(1)的输出信号通过第一信号电缆(2)与多道同步弹性波采集仪器(3)连接，锤击震源(7)所带触发器(9)通过第二信号电缆(8)与多道同步弹性波采集仪器(3)连接；还包括一个使顺检测孔轴向放置的所述的检波器串(1)的各个检波器与检测孔壁紧密贴附的贴壁装置。

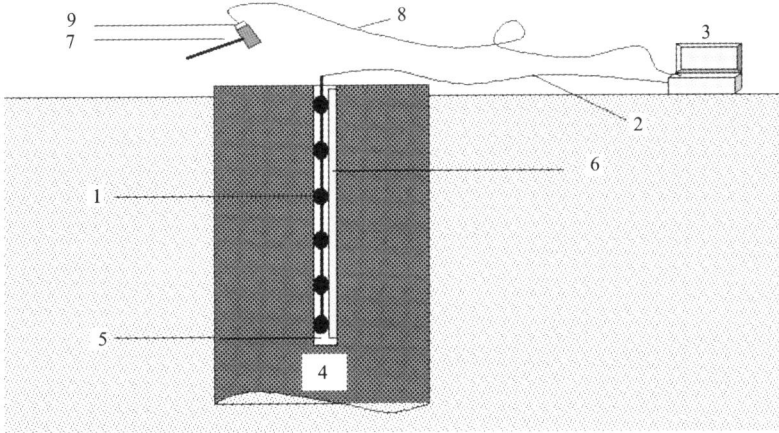

图 22.3　径向基阵列传感器在桩基检测施工布置示意图

1—检波器串；2—第一信号电缆；3—多道同步弹性波采集仪器；4—桩基；5—检测孔；
6—气囊；7—锤击震源；8—第二信号电缆；9—触发器

所述的实现桩基质量检测方法的装置中的检波器串(1)的检波器个数为 4 ~ 16 个，以便形成适于行波分离的排列。

所述的实现桩基质量检测方法的装置中的贴壁装置是机械式、磁电式或气囊(6)、水囊充气式等。

22.3.2　生产试验中可能存在的技术问题

预埋管或后期钻孔都可以实现径向基阵列传感器的安装孔，预制管桩可以在桩身旁侧贴附传感器形成径向基线阵列。

若有必要，可以使用三分量传感器进行多参数测量，提高测量结果推断评估的准确性，但施测成本较高。

传感器的个数与埋设长度可以根据桩身长度进行调整，有较大的变通范围，但传感器个数越多，埋设长度越长，一般来说可以提高测试结果的准确性。

传感器的间隔可以参考地震勘探对空间采样率的要求，由于探测对象的维度相对简单，要求并不严格。

单分量阵列传感器一般可以解决桩身质量的检测问题，精细检测还可以采用纵波和横波测量两种模式，横波测量时，检波器耦合方向垂直于桩基径向，相应的弹性波震源采用横波激励。

实现行波分离的算法很多，包括小波分离、FK 变换、$\tau - p$ 变换、中值滤波等，地震道内插的算法对行波分离可能也有帮助。

22.4　技术拓展

径向基小应变桩基检测法不仅能判断桩身缺陷位置，通过桩身缺陷和桩底反射信号的幅度、相位等特征变化，也可以推断桩底是否嵌固良好以及桩身缺陷的性质。

遗憾的是由于桩身缺陷物性变化尺度远远小于其在桩基中的埋深，理论上径向基阵列小应变测试方法也不能准确判断缺陷所在方位；对于横截面大的桩基或浅部缺陷，通过多点或多方位激励采集的方式，一定程度上可以判定缺陷的方位。

宽频带地震仪可以用于小应变桩基质量检测。针对混凝土桩基，实践经验表明，锤击震源的主频在数百乃至上千赫兹，同时考虑时间采样间隔的要求，有必要研制高频宽带型高精度桩基检测仪器和高精度传感器。

尽管一维行波分离技术和偏移成像算法相对简单，但针对桩基检测特例，还有待在实践中有针对性地优化和完善。

现在广泛使用的一种预制管状桩基也可以采用类似的检测方法，如上节所述，可以将传感器阵列贴于管状的内壁或外壁进行检测，通过阵列采集记录来分析桩身质量。

已建建筑桩基长度未知，其检定可以采用这种模式。

第 23 章　路基路面工程
横波检测系统与方法

23.1　概述

基于路基路面工程连续检测系统，本章介绍一种滚动式运动横波检波系统及其使用方法，适用于地球物理勘探和工程检测中的地震勘探或弹性波勘探及质量检测，应用于平整表面介质内部工程隐患或缺陷勘查以及路基状态评估，特别是各种正在碾压路基的质量实时监控与检测。勘探解释方法可以是传统折射波法、反射波法，也可以通过横波、瑞利波和连续探测影像图来实时判断路基隐患或检测路基碾压质量状况。

该检测系统可以作为碾压机械的附属设备，实时监控碾压质量，为路基状态评估提供参考。

23.1.1　行业领域现状

路基路面工程检测涉及两个领域，一是既有路基隐患探测，二是在建公路、铁路路基质量与状态评估领域。在建和在营公路、铁路路基路面检测事关公路的使用效率和运行寿命，受到业内广泛重视。

在建路基的压实度只有质量合格，才能保证路基、路面的强度、刚度及路面的平整度，从而提高路基路面工程的使用寿命。路基路面压实质量的检测技术和方法很多，目前压实度测量的主要方法包括：①挖坑灌砂法测定压实度；②蜡封法；③水袋法；④环刀法测定压实度；⑤核子仪测定压实度；⑥落锤频谱式路基压实度快速测定仪。前四种为破坏性检测方法，后两种为非破坏性检测方法。对于铁路路基检测目前各国都采用了多指标控制体系。日本、韩国主要用地基系数 $K30$ 和孔隙率 n 作为控制指标；法国用 $K30$、二次静态变形模量 $Ev2$ 和压实系数 K 控制压实质量；德国用 $K30$、$Ev2$、动态弹性模量 Evd、K 和 n 控制压实质量，并对 $Ev2/Ev1$ 的值有所要求；我国则采用 $K30$、$Ev2$、Evd、K、n 作为路基压实控制标准。中国、法国、德国规范中都采用了 $K30$ 和 $Ev2$，且中国在基床表层和底层引入了德国的 Evd 指标。

以上检测方法和技术的共同特点属于局部（点）抽检，是事后检测手段，都不能反映路基压实度整体情况。

在建和在营公路、铁路的路基路面质量检测采用的物探方法包括地质雷达、面波勘探、电阻率法。地质雷达和电阻率法分别以介质结构介电常数和电阻率差异作为探测前提，不能直接反映介质结构的力学性质和状态。面波勘探可以提供与力学性状相关的剪切波参数，但只能以点测量的方式进行测量，测量效率和垂向、横向精度太低。

如果能提供一种连续快速检测技术，既能提供与路基路面介质结构力学性质相关的物理参数指标，同时能够在线实时监控碾压质量和路基状况，将为公路、铁路路基或路面检测带来深远的影响。

横波波速与介质结构弹性力学性质密切相关，其速度、主频与薄层分辨能力具有相关性，而且横波具有偏振特性，加以利用可以形成新的路基检测与评估技术。

23.1.2　主要技术难点分析

弹性波用于路面地震勘探，关键在如何使勘探或检测效果与效率相结合。其中传感器有效布置和快速耦合是关键。特别地，横波的激发与检测在地震勘探资料处理解释中有一定特色，能够直接关联路基介质的弹性力学指标，但其激发和检测工作效率低，施测成本高，一般很少选用。

用反射波法在行进中连续实施地震勘探，既要保证一个采样点上有足够的时间采样长度，同时需要传感器不要在采样过程中移动太大距离，以免信号不连续，这就对传感器的耦合固定提出了更高的要求。理论上传感器不可能在运动中执行相对固定坐标点的检测。为此必须对采样的精度进行衡量和评估，希望在误差容许的范围内完成波场测量。

23.2　方法原理与关键技术

23.2.1　方法原理

对于弹性波勘探来说，振动是波的源泉，波是振动传播的形式。换句话说，振动由近向远传递的波实际上是"波媒"，振动是通过波来传递的。

路基基础大多是土类场地，各种隐患存在于土质路基中，往往表现为局部砂土被掏空、松散或者液化等，当汛期到来或蓄水水位快速回落时出现垮塌等险情；对于在建碾压路基，路基强度或密实度理论上也可以通过介质弹性波参数进行换算表达。

大量原位测试资料的统计结果表明，土质基础的成分和物理性质存在较大差异，其物理性质的变化范围集中体现如表23.1所示。从表中可以看出，含水条件下的土体介质,其电阻率都在几十欧姆米,没有太大的差别,随着土体介质中各类杂质的不同,其电阻率还存在较大变数;从表中也可看出,尽管各种类型介质层的纵波波速有一定差异,但在含水条件下,纵波波速相差甚小;而对于各类介质中的横波,其波速却存在较大的差异。从应用地球物理前提条件上来说,以介质电阻率为物性参数的电法类勘探在土类介质体隐患探测中应慎重选择,可以优先选择弹性波勘探,而优中选优应该以横波作为波媒,开展横波勘探。

表 23.1　土体不同介质的电阻率、波速参数统计结果

层位	电阻率 /(Ω·m)	纵波波速 /(m·s⁻¹)	横波波速 /(m·s⁻¹)	备注
地下水	20 ~ 60	1100 ~ 1300	几乎为 0	几乎不存在横波
松散或 空穴隐患	20 ~ 60	900 ~ 1300	几乎为 0	含水条件下
	1000 以上	340 ~ 600	几乎为 0	干燥条件下
液化砂土	20 ~ 30	1100 ~ 1300	0 ~ 50	横波迅速衰减,几乎检测不到横波
砂壤土	30 ~ 40	300 ~ 700	150 ~ 250	随着压实程度变化,纵波横波速度存在较大变化范围
粉质黏土	20 ~ 25	500 ~ 1500	200 ~ 350	
粉质壤土	25 ~ 35	400 ~ 900	150 ~ 300	
含水粉细砂	20 ~ 30	1200 ~ 1500	80 ~ 110	
含水砂卵石	30 ~ 150	1000 ~ 2500	250 ~ 550	
强风化岩石	100 ~ 500	1200 ~ 2000	300 ~ 600	纵横波波速明显大于上覆盖层

如表 23.1 所示,正常土体介质的纵波波速在 800 m/s 左右,横波波速在 200 ~ 300 m/s。如果土体中存在松散、空洞、软塑或流塑地层等隐患,通常在弹性波波速上有如下表现:位于潜水面以上时,纵波波速为 340 ~ 600 m/s,横波波速为 0 ~ 100 m/s;潜水面以下时,纵波波速为 900 ~ 1300 m/s,横波波速为 0 ~ 100 m/s。如果仅仅从纵波波速来判断土体介质性状,可能将波速为 1000 m/s 左右的介质当成工程质量完好的土体介质,从而忽略隐患的存在。

23.2.2　横波应用特点

根据弹性理论可得出横波波速 V_s 与各动弹性力学参数之间的转换关系式,其中具有代表性的动弹性模量(或动杨氏模量)E_m 及动切变模量(或刚度系数)G_m

可表述如下:

$$E_m = 2V_S^2 \cdot \rho(1 + \sigma) \tag{23.1}$$

$$G_m = V_S^2 \cdot \rho \tag{23.2}$$

式中,ρ 为介质密度,σ 为泊松比。

动切变模量 G_S 与标贯贯入系数相关,是判断土体结构安全性的重要标志,该标志除了与土体密度有关外,还与横波速度有关,这为横波波速的工程地质应用提供了理论依据。

横波还具有几大特点,可以分别描述如下:

(1)反射波系数大

和纵波一样,入射横波在波阻抗不同的介质分解面会形成反射,垂直入射时的波幅反射系数 r 由下式给出:

$$r = \frac{\rho_1 V_1 - \rho_2 V_2}{\rho_1 V_1 + \rho_2 V_2} = \frac{(V_1/V_2) - (\rho_2/\rho_1)}{(V_1/V_2) + (\rho_2/\rho_1)} \tag{23.3}$$

式中,ρ_1、ρ_2 分别为上下两层介质的密度;V_1、V_2 分别为上下两层介质的波速。当 (ρ_2/ρ_1) 一定时,反射系数 r 与 (V_1/V_2) 的关系如图 23.1 所示。

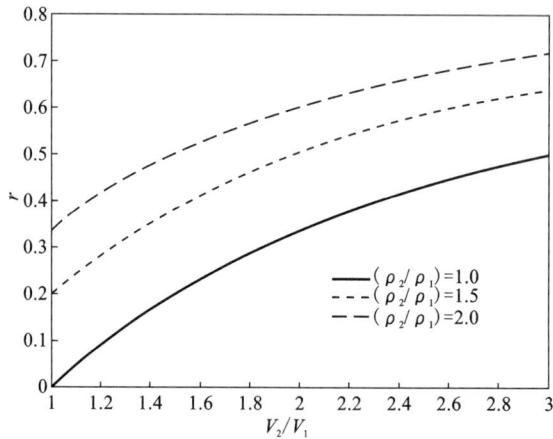

图 23.1 反射系数 r 与 (V_2/V_1) 关系曲线

从图 23.1 可以看出,不论纵波还是横波,如果上下两层波速相差越大,则其反射系数越大,从而记录反射波的波幅也越大。根据表 23.1 中的统计数据,当土体中存在软弱层隐患时,横波的反射系数往往要大于纵波的反射系数。

(2)反射波成分相对简单

入射纵波(P 波)和横波(SH 波)在波阻抗界面形成反射波、透射波和转换波等,与纵波相比,横波勘探中所使用的波媒主要是 SH 波,理论上,入射 SH 波的反射波类型单一，只有 SH 波，如图 23.2 和图 23.3 所示。

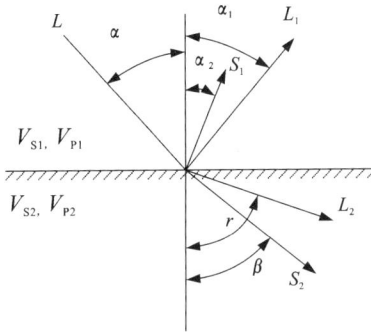

图 23.2　P 波在分界面上的折射和反射　　**图 23.3　SH 波在分界面上的折射和反射**

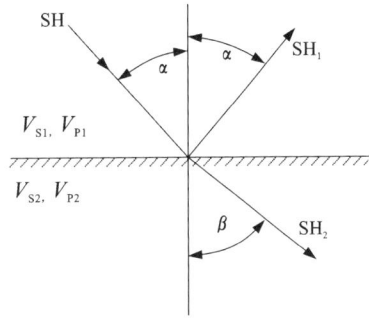

图 23.2 中，L 为入射纵波，L_1 为反射纵波，L_2 为折射纵波，S_1 为反射横波，S_2 为折射横波。各种波型符合几何光学中的反射定律。

$$\frac{V_{P1}}{\sin\alpha} = \frac{V_{P1}}{\sin\alpha_1} = \frac{V_{P2}}{\sin\gamma} = \frac{V_{S1}}{\sin\alpha_2} = \frac{V_{S2}}{\sin\beta} \tag{23.4}$$

图 23.3 中，SH 波入射时在分界面上产生的反射波和折射波满足斯奈尔定律：

$$\frac{V_{S1}}{\sin\alpha} = \frac{V_{S1}}{\sin\alpha_1} = \frac{V_{S2}}{\sin\beta} \tag{23.5}$$

横波反射的这一特性，为横波勘探地震记录中反射波、折射波等同相轴的识别带来了方便。

（3）相位极性反转

横波具有偏振特性，如果从相反方向作横波激励，则介质质点振动方向将完全反相，而横波传播方向不变。

如图 23.4 所示为一幅横波地震勘探的噪声调查剖面图，在地表从两个完全相反的方向激励 SH 波，从图中可以看出横波直达波、折射波、反射波在相反激励方向时的反相特征。利用这一相位反转特性在折射波勘探、反射波勘探中可以作波形识别参考；通过反相垂直叠加等处理可以一定程度上压制噪声信号，突出横波信息，如图 23.5 所示，第 1、2 两道横波记录曲线反相叠加获得第 4 条记录曲线，横波能量得到增强，初至识别更加方便清晰。

（4）横波波长对垂向薄层分辨能力的影响

尽管围绕纵横波勘探的分辨率问题有过争论，但用波媒的波长作为纵横波纵向分辨率的评价标准，在业界已形成共识，即波长越短，波的纵向分辨率越高，对薄层的分辨能力也越强。当然，这里没有考虑波尾特征对分辨率的影响。

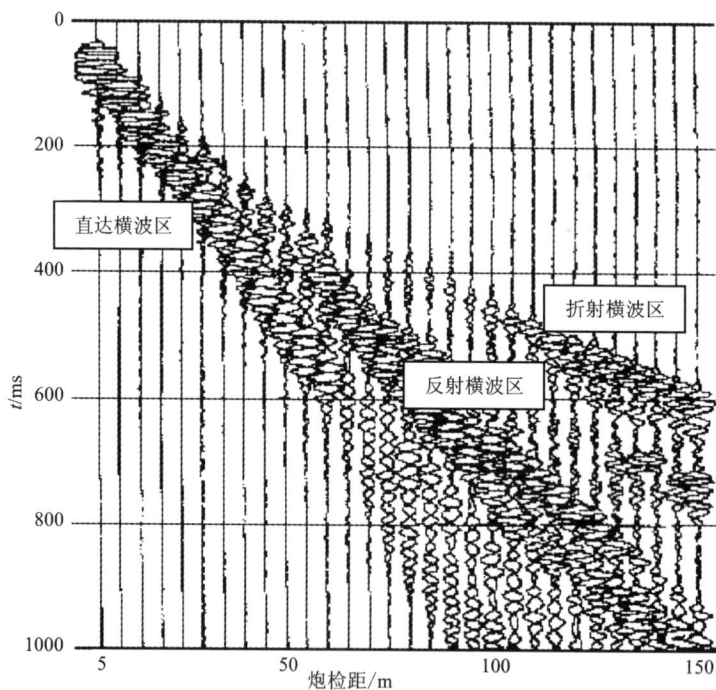

图 23.4　实测横波时距剖面示意图（据赵成斌，孙振国，冷欣荣等）

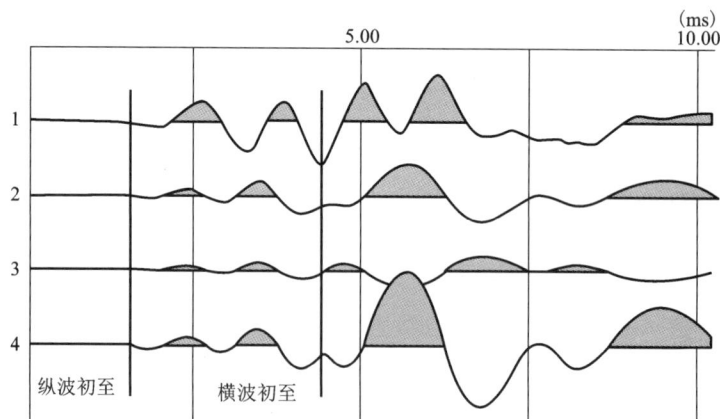

图 23.5　纵横波初至及横波反相叠加示意图

（据 http://www.cumtbgr.cn/3cseis_sample/KJ.htm）

从表 23.1 中可以看出，土体介质隐患横波的波速远远小于纵波，所以相比之下，虽然横波在频率上没有优势，但横波的波长远远小于相应的纵波。比如频率分别为 100 Hz 和 50 Hz 的纵波和横波，若两种波的速度分别为 1000 m/s 和 300

m/s，则计算出的波长分别为 10 m 和 6 m。因此按照地震勘探的分辨率理论，在土体介质弹性波勘探中，横波的分辨能力要强于相应的纵波。

理论和实践表明，弹性波频率越高，则勘探分辨率越高，但由于弹性波的衰减，随之带来的是相应的勘探深度减小，横波频率低，从频率衰减特性上说，其穿透的深度应该越大，勘探深度也越大，当然，这一特性的发挥还受到地层透射系数等地层特性的制约，尚待进一步证实。

图 23.6 所示为横波反射波勘探的剖面成果示意图，图中可以清楚地看到古河道地层界面。横波反射波同相轴不连续的地段是大坝存在隐患的区段，这种解释较纵波有更充分的物性依据，因为纵波的波速与动切变模量没有直接关系。

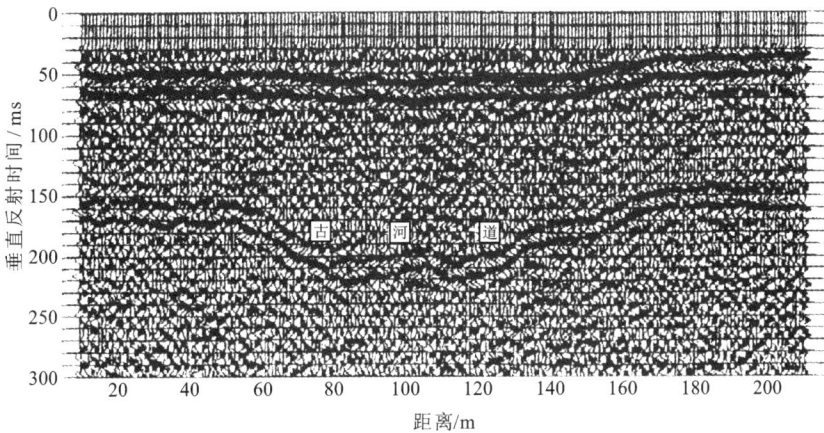

图 23.6　横波地震反射剖面实例（据赵成斌，孙振国，冷欣荣等）

（5）横波的激发

横波在介质体中传播，其传播方向与介质质点振动方向垂直。因此要获得由地面向下传播的横波，必须激励起土体介质在水平方向上的振动。

如图 23.7 所示，扣板法是横波激励中最常用也是非常有效的一种方法。将一块条形枕木水平放置于平整地表，其上加一重物，然后用磅锤水平敲击枕木的一端，则会产生水平方向的横波；若敲击方向在枕木的另一端，则在土体介质中会产生振动相位相反的横波。这一激励方法形式简单，但其应用时还是有不少的经验或诀窍。

张达敏等在文献中提出，在自然条件下，采用常规纵波激励方式，配以横波采集，也可以得到良好的横波记录。笔者以为采用炸药震源的说法是合适的，如果在坝体浅层地震勘探中想有效激发和利用 SH 波，还是以扣板敲击法或类似方法为上策。

图 23.7　横波的典型激发方式

（6）横波与面波勘探

面波勘探利用瑞利面波在不均匀介质中传播的频散特性，来反演介质层的面波波速。面波勘探在土体隐患探测中应用较广泛，有文献表明，瑞利波勘探还可用于大坝防渗墙的质量检测。

面波波速与横波波速存在密切的相关关系，即 $V_R = \dfrac{(0.87 + 1.12\sigma)V_S}{1 + \sigma}$（$V_R$、$V_S$ 和 σ 分别为瑞利面波波速、横波波速和泊松比），对于土层介质而言，其泊松比为 $0.40 \sim 0.49$，V_R 与 V_S 几乎相等，其相差在 5% 以内。

面波激励响应是地表附近三维介质结构多波干涉的综合反映，因此反演也应该在三维模型下进行，然而，目前普遍使用的反演依据是二维层状介质的频散理论，这与一般的大坝结构不相符，所以在使用面波勘探方法时，对于反演结果的地质解释要慎重，面波勘探的反演理论和数据处理方法都有待于突破和发展。

（7）横波地震影像勘探

地震影像通过等小偏移距地震勘探剖面数据的图像处理来达到反映地下介质性状变化的目的，是一种简捷直观的勘探方法，但其图像解释和数据反演没有系统的理论依据。

事实上，地震影像利用的主要是面波和横波的能量团，或者说是面波和横波的同相轴特征，如果以为地震影像是小偏移距反射波特征的体现，那就大错特错了。反射波的信息几乎湮没在直达面波和横波的能量团中，以目前的地震数据处理手段，很难得到清晰的地下介质反射界面，真正来讲，影像剖面是个粗略的"印象"。

目前的文献和工程实例中，普遍使用的是"纵波"地震影像——震源垂直地表激发，接收检波器也是垂直地表接收，这种工作方式主要是为了图工作效率；采用 SH 型横波激发接收的地震影像技术还没有相关报道，依据横波的传播特点，特别是 SH 型横波入射时反射波、折射波的单一性特征，对于大坝坝体的隐患探测，使用横波地震影像应该有较好的效果，因为横波地震影像的剖面资料在波形甄别、深度反演和解释上有理论依据；不足之处是激发震源的工作效率太低。横波地震影像是等小偏移距的反射波地震勘探，等偏移地震剖面的反演理论马在田有系统研究。

(8)SH 型横波勘探的综合抗干扰能力

横波的偏振特性在实践中可以被充分利用，激发和接收的选择性使得横波在地震记录剖面上特别突出，并能通过反相叠加增强横波能力，因此可以说横波勘探，尤其是 SH 型横波勘探，其抗干扰能力很强。张达敏等指出，"在行人及一般车辆正常行驶的情况下，它们并不影响数据采集。工程技术人员可以摆脱夜间数据采集之苦，而正常地在白天工作。"

在建或已投入运营的公路需要检测和隐患探测，路基通过分层碾压，形成一类特殊的成层介质结构，横波在这类介质结构中的波速异常分布特征突出，因此，横波作为波媒与纵波相比，在土体介质隐患探测中有与土体动刚度系数关系密切、抗干扰能力强、垂向分辨率高、波形易于对比识别等显著优势，比纵波更适合于隐患探测和异常识别。在实践中横波勘探应该推广应用，并作进一步的应用基础研究。横波勘探的方法多种多样，如横波反射、横波地震影像、横波测井、跨孔纵横波速综合测井等。

对于土体表面的横波激发，笔者认为其激发难度大、工作效率低的缺点相对于其优点来说，通常是可以忽略的。

23.2.3　关键技术

基于横波探测和检测技术的实现，其关键在于数据采集。本套系统克服了如下两项关键技术：

(1)检波器在滚动过程中始终保持贴地耦合姿态，保证了横波信号的保真接收。

(2)保证检波器在一个激发－接收信号采集周期内，不至于移动太大距离。

采用反射波地震勘探模式，有效勘探深度为 5 m，设定该深度范围内介质平均波速为 400 m/s，一个来回耗时 25 ms，增加 1 倍作为有炮检距采集信号的保障。若系统检测速率为 1 km/h，则一个采样周期内，传感器移动距离(算式：50 ms × 100000 cm/3600000 ms)约为 1.39 cm；反算反射波旅行时[算式：1.39 cm/400(m/s)]约为 35 μs。

23.3 应用实施

23.3.1 基本使用方法

本套技术涉及一种滚动式运动横波检波器及其使用方法。将力、位移、速度或加速度传感器制作成圆柱体状，传感器最佳耦合方向沿圆柱体轴向。圆柱体状传感器外设有两个以上相互隔离的环状金属隔离极板，传感器的输出信号端通过导线接到该环状极板，接入到地震信号采集仪器的两个输入端通过电刷分别与两个极板相连。在传感器的两端加工伸出运动轴，通过运动轴带动传感器在检测介质表面滚动，来自地震勘探的振动信号通过水平耦合方式进入地震信号采集仪器，完成横波信号的采集。

图 23.8 是一种滚动式传感器的结构设计图，该横波传感器在运动中与检测介质表面保持贴合，并保证传感器的水平耦合方向固定，是一种适用于路基、路面工程快速连续检测新技术的关键装备，结合横波激励震源，并保持排列装置参数，同步前进即可形成成套采集观测系统。

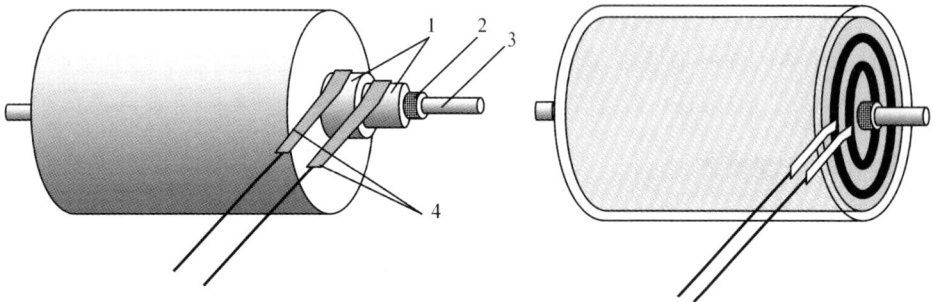

图 23.8 一种滚动式传感器结构设计图
1—环状金属隔离极板；2—轴承；3—运动轴；4—电刷

23.3.2 生产试验中可能存在的技术问题

横波传感器输出信号在传感器个体或附件上制成绕圆柱状传感器轴相互隔离（环状）的极板。

横波传感器为力、位移、速度或加速度传感器，传感器信号经极板由电刷输出到地震信号采集系统。电刷与环状极板在传感器运动中保持紧密持续的信号连接。

　　柱状结构传感器两端加工伸出运动轴，传感器以运动轴为动力牵引，在被测介质表面滚动前进。运动轴配有轴承等滚动器件，保证传感器运动轴旋转运动自如。

　　横波传感器制作成圆柱状，在地面滚动运动。

　　滚动式横波传感器进行路基或路面连续扫描式检测，使用一个传感器可以进行一发一收的地震排列记录，使用多个轴向平行线性排列的传感器，可以实现一发多收的排列地震数据采集。图 23.9 为 SH 型横波勘探排列滚动前进中的侧向剖面示意图。

　　滚动式横波传感器进行路基或路面检测，利用横波的偏振特性，通过平行于传感器轴向的两个方向激励，获得正反向激励地震排列记录。

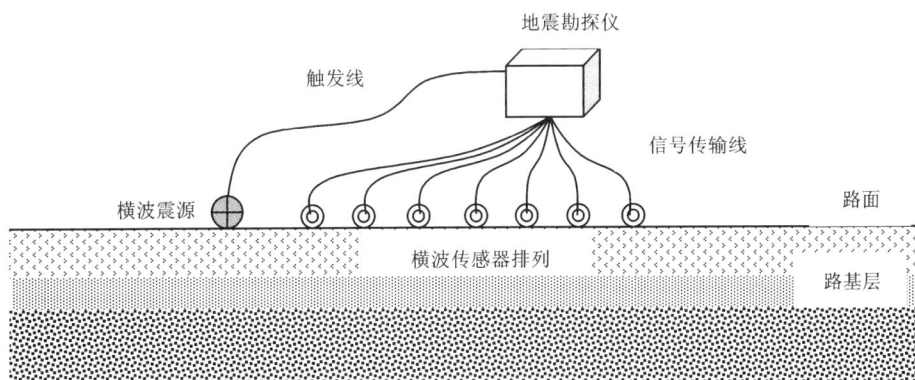

图 23.9　SH 型横波勘探排列滚动前进中的侧向剖面示意图

　　滚动式横波传感器利用横波的偏振特性，进行路基或路面检测，通过两个类型相同的传感器背向安装，形成轴向一致耦合方向相反的两个传感器组合体，经过一次地震采集，在一个测量点上获得一组双向振动记录。

23.4　技术拓展

　　在运动中进行横波勘探的震源可以选用机械式冲击震源，将 SH 波激发垫板制成圆柱状，在柱状垫板的两端敲击激发 SH 波。也可以选择磁致伸缩震源作为激发震源。后者较前者的激励源信号主频高，可能有较高的分辨能力。

　　作为横波检波器，可以选择的种类较多，包括磁电式检波器、压电式传感器、电容、电阻式传感器等。

　　利用传感器本身的方向性，可以采用图 23.10 所示的结构，采用镜像排列两横波传感器芯体组合成新型传感器。

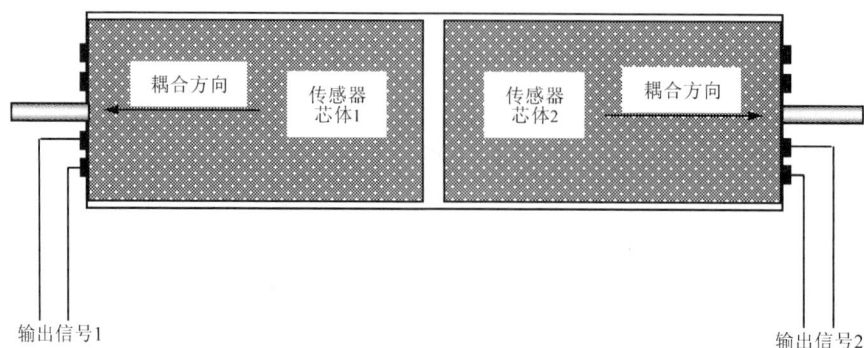

图 23.10　镜像排列两横波传感器芯体组合传感器剖面结构示意图

利用横波激发的偏振特点，采用图 23.11 所示的激励方式和机械激励模式可以形成快速连续检测的横波激励震源。

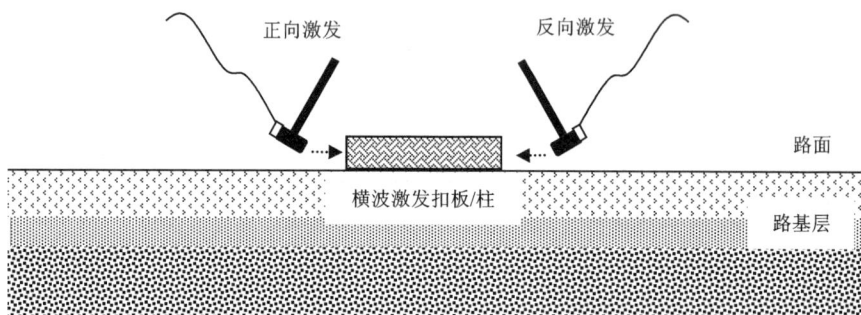

图 23.11　顺勘探测线看双向 SH 横波激励方式示意面

附加质量对检波器性能会产生一定影响，在传感器的设计上应综合运动轴、轴承等附属设备考虑，并进行实验分析，确保信号实用有效。

影像式运动扫描检测，通过直达横波速度的变化，反映表面介质的性状，通过反射波特征反映介质内部结构或分层。

横波激励震源可以选用机械锤击震源、磁致伸缩震源等。

第 24 章 公路路基隐患连续探测传感器装置及探测方法

24.1 概述

本章介绍一种路基隐患连续探测传感器装置及探测方法，将一个或一个以上传感器安装固定在滚动轮外圈，装载震源的检测车拖动滚动轮一齐前行，在传感器转动到与地面耦合位置时，震源激励弹性波，同时传感器接收地震波信号，实现地震记录采集。

成套装备用于城市道路、公路路基隐患探测和质量检测，是一种自动高效的探测方式。

24.1.1 行业领域现状

城市道路和公路路基下覆隐患直接威胁行人或行车安全，各种隐患有的可能处于破坏性阶段，有的可能处于发展孕育阶段，需要提前进行检测并合理处理。

探测这类隐患的方式主要有两种，即探地雷达和地震勘探。探地雷达快速高效，但在钢筋水泥路面，其探测深度和分辨能力有限，条件较好时，也只能探测到几米深度；浅层地震勘探能够探测更深的路基隐患，并且利用波速参数可以更准确地对隐患进行评估，但作业方式不够灵活，需要人来操作移动使地震仪、震源和检波器在陆上行走，检测效率低，难以大面积推广。

地震勘探要使用检波器记录弹性波旅行特征，检波器记录来自路基下一定深度的介质反射需要足够时长，而在这一时长中，检波器不能移动，所以一般来说地震勘探是"走走停停"的作业方式。整套勘探系统采用车载等机械移动方式非常困难。故行业中迫切需要一种快速灵活的探测方式，从而保证勘探深度和探测质量，同时提高探测实施效率。

24.1.2 主要技术难点分析

"走走停停"方式对于密集采集地震记录的地震勘探不可取，需要采用系统连续的移动方式。传感器或检波器在拖行中与地面耦合并接收弹性波，拖行中存在摩擦噪声，将严重影响信号记录质量，也不可取。

由于震源采用近乎脉冲的激励方式，在移动中可以快速实施激励，难点在于传感器如何在足够时长内与地面保持相对稳定的耦合接触。传感器在滚动中实现短暂垂直耦合是可以考虑的，尽管滚动中可能存在一定耦合误差并直接影响信号，如果这一误差能够得到控制，则这种运动中连续作业方式便可以推广应用。

24.2 方法原理与关键技术

24.2.1 方法原理分析

按照浅地震勘探经验，取弹性波在介质中传播波速为 800 m/s 进行估算，20 m 深度反射波垂直往返所需时间为 0.050 s（40/800），即 50 ms，当探测车车速为 1 km/h 时，驶过距离约为 0.0139 m（1000/3600 × 0.025），即 1.39 cm。

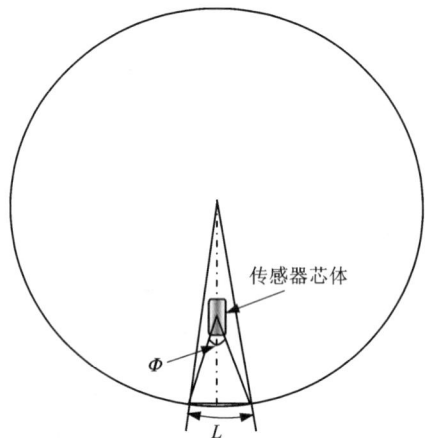

图 24.1 传感器在滚动中与地面耦合前后芯体偏转角随地面移动距离变化关系图

如图 24.1 所示，当 $L = 1.39$ cm 时，如果传感器高度不同，则传感器芯体旋转角度 Φ 也有变化。取传感器芯体中心到耦合表面的高度为参数，换算出传感器芯体的旋转角和传感器倾斜角，如表 24.1 所示。

表 24.1 传感器芯体身高与单道地震信号采集时传感器倾角换算关系表

传感器芯体距耦合表面高度/cm	10	15	20
传感器芯体旋转角 $\Phi/2$/（°）	8	6	4
传感器倾斜角度（度）[取芯体旋转角的1/2]	4	3	2

由表 24.1 可见，当传感器芯体中心高度为 10 cm 时，一道地震记录采集过程中，传感器倾角变化为 4°，为平角的 1/45。试验表明，这一偏转角度一定程度上会影响信号的幅度，但影响较小；对反射波旅行时的提取来说，理论上没有影响。因此，利用这种传感器装置在运动中实现路基隐患地震勘探具备可行性。如果根据检测效果，将速度控制得当，便可以对公路路基进行连续探测。

24.2.2 关键技术

本套方法的关键技术是实现相对可控的震源和传感器的同步移动，在一定方向耦合误差范围内，以牺牲信号精度为条件，保证单道地震勘探记录的完整采集，从而使移动采集连续地震勘探数据成为可能。

在实现这一目标的过程中，考虑到了信号采集和同步控制信号的传输问题，解决了一些细节问题。

24.3 应用实施

24.3.1 基本使用方法

本技术包括了一种滚动式运动纵波传感器装置及其使用方法。如图 24.2 和图 24.3 所示，一个或一个以上纵波传感器个体（1）分布附着在滚动轮（2）外圈，所述的纵波传感器个体（1）的最佳耦合方向为滚动轮中心辐射径向方向，每个纵波传感器个体（1）在滚动轮外侧有一个与个体高度一致且内径大于个体直径的安装孔（4），传感器个体（1）顶部由安装固定在安装孔（4）底部的钳固装置（5）固定并保证传感器最佳耦合方向；每个传感器的输出信号由信号线（3）连接到固定在滚动轮上的一段相互绝缘的一对金属环片（6）上，与地震仪（7）信号输入端连接的一对固定电刷（8）与正好垂直于路面耦合的传感器输出用金属环片（6）分别连通，将该传感器的接收信号传输到地震仪（7）。当滚动轮滚动时，哪个传感器垂直于路面，该传感器信号就与地震仪输入端连通，纵波震源（13）立即锤击路面形成激励弹性波，地震仪（7）同步完成一道地震信号采集。滚动轮持续前行，完成沿路地震采集记录多道集合，通过该记录进行路基下伏隐患的探测。

如上所述的滚动式运动纵波传感器装置，滚动轮（2）上设有滚动轴承（9）或滚动轴（10）；滚动轮（2）外圈为橡胶、木材或塑料制成或包裹，以减小系统振动噪声。

上述滚动式运动纵波传感器装置中的一个或多个传感器输出信号通过分段成对金属环片（6）各自传输到与之相连的一对电刷上，再由电刷通过导线（12）将信号传输至地震仪（7），金属环片间有电绝缘层；正负金属环片可以固定在滚动轮侧面，也可固定在滚动轮轴上。

上述滚动式运动纵波传感器装置，安装固定传感器的钳固装置（5）由有柔韧性的橡胶等材料制成，固定在滚动轮（2）上的安装孔（4）内，固定传感器并保证传感器与地表的垂直耦合方向和耦合刚度。

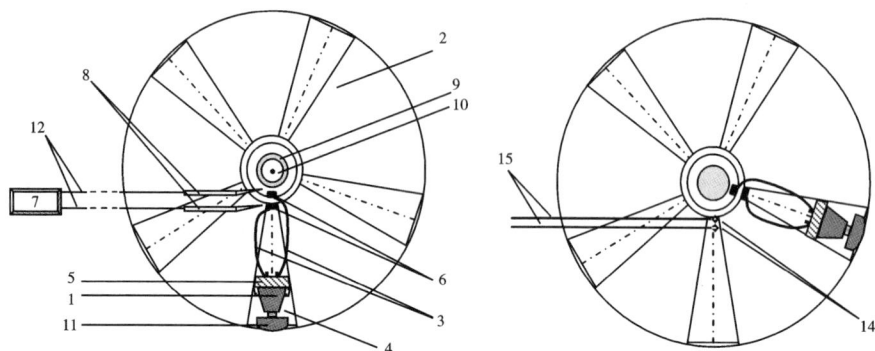

图 24.2　滚动式运动纵波传感器安装结构示意图

1—传感器；2—滚动轮；3—传感器信号输出线；4—安装孔；5—钳固装置；6—传感器输出金属环片；
7—地震仪；8—电刷；9—滚动轴承；10—滚动轴；11—传感器底座；12—信号传输导线；
14—震源启动信号电极；15—震源启动信号传输线

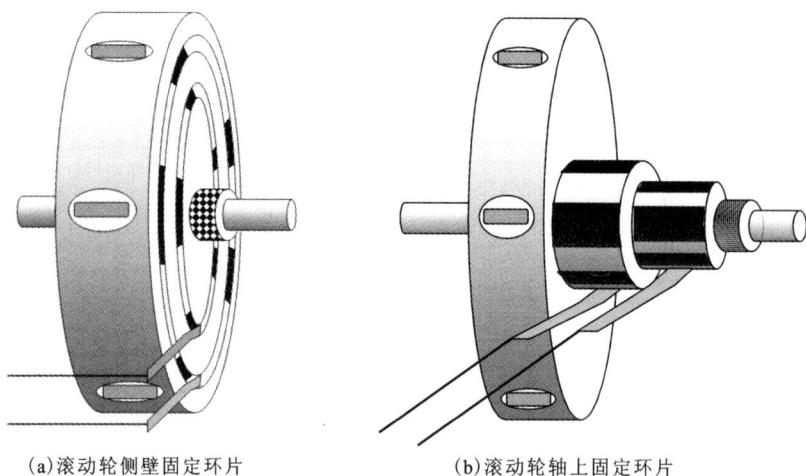

(a)滚动轮侧壁固定环片　　　　　　　　(b)滚动轮轴上固定环片

图 24.3　滚动式纵波传感器安装时传感器信号输出的两种金属环片结构示意图

　　上述滚动式运动纵波传感器装置，纵波传感器个体(1)上用于与探测表面接触的底座(11)为弧面、球面或垂直于前进方向的柱面，为传感器的顺利接地耦合提供保障。

　　上述滚动式运动纵波传感器装置，震源(13)的启动信号由贴附在滚动轮上的两电极(14)短路提供，两电极相距小于滑过电极(14)的一个金属环片的宽度，当金属环片与电极(14)接触时，电极(14)短路，短路信号通过传输线(15)提供震源启动信号。

24.3.2　生产试验中可能存在的技术问题

　　使用所述的滚动式运动纵波传感器装置，携带一个或多个传感器的滚动轮在被测介质表面以一定速度随探测系统滚动前进，当某个传感器与介质表面垂直耦合时，该传感器输出信号端与地震仪输入端连通，震源(13)激发弹性波，地震勘探仪器同步记录来自该传感器的地震信号，形成一道地震记录；滚动轮滚动到下一个与地表垂直耦合的传感器时，类似上一个采集过程，完成另一道地震记录采集；依此类推，完成一段被测介质表面的弹性波勘探多道集合记录，用于地震勘探的分析解释。

　　保证传感器耦合性能方能保证采集记录应用于路基隐患探测和质量分析效果，震源、传感器都需要有较为精密的时间配合，成套装置需要经过粗调和微调后方能投入生产。

　　控制探测系统车载行车速度可以在较大程度上调整检测地震记录质量。

24.4　技术拓展

　　如图24.4所示，使用带有滚动式运动纵波传感器装置的路基隐患探测系统时，多个相同传感器滚动轮可以在保证相同个数传感器耦合方向一致的情况下，成串线性排列一起滚动，通过多道地震仪进行地震记录的采集，形成地震勘探多次覆盖排列记录。该类勘探记录的解释结果比单道记录更加精确。

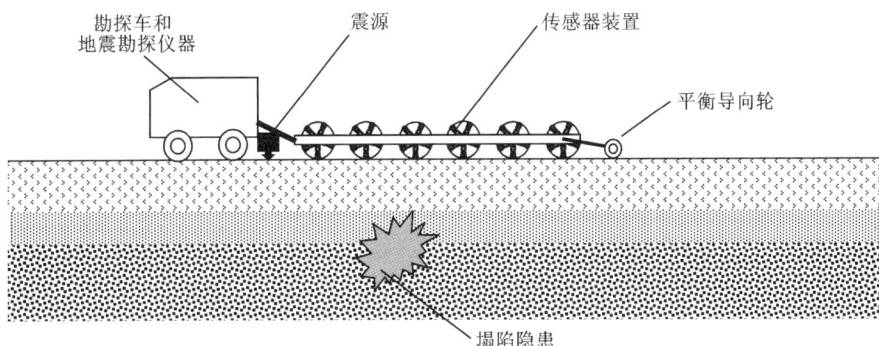

图24.4　滚动式运动传感器装置在地震勘探中从侧面看排列布置示意图

　　另外，如图24.5所示，使用本套装置进行车载连续地震勘探，多个相同传感器滚动轮可以在保证相同个数传感器耦合方向一致的情况下，呈面积性分布在一片区域一起滚动，通过多道地震仪进行地震记录的采集，形成地震勘探呈面积覆盖的排列记录。该类勘探记录的解释结果比单道记录更加精确。

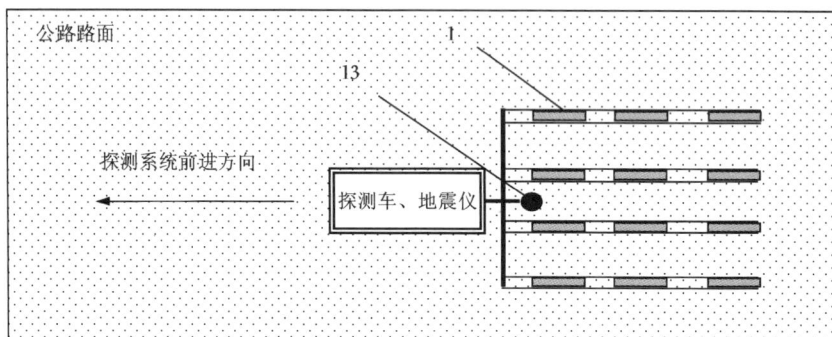

图24.5 滚动式运动传感器装置成面积分布时地震勘探采集排列布置俯视图

可以发明一种耦合方向有较大自由度的传感器，用于本套探测装置中。

固定了垂直耦合方向，其他两个水平分量也能够得到保证，可以通过三分量检波器来进行地震记录和资料的处理解释，从而使勘探成果更加丰富。

基于前述传感器耦合技术，研制的一套公路路基隐患探查系统如图24.6所示。通过代步小车牵引可实现机械化作业，在市政道路、公路路基隐患探测中获得成功应用，其代表性应用实施剖面如图24.7所示。从图中可以看出，本章所述方法和系统基于弹性波剖面，可以从力学特征上反映地下隐蔽介质结构中的软弱夹层或脱空隐患，相比地质雷达探测剖面，具有更好的关联性。

图24.6 基于双能量采集和传感器耦合技术实现的代步式公路路基隐患探查系统(彩图24.6)

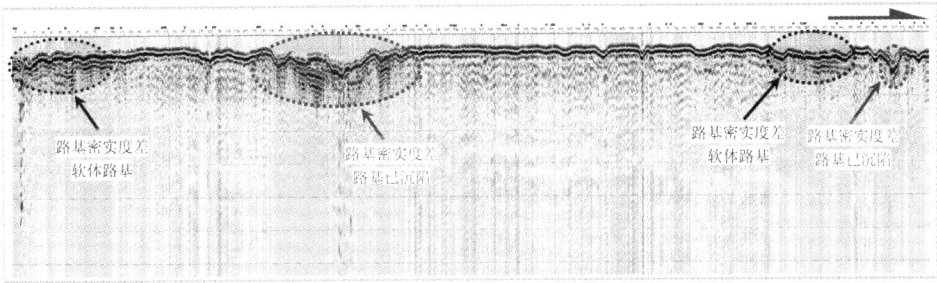

图 24.7 某新建城区公路路基隐患探查剖面及异常特征(彩科 24.7)

(公路路基隐患探查系统 1 km 长剖面;新铺路面、路面完好)

第 25 章 一种增大动圈式检波器
静磁场的方法及检波器

25.1 概述

本章介绍一种增大动圈式检波器静磁场的方法及检波器。本方法适用于以电磁感应为原理通过机电转换方式(动圈式或动磁式地震勘探检波器)实现震动响应记录的传感器,该类传感器有一个由稀土材料制成的磁钢提供稳定的静磁场,传感器的灵敏度与磁钢提供的磁场强度成正比。

该类型的传感器在地震预报、资源(石油、煤炭、海洋等)地震勘探和工程地震勘探领域应用广泛,需求量很大。

25.1.1 行业领域现状

检波器是实现震动信号测试与记录的关键部件,检波器的灵敏度及其信号特征对于后续数据的处理解释至关重要。

在测量表面震动的检波器(传感器)中,以电磁感应为原理通过机电转换完成震动信号测试的检波器制造成本低,技术方法容易实现。影响该类型检波器灵敏度的主要因素有磁钢产生的静磁场强度以及接收线圈的有效面积和匝数,受制于当前磁钢材料的性能以及检波器的固定结构,通过增大磁钢磁场、线圈匝数等来实现检波器灵敏度的提高有一定困难,该类型检波器的灵敏度典型值都在 30 V/(m·s) 以内,近 20 年内没有得到较大幅度提高。地震信号是一个连续的震动记录,单个震动信号的延续时间或宽度直接关系着两个或多个连续到达的震动信号的分辨,足够的信号幅度、尽可能短的延续时间有利于信号的分辨,目前该类型检波器本身尚不能直接达到这一目的。

25.1.2 主要技术难点分析

提高现有磁电式传感器灵敏度的方式有三种:一是提高磁钢的静磁场强度,使用更好的磁性材料;二是提高接收线圈的有效面积,有增大单匝线圈的有效面积和增大线圈的匝数两种途径。目前,这两种方式都受到客观条件限制。

磁电式传感器中所使用的磁钢经过一段时间的使用后,磁性有所退化,可以通过外部磁场激励进行一定程度的充磁或使磁性部分恢复。

现有的磁电式传感器经过了几十年的发展,内部结构设计制作精密,没有过多剩余空间。利用磁电式检波器的既有结构条件,在不产生或少产生负作用的前提下,增大检波器的灵敏度尚有难度。

25.2 方法原理与关键技术

25.2.1 方法原理

本技术的目的是设计一种提高动圈式检波器静磁场强度的方法及其实现的电路。在不改变现有动圈式检波器基本结构的条件下,利用上下磁靴之间磁钢圆柱表面的空间,用漆包线对线圈平面进行绕制,形成螺旋线圈,利用原有的地震信号传输导线给该螺旋线圈供以直流电流,螺线线圈产生与磁钢磁场方向一致的磁场并叠加在其上,从而提高了检波器内部静态磁路的磁场强度。如图 25.1 所示。

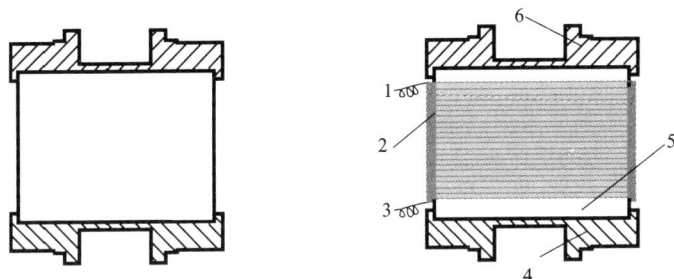

图 25.1 静磁场线圈绕制前后的磁钢和磁靴

1—平面绕制螺旋线圈引入端;2—环磁钢平面绕制螺旋线圈;3—平面绕制螺旋线圈引出端;
4—下磁靴;5—磁钢;6—上磁靴

给螺旋线圈提供恒定直流电流的电路直接在检波器传输信号的电路上进行改进。信号传输导线在进入检波器时分成两路,一路直接给螺旋线圈供以恒定直流电流 I,该电流通过恒流模块产生;一路通过绕制在固定线架上的上下两个信号线圈,该回路有隔直电容或相同功能隔直电路串联,保证直流电只供给螺旋线圈,而信号线圈中都没有直流电流;接收线圈中产生的震动记录响应信号可以通过该路传递给外部信号传输电路,进入地震记录仪,通过信号调理电路和信号提取电路完成震动响应信号的提取和转换。辅助磁场供电回路与信号传输回路组成的电路结构如图 25.2 所示。

该项技术实施时,在不改变检波器原有结构的条件下,第一个功能是通过增

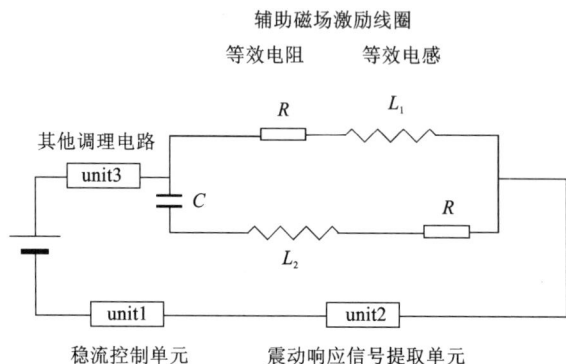

图 25.2 辅助磁场供电回路与信号传输回路组成电路结构示意图

大检波器内的静磁场强度，提高了检波器响应的灵敏度。第二个功能是利用螺旋线圈自身电阻为信号传输回路直接提供相当于原有阻尼的电阻功能。第三个功能是为动圈式或动磁式机械系统直接提供运动机械阻尼，这为加大瞬时响应信号的衰减速度提供了条件。另外一个可预见功能是通过螺旋线圈磁场对磁钢生磁效能和使用寿命的改善，但尚未得到证实。

由于螺旋线圈的引入，将使整个检波器电路系统中引入电感、电容和等效电阻，对这部分元器件的作用及检波器整体响应特征可以进行理论的模拟计算，也可以通过系统度量测试完成标定。

25.2.2 关键技术

在不增加线路负担或附属装置的前提下，利用磁钢表面空间构造平面绕制线圈，通过恒流源产生与磁钢磁场方向一致的静磁场，从而增大传感器内总静磁场的强度，提高传感器的灵敏度。

成套技术实施电路不能增大传感器采集信号的噪声。

25.3 应用实施

25.3.1 基本使用方法

一种增大动圈式或动磁式检波器磁场强度的技术及实现该技术的基本电路的特征在于在现有检波器上下两磁靴之间的磁钢表面以漆包线进行线圈平面绕制形成螺旋线圈，该线圈被供以恒流直流电，使螺旋线圈产生的磁场方向与磁钢磁场方向一致。

如图 25.2 所示，所述恒流供电电路连接在地震记录仪和检波器之间，不用另外设置供电导线，而是与现有的信号传输线共用导线，环绕在磁钢表面提供静磁场的螺旋线圈 L_1 与信号线圈 L_2 是并联关系，一同串接在信号传输线上，信号线圈这一支路有电容 C 或类似的隔直流元器件。整个电路让经过调理的恒定直流电流仅流经绕制在磁钢上的螺旋线圈；信号线圈产生的电信号依然可以通过隔直流电路传递到原信号传输线，并在接收回路中通过相关的信号提取电路进行提取。

25.3.2　生产试验中可能存在的技术问题

产生静磁场激励的线圈发热，对检波器尤其是磁钢产生的影响值得评估，有必要对激励电流进行控制。

25.4　技术拓展

本技术采用的增大检波器内静磁场的绕制线圈，有可能用在灵敏度下降的旧检波器充磁程序上，从而间接延长检波器的使用寿命。

增大静磁场的线圈可以起到催化剂的作用，从一定程度上提高某种磁钢产生的静磁场是一种假设，若这种假设可以实现，则本套技术尚有发展前途。

增大静磁场的线圈与检波器线圈之间有互感，这种互感从原理上体现出一种电感阻尼效应，其对检波器整体频响特性的影响值得进一步研究。

第四篇

地球物理勘探信号处理

地球物理勘探必然导致特定生产作业的噪声环境，包括天然或人工电磁场、磁场、温度场、地震或工民用生产振动，以及勘探对象周边介质结构的相关物理响应等。各类环境噪声都会对采集数据产生干扰，并叠合在测量数据记录中。

地球物理勘探离不开信号的处理，需要从纷繁复杂的记录中提取有用、有效信息。只有充分认识了勘探原理和生产作业环境，包括辅助勘探作业的装置特性，才能为地球物理信号的处理提供决策依据。

不同于一般的信息或信号处理，地球物理勘探信号处理实际上是阵列数字信号的处理，这种阵列基可能是空间域、时间域、频率域或是它们的变换组合。无论是有意的预谋还是无意的捎带，数据或数据集之间都有更紧密的相关关系。物探信号处理的内容包括了两个环节：一个环节是阵列数字信号处理，即我们通常所说的物探数据处理或反演，另一个是非阵列数字信号含义下的数据处理，也称为物探数据的预处理。有时两种处理方式会交替进行。

阵列数字信号处理之前的预处理对于后期物探数据处理与反演起着非常重要的作用。参照图 A 所示的单坐标点数字信号获取流程及一种同态背景圈层结构，获得某时刻或时段单坐标点的数字信号，需要经过源的激励、介质结构的综合响应、传感器对响应信号的拾取、传感器输出模拟信号的调理以及 A/D 模数转换，其中的每一个环节都可能有来自勘探作业环境的噪声干扰信号加入。引入同态背景包络的概念，数字信号获取的每一个动作环节，实际上包络了一个共同的背景或背景噪声，称为同态响应，在同态响应下获取的单坐标点数据具有内在可比性。如果将多个坐标点上获取的数字信号称为阵列数据，因为同态响应下的阵列数据具有内在和横向的双重可比性，就可用来提取异常信号和噪声背景。

在地球物理仪器设计中，我国地球物理学家何继善院士提出了双频激电测量思想，并以该思想为指导研制了双频激电仪。两个幅度相当、频率不同的激励电场通过组合同步发送和同步接收，完成同态测量，然后进行后续内在比对计算，

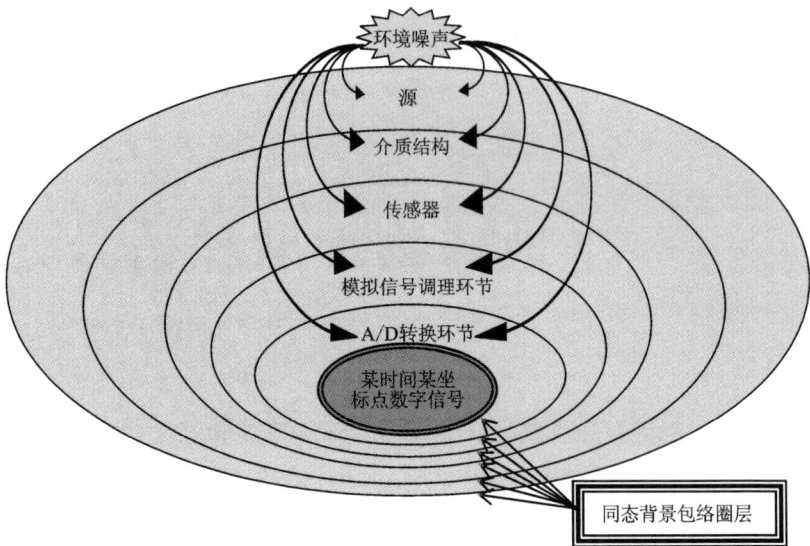

图A   单坐标点单传感器数字信号获取中的噪声及同态背景包络圈层描述

形成幅频率参数，使激发极化率测量精度成倍增加。

在生产实践中，同态测量分析方法也被广泛应用，如本书所提出的瞬变电磁梯度测量技术和水平分量测量技术；在无损检测领域，通过对称位置的桥墩振动模态信号的比对分析，可以知道其中一个被撞击后的桥墩是否完好；在生产矿山开展电法勘探，采用多道同步测量的方式和横向对比，可以最大限度地压制工业生产电场的干扰，有效提取目标异常。

阵列数字信号或阵列数据的处理真正体现了地球物理勘探的核心思想，在充分认识各类物理波场扩散和传播的规律的前提下，区别于噪声干扰特征和规律开展有效信号的提取作业。阵列数据中最常见的是同源阵列数据，或是同坐标点变参数阵列数据，它们为源特征的揭示以及为与之相关的特定信息提取或反演提供了条件；其次是同时刻或同时段阵列数据，充分反映了以时间为参照的噪声环境的一致性，数据之间可以进行横向比对；多源固定阵列或多源移动阵列数据也是物探数据采集的一种模式，不同源之间的阵列数据进行比对和关联组合，以形成关于同一目标的数据集合，同时可用来压制源自身产生的特定噪声。

多路同步采集思想广泛应用在地球物理勘探仪器设计制造中，同时，几乎所有的地球物理勘探方法都较完美地体现了阵列探测的核心思想。其中地震勘探、高密度电法勘探以及基于多维度物探数据的反演算法则是阵列探测思想的集中体现。

　　阵列数据之间除了在地球物理场的关联性之外，另一个突出特点是多个观测点之间的数据一般具有相同或相似的背景，也可称之为如图 A 所示背景包络，可以进行横向比对，滤除同包络背景噪声。即便是简单的相减（梯度测量）、相除（归一化计算）、方差提取等算法也能在一定程度上提高信号的测量精度，这一点在物探方法技术以及物探装备设计上都有重要的参考意义。多道阵列数字信号采集系统观测模式如图 B 所示，剥去所有采集点上传感器的同一层背景包络，数据之间便具有相互比对的基础。

　　关于阵列数据的处理和反演有系统的理论著述，不同的物理场有不同的观测方式和数据参数，相应的数字处理算法原理和技巧也各有特色，但不同的物探方法之间存在一定的关联，这种关联值得比对探究和参考借鉴。

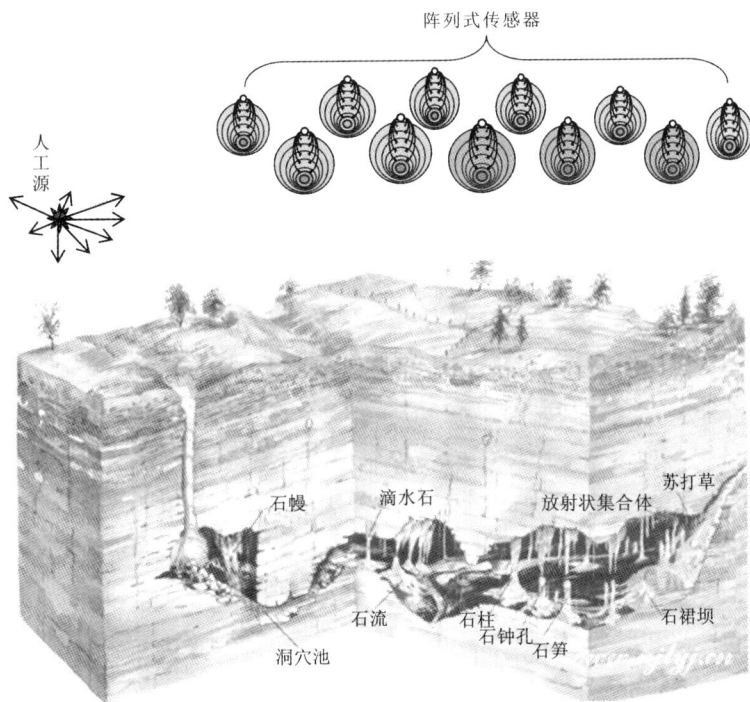

阵列式传感器

人工源

石幔　　滴水石　　放射状集合体　　苏打草

石流　　石柱　　石钟孔　　石笋　　石裙坝

洞穴池

图 B　一发多收多道阵列数字信号采集系统观测模式（底图来自网络，出处不详）

　　阵列数据处理是物探数据处理的核心思想，传统的勘探理论认为，数据处理的核心算法决定了生产工作中的技术手段或观测系统的设计，也带动了物探仪器的发展进步，但随着物探生产实践的复杂多样化，也有可能在暂时未获得核心算法支撑的条件下，取得少量成功的观测技术或原始的作业方式，这类先行的观测技术手段的获得可能得益于对物性关联转换以及对较少使用的物理参数的认识。

第 26 章　一种铁路路基雷达探测信号中的干扰去除方法

26.1　概述

本套算法提供了一种去除铁路路基雷达探测信号中的干扰的方法，这种方法可以同时去除雷达天线直耦波、铁轨和枕木响应干扰波，以及多次波。算法简便快捷，对于枕木或轨道产生的绕射波和多次波都能够进行很好的压制，适合在普通铁路乃至高速铁路路基雷达检测信号处理中推广应用。

26.1.1　行业领域现状

探地雷达具有无损、高分辨率、解释剖面直观和轻便快捷等优点，国内外广泛而且成功地将其应用于铁路路基状态连续检测。目前应用于铁路路基探测的雷达天线频率一般为 400~500 MHz，勘探深度在 3 m 左右，覆盖了路基的道床和基床部分。

在铁路路基雷达探测中，影响道床、基床分层以及病害异常有效识别的主要干扰有三种，即天线直耦波、来自钢轨的强反射和枕木产生的绕射波，还包括与后两者类型相同的多次波。其中，直耦波是由雷达硬件及其工作方式带来的，时频特征基本固定，出现在每道采集记录中；沿着钢轨走向行进的天线，钢轨的强反射干扰在雷达剖面上的时频特征也相对固定，出现在每道采集记录中；对枕木干扰信号来说，作为绕射波和多次波，其信号能量强，干扰宽度大，两个乃至多个相邻枕木的绕射波相互干涉，但从整体上，枕木干扰信号的时空周期性特征明显，这种周期以两枕木之间的间隔为最小基数，高阶周期为基数的整数倍。三种干扰与路基各层反射信号以及病害响应信号混叠在一起，信号幅度大，淹没或压制了来自枕木下路基结构层的反射信号，严重影响了雷达剖面的分辨率。对于直耦波和钢轨的强反射干扰，采用平均抵消法、FK 滤波、KL 变换和小波变换等方法已经可以得到有效的压制。对于枕木的多次波和绕射波干扰的压制，目前的处理方法包括"时窗叠加压制"、拉冬变换法、预测反褶积滤波法、"逻辑尺"方法和"抽道分离法"等，这些方法一定程度上解决了枕木干扰的压制问题。

26.1.2　主要技术难点分析

建立各种干扰噪声的产生模型,把握规律,才能找到滤除干扰的方法和途径。

在实测雷达记录剖面上,枕木绕射波和多次波在时间-空间分布上的规律难用精确的数学模型加以表述,并且扫描速度变化会导致枕木间雷达扫描道数的不一致,使得模拟结果很难与实际数据相符。

"时空过滤筛"算法对铁路雷达探测处理数据进行处理后不但压制枕木产生的复杂干扰,而且去除了直耦波与钢轨的强反射干扰。

26.2　方法原理与关键技术

26.2.1　方法原理

(1)枕木干扰与直耦波的数值模拟与压制

利用 MATLAB 计算平台,采用探地雷达电磁波散射仿真软件 GPR MAX 对不带钢轨的铁路路基模型进行了数值模拟。GPR MAX 基于电磁场求解的时域有限差分方法(FDTD)和理想匹配层(perfectly match layer;PML)边界吸收条件,能够模拟频散介质。

构建图 26.1 所示的二维地电模型,探测剖面为沿轨道走向 31.12 m 的水平距离,由上至下共分为空气层(0.5 m) 道床层(厚度 0.5 m,相对介电常数 $\varepsilon_{r1} = 6$,电导率 $\sigma_1 = 0.0001$ S/m),基床层(厚度 2.5 m,相对介电常数 $\varepsilon_{r2} = 12$,电导率 $\sigma_2 = 0.005$ S/m)三层介质;枕木(低阻体)间距为 0.56 m,共 51 根均匀分布于道床表层;在基床中设置一矩形空洞隐患目标,规格为 20 cm × 20 cm,顶端埋深为 80 cm,中心距两边界均为 15.56 m。

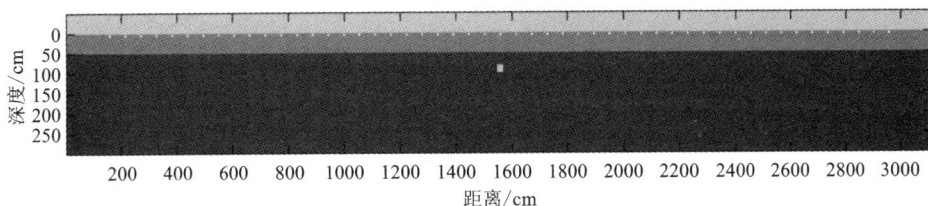

图 26.1　探地雷达有限差分数值模拟地电模型

在没有枕木干扰的情况下,所得的雷达剖面如图 26.2 所示;有枕木干扰的模拟剖面如图26.3所示。对比两图可见，在枕木的多次反射和绕射干扰下，模拟的枕木在道床表面形成周期性的绕射波和多次波干扰，基床空洞形成的绕射弧被淹没，空洞的位置和大小难以分辨。

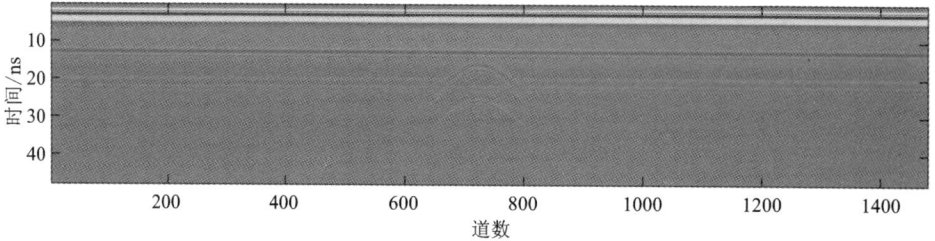

图26.2　无枕木存在模型的数值模拟雷达记录剖面

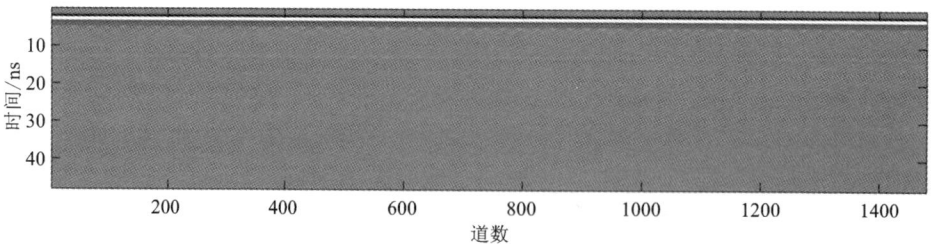

图26.3　有枕木存在模型的数值模拟雷达记录剖面

（2）时空过滤筛算法

时空过滤筛法的原理是假定枕木在雷达剖面上是均匀排列的，利用枕木与道数的规律，将具有周期性的枕木干扰信号即雷达剖面上相邻枕木间相隔道数（枕木间距，包含枕木所在其中一道）设定为周期基数，叠加窗口则要大于或等于一倍周期。以两倍整周期窗口为例，预处理后的数据 D_0 总道数为 m（设第一道即为枕木中心所在道号），枕木数量为 k，周期 N 的枕木间距为 $n = m/k$；则叠加窗口道数为 $2n$，窗口间相隔一个周期 D_1，D_2，D_3，$\cdots$，D_k 排列，共有 k 个间隔，设 l_{ij} 表示第 i 个窗口内的第 j 道，并求其加权平均值：

$$\bar{d} = \sum_{i=1}^{k} D_i/k = \sum_{i=1, j=1}^{i=k, j=n} l_{ij}/k \qquad (26.1)$$

该加权平均值主要代表了规则干扰信号，提取出的记录为枕木干扰信号的标准道集。根据枕木中心在数据剖面上的位置设置窗口所在道数，这些窗口的有序排列形成一个过滤筛，原始数据分窗口减去所提取的枕木干扰信号就得到了压制枕木干扰后的剖面 $D = \sum_{i=1}^{k} (D_i - \bar{d})$，设以上各参数均满足式（26.1），则规则的干扰信号被削弱，而不规则的反射信号得到增强。直耦波和钢轨的强反射也属于规则的干扰信号，在以上过程中会被一同压制。若压制效果不理想还可将窗口组合成多倍周期再进行压制。

以上模拟信号为等枕木间距，采用两倍整周期的窗口处理图 26.1 模型的模拟数据［图 26.4(a)］，以提取枕木干扰信号［图 26.4(b)］，通过"时空过滤筛"处理后，去掉两边边界干扰，得到如图 26.4(c)所示雷达剖面。经过处理后枕木干扰基本得到消除，空洞所产生的绕射弧显示清晰，与没有枕木干扰的模拟雷达图像相近。但是由于该算法对于规则干扰信号有明显的压制作用，所以原始剖面中的完全水平均匀层会被消去。

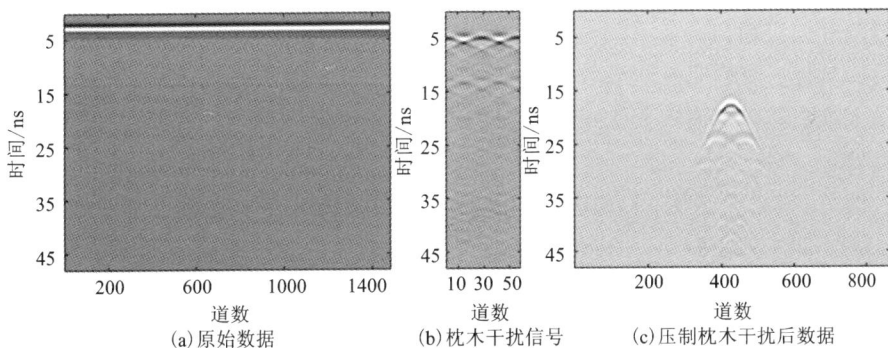

图 26.4　模拟数据的枕木压制效果对比

时空过滤筛法避免了采用"直接剔除枕木上雷达记录道"带来的记录损失，回避了采用目标绕射数值计算方法模拟复杂干扰信号时的不利因素，可以对非匀速行进的探测数据进行较好的处理；在压制枕木干扰的同时还能有效压制直耦波、钢轨强反射等其他干扰，同时能够高效地处理数据量大的铁路路基车载雷达探测数据，最大程度地保留了原始数据的有用信息。由于算法简单，可以方便地集成到现有处理软件中；"时空过滤筛"算法对雷达检测信号中类似多根钢筋绕射相干涉的干扰波的压制也有应用前景。

26.2.2　关键技术

"时空过滤筛"算法可以有效提取背景异常，利用直耦波、钢轨强反射波、枕木干扰波的周期性，通过一种空间和时间域相干增强或叠加技术，实现了背景信号的提取。

26.3　实验及试验

在实际雷达探测中，一个路段内的枕木可以看作是均匀排列的，但天线扫描并不能保证完全匀速，所以枕木所造成的干扰不会均匀分布在雷达图像上，这就使得一般的数值模拟枕木干扰的方法存在一定的局限性。在枕木均匀排列的路段内，为了使"时空过滤筛法"适应实测雷达数据，需要对经过数据编辑、延迟校正、滤波等预处理后的实测数据进行重采样，使扫描剖面上的枕木均匀排列。首先通过搜索枕木雷达响应极大值来确定枕木中心位置所对应的道号；然后设置周期，最后重采样使枕木中心间隔道数相同。再根据枕木中心确定枕木干扰信号影响范围并设置窗口，采用"时空过滤筛法"压制枕木干扰；压制枕木干扰后对数据进行回采样，使响应枕间道数与原始数据一致。这一系列处理流程可以同时压制雷达天线直耦波、钢轨和枕木的干扰，对于枕木排列不均匀的较长路段可以分段进行处理。

图 26.6(a)是采用 400 MHz 主频天线雷达对某铁路进行路基探测的一段数据剖面，数据剖面长约 40 m。由图 26.6(a)可知，由于直耦波、钢轨强反射和枕木等干扰的存在，道床下部和基床的反射信号无法识别，未能发现异常。在 MATLAB 算法平台上进行数据处理，为了突出枕木响应信号的极大值，首先对数据做去除背景处理，通过搜索枕木响应极大值，得到枕木的分布规律[图 26.5(a)]，剖面上共有 60 根枕木，相邻枕木平均间隔道数为 28.1695。确定实际窗口宽度为 29 道。采用抗混叠(低通)FIR 滤波器的 resample 函数对数据分窗口进行水平重采样，改变信号的采样率，实现插值或抽稀。

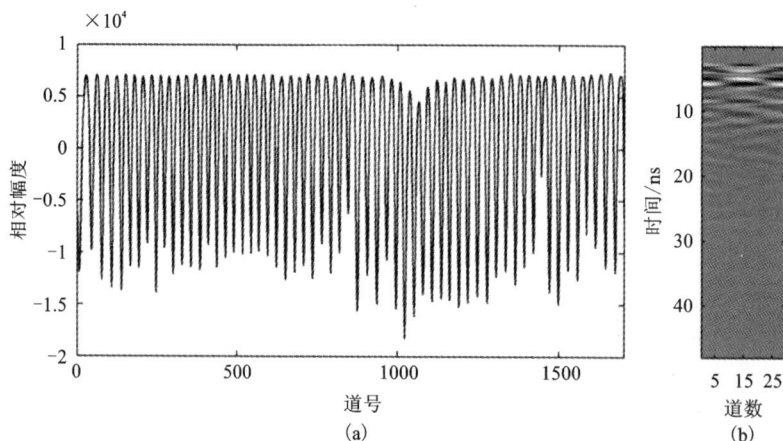

图 26.5　实测数据枕木分布规律(a)和枕木干扰信号标准道集(b)

用 29 道宽窗口对数据进行平行移动叠加并平均后，提取出枕木干扰信号标准道集如图 26.5(b)所示。

用重采样后的数据按"枕木标准干扰道集"窗口宽度等步长减去"枕木标准干扰道集"获得剩余信号，再用 resample 函数对比原始雷达记录各枕间道数进行回采样，获得与原始数据水平采集记录一致的雷达剖面，该剖面即是压制了直耦波、钢轨强反射以及枕木干扰的数据剖面[图 26.6(b)]。从图 26.6(b)来看，整个剖面层位信息相对明显，呈现出 10 ns 以上道床层不平整、10 ns 以下基床层轻微下沉的结构特征。

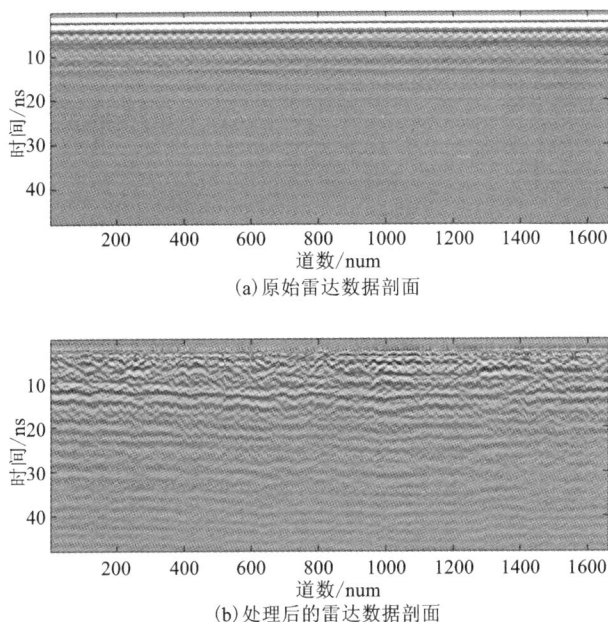

(a)原始雷达数据剖面

(b)处理后的雷达数据剖面

图 26.6　实测数据经过时空过滤筛处理前后记录对比

26.4　应用实施

26.4.1　基本使用方法

时空过滤筛法的处理流程如图 26.7 所示。主要包括雷达影像数据重采样、过滤筛形成、过滤筛滤波和数据回采样等四步构成。为准确提取枕木上方的雷达记录位置，需要进行该雷达道记录的搜索和提取。

在处理流程中，枕木上方的道号搜索和提取非常关键，有很多种提取算法，如极大值搜索、平均能量搜索、相关搜索等。

雷达记录道内插的算法也很多，可以参照各种地震道内插的算法。目的是在时空过滤筛处理前保证枕间记录道数的一致性。

26.4.2 生产试验中可能存在的技术问题

铁路路基雷达探测信号中的干扰去除方法中，用于搜索枕木雷达响应极大值的方法为：在第二记录剖面上取枕木响应明显的一个时间段，在每一记录道上，取该段时间上的雷达数据做多点平均，相比周围计算值，平均值最大者为极大值。

试验算法中的重采样方法包括了处理前的上采样和处理完成后的下采样，采用的工具是MATLAB数值计算工具箱中的 resample 函数。

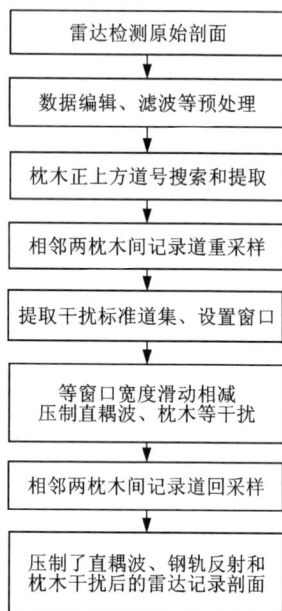

图 26.7 时空过滤筛法处理流程图

时空过滤筛法的步骤（4）涉及到窗口宽度，一般取大于或等于上采样后两枕木间实际的道数（含枕木），试验表明，取值为 1~3 倍重采样后枕间道数都合适。

枕木间距离的不等性直接影响干扰去除算法的效果。由于背景提取使用了几乎所有探测区段上的数据，少量道间距离不一致一般不会严重影响时空过滤筛法的去干扰背景效果。

行车速度的不均匀性导致枕间雷达探测记录的道数存在差异，通过重采样可以较好地解决这个问题，理论上不会影响背景的提取。行车速度的不均匀性对去背景效果的影响相比对枕间距的影响要小。

26.5 技术拓展

探地雷达在各种铁路路基检测中得到广泛应用。时空过滤筛法是一种较为有效的干扰剔除算法。

时空过滤筛法可以应用推广到高速铁路的路基与道床的雷达检测中。

时空过滤筛法可以应用于钢筋混凝土结构检测中，用于剔除钢筋的干扰，提高雷达探测的解译深度和异常分辨能力。

第 27 章 止水帷幕渗漏通道快速探测的温度场测量技术

27.1 概述

本章介绍了一种止水帷幕渗漏通道快速探测方法和系统设计原理。该方法用于各类止水帷幕渗漏通道的实时快速准确探测，所用仪器轻便、探测结果直观，实施效率高。

本章所述探测技术适用于城市建筑深基坑开挖、地铁施工建设等在建工程，要求在止水帷幕出现渗漏时现场快速探测其渗漏通道，指导堵漏和实施抢险工程，保证工程建设安全。也可应用于已建隧道内漏水点处钢筋混凝土内部隐伏水流通道的探测。

27.1.1 行业领域现状

由于土地价格越来越昂贵，充分利用地下空间已成为城市建筑开发的一种趋势，深基坑的开挖和支护在高层建筑和地铁等工程上广泛使用。在应对地下水处理问题上，深搅桩或工型桩止水帷幕全封闭止水、深搅桩帷幕结合降水井止排结合是普遍采用的技术手段。这些处理方法工程量大，有时难以达到好的处理效果，由于时间延误，甚至会给整个工程带来重大隐患。

在基坑开挖过程中，通常是能看到漏点，但渗漏通道和进水点却很难找到，而且，由于土方开挖，很多处理工艺的实施受到限制，以至于花了很大的成本也不能解决根本问题。快速准确找到渗漏通道并有针对性地进行防渗处理，这种需求越来越迫切。

通过水文地质资料进行推断解释是较为有效的手段，由于施工现场水文地质条件复杂，推断结果的准确度很差。有时是大方向把握了，但具体的通道路径不能把握，往往是堵了这里冒了那里。一直没有有效的技术方法和仪器解决渗漏通道准确探测的难题。

在探测渗漏通道的物探方法中，包括电法或电磁法、地质雷达、地震勘探等，受开挖现场地质及地球物理条件的限制，不具备良好的探测条件。一直以来，已开挖止水帷幕发生渗漏时，现场施工技术人员都非常棘手，遇到险情更是手忙脚乱。

27.2.2　主要技术难点分析

止水帷幕渗漏出口明确，最危险的是出漏水都是承压水，堵漏成功与否的关键是找到渗漏通道。采用出水点供电（充电）的电场追踪方式在理想条件下能取得效果，但根据止水帷幕施工结构和探测环境，工作现场往往有施工机械、工型钢或钢筋混凝土桩基联排支护，帷幕内钢筋混凝土支架和桩基林立。在这里包括电法、电磁法以及地震勘探方法在内，几种常见的地球物理勘探手段都没有施展的环境条件，只有选择比较特殊的勘探手段。

27.2　方法原理与关键技术

27.2.1　方法原理

深基坑已开挖部分受到环境温度的影响，其表面至其下浅表数十公分深度范围内温度趋向于环境温度，在较小范围内变化；而地下数米乃至十米左右的岩土介质，受四季环境温度影响较小，其温度往往在一定范围内变化，典型地，地下水的温度则长年保持在15℃左右，存在冬暖夏凉的特点。在基坑渗漏通道上，受到流经地下岩土的水介质或地下水影响，其周围介质受到水介质或地下水的温度辐射，其温度有向地下水温度接近的趋势，从而形成对渗漏通道有示踪作用的温度场分布特征，这就是通过温度场分布测量探测渗漏通的物理原理。

27.2.2　关键技术

渗漏点源源不断出水维系着渗漏通道，已开挖基坑内受环境影响，温度夏暖冬凉，由于漏水温度与环境温度往往存在一定差异，尤其是夏天和冬天，温度可能相差数度乃至十度以上，漏水通道中的水通过负热场的扩散影响到周围的介质结构，使区域内的温度场形成梯度变化。在外部环境温度变化不大时，一段时间内这种温度场维持平衡状态，追踪到温度场的分布状态即可间接找到渗漏通道的分布位置。

温度场测量几乎不受场地施工、桩基等钢筋混凝土结构和现场施工中的其他构建物的影响，对场地地貌也没有特殊要求。

27.3　应用实施

27.3.1　基本使用方法

如图 27.1 所示，止水帷幕渗漏通道快速探测仪器除了温度传感器和多路数据采集器之外，还包括模拟信号调理电路、A/D 转换电路和数据采集控制及监视装置，协同完成对实测数据的采集、存储和实时分析显示。

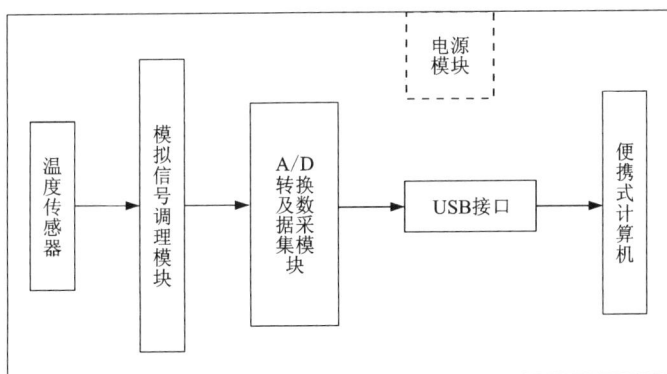

图 27.1　渗漏通道温度测量仪器系统组成结构

对于单路温度采集器，其温度采集分辨率最好有较高的精度，市场上现有的温度传感器价格低廉，精度在 0.5℃ 范围的器件很多，响应时间一般小于 5 s，基本能够满足现场探测要求。

温度传感器元件用导热性能良好的金属外壳包装，形成温度探头，考虑到现场条件，应具有极好的防水性能。

已开挖基坑的止水帷幕渗漏通道快速探测技术，是在止水帷幕渗漏点周围，底板、侧墙或者支护桩与工型钢等支护构件之间缝隙布置并钻出若干深 20～100 cm、直径 2 cm 左右的孔洞，以出水点为中心在相对坐标图上标示出各个孔洞和出水点，将探头放置其中，通过快速探测仪器测量孔洞底部介质的温度 T，将温度 T 反映到坐标图上孔洞对应位置；当环境气温低于地下水温度时，坐标图上温度增加的方向为渗漏通道方向，当气温高于地下水温度时，坐标图上温度降低的方向为渗漏通道方向。本技术适用于各类止水帷幕渗漏通道的快速准确探测，采用多路温度场测量原理设计的仪器轻便，现场施工采用面阵列探测模式，施工效率高，适合在工程领域推广使用。现场工作布置如图 27.2 所示。

探测实施前以出水点为中心，在出水点周围布置放温度传感器的探测孔，温度场探测对渗漏通道极为敏感，初测时布孔间距可以尽量放大些。

探测孔可直接用微型钻具在支护桩缝隙钻孔，钻孔最好向下倾斜一定角度，测试完成后进行封堵。

以温度场测量数据为基础的解释技术，是以周围环境温度为背景，根据探测孔中温度的变化趋势找出渗漏通道的方向。利用实测数据在二维坐标平面上形成的等值线或趋势分布特征，可以清晰指明渗漏通道的方向。

各个探测孔洞深度要一致，去掉表面浮土，控制深度误差在一定范围，以提高探测结果的可比性。

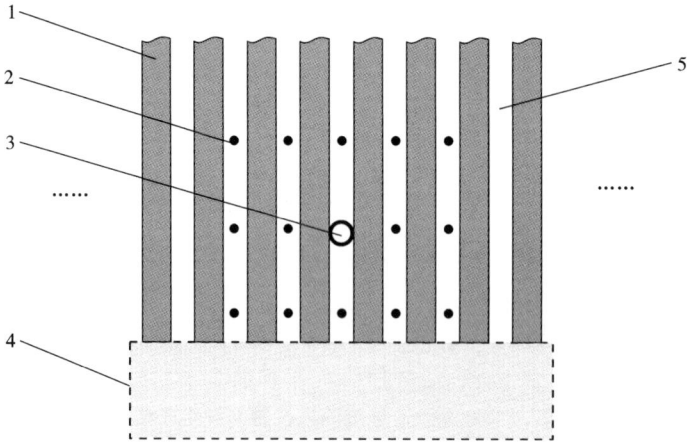

图 27.2　温度场探测现场工作布置示意图

1—支护桩；2—探测孔；3—渗漏出水点；4—未开挖底板；5—支护桩之间岩土介质

图 27.3 ~ 图 27.5 展示的是现场实际测量的温度场数据及相应的处理分析成果示意图，从实时数据和处理显示的结果可以清晰判定渗漏通道的位置，从而为从源头上堵漏提供参考依据。

27.3.2　生产试验中可能存在的技术问题

现场测量中可能存在的技术问题包括：

温度场测量探测方法，用于已开挖基坑。当地下水温度与大气环境温度相当时，检测效果不好。可选择日变温差大的时段实施检测，以提高探测效果。

微型钻孔开孔尺寸与温度探头直径不匹配，有时是探头投放困难，有时是影响耦合，温度测量时间会有所延长。

温度探头为温度场测量的关键元器件，其探测精度和响应时间都与探测实施功效相关，其中探测精度在环境温度接近渗漏水温度时，其重要性尤为突出。

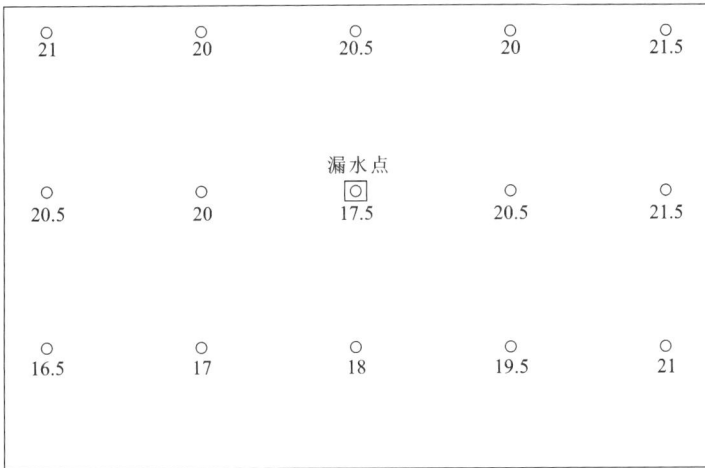

图 27.3 实测温度场测量数据分布

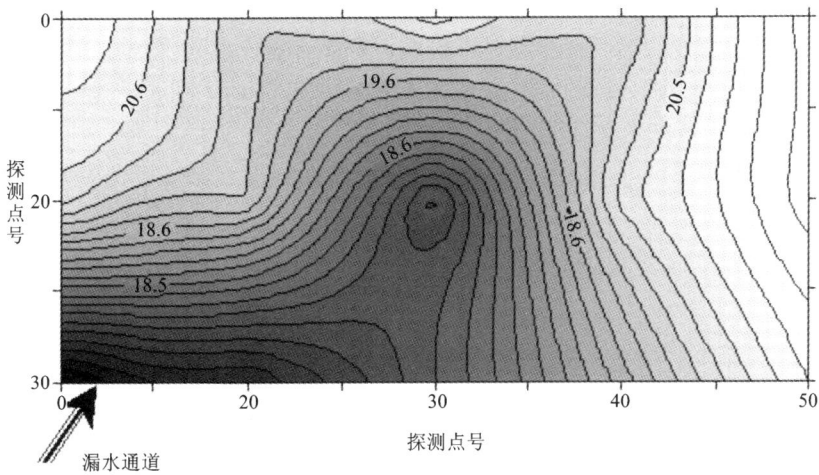

图 27.4 实测温度场等值线及渗漏通道指示图

温度探头所用钻孔开孔过大，有可能导致高压水渗出，产生新的渗漏点。

27.4 技术拓展

本技术及探测系统可以用于检测各种止水帷幕及帷幕顶、底板漏水，也可以检测既有隧道衬砌后较深部位的渗漏通道追踪问题。

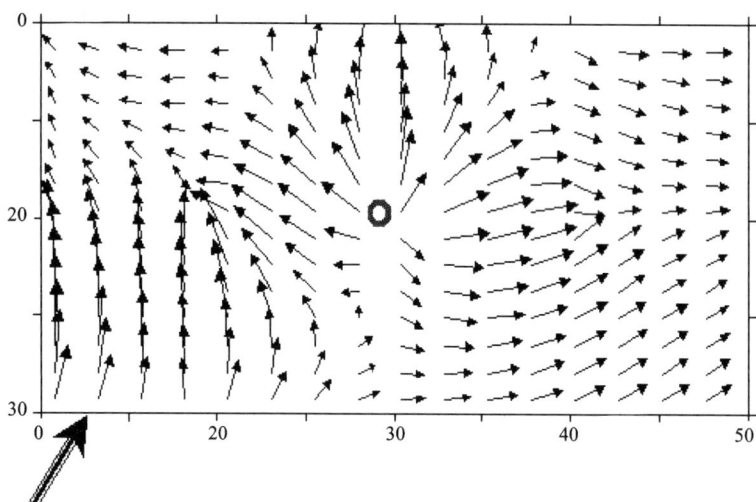

图 27.5　实测温度场矢量图及渗漏通道指向图

　　满足测量精度的温度传感器成本较低，多路温度场测量数据可以通过计算机软件形成温度场测试数据的实时处理和成果展示，进而可以形成网络智能化预警预报装备，用于基坑水文环境监测。

　　在现场通视条件好，探测作业面平整时，红外测量仪器仪表也应该能够达到类似的效果。

第 28 章　BP 神经网络残差级联与稳定性评估

28.1　概述

　　BP 神经网络广泛应用于分类、聚类、预测、反演等行业领域。经过正交分布和数量可观的学习样本训练，成熟网络隐含了输入参数与输出结果之间的复杂关系，结构适当、训练成熟的网络具有较强的泛化推演能力。

　　BP 网络自身也存在一些缺陷和不足，主要包括：学习速率太低、局部最小值、隐蔽层的层数和单元数的选择尚无理论上的指导、泛化具有不稳定性等。这些缺陷和不足一定程度上制约了 BP 网络的应用，众多的学者在这几个领域开展研究，包括学习算法改善、模型结构优化等多方面取得了突破。但在网络结构的适当性优化以及成熟网络的评价方面少见有系统的研究成果。

　　在科研生产实践中，BP 网络应用受限的外在体现主要是泛化能力不足或者输出响应可能存在超预期误差或奇异，但却无法控制。这在某些领域，如危险状态识别或安全预警中是不被容许的。

　　事实上，训练成熟的网络，其泛化或推演效果在实践中至关重要。在考虑 BP 网络自身缺陷和不足的同时，需要竭尽全力让网络达到理想的成熟状态，对已经训练成熟的网络，有必要给出稳定性评估指标，以保障其投入实践运行的可控性。

28.2　残差级联 BP 网络模型

　　对于既定结构的神经网络，从简约的角度考虑，在学习训练中总难以达到理想的程度。从实践上说，训练成熟的网络总有提升的空间，但却因结构或算法的原因不能如愿。

　　在 BP 神经网络稳定性评估参数给出前，先建立神经网络残差和级联残差 BP 神经网络的模型概念。

　　既定网络输入神经元构成彼此不相关的正交基，其神经元个数等于 BP 网络正交基个数。

给定结构的 BP 网络，在学习样本的导引下，经过一段时间的训练，不论其是否达到目的要求，终止学习时，其输出结果与学习样本的输出参数之间均存在三种类型误差：

（1）系统误差，即由误差回传算法中的目标函数或其他与整体性评估相关的函数所计算确定的一类网络响应偏差，对于某个特定的目标函数，其个数和对应数值是唯一的。类似系统误差等只能反映网络整体学习效果，一定程度上代表网络整体成熟度或可能的泛化能力。

（2）绝对残差，由 BP 网络输出结果与样本理想输出参数之间相减的绝对值。绝对残差是一个分布在正交基上的输出响应集合，体现了多维度输入背景下的 BP 网络响应偏差细节。绝对残差可以更好地评估网络成熟度，尤其是局部成熟度或泛化能力。

（3）相对残差，由所有 BP 网络输出结果与样本理想输出参数之间相差的结果再除以样本理想输出参数后取绝对值，它体现了多维度输入背景下的 BP 网络响应偏差的相对变化。相对残差和绝对残差一样，也可以更好地评估网络成熟度，尤其是局部成熟度或泛化能力，对于不同的特定对象，相对残差和绝对残差具有各自的评估优势，可以综合考量。

绝对残差和相对残差的集合单元数与神经网络输出的个数一致。

初始形成训练成熟的 BP 网络称为 BP 神经网络母体；由绝对残差或相对残差与对应学习样本输入可以构成新的样本集，称为一级残差样本，构成新的 BP 网络，称为一级残差 BP 神经网络，也可称为子辈样本或子辈网络；通过一级残差样本进行一级残差 BP 网络训练，训练成熟后的网络将对样本输入同样产生绝对残差和相对残差。两种新的残差又可与原样本输入构成新的样本集，成为二级残差样本，类似地可以建立新的二级残差 BP 神经网络，也可称为孙辈样本和孙辈网络……依此类推，构成级联残差 BP 神经网络。极联残差 BP 神经网络包括两种类型，一种是绝对残差 BP 神经网络，一类是相对残差 BP 神经网络。通过简单换算，两种网络的输出都可以换算成整体输出，直接叠加到母体网络输出上。但两种网络采用不同残差作为输出，残差网络的训练结果存在较大差异，与对局部细节的敏感程度有关。

除绝对残差和相对残差外，还可以根据数据特点构建各种变化后的残差，作为新建子、孙辈 BP 网络的样本输出。

级联残差 BP 神经网络的级联结构如图 28.1 所示。

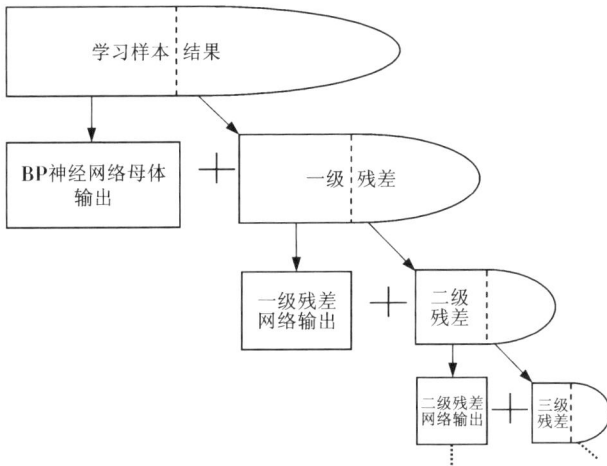

图 28.1　级联残差 BP 神经网络结构

28.3　BP 神经网络稳定性评估

学习或训练样本的输入层和输出层用符号分别表示为 I_i、O_k；i、k 分别为神经网络输入层及输出层上的神经元序号，$i = 1, 2, \cdots, M$，$k = 1, 2, \cdots, P$；M 为输入神经元个数，定义为神经网络的输入维度，P 为输出神经元个数，定义为神经网络的输出维度，构成 $M - P$ 结构网络。

包括各种行业领域的模式识别与数值反演，皆以量化参数来表征网络输出，而不论输出响应函数是 S 形函数还是其他线性非线性函数。

28.3.1　评估参数

由神经网络的输入神经元个数构成对等个数的正交基，即 M 值。对训练成熟后的 BP 网络进行评估的指标定义如下。

（1）网络复杂度 C

复杂度只针对特定的分类、聚类、预测、反演个案而构建的 BP 神经网络。复杂度与隐层层数和隐层神经元个数相关。其数值定义为既定结构网络待解未知数个数。

$$C = (i \times j_1 + j_1 \times j_2 + \cdots + j_N \times k) + (j_1 + j_2 + \cdots + j_N + k)$$

式中，$j_1, j_2, \cdots, j_N$ 分别为各隐层神经元个数，N 为隐层层数。

试算结果表明，复杂度越大，运算费用越大，意味着网络的学习能力越强，但并不代表训练成熟网络的泛化能力越强。

（2）压缩比

将训练样本集中样本个体总数与既定 BP 网络复杂度之比定义为压缩比。在未知问题复杂度的条件下，假设问题复杂度越大，自然样本集合中个体总数越多。给定学习样本个体总数 Q，压缩比定义为：

$$\delta = Q/C$$

网络复杂度越小，则网络压缩比越高，在同等输出误差的情况下，一般来说网络压缩比越高，则网络的可控性越强，出现奇异输出的概率越低，泛化能力自然也越强。

（3）样本密度

样本密度是指位于正交基上的输入神经元，按照正交原则形成样本集，基于某个正交基特征而均匀分布在单位正交基上的样本个数。

样本有多个正交基时，各个正交基上就有对应个数的样本密度。样本密度越大，训练成熟后的网络泛化能力越强，越不容易出现奇异。

（4）网络输出极值

对于给定网络，最好能够把握输出的极值，以便控制奇异输出。对于 S 形输出函数来说，极值可以表述为"1"和"−1"，对于线性输出响应函数来说，其可能的极值则难以限量。输出极值是某输出基于某正交基或某输入神经元的变化范围。

基于样本，其输入参数即输入神经元的极值分别为 I_{Max}^i 和 I_{Min}^i；训练成熟网络对于输入层产生响应输出，输出最大值 O_{Max}^i 和最小值 O_{Min}^i。

为计算某正交基上的输出极值，必须相应控制其他输入神经元的输入。

先定义某输入神经元到某输出神经元的累乘符号，即逐个相关权值相乘后的算术符号，符号有两种，或正或负。计算方法如表 28.1 所示。

表 28.1　训练成熟网络基于某正交基的输出响应极值计算分析表

求某输入神经元的输出响应	待求输入神经元自身累乘符号及取值		其他输入神经元累乘符号及取值	
	累乘符号"＋"	累乘符号"−"	累乘符号"＋"	累乘符号"−"
极大值	取极大值	取极小值	取极大值	取极小值
极小值	取极小值	取极大值	取极小值	取极大值

由于累乘符号的变化，经过上述算法计算的极值是网络的理想极值，根据 BP 网络单调响应特性，在泛化过程中，只要网络输入参数能够控制在学习样本的输入参数值域范围内，网络输出响应就不会超出网络的理想极值。理想极值大于等于网络输出的真实极值。

（5）残差及残差突出

给出残差的表达式、残差突出区域和残差中心定义。对于样本输入，成熟网

络输出 O 与对应学习样本输出层神经元 O' 之间存在残差，又称绝对残差：

$$\Delta O_k = O_k - O'_k$$

残差是一个多维度表征参数，其维度为 $M \times P$。多维度参数在某个区域形成局部极值，并形成突出分布，这一表象称为残差突出，由输入维构成的区域称为残差突出区域。局部极值点存在位置称为残差中心。

相对残差定义为：

$$\delta O_k = |O_k - O'_k| / |O'_k|$$

与相对残差定义相关的残差突出区域和残差中心定义类似。

（6）过敏区

基于百分率制式的相对残差 δO_k 定义，给定一个阈值，大于该阈值的区域称为过敏区，如 10% 为阈值，则大于 10% 的区域都称为过敏区。过敏区针对某个输出神经元的输出结果进行区分和评价。

过敏区可能分布在某几个输入参数定义范围，也可能集中在某个输入参数上，直接关系着成熟网络的泛化推演能力的细节，在应用过程中应该予以警惕和规避。

28.3.2　评估方法

一个具有应用前景训练成熟的网络应该具有如下标志：

（1）综合 BP 网络母体和级联残差网络，具有较小的复杂度和较高的压缩比。

（2）结合模拟对象的复杂，具有足够的样本密度。

（3）对于线性输出响应函数，网络输出极值可控。

（4）整体上具有较小的绝对残差和相对残差。

（5）过敏区少且过敏区分布在非重点区域。

评估方法在宏观上考量 BP 网络运算成本和系统误差的同时，兼顾了网络响应的细节特征，为安全运用网络和预估可能存在的不利结果提供了参考。

28.4　残差级联 BP 神经网络应用

神经网络用来模拟某种隐含的规律，由于对网络结构"最小复杂度"的追求以及误差回传算法的局限性，给定结构网络训练成熟后只能达到有限的目标。增加网络复杂度意味着要重新训练网络。

借用网络评估参数，在较少增加网络复杂度的前提下，进一步缩小残差、减少过敏区、改善响应特征曲线，综合保障 BP 网络的稳定性和泛化结果的可靠性。

BP 网络母网和各级残差 BP 网络可以以从简原则，从经济角度设计网络结构，尽量减少母网络和降低后代网络复杂度，并逐级降低网络复杂度。

28.4.1 BP 神经网络用于地震道内插

参照级联残差 BP 神经网络结构图 28.1，级联残差 BP 神经网络的训练执行流程如图 28.2 所示。

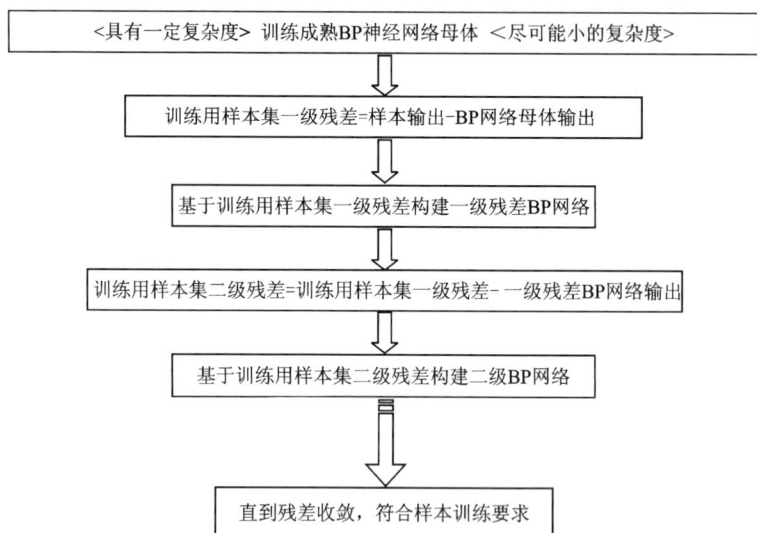

图 28.2 级联残差 BP 网络实现流程

(1)模拟地震记录道内插

级联残差 BP 网络针对的模拟对象——12 道集地震记录，体现了不同视速度、空间采样率的记录特征，经反射地震序列与雷克子波通过褶积形成。为说明方便，设同一同相轴的地震反射序列的反射系数相同。

根据模拟样本构建 BP 网络学习训练，并进行道间内插，形成 24 道地震记录。

反射序列共 7 组，空间分布和反射序列分别是：

$t_1(i) = 1$，$R_1 = 1.0$；

$t_2(i) = 51 + i^2$，$R_2 = -0.9$；

$t_3(i) = 100 + 2i^2$，$R_3 = 0.4$；

$t_4(i) = 301 - 30i$，$R_4 = -0.6$；

$t_5(i) = 350 - 20i$，$R_5 = 0.25$；

$t_6(i) = 501 - 2i^2$，$R_6 = 0.3$；

$t_7(i) = 401 + 2i^2$，$R_7 = -0.3$.

其中，i 为道号，$i = 1，2，\cdots，12$。t 代表了空间采样延迟时间，R 为反射系数。BP 网络母网络含一个隐蔽层，为三层结构 $2 - 50 - 1$；输入层参数为 t，道号为 i，隐蔽层为单层，神经元个数为 50，输出参数为对应坐标点的地震波振幅。

图 28.3 为原始 12 道地震记录，进过学习训练，母网络训练学习稳定后，输出结果与样本输出比较如图 28.4 所示，可见母网络没有完全把握道集记录的信号特征，将学习结果与样本输出相减后，得到一级级联残差，残差道集记录结果如图 28.5 所示。

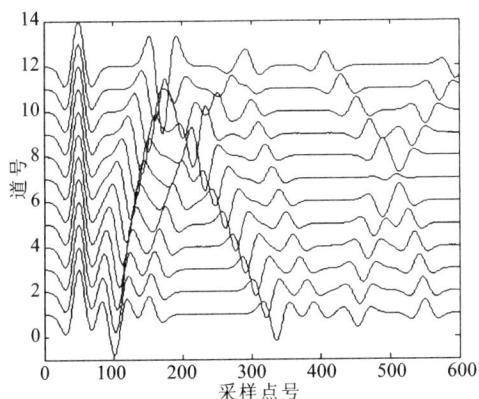

图 28.3　学习训练样本原始 12 道集记录

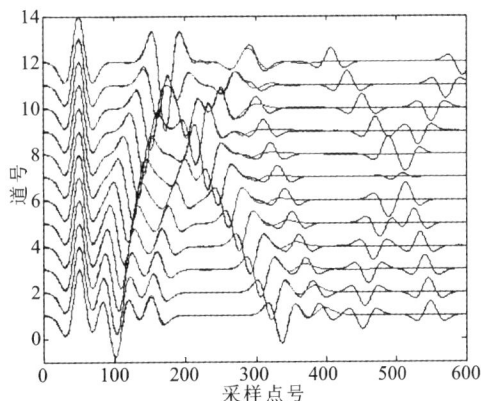

图 28.4　母网络输出与样本对比

利用一级残差作为训练样本，构建 $2 - 30 - 1$ 结构的子网络，样本输出为一级残差。进过学习训练，子网络的输出结果如图 28.6 所示。从图中可以看出，一级残差网络的训练效果达到较高水准。

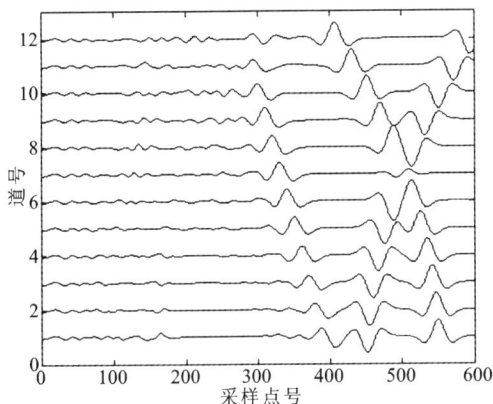

图 28.5　BP 网络一级残差道集记录

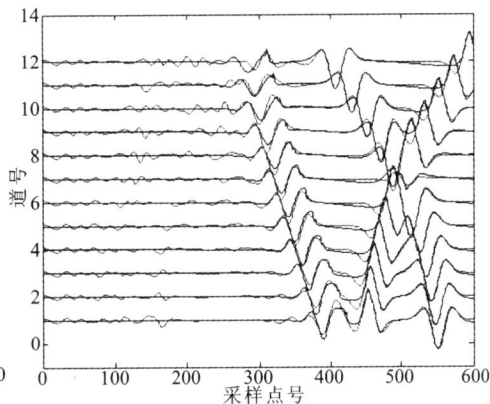

图 28.6　子网络输出与一级残差对比

为检验级联网络的学习训练效果和泛化能力，首先将残差网络输出与母网输出合并，形成图 28.7 所示结果，结果反映两极网络的学习训练效果达到了较高水准；图 28.8 为级联网络泛化后的道间内插效果，以原始 12 道为基准，采用 1.5、2.5、…、12.5 为插入道的一个输入参数，另一输入参数时间 t 不变。从泛化插值结果来看，整体上把握了 7 个反射序列的特征，取得了满意的训练效果。

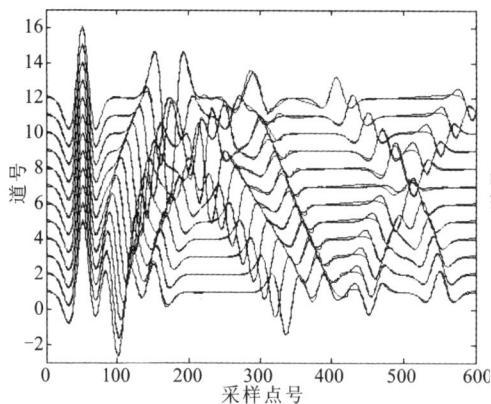

图 28.7　级联网络输出与样本对比

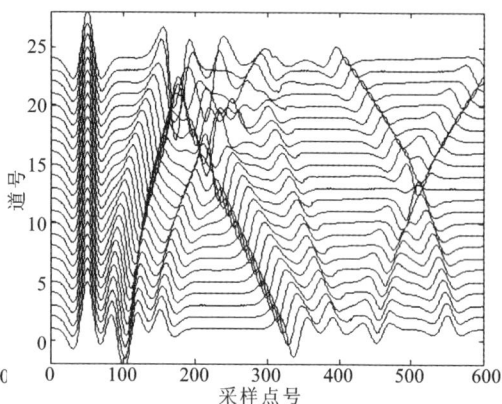

图 28.8　级联网络泛化输出道集记录

原始 12 道记录和泛化后的 24 道记录在 $f-k$ 域的分布特征如图 28.9 和图 28.10 所示，图中纵、横坐标分别为圆波数和频点号。上行波和下行波得到了很好的分离。

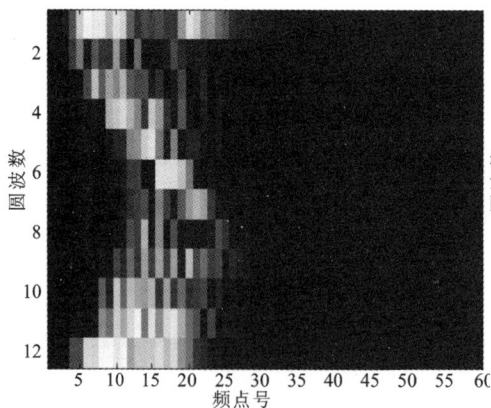

图 28.9　学习样本 $f-k$ 域分布特征

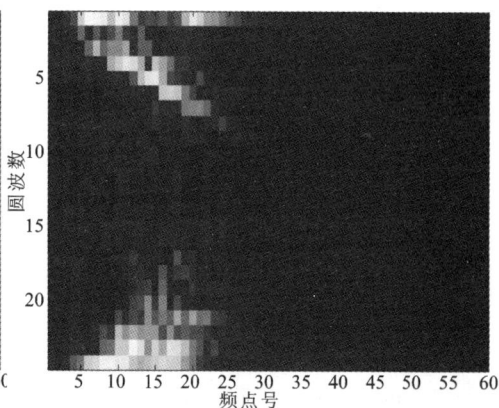

图 28.10　级联网络输出 $f-k$ 域分布特征

（2）实测地震记录的级联 BP 神经网络道内插

取三层结构网络，对实测二维地震记录（见图 28.11）进行道内插。实测记录来自物理模型的超前探测弹性波场，记录中隐含了来自目标的反射波列。

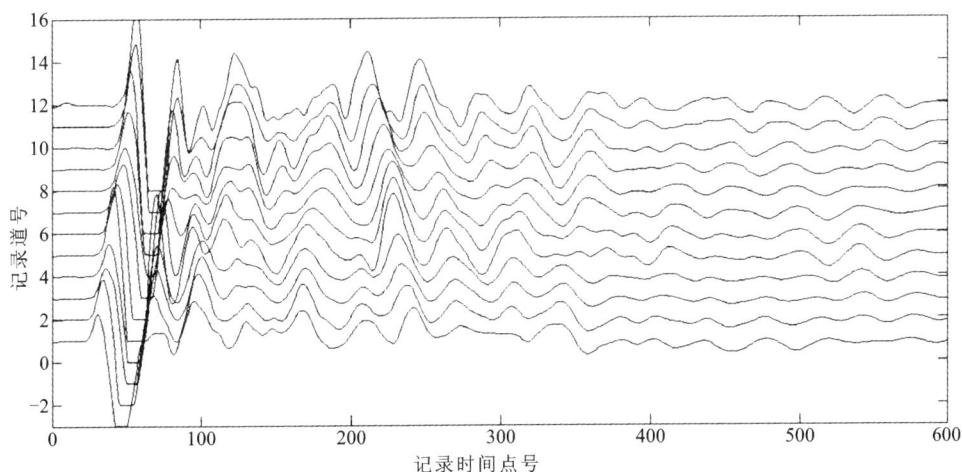

图 28.11　实测 12 道原始地震记录

二维地震记录为 12 道，每道采样长度为 600 点，采样间隔为 0.01 ms。以点号和道号为输入神经元，以对应点上的地震记录幅度为输出神经元，形成两个输入一个输出的神经网络学习样本集。

由于直达波幅度较大，原始记录上出现了直达波削波现象，此外波列上有明显的正负视速度波列分布，类似于模拟试验地震道内插，希望通过地震道内插，使视速度波列在 $f-k$ 域上进行更好的分离。

采用经济原则，使用较小复杂度网络作为母本，类似上节模拟试验中的网络结构和学习样本，对其进行学习训练。从母本 BP 网络学习后的输出响应结果上看（图 28.12），母网不能很好地完成样本学习，存在一次残差。经过一次残差级联 BP 网络模拟后，整体上获得了很好的学习效果，如图 28.13 所示。

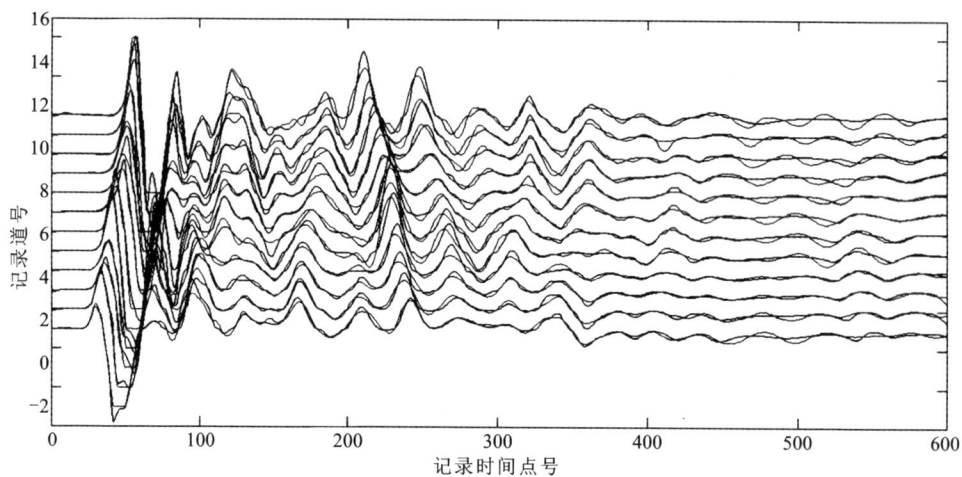

图 28.12　母本 BP 网络基于样本输入的输出响应结果与样本输出对比

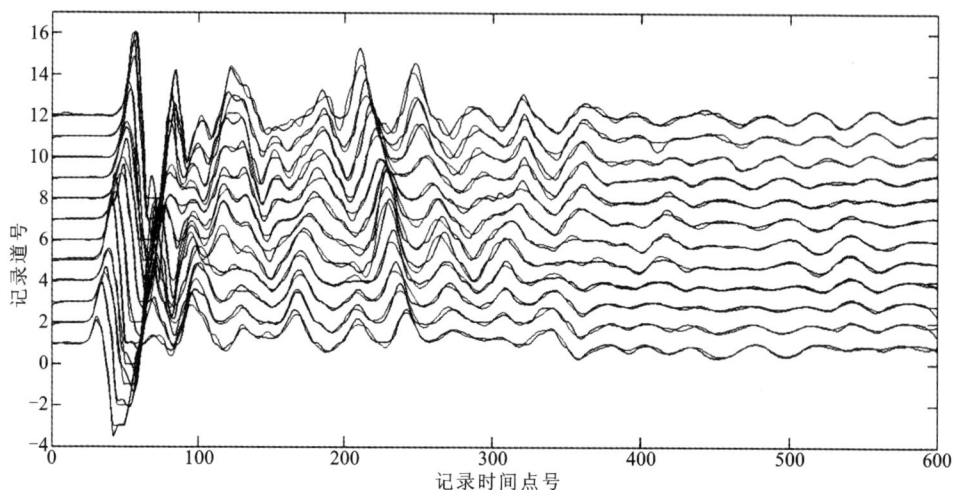

图 28.13　一次残差 BP 网络基于样本输入的级联输出结果与样本输出对比

利用级联网络进行了地震道内插，内插记录由 12 道扩展到 48 道，如图 28.14 所示。其中第 1、5、9、…、45 道为原始样本记录。由图可见，该级联网络的泛化结果较为理想，但同时可以看出，由于第 47 道和 48 道超出了学习样本输入的值域边界，在 350～430 号点该两道记录出现了畸变。

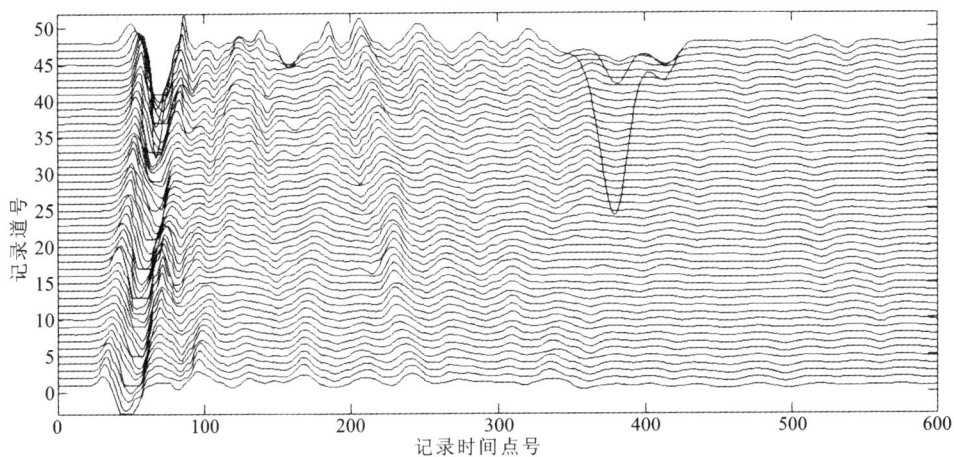

图 28.14　一级残差级联网络内插后 48 道混合地震记录

（其中 1、5、9、…、45 道为样本记录）

对于该一级残差级联网络样本输出，我们做了绝对残差和相对残差分析，如图 28.15 和图 28.16 所示。由图 28.15 可见，网络学习训练的输出结果整体上精度较高，全局绝对残差小，全局平坦，较大残差出现在早时段信号上，主要是由于原始记录产生削波现象，导致网络学习训练时不能较好地模拟样本输出。由图 28.16 也可获得类似结论，但在该图上存在一处相对残差突出点，正好位于 400 号记录点 12 道位置附近，与图 28.14 中的畸变位置一致。可见，相对残差能够更精确地反映学习训练网络的泛化潜力，图中 12 道 400 点附近为级联残差网络过敏区，提醒我们在应用过程中应该予以警惕和规避。

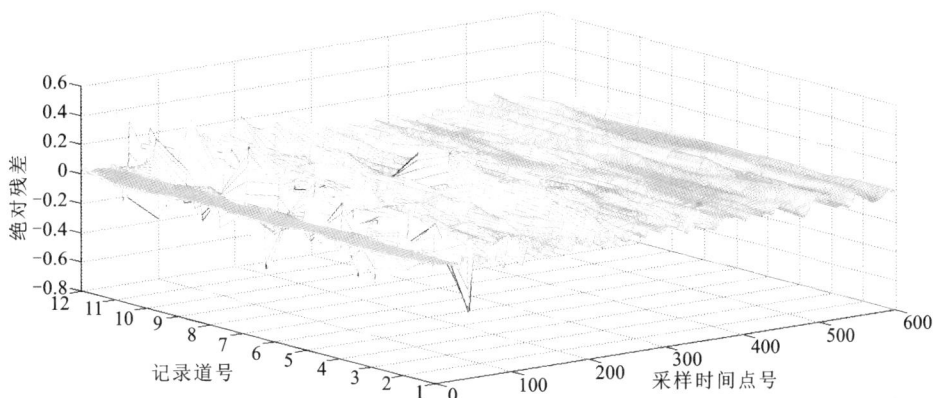

图 28.15　一级级联 BP 网络输出绝对残差

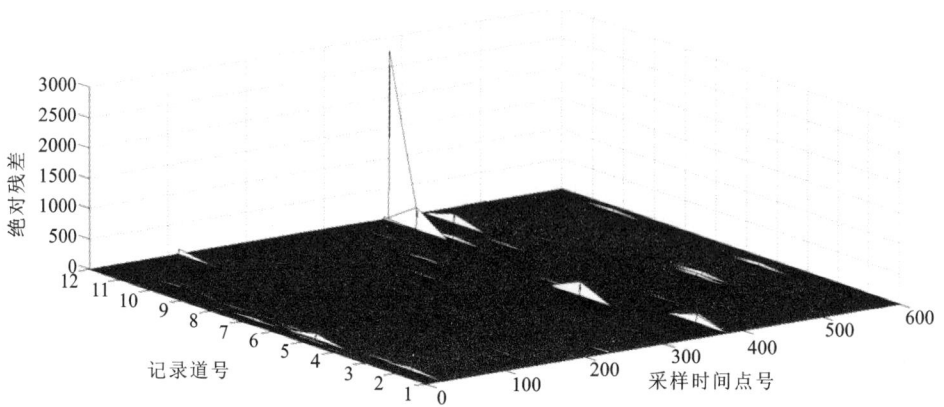

图 28.16　一级级联 BP 网络输出相对残差

分别对原始 12 道道集记录和泛化后的 48 道道集记录进行二维傅里叶变换，获得 $f-k$ 域的两幅记录，如图 28.17 所示，对比发现，内插后的地震道记录能够为行波分离提供更好条件。

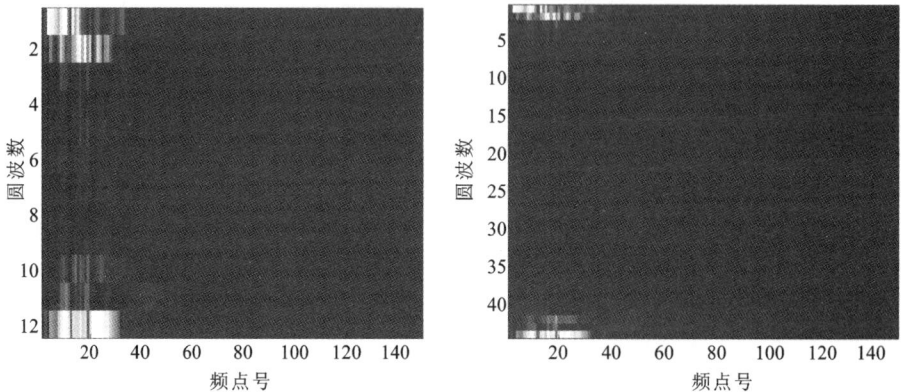

图 28.17　原始道集记录与一级级联 BP 网络泛化内插后道集记录的 $f-k$ 域图像

经过 $f-k$ 域行波分离算法得到图 28.18(下行波)和图 28.19(上行波)所示两幅记录，可以看出行波分离的效果。

通过模拟和实际算例可见，级联 BP 神经网络能够较好地模拟样本集中的规律，完成地震道内插等一类复杂计算。通过残差、过敏区分析可以把握训练成熟网络的一些泛化特性，从而有预见地利用网络执行推演功能。

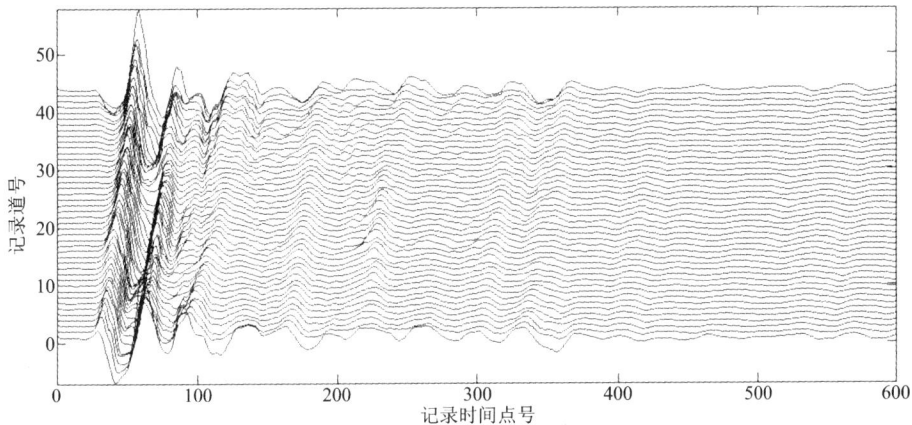

图 28.18　级联 BP 网络内插道集记录行波分离后的下行波

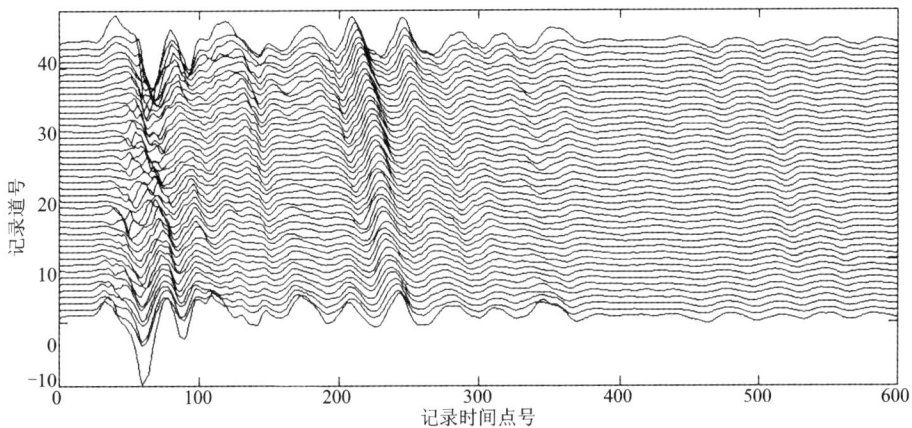

图 28.19　级联 BP 网络内插道集记录行波分离后的上行波

28.4.2　级联算法要点

利用级联残差 BP 网络进行模拟,我们完成了电法数据反演、模式识别、图像内插等试算,总结后归纳出如下算法要点:

(1)样本密度控制。

(2)最小复杂度构造母本网络结构和后辈级联残差网络。

(3)对每级网络进行绝对残差和相对残差评估,若出现过敏区,且大于过敏阈值，则要慎重或舍弃，异常残差进入下一代网络学习训练时，会将异常遗传给下一代，导致错误结果。

（4）通过网络输出极值计算，获得各网络输出的值域范围。

（5）利用残差分析，把握过敏区特征。若重要区段存在过敏，则网络不可靠性增大，应重新调整网络结构进行学习训练。

（6）BP网络在输入正交基边界上的输出响应最难控制，因此基于成熟网络进行泛化推演时，最好保证输入参数落入输入正交基控制值域范围之内。

"过度训练"结果的出现往往归因于过高的网络复杂度，同时导致训练后的网络拥有"过多"的智慧，说明要精简网络结构，降低复杂度。

28.4.3　级联残差 BP 网络优点

级联 BP 神经网络以最小复杂度为出发点逐代渐进模拟对象，训练成熟后的网络具有如下特点：

（1）总体降低了网络复杂度，实现了网络结构精细化。

（2）间接降低了固定结构网络陷入局部极小的可能性，通过多代训练，把握了一次难拟合的复杂规律。

（3）网络响应性能在宏观和微观层面上同时得到改善或控制。

（4）可以分级拟合不同分布规律或不同量级的系统响应。

（5）保持网络阶段性结构和学习训练结果，而不是完全重新学习训练网络。

28.5　技术拓展

神经网络的学习能力和泛化能力得到公认，广泛应用在模式识别、数值反演等领域。但 BP 神经网络被用在预警预报领域时又非常慎重，因为训练成熟的 BP 网络响应输出可能存在不能预见或错误的响应输出，从而产生假警报，或者本应产生危险结果的状态输入没有产生应该的报警，导致严重的负面后果。

产生误报警的原因可能来自两个类型，一是来自参数域内的，即几种样本域内产生的状态参数导致了极大或极小的突变响应，考虑到 BP 网络的输入 – 输出响应函数特点，在内生环境中产生的突变响应基本可以由输入状态参数的样本密度来控制，属于误差控制；二是来自边缘性的，由于样本个数或样本参数有限，几种不在学习样本输入值域覆盖范围之内的状态参数直接导致了响应超出可以预见的范围，出现这种情况可能是基于学习样本集的训练成熟的网络在这一边界上的误差集中，导致不当输出响应，这种类型的响应既有可能是误差，也有可能是错误。

基于整体响应输出的网络评估有一定局限性，神经网络在学习成熟后，往往是某个局部，尤其是边界上的细节误差较大，导致整体误差大，甚至无法收敛。残差分析可以从细节上认识成熟网络的成熟度或可能的泛化能力。

因此在没有对 BP 网络结构的唯一定解参数确定前，有必要对训练成熟后的网络进行评估，以保证该网络的可靠性和稳定性。

通过级联算法，可以进一步改善 BP 网络的成熟度和学习效果，从而将局部不稳定因素进行有效控制。通过残差级联可以压制拟合误差或相对误差，从而在一定程度上保证结果的稳定性和可靠性。

第 29 章　一种泛 CT 成像算法

29.1　概述

本套算法为医学 CT、工业 CT、安防 CT 以及地球物理勘探 CT 领域提供了新的思路,既可以作为独立的成像算法对观测数据进行成像,也可以为其他更优秀的反演成像算法提供合理的初始模型。

CT(computed tomography)是计算机断层摄影术的简称,由 Hounsfield G. N. 1969 年设计成功,1972 年问世。CT 是用 X 线束从多个方向对人体检查部位具有一定厚度的层面进行扫描,由探测器而不用胶片接收透过该层面的 X 射线,转变为可见光后,由光电转换器转变为电信号,再经模拟/数字转换器转为数字,输入计算机处理。图像处理时将选定层面分成若干个体积相同的立方体,称之为体素(voxel)。扫描所得数据经计算而获得每个体素的 X 线衰减系数或称吸收系数,再排列成数字矩阵。求解数字矩阵中的每个体素数值经数字/模拟转换器转为由黑到白不等灰度的小方块,称之为像素(pixel),并按原有矩阵顺序排列,即构成 CT 图像。所以,CT 图像是由一定数目像素组成的灰阶图像或 RGB 图像,是数字图像,是重建的断层图像。每个体素的 X 射线吸收系数可通过不同的数学方法算出。

在追求体素小而多的目标时,由于现实的 CT 探测无法直接得到充分完备的投影数据,即观测得到的投影数据的数量及结构无法达到解析成像技术的数学要求。在 CT 成像过程中,为得到相对清晰的图像,一般采用解析重建算法和迭代重建算法。

对于二维平行束、扇束 CT 成像,常用的解析重建算法是基于中心切片定理(归功于 Bracewell)的滤波反投影重建算法;对于三维锥束 CT 重建,目前工程上应用最多是近似重建算法,其中典型的是 FDK 近似重建算法。迭代重建算法又分为代数重建算法和统计重建算法,代数重建中典型的算法有 ART 算法、SIRT 算法、SART 算法、MART 算法等;统计迭代重建中,典型的算法有 OSEM 算法、MLEM 算法、MAP 算法等。实际工程应用中前者是主流,后者尽管仿真结果和试验结果是有效的,但需要大量的迭代计算,花费时间较长,无法满足实时性的要求。CT 成像算法的精度和快速性仍有待提升,成像算法的改进有助于提高 CT 成像装备的效能。

除了医学领域的应用外,CT 技术在源和接收传感器变通后又诞生了在工程无损检测中广泛应用的超声波 CT、电磁波 CT 以及在地球物理勘探中广泛应用的弹性波 CT(又称地震波 CT)和传导类电法 CT。这些 CT 方法总体上沿用 X 射线 CT 成像的基本原理,需要网格剖分拟成像的目标,并建立关于网格点(或体素)吸收系数、慢度(速度的导数)、电阻率等参数的大型方程组,通过最优化算法来实现每一个网格点相关参数的求解。运算量巨大,计算结果带来许多噪声干扰,需要后续算法对图像进行精细的处理。

泛 CT 成像算法基于两层意思,一是该算法广泛应用于包括电磁波 CT、超声波 CT、地震波 CT、传导类电法 CT 在内的各种需要计算机成像的领域,行业应用前景广阔;二是该算法并不局限在断层扫描,特别适用于三维结构体的容积 CT 成像。本方法为数据庞大的各种 CT 探测手段提供了一种全新的思路,算法简单清晰,便于在计算机上并行计算;无需建立欠定的巨大线性方程组,避免最优化算法的不利因素。包括 X 射线 CT 在内的各种成像问题,当观测装置几何形状和运动参数一定时,相关几何参数(源点及接收点坐标、待成像区域坐标乃至每个像点到直线的距离等)都在数据库中事先清晰固定,从而可以大大节省计算时间。

目前,CT 成像硬件发展相较于成像算法更快,也制约了相关领域的应用。本算法无需迭代计算,计算模块易于固化,在医学 CT、工业 CT、安防 CT 以及地球物理勘探 CT 领域有较好的应用前景。

29.2　算法原理及计算流程

该算法对弹性波 CT 或电磁波 CT 作业采集的数据集合进行初步成像。将包括被探测对象在内的介质体分解为面单元或体单元,基于线性或近似线性透射波传递的时间延迟或累积衰减归结于线路上的介质单元的贡献。

如图 29.1 所示,由源点 S 发出的信号以直线传播的形式到达观测记录点 R。

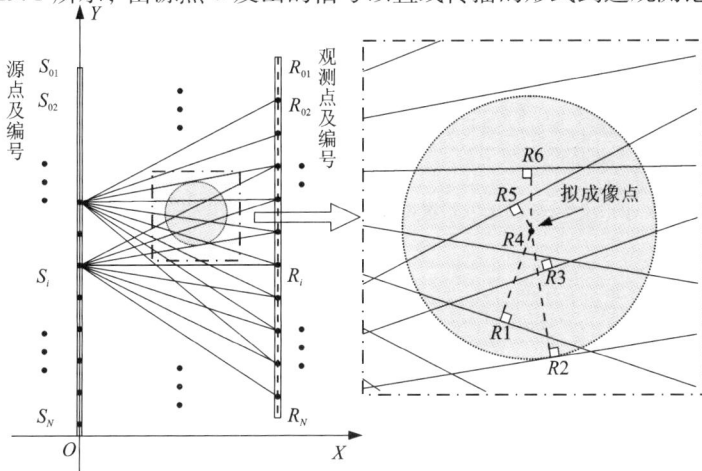

图 29.1　泛 CT 成像解算基本原理示意图

建立覆盖被探测区域、源点和观测点的坐标系；获取源点和观测点坐标并设为参数1，计算源点－观测点直线方程并设为参数2，整理每对源点－观测点直线上的测量计算结果并设为参数3；按参数1、参数2、参数3建立全部参数数据库；确定解算区域，将解算区域离散成一个个拟解算像点，获取每个像点的坐标参数4；分别取每一个拟解算像点，设定录取规则录取直线，计算每个像点到录取直线的距离 R_i 同时记录录取直线总数 M；按距离反比原则，以 R_i 为关联的权重参数作用在该像点对应的参数3上进行累加后用 M 值平均，作为该像点的参数5；以参数5进行全域成像。

应用泛CT成像算法的演进步骤如图29.2所示。其中，坐标系的建立及其方程、入库直线录取规则、点到直线的距离求取、权重函数的预定以及拟成像点成像参数的求取都可以根据实践需要进行变通，以期根据拟探测介质体几何形状、介质结构内部特点获取更为清晰的成像结果。

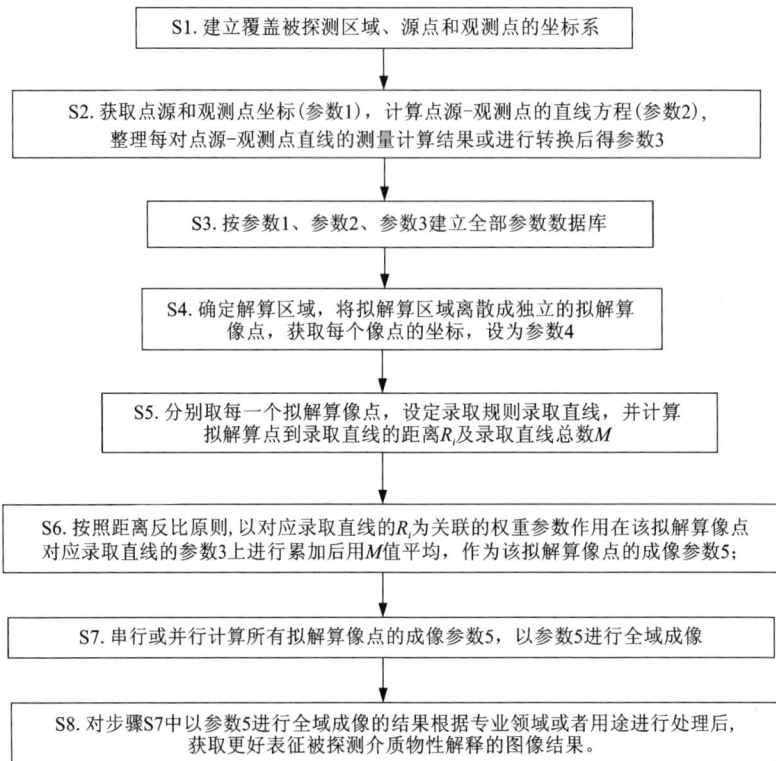

S1.建立覆盖被探测区域、源点和观测点的坐标系

S2.获取点源和观测点坐标(参数1)，计算点源-观测点的直线方程(参数2)，整理每对点源-观测点直线的测量计算结果或进行转换后得参数3

S3.按参数1、参数2、参数3建立全部参数数据库

S4.确定解算区域，将拟解算区域离散成独立的拟解算像点，获取每个像点的坐标，设为参数4

S5.分别取每一个拟解算像点，设定录取规则录取直线，并计算拟解算点到录取直线的距离 R_i 及录取直线总数 M

S6.按照距离反比原则，以对应录取直线的 R_i 为关联的权重参数作用在该拟解算像点对应录取直线的参数3上进行累加后用 M 值平均，作为该拟解算像点的成像参数5；

S7.串行或并行计算所有拟解算像点的成像参数5，以参数5进行全域成像

S8.对步骤S7中以参数5进行全域成像的结果根据专业领域或者用途进行处理后，获取更好表征被探测介质物性解释的图像结果。

图29.2 泛CT成像算法演进的基本步骤

泛CT成像方法并不局限在断层扫描，它尤其适用于三维结构体的容积CT成像。本方法为数据庞大的各种CT探测手段提供了一种全新的思路，算法简单清

晰，便于在计算机上并行计算；无需建立欠定的巨大线性方程组，能避免最优化算法的不利因素。包括 X 射线 CT 在内的各种成像问题，当观测装置几何形状、源点或观测点运动参数一定时，相关几何参数（源点及接收点坐标、拟解算区域内拟解算像点坐标乃至每个像点到各直线的距离等）都在数据库中事先清晰固定，从而可以大大节省计算时间。

泛 CT 成像算法将源点和观测点坐标设为参数 1，计算源 - 观测点的直线方程设为参数 2，整理每对源 - 观测点的测量结果，设为参数 3，并按参数 1、参数 2、参数 3 建立全部参数数据库，方便后期索引计算。如果观测系统相对固定，这些参数也基本固定，有利于节省计算资源。

29.3　计算案例

泛 CT 成像不局限于何种源或探测手段，既可以利用介质吸收系数，也可以利用波速或慢度进行成像。不失一般性，我们基于二维球面裂缝和十字异常速度结构模型，来进一步说明泛 CT 成像算法实施过程。

给定的观测区域为面积为 10 m × 10 m 的正方形边界，成像区域的模型结构如图 29.3 所示，观测系统：以 1 m 为等边空间采样间隔，采用一发多收的观测方式，即左边激发，右边逐个接收，上边激发，下边逐个接收。依次以 1 m 的间距移动点源，从而实现全面覆盖观测区域。

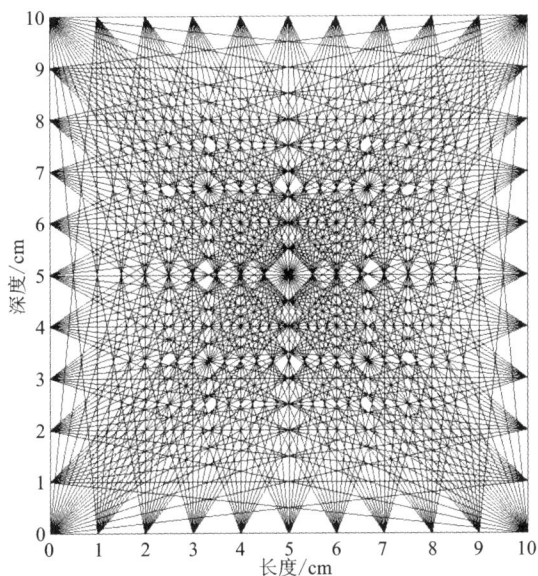

图 29.3　观测系统结构示意图

29.3.1 算例一：带裂缝的球体

异常结构模型如图 29.4(a)所示，在速度为 2000 m/s 的匀速背景介质中，中心坐标为(5.0, 5.0)，存在半径为 2 m 速度为 1000 m/s 的圆域异常，缝宽 0.5 m 的弯折裂缝带从圆域中间穿过，裂缝带速度与背景一致。

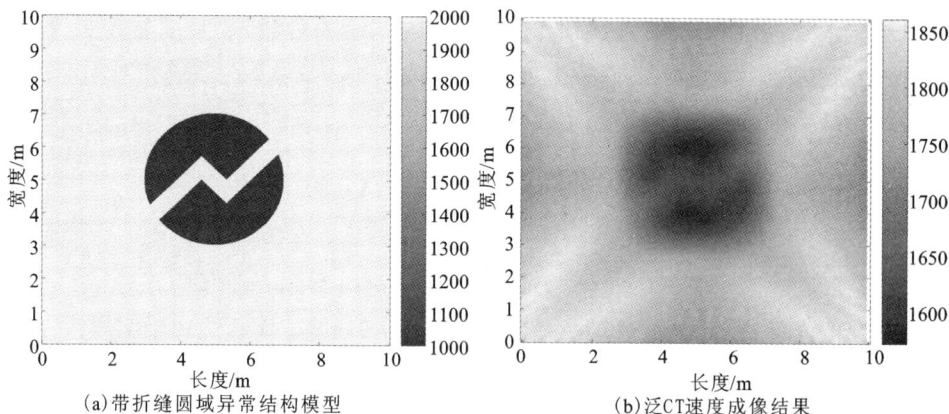

(a)带折缝圆域异常结构模型　(b)泛CT速度成像结果

图 29.4　低速圆域中缝宽 0.5 m 的结构模型及其泛 CT 成像结果

从成像结果来看，圆域异常和裂缝结构得到了较好的呈现。但整体来说，基于泛 CT 成像的结果并没有真实反映原模型结构的速度参数，其平均值的负面效应非常突出；另一方面在观测正方形的四个角域，出现了因为观测点的非圆形对称而导致的畸变。

29.3.2 算例二：十字模型

与前述几何尺寸一致的正方形观测区域内安放了两个速度为 1000 m/s 的十字架低速介质，十字架宽度为 0.5 m，分别位于正方形的左上角和右下角，中心坐标点分别为(3.0, 7.0)、(7.0, 3.0)，如图 29.5 所示。

从成像结果来看，十字异常中心得到了较好的呈现，但十字结构整体形状和边界较为模糊。同算例一，整体来说，基于泛 CT 成像的结果并没有真实反映原模型结构的速度参数，其平均化的负面效应也依然突出；同样，在观测正方形的四个角域，出现了因为观测系统的非圆形对称而导致的数值参数畸变。

29.4　技术拓展

泛 CT 成像算法简便易行，但仅仅是提供了一个较为原始的思路，从算法的

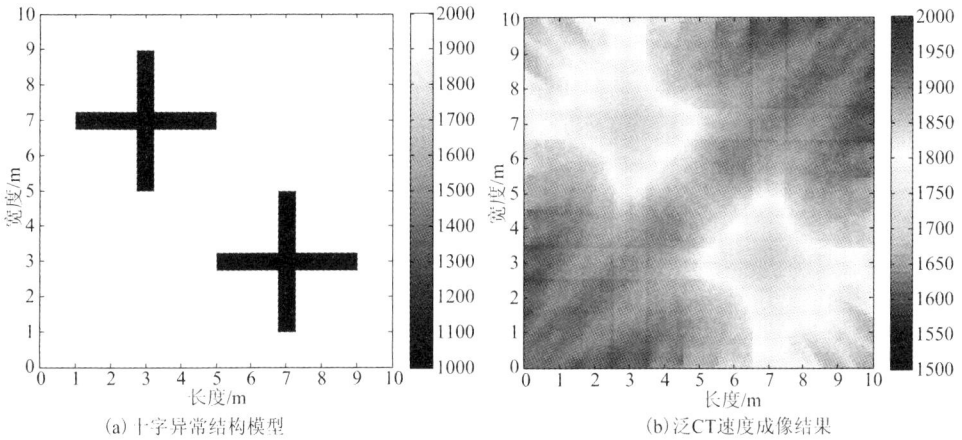

(a) 十字异常结构模型　　　　　　(b) 泛CT速度成像结果

图 29.5　带宽 0.5 m 的十字结构模型及成像结果

设计来看，所有的射线，不论其方向特征如何，在解算点上的贡献都按统一的规则，所以其对特定对象的分辨能力有限。在初始模型建立的基础上，为了识别有个性的目标体，可以适时引入相关的算法细节，诸如前、后处理，以及其他包括解析、迭代的重建算法，以得到精细的求解结果。

泛 CT 成像的射线可以是曲线或曲面，成像过程中相应的权重可以根据现场观测系统结构和探测对象的某些已知几何特征进行调整。

泛 CT 成像算法没有具体考虑到慢度或吸收系数成像，因此可以拓展成两者同步成像的组合模式，在超声波成像或弹性波成像中可以进行应用尝试。

第 30 章　脏污道床介电常数的标定与实验模拟

30.1　概述

　　反射系数法、共偏移距法、多偏移距法、时差法等是利用探地雷达测定介质介电常数的现有手段，其中多偏移距法、共偏移距法和时差法是通过计算电磁波在介质中的传播速度，反射系数法是利用待测介质表面和金属板表面的反射波幅度进行比值计算，来获取电磁波在介质表面的反射系数。Philip M. Reppert 等（2000）提出了利用布儒斯特角确定雷达波从低速介质往高速介质传播时在界面边界处的相对介电常数比，来确定雷达传播速度，通过分析共中心点记录证明布儒斯特角相对介电常数比利用已知速度计算的相对介电常数更好地吻合。LENG Zhen 等（2009）鉴于道砟介电常数未知限制了探地雷达评估的准确性，利用时差法对不同含水率、不洁率的花岗岩和石灰岩道砟进行介电常数测量，结果表明道砟的介电常数与含水率、不洁率正相关，且在含水率与不洁率不变的情况下，石灰岩道砟的介电常数值更高。LENG Zhen 等（2014）开发了一种使用两个空气耦合 GPR 系统的扩展共中心方法，利用两套系统准确定位反射波的出现时间，并计算介质的平均介电常数，提高传统介电常数估计方法的准确性。Andrea Porubiaková 等（2015）使用振幅法和时差法对 3 种不同材质的沥青介电常数进行测量，结果表明：不同材质的沥青介电常数不同、同一种材质的沥青利用反射系数法和时差法所得到的结果存在偏差。Janet F. C. Sham 等（2016）基于 LabVIEW 平台开发了一套利用共偏移距法估计电磁波传播速度的新算法，来计算倾斜于目标体的每个点处的离散速度分布，实践表明这种新算法具有比常规双曲线拟合过程更高的精度。

　　道砟或不同脏污程度的道砟为粗细颗粒级配介质，利用多偏移距法测量时，介质表面凹凸不平造成反射波到达时间出现偏差；共偏移距法由于不能准确区分道砟与路基层的分界面，因而不能准确获取电磁波在道砟层的旅行时；时差法中道砟表面反射波振幅较弱，相位不清晰，不利于识别电磁波的旅行时差，影响得到的速度的精度；反射系数法测量将反映道砟表层的介电常数，影响测量结果的准确性。综上所述，现有的测量手段获取的介电常数都不能真实反映污染道砟层介质的真实平均介电常数。

对于重载运煤专线上的脏污道砟，如图 30.1(a)所示，在道砟层表面难以观测到煤灰，通过现场开挖结果可知：细颗粒或脏污颗粒往往在粗颗粒的缝隙中自然或受外力震动作用下往下渐进沉积，如图 30.1(b)所示，导致介电常数在垂向上的差异。若采用现有测量手段，在介质表面或某一深度测量时，获取的介电常数很难反映道砟层介质的真实介电常数。

(a)实际线路　　　　　　　　　　　(b)物理模型

图 30.1　实际线路及物理模型图

铁路线路修理规范中要求道砟层保持饱满、均匀和整齐，并应根据道砟不洁程度有计划地进行清筛，保持道床弹性和排水良好，新鲜碎石道砟级配见表 30.1。

表 30.1　道砟粒径级配

方孔筛孔边长/mm	25	35.5	45	56	63
过筛质量百分率/%	0~5	25~40	55~75	92~97	97~100

速度 v 随垂直深度 z 变化的规律可用下式表示：

$$v = v_0 (1 + \beta z)^{1/n} \tag{30.1}$$

式中，v_0 表示 $z = 0$ 时的道砟表面电磁波波速；β 表示波速在深度方向上的变化率；n 为大于或等于 1 的整数。当 $n = 1$ 时，波速随深度呈线性变化规律，此时道砟为线性连续介质；当 $n > 1$ 时，波速随深度呈非线性变化规律，称之为非线性连续介质，见图 30.2。

连续介质的平均速度可由下式计算：

$$\bar{v} = \frac{h_1 + h_2 + \cdots + h_n}{\dfrac{h_1}{v_1} + \dfrac{h_2}{v_2} + \cdots + \dfrac{h_n}{v_n}} = \frac{h_1 + h_2 + \cdots + h_n}{t_1 + t_2 + \cdots + t_n} \tag{30.2}$$

对于图 30.2 所示的连续介质模型，采用平均速度估计道砟介质平均介电常数时存在一定的系统误差。在总厚度相同的条件下，对二种速度模型获得的平均

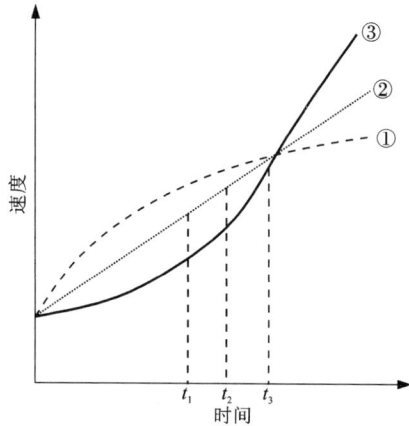

图 30.2 脏污道砟相对介电常数分析数学模型

速度进行分析。当速度随深度变化的规律为凸函数时，见曲线①；当速度随深度呈线性变化时，见曲线②；当速度随深度变化规律为凹函数时，见曲线③。三种介质模型雷达波旅行时的差异直接导致获得的平均介电常数不同，实际中应选择合适的模型使平均介电常数与真实值接近。

对于我国运煤专线重载线路而言，道床内的脏污介质主要为粉煤灰。根据我国铁路线路修理规范，可用不洁率评定道床的脏污程度，其是指通过边长为 25 mm 筛孔的颗粒的质量比，实际线路质量评定时要求在枕盒底边向下 100 mm 处取样，且道床不洁率小于 30%。根据脏污现场清筛得到的煤灰与道砟的质量，按下式计算道砟不洁率

$$FR = m_2/(m_1 + m_2) \tag{30.3}$$

式中：m_1 为过筛后道砟的质量；m_2 为煤灰的质量。

30.2 道砟介电常数标定方法

准确获取不同脏污水平道砟的平均介电常数对于探地雷达评估道砟脏污具有重要意义。一是可有效地对反射层进行时深转换，对脏污介质准确定位；二是可以更好地分辨道砟层与基床层的分界面。我国重载线路道砟的主要材质为花岗岩或玄武岩，其相对介电常数为 4~6，脏污介质粉煤灰的相对介电常数为 6~10。

30.2.1　时差法和反射系数法测量原理

（1）时差法

时差法是利用电磁波在厚度已知的待测介质中的双程旅行时来获取雷达波在介质中的传播速度。介电常数的测量可以通过雷达信号在介质中的传播速度来计算。速度与介电常数的关系如下

$$d = v \times \frac{t}{2} \tag{30.4}$$

式中：d 为待测介质的厚度；v 为电磁波在介质中的传播速度；t 为反射波的双程旅行时。

雷达脉冲通过介质的速度由介电常数确定：

$$v = \frac{v_c}{\sqrt{\varepsilon_r}} \tag{30.5}$$

式中：v_c 为电磁波在真空中的传播速度；ε_r 为介质的相对介电常数值。

则待测介质的相对介电常数计算公式为：

$$\varepsilon_r = \left(\frac{v_c t}{2d} \right)^2 \tag{30.6}$$

（2）反射系数法

反射系数法计算介电常数是基于道砟表面和金属板表面的反射幅度，后者被认为是完全反射，然后根据下式计算

$$\varepsilon_r = \left(\frac{1 + \dfrac{A_1}{A_m}}{1 - \dfrac{A_1}{A_m}} \right)^2 \tag{30.7}$$

式中：A_1 为道砟表面反射的幅度；A_m 为金属板表面反射的幅度。

30.2.2　道砟相对介电常数标定

速度测量法是在厚度已知、由脏污水平控制的待测道砟层上下表面放置两块铁板作为辅助反射面，利用辅助反射面的雷达反射波来代替道砟层上下表面的反射波，用于识别反射波旅行时间或时间差。同时采用铁板处的雷达反射波来完成初至波的识别，具有反射波能量强、相位清晰的特点；只需读取相对时间差，就可以采用同时读反射波波峰或波谷的时间来确定雷达波旅行时，避免了识别反射波初至起跳点的困难，保证了时间差 t 的精度。

速度法的测量流程如下：选择一块地面平整空旷的试验场地，尽量远离其他金属体和电磁干扰；在场地中央待堆放不同不洁率道砟的平整地面放置一块薄层

底面铁板；将混合好的试验道砟堆放在铁板上捣固，用厚度为 D 的无底木质框围挡，并将木框内道砟顶面整平，采用无底木质框的优点是便于更换不同不洁率的道砟并减小因道砟层厚度测量误差对介电常数计算结果的影响；在整平道砟表面贴放另一薄层顶面铁板并测量两块铁板的距离，即木框的厚度；在铁板正上方 H 高度架设雷达天线，天线指向铁板正中央；开启地质雷达主机采集顶层铁板雷达反射信号并读取铁板反射时间 t_u；关闭地质雷达主机并移走顶面铁板，在保持参数一致的条件下再次开启地质雷达采集底层铁板的反射时间 t_d，从而计算出雷达波在脏污道砟层中反射波旅行时差 t。

在读取时间差 t 过程中，通常采用相对时间读取的方法来获取时间差，即同时读取两个反射波的波峰或者波谷所对应的时刻。由于两块钢板的反射波波形相似、相位相同，使介电常数的计算结果更加准确。

30.3 级配脏污道砟介电常数测量及结果分析

根据现场开挖结果，利用从脏污现场取回的粉煤灰，配制 10 ~ 25 mm 直径的破碎道砟占比 7%，粉煤灰占比分别为 0%、10%、15%、20%、25%、30% 的 I 类脏污级配道砟和破碎道砟占比 12%，粉煤灰占比分别为 0%、15%、20%、25%、30%、35% 的 II 类脏污级配道砟，分别采用速度法和反射系数法对介电常数进行测量。

30.3.1 速度法介电常数测量实例

在测量过程中，雷达天线采用一体收发空气耦合天线，天线主频为 400 MHz，雷达天线底部距离道砟层上顶面的高度 $H = 25$ cm。如图 30.3 所示，用木板制作一个面积为 1.5 m × 1.5 m，厚度 $D = 30$ cm 的无底木箱，放置在平整地面，木箱底部贴地放置厚度为 1 mm、面积为 1.2 m × 1.2 m 的底面铁板。将脏污道砟按级配均匀混合好后装入木箱，上部整平至木箱口平面，盖上厚度为 1mm、面积为 1.2 m × 1.2 m 的薄顶面铁板。开启探地雷达系统采集数据，从数据中读取顶面铁板的反射波，其反射波波峰对应时刻为 t_u；关闭雷达采集系统，从木箱上移走顶面铁板，再次开启探地雷达系统采集数据，从数据中读取底面铁板的反射波，取与顶面铁板反射波相位一致的波峰对应时刻为 t_d；利用公式（30.4），计算雷达波从道砟顶面到底面的平均速度，利用式（30.7）计算道砟层的相对介电常数。

如图 30.4(a) 所示，选取某一脏污水平道砟的雷达检测结果来计算对应的平均介电常数，前 200 道为道砟表面放置铁板的雷达实测记录，后 200 道为将道砟表面铁板抽出后的检测剖面，图中最先到达的为收发天线间的直耦波。图 30.4(b) 中波形 1（虚线）为在前 200 道雷达记录中抽取的一道记录，波形 2（实线）为在后 200

道记录中选取的一道记录。采用波峰识别方法，从曲线 1 上读取顶面铁板的反射波波峰作为初至时间 $t_u = 6.367$ ns。从波形 1、2 的对比分析可以看出，无论道砟表面是否放有铁板，道砟表面的反射波相位相同，这与理论相违背，造成的原因是该雷达系统默认将第一个界面的反射设置为相位一致，这也解释了波形 2 中道砟层底部铁板反射波出现相位反转的原因。因此下底面铁板应选择反射波波谷旅行时 $t_d = 12.340$ ns，由此计算出电磁波在该脏污水平道砟中的传播平均速度为：

$$v = \frac{2D}{t_d - t_u} = 0.113 \text{ m/ns}$$

进而计算出该脏污道砟层的平均相对介电常数：

$$\varepsilon_r = \left(\frac{v_c}{v} \right)^2 = 7.089$$

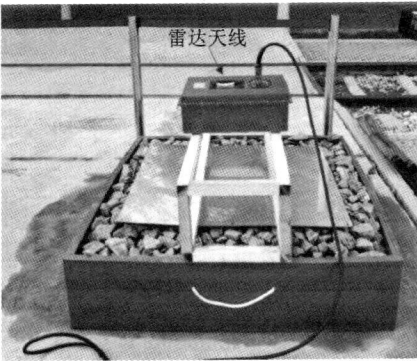

图 30.3　现场作业图

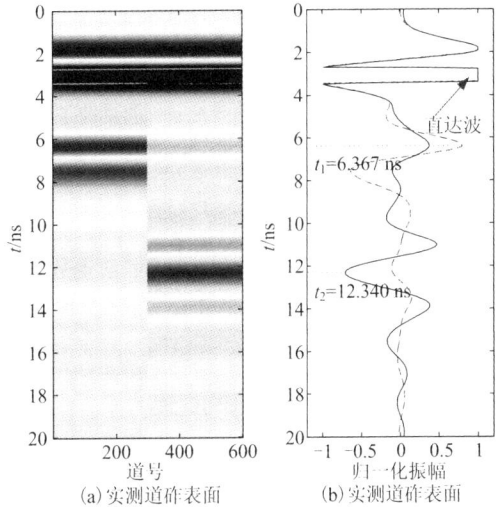

图 30.4　实测道砟表面有无铁板雷达记录及波形

图 30.5 和图 30.6 分别为 Ⅰ、Ⅱ 类脏污道砟下铁板和不同不洁率道砟雷达波实测波形图，道砟底面均放有铁板。虽然道砟表面反射波波峰出现的时间略微存在偏差，但如虚线框内所示，道砟底面铁板反射波波峰到达时间随脏污水平的增加逐渐延长，说明电磁波的传播速度变小；底面铁板反射波振幅变弱，表明雷达波在道砟层内衰减变得严重，以上特征均表明道砟介电常数与脏污水平呈正相关。采用速度测量法、反射系数法分别计算对应的介电常数，计算结果见表 30.2、表 30.3。

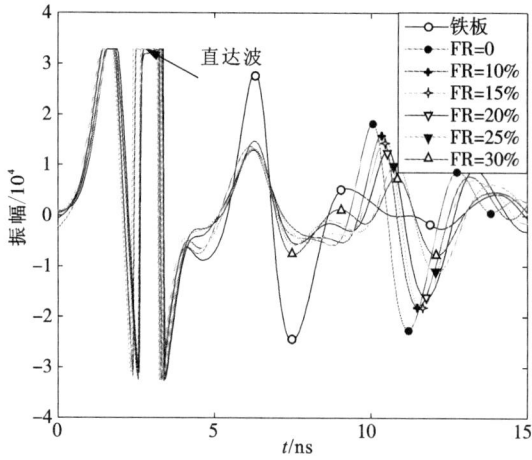

图30.5　I 类配比下铁板和不同脏污道砟实测波形

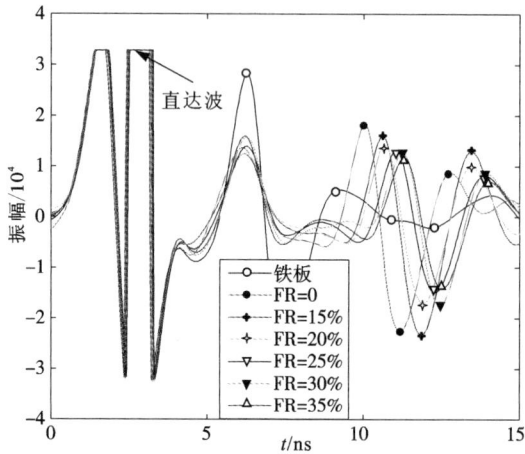

图30.6　II 类配比下铁板和不同脏污道砟实测波形

表30.2　I 类配比速度测量法与反射系数法获得的不洁道砟介电常数

I 类配比/%	0	10	15	20	25	30
速度测量法	5.9605	6.9523	7.2647	7.6920	8.5831	8.9298
反射系数法	8.1233	7.4031	7.7037	7.1679	7.5107	9.9789

表 30.3　Ⅱ类配比测量速度测量法与反射系数法获得的不洁道砟介电常数值

Ⅱ类配比/%	0	15	20	25	30	35
速度测量法	6.0120	7.8007	8.0204	8.9298	9.523	9.8881
反射系数法	8.1305	6.5775	6.9350	8.5955	12.2138	12.7271

30.3.2　反射系数法测量结果对比

表 30.2、表 30.3 中速度测量法与反射系数法的测量结果,可用于分析两种测量方法的优势。如图 30.7 和图 30.8 所示,反射系数法获得的脏污道砟介电常数与不洁率未表现出明显的关联性,且得到的介电常数存在一定的波动。当不洁率较小时,由于煤灰颗粒通过道砟间隙逐渐向下沉积,造成反射系数法只能得到近似反映新鲜道砟的介电常数,但由于道砟表面不平整,所以介电常数值出现波动;当不洁率足够大时(大于或等于 30%),煤灰已出露在道砟表面,此时反射系数法得到的介电常数更接近于煤灰的介电常数,所以测量结果出现陡升的现象。

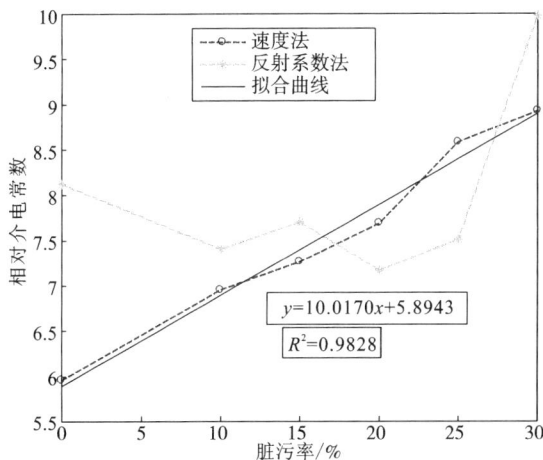

图 30.7　速度测量法与反射系数法
计算的Ⅰ类脏污道砟相对介电常数对比

从图 30.7 和图 30.8 可以发现,由于速度测量法获得的脏污道砟的平均介电常数和不洁率之间存在很强的线性关系,根据上述利用平均速度估计平均介电常数的误差分析,证实了平均速度计算平均介电常数结果的可靠性。对于Ⅰ类配比不洁率从 0 至 30% 的脏污道砟介电常数可以用图 30.7 所示的线性方程进行预测,介电常数为 5.9605~8.9298;对于Ⅱ类配比下不洁率从 0 至 35% 的脏污道砟介电常数可以用图 30.8 所示的线性方程进行预测,介电常数为 6.0120~9.8881。

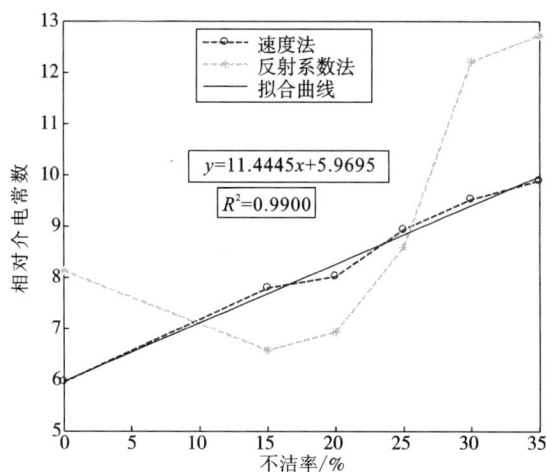

图 30.8　速度法与反射系数法
计算的 Ⅱ 类脏污道砟相对介电常数

30.4　技术拓展

速度测量法是利用速度来换算出道砟平均介电常数，充分考虑到了级配道砟或脏污道砟细颗粒向下沉积带来的过渡型介质垂向不均匀性；采用铁板雷达反射波来代替道砟介质上下表面的反射波，较大程度上克服了由于道砟层介质的电磁波频散产生的反射波识别误差，在保证反射波相位清晰的同时提高了电磁波旅行时测量的精度。建立的介电常数与道砟不洁程度之间的关系，为利用探地雷达预测评估铁道路基的煤灰含量的可行性提供了地球物理依据，后期还可用于评价铁路道砟的整洁程度。

包括客、货运有砟铁路，道床状态健康检测以及线路清筛作业均需要科学管理，利用探地雷达探测结果可以对脏污道床进行分析，利用本套技术可以为道床脏污水平评价提供关键参数。

（1）速度测量法可以用于级配颗粒介质结构平均介电常数标定的工程试验领域，特别适用于各种渐变介质平均介电常数的测量，能综合反映介质垂向上的介电常数变化。

（2）可以使用线性关系预测 Ⅰ 类、Ⅱ 类配比下各种煤粉污染道砟的平均介电常数；

（3）在目的层厚度已知的条件下，使用本书方法可用于评估介质平均介电常数；

含水率对脏污道砟介电常数的影响规律有待进一步探讨。

参考文献

[1]李大心.探地雷达方法与应用[M].北京：地质出版社，1994.

[2]曾昭发，刘四新，王者江等.探地雷达方法原理及应用[M].北京：科学出版社，2004.

[3]姚姚.地震波场与地震勘探[M].北京：地质出版社，2006.

[4]陈明义，覃爱娜，陈革辉.数字电子技术基础（电类）[M].长沙：中南大学出版社，2004.

[5]何樵登主编.地震勘探原理和方法[M].北京：地质出版社，1985.

[6]李舟波.钻井地球物理勘探[M].北京：地质出版社，1986.

[7]刘天放，李志聃.矿井地球物理勘探[M].北京：煤炭工业出版社，1993.

[8]李金铭.地电场与电法勘探[M].北京：地质出版社，2005.

[9]李方泽，刘馥清，王正.工程振动测试与分析[M].北京：高等教育出版社，1992.

[10]李德葆，陆秋海.实验模态分析及其应用[M].北京：科学出版社，2001.

[11]李方泽，刘馥清，王正.工程振动测试与分析[M].北京：高等教育出版社，1992.

[12]闫莫明，徐祯祥，苏自约.岩土锚固技术手册[M].北京：人民交通出版社，2004.

[13]王礼立.应力波基础[M].北京：国防工业出版社，1985.

[14]傅良魁.应用地球物理教程—电法 放射性 地热[M].北京：地质出版社，1991.

[15]中华人民共和国铁道部.铁路线路修理规则[Z].北京：中国铁道出版社，2014.

[16]孟秀丽.压电检波器的理论和实验研究[D].西安：西安石油大学，2009.

[17]王猛，长极距定源建场电法超前探测试验研究[D].长沙：中南大学，2013.

[18]朱德兵.地球物理勘探广义背景与异常识别[J].桂林冶金地质学院学报，2002，22(3)：359－362.

[19]李玉宝.矿井电法超前探测技术[J].煤炭科学技术，2002，30(2)：1－3.

[20]刘青雯.井下电法超前探测方法及其应用[J].煤田地质与勘探，2001，29(5)：60－62.

[21]赵永贵，刘浩，孙宇，等.隧道超前预报研究进展[J].地球物理学进展，2003，18(3)：460－464.

[22]赵永贵.国内外隧道超前预报技术评析与推介[J].地球物理学进展，2007，22(4)：1344－1352.

[23]高致宏，闫述，王秀臣，等.巷道超前电法探测的应用现状与存在的问题[J].煤炭技术，2006，25(5)：120－121.

[24]朱劲，李天斌.Beam超前地质预报技术在铜锣山隧道中的应用[J].工程地质学报，2007，15(2)：258－262.

[25]黄俊革，阮百尧，王家林.坑道直流电阻率法超前探测的快速反演[J].地球物理学报，2007，50(2)：619－624.

[26]张力，阮百尧，吕玉增，等.坑道全空间直流聚焦超前探测模拟研究[J].地球物理学报，

2011, 54(4)：1130 – 1139.

[27]冯于静，王邦成，李玉宝，等.点电源法在煤矿巷道超前探测中的应用及效果[J].河北煤炭，1998(4)：9 – 11.

[28]闫高翔.高分辨率直流电法探测在隧道施工超前地质预报中的应用[J].铁道勘察，2007(1)：42 – 44.

[29]程久龙，王玉和，于师建，等.巷道掘进中电阻率法超前探测原理与应用[J].煤田地质与勘探，2000, 28(4)：60 – 62.

[30]李庆忠.地震高分辨率勘探中的误区和对策[J].石油地球物理勘探，1997, 32(6)：751 – 783.

[31]潘纪顺，刘保金，朱金芳，等.城市活断层高分辨率地震勘探震源对比试验研究[J].地震地质，200, 24(4)：524 – 532.

[32]付清锋，周明.地震检波器的进展[J].石油仪器，2000, 14(2)：25 – 27.

[33]赵永红，谢石林，胡时岳.涡流检波器动特性的研究[J].西安交通大学学报，2003, 37(3)：260 – 264.

[34]谭绍泉，余钦范，徐锦玺，等.新型陆用压电检波器在滩浅海地区地震勘探中的应用及效果[J].石油物探，2004, 43(2)：106 – 111.

[35]赵殿栋，郑泽继，吕公河，等.高分辨率地震勘探采集技术[J].石油地球物理勘探，2001, 36(3)：262 – 271.

[36]霍全明，汪洋，赵克荣.高分辨地震勘探数据采集及其影响因素分析[J].煤炭学报，2001, 26(2)：117 – 121.

[37]陈道宏，姚念江，许建军.高分辨率纵波采集方法研究[J].石油地球物理勘探，1999, 34(2)：123 – 137.

[38]赵殿栋，谭绍泉，徐锦玺，等.地震采集中低截滤波的试验分析[J].石油物探，2001, 40(2)：92 – 97.

[39]陈金鹰，龚江涛，庞进，等.地震检波器技术与发展研究[J].物探化探计算技术，2007, 29(5)：382 – 385.

[40]罗福龙，易碧金，罗兰兵.地震检波器技术及应用[J].物探装备，2005, 15(1)：6 – 14.

[41]董世学，张春雨.地震检波器的性能与精确地震勘探[J].石油物探，2000, 39(2)：125 – 130.

[42]王增明，地震采集中检波器自然频率的试验分析[J].石油地球物理勘探.2003, 38(3)：308 – 316.

[43]吕公河.地震勘探中振动问题分析[J].石油物探，2002, 41(2)：154 – 157.

[44]程珩，刘岩.磁电式速度传感器动态特性分析[J].太原重型机械学院学报.1994, 15(3)：246 – 249.

[45]李清海.电动式地震检波器悬体质量对其性能参数的影响[J].物探装备，2003, 13(3)：159 – 162.

[46]朱德兵，任青文.惯性式传感器性能特点及原位测试实验分析[J].水利水电科技进展，2004, 24(5)：30 – 33.

［47］朱德兵，许毓钦，平利姣.检波器尾座结构对地震采集信号的影响［J］.工程地球物理学报，2009，6（1）：12－16.

［48］段承州，冷世华，段书富.地震检波器埋置探讨［J］.石油仪器，2007，21（6）：87－89.

［49］边环玲，楚泽涵，封锡强.地震检波器与地表耦合问题探讨［J］.石油仪器，2001，15（3）：5－7.

［50］刘志田，吴学兵，王文争，等.地震勘探采集中尾锥因素对检波器耦合系统的影响［J］.中国石油大学学报（自然科学版），2006，30（3）：26－29.

［51］徐锦玺，吕公河，谭绍泉，等.检波器尾锥结构对地震采集信号的影响［J］.石油地球物理勘探，1999，34（2）：204－209.

［52］庞仕敏.检波器尾锥长度浅析［J］.物探装备，2005，15（1）：36－37.

［53］樊桂花，吴兰臻.检波器谐振频率数学模型及其频响误差的修正［J］.航空计测技术，2000，20（5）：5－7.

［54］唐东林，梁政，陈浩.用于地震勘探的新型高精度地震检波器研究［J］.振动与冲击，2008，27（2）：162－165.

［55］俞阿龙，黄惟一.振动速度传感器幅频特性改进方法的研究［J］.自动化仪表，2004，25（5）：4－7.

［56］陈可，李淑清，诸葛晶昌，等.HD－JSⅡ检波器参数算法研究［J］.微计算机信息，2007，23（6－1）：171－173.

［57］曹菁.适合高分辨率勘探要求的检波器［J］.石油仪器，1998，12（6）：31－33.

［58］岳向红，刘明贵，李祺.锚杆检测技术研究进展［J］.土工基础，2005，19（3）：83－85.

［59］何存富，孙雅欣，吴斌，等.超声导波技术在埋地锚杆检测中的应用研究［J］.岩土工程学报，2006，28（9）：1144－1147.

［60］刘建达，范小平，许汉刚.检测灌注桩中钢筋笼长度的电法初探［J］.岩土工程学报，2008，30（2）：288－291.

［61］赵超，樊敬亮，周忠民，等.钢筋笼长度检测技术现状及展望［J］.地球物理学进展，2009，24（3）：1128－1135.

［62］刘地渊，徐凯军，赵广茂 等.任意形状线电流源三维地电场研究［J］.地球物理学进展，2006，21（2）：395－399.

［63］宋玉龙.压电加速度地震检波器及频率响应特性分析［J］.石油仪器，2004，18（4）：36－44.

［64］罗福龙，易碧金，罗兰兵.地震检波器技术及应用［J］.物探装备，2005，15（1）：6－14.

［65］易碧金，穆群英.地震压电检波器及其测试仪原理与测试方法［J］.地质装备，2006，7（1）：32－36.

［66］杜克相，周明.压电地震检波器原理［J］.石油仪器，2009，23（6）：16－19.

［67］曹磊，韩立国.压电加速度地震检波器技术研究［J］.工程与试验，2008，9（3）：59－66.

［68］单刚义，韩立国，张丽华，董世学.压电式检波器在高分辨率地震勘探中的试验研究［J］.石油物探，2009，48（1）：91－95.

［69］刘升虎，邢亚敏.一种压电加速度地震检波器的设计与研究［J］.传感器与微系统，2007，

26(8)：29 - 34.

[70]陈相府，安西峰，王高伟.浅层高分辨地震勘探在采空区勘测中的应用[J].地球物理学进展，2005，20(2)：437 - 439.

[71]李庆春，刘金兰，丁梁波.浅层双分量地震在黄土公路地质缺陷探测中的应用研究[J].地球物理学进展，2006，21(4)：1266 - 1271.

[72]陈相府，安西峰.地震横波勘探及其在浅层岩土分层中的应用[J].地球物理学进展，2007，22(5)：1655 - 1659.

[73]张在陆.工程地震仪器认识上的误区[J].石油仪器，2004，14(6)：1 - 3.

[74]张在陆.数据采集系统信号混叠的研究[J].石油仪器，1998，12(1)：8 - 12.

[75]潘中印，黄健，张忠娅，马启晓.地震仪器数据采集同步技术[J].物探装备，2006，16(3)：165 - 167.

[76]潘树林，高磊，邹强，等.一种实现初至波自动拾取的方法[J].石油物探，2005，44(2)：163 - 166.

[77]詹毅，唐湘蓉，钟本善.初至拾取预处理[J].石油物探，2005，44(2)：160 - 162.

[78]房纯纲，贾永梅，周晓文，等.汉江遥堤电导率与土性参数相关关系试验研究[J].水利学报，2003，6(6)：119 - 124.

[79]赵成斌，孙振国，冷欣荣，李德庆.横波技术在工程物探中的应用[J].西北地震学报，2001，23(1)：53 - 59.

[80]李文勇，牛向东，介伟.黄河大堤根石探测的地震 SH 横波方法研究[J].地球物理学进展，2003，18(3)：420 - 425.

[81]张达敏，石瑞平.探索横波地震的理论误区[J].工程地球物理学报，2005，2(2)：139 - 144.

[82]田钢，石战结，Don. W. Steeples，Jianghai XIA.多道面波分析方法在测量土壤压实度方面的应用研究[J].地球物理学进展，2003，18(3)：450 - 454.

[83]蒋传琳，蒋传志，吕鑫方.黄河根石探测试验效果[J].地球物理学进展，2005，20(1)：257 - 261.

[84]罗莎，闫海新，李广智，张振.瑞雷面波在防渗墙无损检测中的应用[J].地球物理学进展，2003，18(3)：420 - 425.

[85]马在田.共炮检距二维弹性波地震剖面的偏移方法[J].地球物理学报，1995，38(增1)：1 - 10.

[86]廖立坚，杨新安，周青.铁路路基雷达探测工作参数的设计[J].地球物理学进展，2008，23(3)：957 - 961.

[87]郭秀军，韩宇，孟庆生等.铁路路基病害无损检测车载探地雷达系统研制及应用[J].中国铁道科学，2006，27(5)：139 - 144.

[88]杨新安，廖立坚，凌保林.铁路路基层面的检测与跟踪[J].同济大学学报(自然科学版)，2008，37(5)：641 - 645.

[89]廖立坚，杨新安，杜攀峰.铁路路基雷达探测数据的处理[J].中国铁道科学，2008，29(3)：18 - 23.

[90]杨峰,高云泽,康文献.地质雷达剖面高压线干扰的识别与去除[J].工程地球物理学报, 2005,2(4):276-281.

[91]吴志远,彭苏萍,杜文风等.基于探地雷达波振幅包络平均值确定土壤含水率[J].农业工程学报,2015,31(12):158-164.

[92]冉弥,邓世坤,陆礼训.探地雷达测量土壤含水量综述[J].工程地球物理学报,2010, 8(4):480-486.

[93]周奇才,李炳杰,郑宇轩等.基于GPRMax2D的探地雷达图像正演模拟[J].工程地球物理学报,2008,5(4):396-399.

[94]秦怀兵.探地雷达在评价道床清筛质量中的应用[J].铁道建筑,2015,11(11):134-138.

[95]J. Hugenschmidt. Railway track inspection using GPR[J]. Journal of Applied Geophysics, 2000,43:147-155.

A. Eriksen, J. Gascoyne, W. Al-Nuaimy. Improved Productivity & Reliability of Ballast Inspection using Road-Rail Multi-Channel GPR[J]. Railway Engineering, July 2004.

[96]Giannopoulos. Modelling ground penetrating radar by GprMax[J]. Construction and Building Materials, 2005, 19: 755-762.

[97]Peng Suping, Yang Feng. Fine Geological Radar Processing and Interpretation [J]. Applied Geophysics, 2004, 1(2): 89-94.

[98]Andreas Loizos, Christina Plati. Ground Penetrating Radar: A Smart Sensor for the Evaluation of the Railway Trackbed[C]. Instrumentation and Measurement Technology Conference - IMTC 2007, Warsaw, Poland, 2007, 5: 1-3.

[99]R. Jac, P. Jackson. Imaging attributes of railway track formation and ballast using ground probing radar[J]. NDT&E International. 1999, 32: 457-462.

[100]Peterw Maxwell, Keesfaber. Geophone spurious frequency-what is it and how does it affect seismic data quality. EAGE 59th conference and Technical Exhibition-Geneva, Switzerland, 1997.

[101]Shijung Chen, Gerald Brown. A study of the spurious frequency of geophones. 53rd Annual International SEG Meeting, S5.8, 313-315.

[102]R L Sengbush. Seismic Exploration Methods. IHRDC BOSTON, 1983.

[103]W M Telford, L P Geldart, R E Sheriff, D A Keys. Applied Geophysical. Cambridge University Press, 1976.

[104]Kersey A D. A review of recent developments in fiber optic sensor technology[J]. Optical Fiber Technology 1996, 2(3): 291-317.

[105]Jackson D A, Lobo Ribeiro A B, Reekie L, etal. Simple multiplexing scheme for a fiber optic grating sensor network[J]. Optics Letters, 1993, 18(14): 1192-1194.

[106]Caihe Chen, Guilan Ding, Delong Zhang, and Yunming Cui. Michelson fiberoptic accelerometer [J]. Review of Scientific Instruments, 1998, 69: 3132-3126.

[107]Giannopoulos A. Modeling ground penetratingradar by GprMax[J]. Construction andBuilding Materials, 2005(19): 755-762.

［108］Berenger J P. A perfectly matched layer forthe absorption of eleetromagnetic waves［J］. Computational Physics, 1994, 14(1): 185 – 200.

［109］Zhen Leng, Imad L. ALQADI. Dielectric Constant Measurement of Railroad Ballast and Application of STFT for GPR Data Analysis［J］. Non-Destructive Testing in Civil Engineering Nantes, France, 2009.

［110］Philip M. Reppert, F. Dale Morgan, M. NafiToksoz. Dielectric constant determination using ground penetrating radar reflection coefficients［J］. Journal of Applied Geophysics, 2000, 43: 189 – 197.

［111］Zhen Leng, Imad L. Al-Qadi. An innovative method for measuring pavement dielectric constant using the extended CMP method with two air-coupled GPR systems［J］. NDT&E International, 2014, 66: 90 – 98.

［112］Andrea Porubiaková, JozefKoma č ka. A comparison of dielectric constants of various asphalts calculated from time intervals and amplitudes ［J］. Procedia Engineering, 2015, 11: 660 – 665.

［113］Janet F. C. Sham, Wallace W. L. Lai. Development of a new algorithm for accurate estimation of GPR's wave propagation velocity by common-offset survey method［J］. NDT&E International, 2016, 83: 104 – 113.

彩图

①地面工程探测线圈 ②TEM多路同步采集系统 ③井中测量磁棒 ④井地两用磁棒

图 10.8　基于空间梯度、阵列采集技术综合研制的浅层 TEM 探测系统

①公路路面检波器 ②地震波双能量采集仪器 ③手持凹垫板
④锤击震源凹垫板 ⑤陆地双检检波器

图 14.13　基于双能量采集技术综合研制的浅层地质剖面仪系统

(a)近地表不同物探新技术探测对比试验场地

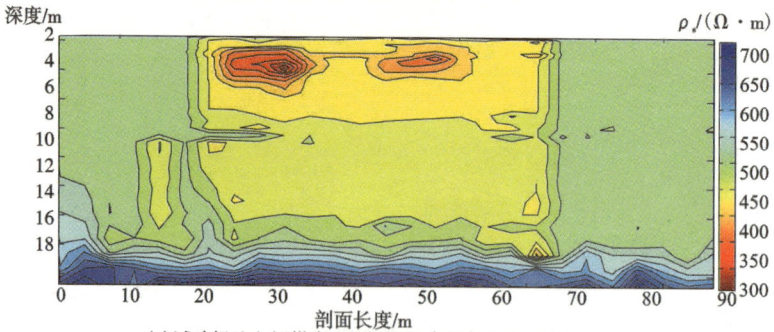

(b)试验场地空间梯度TEM视电阻率拟断面图(点距1m)

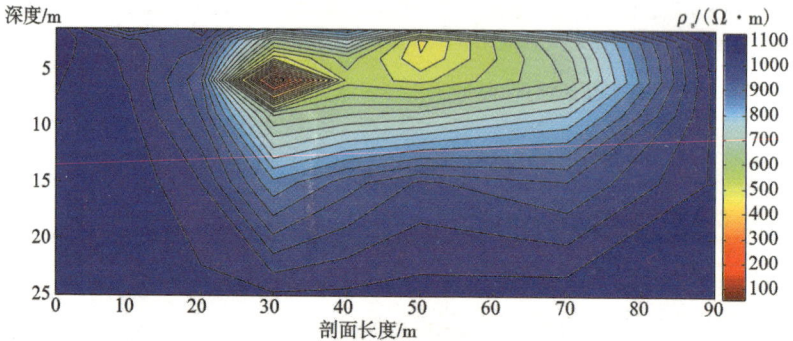

(c)试验场地常规直流电法视电阻率拟断面图(点距2 m)

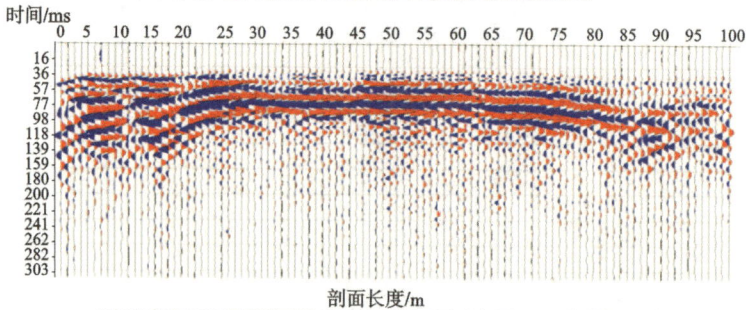

(d)试验场地浅地质剖面仪地震波列剖面图(点距1 m，偏移距5 m)

图14.14　湘江江中沙洲覆盖层探测新技术对比试验

图 24.6 基于双能量采集和传感器耦合技术实现的代步式公路路基隐患探查系统

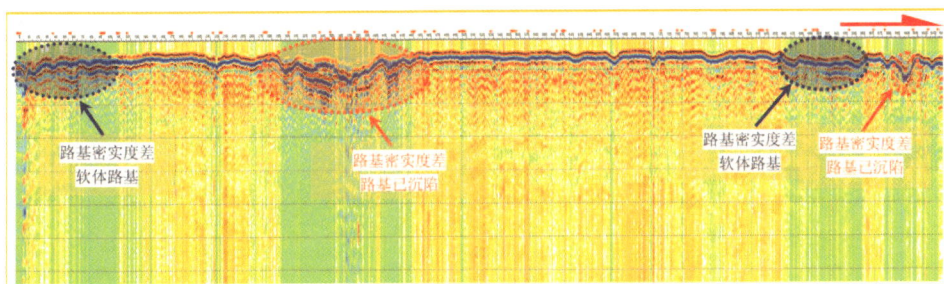

图 24.7 某新建城区公路路基隐患探查剖面及异常特征

（公路路基隐患探查系统 1 km 长剖面；新铺路面、路面完好）

后记

　　日月依然，景象变迁，经意或不经意间，匆匆三十年，经历了地球物理勘探行业由衰落到兴盛后渐于平静的过程。1991年笔者大学毕业时桂林冶金地质学院物探专业有两个建制班，毕业1年左右绝大多数同学转行，如今54位同学，在地球物理行业从业者满打满算还有10人；2000年前后，物探行业呈现蓬勃发展的壮观景象，相关院校大量扩招物探专业学生；2012年后，行业滑坡，而今归于平静。

　　我的职业生涯中没有离开过高校，没有离开过地球物理勘探专业，因而有幸和各行各业的工程技术人员合作交流，有机会接触地球物理勘探行业的众多实践难题。这些难题广泛存在于各种金属、非金属矿床找矿勘探中，或涉及煤矿巷道以及公路、铁路、水利水电隧道超前探测，涉及高层建筑、油库、厂房选址中的不良岩溶、隐伏构造和地基结构探测；存在于码头、桥梁基础选址的水域工程物探中，或涉及止水帷幕、管线探测、水污染调查的城市工程物探，涉及包括高速公路在内的公路选线以及路基路面工程物探；存在于桩基检测、找水工程物探、混凝土结构无损检测中，或涉及场地工程地质评价及重载铁路路基病害探测；存在于水库、江、河、海大坝等水利基础设施的渗漏隐患工程物探中，也涉及用于城市地质灾害与环境评估的地下地质隐患探测等。这些经历对于地球物理勘探研究工作者来说丰富多彩，是宝贵的财富；与同行或其在相关领域专业人士一道齐心协力，实践难题的渐次解决让我感受到物探专业的魅力，自然为自己的专业选择感到由衷的自豪！

　　在地球物理勘探专业的科研和工程实践中，当钻孔资料与推断结果吻合，找到矿、找到水或是为在建工程避免了突水突泥等地质灾害后，和众多的同行一样，我收获了成功的激动与快乐，也因此对专业信心满满；当辛苦劳作后忐忑中布置的验证孔揭露结果与物探结论不符，面对委托方的不信任乃至问责时，我也体验了失败后的惭愧与自责，倍感失落！我们喜爱的专业堪称是国民经济建设乃至国防事业都必不可少的绝技，具有广阔的应用领域和前景，但很多技术方法，尤其是探测装备仍需深入研究和发展，需要产、学、研、用、管各领域的同仁协同努力。

　　大学时接触到地球物理勘探的基础理论与方法，我就知晓自己将从事一种"隔山有眼"的行当，预感这是一个充满奥妙与挑战的专业；在这个专业里，尽管方法种类多、仪器装备多、科研人员多，但现代工程探查要求更高。从目前的物探行业来看，国产的仪器装备、数据处理与解释软件等与国外相比有较大差距。我们行业有数以万计的从业人员，但国外的仪器厂家 30 年来一直控制着高端仪器装备市场。要缩小差距，必须脚踏实地，潜心研究，提升技术方法和仪器装备水平，必须协同创新，代代传承，注重积累。

本专著列出了近年来在专业实践中积累的一些新发现，不少尚还肤浅，需要继续研究，并在生产实践中进一步检验和改进。谨以此抛砖引玉，供同仁参考，同时希望向社会传递对地球物理勘探专业的满满信心。

衷心感谢桂林冶金地质学院老师们的教育和培养！引导我走上地球物理勘探专业之路。

感谢导师中国地质大学罗延钟教授的指导和关怀！至今还记得导师和师母一起给我和另一位同学面对面上电法勘探的那一幕，那一幕让我们将做事、做人要认真严谨的道理铭刻于心。

感谢导师何继善院士！1998 年 10 月第十四届中国地球物理年会在杭州召开，会间我向何院士自荐，希望报考他的博士，当听说我的硕士导师是罗延钟老师时他欣然应允。次年，我正式进入中南工业大学，来到了何院士身边。多年来，导师时而温和时而严厉的谆谆教诲，我长年跟随导师的耳濡目染，让自己增长了智识，开阔了视野，更加深了对专业的感悟和热爱。

感谢导师河海大学任青文教授对我工作的指导和生活的关照！也感谢河海大学土木工程学院的老师们！让我加入到水工结构无损检测和水利工程物探队伍，愉快度过了非常有意义的两年博士后时光。

雕虫小技，掩稿向我敬爱的恩师们交卷，自觉惭愧，然是积攒着的前行动力！希望以此作为新征程的新起点，在专业上不懈前行，不辜负对地球物理勘探专业充满着热爱的前辈们的厚望！

感谢中南大学应用地球物理系亦师亦友的师兄弟们和同仁！感谢多年来帮助我的朋友们！

感谢家人一贯的理解、关爱和支持！

树有根，水有源，这些技术与方法的形成得益于前辈的引导和教诲，借鉴了同行的研究成果，在此表示诚挚的谢意！引用标识未尽之处，敬请谅解！

智识所限，不当之处难免，谨请读者批评指正！

2018 年 10 月于长沙

结蜫堂遗稿

厦门文献丛刊

【明】刘存德 撰　陈峰 校注　厦门市图书馆 编

厦门大学出版社

厦门文献丛刊

总　　序

　　厦门素有"海滨邹鲁"之誉，文教昌明，人文荟萃，才俊辈出，灿若群星。故自唐代开发以来，鸿章巨著，锦文佳作，层见叠出，源源不绝，形成蔚然可观的厦门地方文献。作为特定地域之人文精神的载体，这些文献记录了厦门地区千百年来之历史发展与社会变迁，讲述着厦门地区千百年来之政教民生与人缘文脉，是本地宝贵之文化遗产，更是不可多得的地情信息资源，于厦门经济建设之规划与文化发展之研究，具有彰往考来的参考价值。

　　然而，厦门地处滨海扼要，往昔频遭战乱浩劫，文献毁荡散佚颇多，诸志艺文所载之厦门文献，十不存三。而留存于世者，则几成孤本，故藏家珍如拱璧，秘不示人，这势必造成收藏与利用之矛盾。整理开发厦门文献，是解决地方文献藏用矛盾的有效手段。它有利于地方优秀传统文化之传播，有利于发挥地方文献为当地社会和经济发展服务之作用，从而促进地方文献的价值提升。因此，有效地保护、整理与开发利用厦门地方文献，俾绵延千百年之厦门地方文献为更多人所利用，已成当务之急。

　　保护人类文化遗产是图书馆的重要职能之一，而开发利用文献资源更是图书馆的一个重要任务。近年来，厦门市图书馆致力于馆藏地方文献的搜集、整理与开发，费尽心思，不遗余力。为丰富地方馆藏，他们奔走疾呼，促成《厦门地方文献征集管理办法》正式颁布，为地方文献征集工作提供法规保障；为搜罗地方珍本，他们千里寻踪，于天津图书馆搜得地方名士池显方的《晃岩集》完本，复制而归，俾先贤文献重返故里；为发挥馆藏效用，他们更是联袂馆人，群策群力，编纂《厦门文献丛刊》，使珍藏深闺的地方文献为世人所利用。厦门图书馆人之努力，实乃可贺可勉。

余观《厦门文献丛刊》编纂方案，入选书目多为未曾开发的地方文献，其中不少是劫后残余、弥足珍贵之古籍。如明代厦门文士池显方的《晃岩集》、同安名宦蔡献臣的《清白堂稿》等，皆为唯一存世的个人文集，所载厦门、同安之人文史事尤多，乃研究明代厦门地方史之重要文献；又如清代厦门文字金石名家吕世宜的《爱吾庐笔记》、《爱吾庐题跋》等作品，乃其精研文字，揣摩金石之心得，代表清末厦门艺术研究之时风；再如宋代朱熹过化同安时所著的文集《大同集》、明代曹履泰记述征剿海上武装集团的史料文献《靖海纪略》、清代黄家鼎权倅马巷时所著的文集《马巷集》、清代沈储记述闽南小刀会起义的史料文献《舌击编》等，亦都是厦门地方史研究的重要资料。这些古籍文献，璞玉浑金，含章蕴秀，颇有史料价值。更主要的是这些文献存世极少，有的可能已是存世孤本，急待抢救。《厦门文献丛刊》之编纂，不以尽揽历代厦门文献为能事，而是专注于这些未曾开发之文献，拾遗补缺，以弥补厦门地方文献开发利用之空白，实乃匠心独运之举。

《厦门文献丛刊》虽非鸿篇巨制，然其整理、编纂点校工作繁重，决非一蹴可就。愿编校人员持续努力，再接再厉，使诸多珍贵的厦门文献卷帙长存，瑰宝永驻，流传久远，沾溉将来。

是为序。

己丑年岁首

井甃无咎遗心志

——刘存德的《结甃堂遗稿》

同安城东门外百米处的东溪上，古时有座石桥，曰"东桥"，是北宋建隆四年（963 年）清源军节度留从效所建，故俗称太师桥。东桥周边溪山苍翠、景色宜人，恬静优雅的自然风光招徕许多文人墨客到此披襟行吟。北宋宣和六年（1124 年），同安知县危秉文于此钓游啸赋并构草堂其上。南宋绍兴二十三年至二十七年（1153—1157 年），朱熹主簿同安，曾到东桥游玩，留有描绘东桥溪光月色的《雨霁步东桥玩月》诗。或应了"地灵人杰"之语，明末清初，东桥之东的五甲村刘氏家族世代簪缨，科举蝉联，呈现"父子进士"、"祖孙进士"之盛况，而其肇始者即"三吴持斧，两越扬旌"的明御史刘存德。

刘存德，字至仁，号沂东，福建同安东桥人，原籍同安县积善里后浦（今厦门市海沧区东孚镇凤山村），其父刘恭奉母王氏择居同安东桥铁岗之下的五甲村（今厦门市同安区大同街道碧岳社区五甲自然村），遂以"桥东"作为刘氏家族"灯号"。明嘉靖十六、十七年（1537—1538 年），刘存德联第进士。初授行人，奉使益王府。嘉靖二十二年（1543 年），由行人选授浙江道监察御史。嘉靖二十五年（1546 年）任巡盐御史，巡视两淮。嘉靖二十八年（1549 年）出任松江府知府。嘉靖三十三年（1554 年）丁外艰。嘉靖三十六年（1557 年）服除，得补南康知府。赴任后因病归养。嘉靖三十八年（1559 年）进京入觐，授浙江按察司巡视副使，统管嘉湖诸军，抗击倭寇。又调广东巡视海道副使兼番市舶提举司，皆有功绩，却"以功见嫉，被中归"。

归田后，刘存德于东山脚下、东溪之畔结庐，仍以宋危秉文的草堂"结跫堂"名之，取《易·井》的"井跫无咎"句"以名堂之意"（《结跫堂遗稿·卷八·结跫堂跋》）。在结跫堂东边，刘存德建了六角亭、半月池和观站台。堂西则筑有石梁庵，庵前右侧建有石塔。在临溪的石台上，又有刘存德题书"紫阳旧游"、"东皋清流"、"友石之居"等字，"凡台树亭塔，花草竹树，备极一时之观"（《同安县志》），俨然是一处人文胜景。刘存德于此种秫酿酒，邀引丁一中、刘汝楠等名人吟诗作赋，交相唱和。而其生平仕学显晦所著文赋诗词，也以《结跫堂遗稿》为名。

《结跫堂遗稿》为刘存德逝世后，其子刘梦龙等所辑，初刊于明崇祯三年（1630 年）。而今存世的是清乾隆三十三年（1768 年）的重刊本，全书计八卷，而不是《同安县志·艺文》所著录的十卷。其卷一为奏疏，卷二为史评，卷三为赋、古诗、歌、行、乐府、律诗，卷四为绝句、集句，卷五、六为序，卷七为记、碑、状志、祭文，卷八为杂著。卷首有东阁大学士林钎作于明崇祯三年（1630 年）的初刊序和刘存德七世裔孙作于乾隆三十三年（1768 年）的重刊序，共两篇，并附列《同安县志·名臣传》的刘存德小传。

刘存德的《结跫堂遗稿》虽然比不上其姑父林希元（《结跫堂遗稿·卷七·祭次崖林先生文》中自称"某为夫人外侄"）的文集那般鸿篇巨制、卷帙浩繁，但是工于文词的刘存德，其诗文遣词典雅，韵味隽永，且善于引典用事，言情体物，穷极工巧，毫不逊色于这位姑父。然刘存德"不徒沾沾以著述显"（林钎：《结跫堂遗稿初刻序》），而是如其命名草堂取"井跫无咎"之意，一生躬行于"修身、齐家、治国、平天下"的传统儒家知识分子所尊崇的信条。"井跫，无咎"典出《易·井》，孔颖达疏引《子夏传》曰："跫，亦治也。以砖垒井，修井之坏，谓之为跫。""井跫，无咎"即用砖修井之坏，没有过失。作为有志于立德立功的仕学者，刘存德从宦二十余年，无论为政还是治事，均以"修井"为己任，忠君爱民，恪守规矩，秉公办事，刚正不阿，努力做到正伦明行，没有过失。《结甃堂遗稿》印记的正是刘存德躬行实践"井甃无咎"之志的足迹。

与许多官宦的文集一样，《结甃堂遗稿》的卷一收录的是"奏疏"。不同的是，其所收的奏疏只有《议大礼疏》、《盐法疏》、《严考察疏》、《乞赈贷疏》四篇，数量甚少。刘存德从宦二十余年，其所作政事公牍类文章当不止如此。然仔细考量，可看出编辑者的良苦用心，这四篇奏疏正是刘存德上忧社稷、下护黎民的代表之作。

首篇《议大礼疏》，即为嘉靖帝震怒而掷的奏疏。嘉靖二十二年（1543年），为更新太庙，礼部集议庙建同堂异室之制，焦点又集中在嘉靖初年的"大议礼之争"上。当年由藩王入奉宗祧的嘉靖帝朱厚熜，因其生父的名分问题，引发与群臣的"议礼之争"，最终将文华殿外哭谏的大臣们或当廷杖责，或下狱拷讯，或停职待罪，制服了反议礼派。此番更新太庙，左春坊、右赞善兼翰林院检讨郭希颜步当年以张璁、桂萼为首的议礼派之后尘，将议礼当作起家的政治资本，上疏阿附嘉靖帝，提出"止立四亲庙，而祧孝宗、武宗"之说。忠贞耿直的刘存德从维护宗祧正统出发，于次年四月上《议大礼疏》，驳斥郭希颜"立四亲庙"之说，力劝嘉靖帝依旧制肇建七庙，而另建庙祀睿宗（嘉靖帝之父兴献王朱祐杬）。心存私曲的嘉靖帝为此震怒，当庭掷疏于地，并夺其俸半年余。然而在群臣力谏之下，嘉靖帝不得不暂停庙议。据传，时天旱已久，而恰巧此刻大雨倾注，群臣称"刘御史一言回二天"，即指一道奏疏使天子、天帝皆回心转意。而刘存德的忠直敢为的声誉也由此震动了两都。

领受"夺俸半年"之罚的刘存德并不因此而疏于职守，嘉靖二十三年（1544年）十二月，他就来年京官考察一事上《严考察疏》，请"皇上垂察愚衷，亟除往弊，敕下吏部、都察院遵照考察旧规，从实举行。特严赃吏之黜，勿使遗于权奸；详慎不谨之科，无滥加于疏远。"不久，刘存德转任巡盐御史，又上《盐法疏》，历数国家盐法执行过程中"有司之奉法欠严，而商之射利自弊"的现象，提出了各巡按、巡盐御史和有司应"严行督察"、"严加禁治"，以"绝私盐"、"通正课"、"杜商弊"。两篇奏疏言诚意恳，忠心可鉴，嘉靖帝为此在《严考察疏》上批曰："考察京官，朝廷重事，吏部、都察院会同。务要从公询访，去留不许徇情偏纵。"在嘉靖帝《盐法疏》上批曰："准盐额行地方各巡按御史，督责所司，查销退引，以杜商弊。"从这两篇奏疏中，可窥刘存德恪尽职守之风范，固颇具有代表性。

《乞赈贷疏》是在刘存德巡视两淮时所上的奏疏。时两淮地区大旱，"二月郊原虚鸟雀"。"畦夫力竭边输急"，盐民生计难维。刘存德痛心疾首，"遥将封事奏明光"（《结毺堂遗稿·卷三·请赈》），上疏细数灾情，请求存留十万余盐银两赈济灾民、灶丁。嘉靖二十五年（1546年）三月，嘉靖帝在奏疏上批示："依拟给银五万两赈济，务要委用得宜，使民沾实惠。"刘存德这一道奏疏，两淮灾民赖以存活无数。

嘉靖二十八年（1549年），刘存德出任松江府知府。以后又迁浙江按察副使、广东海道。由中央调任地方，刘存德有更多的机会接触民间疾苦，其忧国忧民之心，化为务实举动。在松江时，适值六年大旱，百姓无法按时交纳税赋，所欠税款竟达二百余万两。朝廷派参政督催缴款，刘存德恳请使者宽期至秋收之际。"是岁大穰，使者欲尽征及额"（《结毺堂遗稿·附列同安县志名臣传》），刘存德又恳准分三年还清欠款，为松江百姓减轻负担。其时，倭寇时常骚扰松江，府城外百姓多逃入城内避难。监司恐奸细混入，欲严盘诘。刘存德力争，"谓稍缓则男妇悉掳矣"（《结毺堂遗稿·附列同安县志名臣传》），爱民之心，溢于言表。

刘存德所在年代，正值倭寇猖獗，山贼海盗活动频繁时期。无论是任职地方还是归田故里，他都为倭患而寝食不安。他曾在写给同年友、福建巡抚游震得的信中，对倭寇犯闽杀戮百姓积忿难平，建议游震得"宣示恩信"，发动"八郡良家誓无与贼俱立"的民众同心抗倭，"经理兵食，次第施为"，"戡定可立致"（《结甃堂遗稿·卷八·与军门游让溪年丈》）。浙江海道副使谭纶"奉制防御海上"，屡战皆捷，平息倭患，获得提拔。他为此作《赠二华谭宪使擢参政留镇明州序》（《结甃堂遗稿·卷五》）以贺。当获悉入犯倭寇败退的消息时，他喜形于色，作诗"谩夸谢安石，谭笑靖氛祲"（《结甃堂遗稿·卷三·闻报倭遁登巾子山作》）。抗倭名将戚继光宁海抗倭，九战皆捷，他为其《戚南塘平寇诗》作序，对其功绩"著为歌咏"（《结甃堂遗稿·卷六·戚南塘平寇诗序》）。在《结甃堂遗稿》中，收入多篇此类主题的诗文作品，如记录同安知县谭维鼎率领军民抗击倭寇事迹的《邑侯谭瓶台功德碑》、《寿郡少伯谭瓶台序》，与闽广总督张臬的唱和诗《和张司马百川公平寇韵》等。不但保存了一些嘉靖年间抗倭的历史资料，而且从中可窥刘存德的爱国忠君之心。

不仅如此，身负巡视副使之职的刘存德还亲身参与谭纶、戚继光等组织的抗倭斗争。嘉靖三十八年（1559年）春，戚继光会剿宁海倭寇。时刘存德任浙江按察司副使，因分守缺员，受命代署兵戎，参与了宁海之战。五月，刘存德令把总任锦设伏于石浦所港口，而自引兵进剿，倭寇即逃遁出洋，被伏兵击败，"劳师止一昼夜，而斩获百三十余级，火攻就毙者六百七十余贼"（《结甃堂遗稿·卷八·上司马郑湛泉》。嘉靖四十二年（1563年）三月，"倭奴大举入寇潮阳，城围四十日"（《潮阳县志》）。时任广东巡视海道副使的刘存德，"提兵援潮阳，谕降剧寇许朝光等八十余人"，许朝光为感刘存德的恩情，"斩臂，誓不复叛"（《结甃堂遗稿·附列同安县志名臣传》)。

刘存德以广东巡视海道副使致仕,其时他已年近六十岁了。《结毦堂遗稿·附列同安县志名臣传》称刘存德是"以功见嫉,被中归",然而在《结毦堂遗稿》中,却未能找到他何以致仕的原因。对于"被中归",他似乎并不在意,不像他的姑父林希元那样,于诗文中屡发不平之鸣。致仕归田后,刘存德结庐桥东,读书吟咏,种秫酿酒,坐客常满。而家事、乡事,亦事事关心。

于家事,刘存德"事继母,汤药亲尝。为宗人治产授室,丧葬婚娶,以次及母、妻二族。所识贫乏,待以举火者数十家"。(《结毦堂遗稿·附列同安县志名臣传》)他教子有方,诗书传家。五个儿子中,四子梦松、五子梦潮中进士,为此而列温陵(泉州)三十三家"父子进士"之列。其后裔有举人、钦赐副举人、贡士、国学生、生员六十多人。曾孙刘望龄是顺治十五年(1658年)同安唯一的进士,因此刘家也成为温陵二十二家"祖孙进士"之一。

于乡事,刘存德无论是出仕或是在籍,均时挂心上。他曾为家乡被倭之事致书戚继光,感谢其为"漳、泉靖难"。又为贼寇"散漫于诏安境上"甚为耽心,提醒戚继光"或抚或剿,非麾下不可。事关桑梓,不敢不言"。(《结毦堂遗稿·卷八·与戚南塘》)隆庆元年(1567年),县令酆一相特地礼聘归田在家的刘存德主持续修《同安县志》。"其议论皆关邑典,后多采之"(《结毦堂遗稿·附列同安县志名臣传》)。对于爱民如子、造福乡梓的父母官,他更是深为敬重,撰文颂之。在《送郡少伯胡双华考绩序》中,盛赞泉州府同知、摄同安县事胡文宗,"视同安属事,政不求异而斯民有生之乐。汪瀁充塞,莫可指名";在《纪邑侯陈中斋蠲无征粮碑》,对同安知县陈文为徭赋事"力请于监司,乞以浮粮定为征取,勿复别有徭役,以重民困"加以称赞,并在《赠邑侯陈中斋报政序》,以"邑人亲之为父者如一日"褒扬之;在《邑大夫酆宜亭去思碑》中,对同安知县酆一相为政"无敢急事,而不忍浚其民，乃躬为省约而先之"极为赞美；在《赠邑侯袁方州闵雨序》和《赠邑侯徐鲸山闵雨序》中，对同安知县袁杉、徐宗奭"斋居省躬，恤刑振滞。悼心呕图，如躬在疚"地为民祈雨深表感怜，称"祷而不雨，民犹甘之"。在《结甃堂遗稿》中，此类文章屡屡可见，呈现出刘存德爱乡恤民的思想火花。

《结甃堂遗稿》中的诗文作品，内容丰富、题材广泛，上述体现刘存德忠君恤民、爱国爱乡的疏、序、碑、书等，不过是书中的一部分而已，却是刘存德一生仕学的闪亮篇章，留下其躬行"井甃无咎"之志的印迹。因此，古代传统知识分子"修身、齐家、治国、平天下"的人生理想与"穷则独善其身，达则兼济天下"的达观态度相互融合，在"井甃无咎"间体现出来。刘存德临终自题"易箦从教华且皖，布衿上辨正和斜"（《结甃堂遗稿·卷三·病呕口占二律》）的挽句，正是其一生追求"无咎"的心志。

留从效所建的太师桥虽经宋乾兴、治平年间重修，然今只在桥西存下一根镌有"建隆四年岁次癸亥九月一日建竖"字样的石柱；刘存德的结甃堂及其手书于桥头临流巨石上的"紫阳旧游"等题字，今亦靡有孑遗。却未曾想到，二百多年前刊印的《结甃堂遗稿》能留存下来。它不仅是为后人研究明史和厦门地方史提供了宝贵的史料，更使我们能领略先贤追求"无咎"的人生真谛。《结甃堂遗稿》的存世价值也就在于此。

编　者

2014 年 8 月

目　录

七言律诗

五言绝句

七言绝句

集　句

卷之五

状　志

祭　文

卷之八

书

结氂堂遗稿卷之首

《结氂堂遗稿》初刻序

[明] 林　釬[1]

　　同年寅兄刘君海若[2]将重镌其先君沂东先生《结氂堂集》，问序于余。余惟沂东先生以簪笔侍世宗朝，诤四亲邪议，卒霁天威，直声震一时。持斧南畿，执法忤当路。守云间苏穷黎。副粤臬化反侧，是不徒沾沾以著述显者。然而仁人之言，为法可传，德立、功立，言亦立焉。余纶扉之暇，读其奏疏，忠犯人主之怒，惠弛苍生之困，而其英词伟作、雅什风篇，往往发于簿书案牍之间、登临宴饯之会，秋实春华，骈臻其妙。且夫结氂之在太师桥[3]东也，居高而望远，芹山、北辰、三秀，斗拱列其前；天马、豪山、孤卿，九跃环其后。右则鸿渐、香山、乍画参天而耸翠，左则莲花、西山、天柱拔地而峥嵘[4]。入其中，则双流[5]九曲，缭绕如带；弁石铜鱼[6]，委垂若佩。紫阳步月[7]而低徊，少□□水而□仁，地灵者人杰，□□□□□□助，然则斯□□□□□□而备之矣。海若□名□士，□□春官、教习驸马，著□渊□，〈仿〉佛向、歆父子。是集之镌，将以公诸海内，传于奕祀。余喜其得附骥以名也，于是乎序。

　　崇祯庚午蒲月，年寅侄林釬顿首拜撰。

[1] 林釬，字实甫，号鹤昭，原籍福建金门瓯陇。幼孤，随母改嫁龙溪。明万历四十年（1612年）进士，殿试一甲第三名，授翰林院编修，历国子监司业、祭酒。后称病归乡。崇祯初，起为礼部侍郎兼侍读学士。崇祯

七年（1634年），上"四策"，拜为东阁大学士。卒于官，谥"文穆"。

[2]　刘君海若，即刘梦潮，字国壮，号海若，刘存德第五子。明万历四十七年（1619年）进士，授南昌县令，历北京武学教授、礼部仪制司、主客司、广西副使等职。著有《易义画前稿》。

[3]　太师桥，即福建同安县城鸿渐门（东门）外的东桥。据明何乔远的《闽书》记载：东桥是北宋"留从效所建，故又名太师桥"。留从效（906—962），永春人。南唐李璟授予清源军节度使，封鄂国公，世有"太师"之称。

[4]　芹山、北辰、三秀、天马、豪山、孤卿、九跃、鸿渐、香山、乍画、莲花、西山、天柱，均为同安城周边的名山。

[5]　双流，指同安的东西溪。

[6]　弁石铜鱼，指同安东桥溪中的弁石台和南门桥溪浒的铜鱼台。弁，原文为"并"。

[7]　紫阳步月，紫阳指南宋朱熹。朱熹主簿同安时，常到东桥游玩，留有《雨霁步东桥玩月》诗，描绘东桥的溪光月色。刘存德在东桥溪旁筑"结毣堂"，于桥头石面镌有"紫阳旧游"字，又筑有亭台楼阁等景观。今皆无存。

《结毣堂遗稿》重刊序

［清］刘　兰[1]等

水有源、木有本，祖宗之葡室尚肯堂肯播，况文章著述，祖宗馨一生之心性才力，精为文、秀成彩，衮聚而辑集之。为子孙者，其可泛而视之、怠而弃之乎？

先祖侍御沂东公有《结毣堂集》，集其生平仕学显晦所手著文赋诗词若干卷，藏于家。四子粦苍公[2]、五子海若公宦达时，经梓行世，历前明迄昭代二百余年。海滨沧桑变易，灰于兵燹，既于凶盗，盖百十仅存二三。而此二三者，则又蚀于蠹、耗于鼠，亥豕

鲁鱼于铅椠。兰等惧其久而湮坠，岁在戊子，与修邑乘，刻工告
竣。因与家长者亦复君共商召工计直，先就家藏所有完整篇章付
镌，而其不完不备之篇，目录尚夥，姑阙之，以俟搜购有获，异日
续镌。

　　夫立德、立功所以能不朽者，终赖于立言，况吾祖功德备见于
所立之言，而其言又皆正伦明行，裨补世道有关名教者乎！兰等尝
读《梁书》，见彭城刘士章[3]绘有子七人，孝绰而下三笔六诗[4]，
仪威踵盛。绘又自言同祖七十人，皆有文集，海内所稀。因思文章
祖述，异姓天亲，然苟同气分形，父子、兄弟、祖孙一脉相承，尤
极天伦之乐事、人世之快观，宜绘之自序津津不置也。

　　我家自侍御祖而下，至兰等七叶，瓜绵其间，流行坎止，显晦
浮沉，虽尽不肖于吾祖，然而诗书世业，不以贫贱而厌，不以富贵
而倦，循而守之，亦可无伤于祖心矣。兹重镌其文集，非欲以夸世
炫俗，惟欲曾元云耳！弓冶箕裘，守而勿失，踵而增华，务使轮冈
沂浦子子孙孙云蒸霞举，媲美清漳。是所殷殷悬望于后起者也。

　　乾隆三十有三年戊子蒲月，七世孙兰、守、敬、瀚[5]，八世
孙清、澜熏沐敬志。

[1] 刘兰，字青座，刘存德七世孙，清代庠生。著有《梅庄文集》、《四书集
　　说》。
[2] 粦苍公，即刘梦松，字国夏，号粦苍，刘存德第四子。明万历二十三年
　　（1595 年）进士，历国子监助教，刑部主事，台州府知府，江西按察使。
[3] 刘士章，即刘绘（458—502），字士章，南朝齐彭城（今江苏徐州）人。
　　聪警有文义，善隶书。齐高帝以为录事典笔翰，为大司马从事中郎。
[4] 孝绰，即刘冉（481—539），字孝绰，以字行，刘绘之子。能文善草隶，
　　号"神童"。年十四，代父起草诏诰。历著作佐郎、秘书丞、廷尉卿、
　　秘书监。明人辑有《刘秘书集》。三笔六诗，指刘孝绰之弟刘孝仪长于
　　文，刘孝威工于诗。刘孝仪排行三，刘孝威排行六，故云。见《梁书·
　　刘潜传》："刘潜，字孝仪，秘书监孝绰弟也。幼孤，与兄弟相励勤学，

并工属文。孝绰常曰三笔六诗，三即孝仪，六孝威也。"

[5] 瀚，即刘瀚，字景若，号溪堂，刘存德七世孙。清乾隆十八年（1753年）举人，历任建安、龙溪、彰化教谕，升广西兴安令，调署永宁州牧。

附列《同安县志·名臣传》

刘存德，字志仁，号沂东，嘉靖丁酉、戊戌联第进士。初授行人，持节册祭益府[1]。嗣王雅善修饬，自称"勿斋氏"。存德因宴，为陈"四勿"之旨。嗣王前席罢宴，曰："昔蔺川论三仁，今大行陈四勿，足相方矣。"赠满百金，为治装亦值百，一无所受，独拜持篆书四幅归。

既报命[2]，居三载，选浙江道御史。会有献"四亲庙图说"请祧孝庙者，抗疏力争，世宗震怒掷疏，竟以理不可夺，得降俸。时亢旱，章报下，震雷，大雨如注，京师水二尺，欢声动地，群称"刘御史一言回二天"云。

视两淮鹾籍，羡储十万，请赈贫民，得报可，两淮赖之。按应天潘少宰[3]，故存德所举主，其子弟杀人，匿不出十年。存德既至，而其子弟就逮。视其狱不可生，竟论抵，为书以谢潘。

出守松江，时苦旱六载，逋赋至二百余万，特设参政督之。存德拊循安恤，请使者宽期以侯秋成。是岁大穰，使者欲尽征及额，存德又请分三载。其后浃岁大熟，遂补积逋什之五六。值倭寇逼境，近邑男妇奔郡城，监司恐奸细，欲严盘诘。存德力争，谓稍缓则男妇悉遭掳矣。

奉使便道归省。丁外艰，服除，即家起知南康府，病未赴。岁余，稍迁浙江按察副使，檄摄嘉、湖诸军。不三日期，斩倭首百三十级，上功匿不以闻。调广东海道，兼诸番市舶务，以舶务归藩司，提兵援潮阳，谕降剧寇许朝光等八千余人，朝光斩臂，誓不复叛。

以功见嫉，被中归。与弟中分产，而推其腴。事继母，汤药亲尝。为宗人治产授室，丧葬婚娶，以次及母、妻二族。所识贫乏，待以举火者数十家。种秫酿酒，座客常满。善大书，工古文词，其史评制义，博士家宗焉。隆庆丁卯修志，其议论皆关邑典，后多采之。病疟，自挽有"易箦从教华且皖，布衿上辨正和斜"[4]之句，卒年七十一。著有《结庐堂遗稿》十卷行世。祀乡贤。子梦松、梦潮[5]皆进士。

　　（《泉州府志》，参《江南通志》，欧阳八山[6]撰志）

[1] 益府，即江西抚州益王府。益王乃明太祖朱元璋六世孙、宪宗朱见深第四个儿子益端王朱佑槟，就藩建昌。

[2] 报命，复命，奉命办事完毕，回来报告。

[3] 潘少宰，即潘晟（1517—1589），字思明，号水帘，浙江新昌人。明嘉靖二十年（1541年）进士，殿试第二名（榜眼），授翰林院编修。历官太子侍读、南京国子监祭酒、吏部右侍郎、礼部左侍郎等职。隆庆四年（1570年）升礼部尚书，不久辞官。万历十年（1582年），以礼部尚书兼武英殿大学士入召。因张居正故去遭弹劾，未及上任即罢去。少宰，明、清常用作吏部侍郎的别称。

[4] 是句见卷三之七言律诗《病疟口占二律》。

[5] 梦松，刘存德第四子，字国夏，号粦苍。明万历二十三年（1595年）进士，授扬州教授，历国子监助教、刑部主事、员外郎中、台州知府。官至江西按察副使。

[6] 欧阳八山，即欧阳模，字宏甫，号八山，福建南安人，明抗倭将领、都指挥金事欧阳深之长子。嘉靖三十八年（1559年）联捷进士，历都察金事、广西按察使等。祀乡贤祠。尝撰写《明故中宪大夫广东按察司副使进阶亚中大夫沂东刘公行状》。

结凳堂遗稿卷之一　奏　疏

议大礼疏[1]

奏为乞罪谀臣妄议庙制，以昭圣断，以光典礼事。

臣等闻，礼莫大于祀事，祀必先于庙建。方今祖宗积德逾再百年，陛下仁孝光于远古，际礼乐必兴之会，适宗庙更创之期，既考制于盛代，复集议于群臣。虽酌今准古[2]，未有定规，而援礼据经，终归曲当。上比隆于成周，下旷观于昭代，臣等何幸而逢其盛哉！

近见左春坊右赞善兼翰林院检讨郭希颜[3]乃敢肆为异论，上渎天听。窃近代四亲之制坏，隆古七庙之规[4]，岂惟因陋就简，不足臻美于一时？而其畔经背礼，亦无足法于后世。臣等请得备采七庙之隆、四亲之谬，与郭希颜所以立言之意，披沥于陛下陈之。

夫自天子达于庶人，爱亲之心，均为无已，而礼数则有限。故天子之庙及于七世，诸侯、大夫、士降杀以两，随分致隆[5]，不容损益。虞夏及周制作大备，故《祭法》[6]曰："王立七庙。"荀卿、穀梁皆曰："有天下者事七庙"，则春秋战国之时，其说尚存。汉魏以来，创业之君多由特起，其上世既微，又无功德以备祖宗，故原庙、郡国庙、四亲庙因时迭制，追崇不远，其陋为甚。且使天子、诸侯皆同四亲，则天子之礼下屈于人臣，岂所谓尊卑有序、名位不同者耶？

且以郭希颜所议之礼言之，睿考[7]以宪宗[8]为父，以陛下为子。今日正名皇考，于礼为当。第孝宗[9]继列圣以有天下，深仁厚泽，灌注人心。近在一世而立庙于四亲之外，迹近于祧，其于陛下达孝之思、睿考友敬之意，臣等窃以为未协也。至于祧庙之设不显，然以处孝宗之意为言，是郭希颜明知其尚在七世之列，于情于义大有所未安也。所以敢于为此者，盖其素行憸壬，觊希宠幸，敢于犯名教之防，以谋身家之利，奔竞阿邑，已非一日。近为御史包孝所论，吏部覆奏备留考察，郭希颜亦自度其不为清议所容，患失丧心，遂至于此。殊不知其幽负祖宗在天之灵，明负陛下格天之孝，恣肆欺罔，窥伺捷径。所幸圣明洞烛，下礼官看议，郭希颜欺佞遂无所施。道路传闻莫不喜跃，以为陛下有周武之达孝，有虞舜之大智，不可以常情窥测也。伏乞断自乾刚，罪窜希颜，以上谢列圣、下慰臣民，然后曲加斟酌，定为典礼。倘过听及于刍荛，臣等敢妄希一得为陛下献焉。

方今肇建七庙，会逢八世，则太祖之庙不迁之主也。成祖为二世之君，宜居昭之一庙，以其亲尽而当祧、有功而当祀，故为世室以居之。宣宗为四世，宪宗为六世，武宗[10]为八世，则皆昭之列也。仁宗为三世之君，宜居穆之一庙。英宗为五世，孝宗为七世，则皆穆之列也。今以睿考诞育圣躬，中兴鸿业，庙祀崇报，实天理人情所安。但欲名正言顺，伦序不乖，则未有如特庙之为当者也。在陛下今日以亲亲之情，特庙而享，独懋孝思，将来圣子神孙以尊尊之谊，万世不迁，追崇肇基之迹，则睿祖之功德且与太祖、太宗比隆，又何必显跻于昭穆、附会以四亲，然后足以昭报本哉？希颜不以当今制作媲美隆古，乃求三代以下之谬论以济奸私，此臣等之所大惑也。惟陛下原诸达孝之情，务使爱曲尽而不遗；观诸典礼之会，务使伦咸正而无缺。则先帝之心安于在天，而陛下之孝光于万世。仍正诡辞乱礼者之罪，则宗社幸甚，臣等幸甚。

[1] 议大礼疏，乃刘存德于嘉靖二十三年（1544 年）四月针对郭希颜的“止立四亲庙，而祧孝宗、武宗”之说而上之奏疏。嘉靖二十三年，更新太庙，礼部集议庙建同堂异室之制。右赞善郭希颜提议列太庙居中祀太祖，世室居左祀成祖，虚其右止立四亲庙，而孝宗、武宗不在四亲之列。礼

臣斥其妄议而弹劾之，嘉靖帝此议迎合自己心意，故不追究郭希颜。时任御史的刘存德为此上疏力诤，劝嘉靖帝罪惩郭希颜，且建议依旧制肇建七庙，而另建庙祀睿宗。嘉靖帝为此震怒而掷疏，然不得不暂停庙议。据传，时天旱已久，而恰巧此刻大雨倾注，群称"刘御史一言回二天"。然而嘉靖帝仍于嘉靖二十九年（1550 年）将兴献帝睿宗神主升祔太庙，而仁宗朱高炽则被祧出，放进后殿。

[2] 酌今准古，择取古代之事，用来比照今天的情况。是古代刑法典编纂的一种指导思想。

[3] 郭希颜，江西丰城曲江人。嘉靖十一年（1532 年）进士，改庶吉士，授检讨。秩满进右赞善。廷臣议庙制，郭希颜见张璁、夏言辈以议礼骤贵，心揣嘉靖帝意欲崇私亲而薄孝、武二帝。于是上疏请建四庙，祀高曾祖考，祧孝、武二宗别祀。疏出，举朝大骇，群臣皆斥希颜悖戾，议终不用。郭希颜后罢官家居，冀以危言激论博取功名，终因妖言惑众之罪而获咎。

[4] 四庙之制，始于东汉的宗庙制度。东汉时期，刘秀以汉室旁系承继大统，是以小宗继大宗。按照大宗万世不绝的理论，刘秀应以元、成、哀、平等西汉诸帝为先祖，而对于亲生父母等私亲所执之礼应当减弱。但刘秀一方面置西汉十一帝神主于高庙，另一方面为自己小宗私亲各起亲庙，以四亲庙取代西汉诸帝宗庙。七庙之规，即自周代沿袭而下的宗庙制度。《礼记》规定，天子可以追祀七世祖，太祖庙居中，左右各为三昭、三穆。

[5] 降杀，递减；随分，按照本分。

[6] 《祭法》，即《礼记》之《祭法》篇。

[7] 睿考，指明睿宗朱祐杬。朱祐杬（1476—1519），明宪宗第四子，明成化二十三年（1487 年）受封兴王。弘治七年（1494 年），就藩湖广安陆州（今钟祥市）。正德十四年（1519 年）六月十七日薨，谥号献王。正德十六年（1521 年），武宗崩。无嗣，祐杬子厚熜，以武宗堂弟入继大统，即嘉靖帝。以地方藩王入主皇位的嘉靖帝，为追封生父兴献王为皇帝，同以大学士杨廷和为首的群臣在皇统问题上展开一场激烈的论争，史称"大议礼之争"。这场论争最终以反议礼派失败而告终。嘉靖十七年（1538 年），嘉靖帝给明太宗上尊号为"成祖"，封父亲为睿宗。

[8] 宪宗，即明成化帝朱见深。朱见深（1447—1487），明朝第八位皇帝，明
英宗长子。成化二十三年（1487年）驾崩，时年四十一岁，庙号宪宗。

[9] 孝宗，即明弘治帝朱祐樘。朱祐樘（1470—1505），明朝第九位皇帝，明
宪宗第三子。在位期间，力改宪宗时朝政腐败，史称"弘治中兴"。因
病，英年早逝，享年三十六岁，庙号孝宗。

[10] 武宗，即明正德帝朱厚照。朱厚照（1491—1521），明朝第十位皇帝，
明孝宗长子。在位十六年，正德十六年（1521年）驾崩，时年三十一
岁。无嗣，由堂弟朱厚熜入继大统，即嘉靖帝。

盐法疏[1]

题为督责有司，查销退引，以杜商盐，以通盐法事。

窃谓有司奉法，非簿书期会[2]莫考其成；监司督察，非体统
联属不适于务。我国家设立盐法，其来尚矣。律有专利、官有专
职、掣挈有成筭[3]、关防有定规，其间随宜损益，渐以加详，又
复因人建置，变而尽利。虽于初意渐失，率于时弊有救，况国家当
生齿日繁之际，而盐食又民生日用之资，商之利既不加厚而反日
促，法之行既莫致美而反日穷者，何哉？有司之奉法欠严，而商之
射利自弊也。所据引盐[4]之额，计口所授，度里而行。自掣挈出
场，到于该行地方发卖，所在官司尽将引目[5]收缴，违限、影
射[6]通治以罪。法非不善，例非不重也。其如有司视为故事，盐
到之日，引目不为拘收；盐卖之后，引目未经截没。以致商人通同
铺行[7]收藏、影射，往来转卖，则私盐为害，岂止民间兴贩而已
哉！商之自私者，又不知其几也。

弘治二年，既该户部左侍郎兼都察院左佥都御史李嗣题为清理
引目事。十四年，又该巡按直隶监察御史冯允中题为限缴官引以通
盐法事。各该都察院、户部议将各行盐府、州、县坐以派定，引目
限以年终类缴。仍行巡盐御史及按察司巡盐官严行督察，题奉钦依
外。近嘉靖二十三年十二月内，该户部等衙门会议为陈边务以裨安

攘事，内开整理盐法一节，通行各该巡按、巡盐御史，各要遵照先今题准事例，严加禁治，查理着实举行。仍行各该运司，凡遇给领商人引目，务要填注年月日期及商人贯址、姓名，用印钤盖。其各该有司如遇商人运到引盐，随即拘令，报官卖毕，将原引追截。各该布政司及直隶、府、州按季类缴运司，不许仍前因循废弛，俱听巡盐御史年终通查究治。此诚绝私盐、通正课之一大机括[8]也。

方今举行尚未着实者，盖行盐地方多系隔别府分，而彼中盐司又视非本等职业，有司以纠举不及，漫不加意；商人以影射无稽，肆然为奸。臣忝奉专理，实不敢坐视其弊以误边陲大计，况方今私盐盛行，挑负塞路，聚少成多，孰非大夥？但以荒岁为患，臣实念之。本为救饥糊口之民，暂宽于法，反使乘时射利之辈得役其力于此。欲潜消默夺，不禁而止，莫若严退引之限于有司，使官盐盛行，则私贩者失利而自废。又欲笃近举远，不劳而集，莫若专责成之任于宪臣，使期会必信，则奉法者惧罪而自谨。且如淮盐额行地方，有直隶、江西、湖广、河南等处，引目有数。该运司给限到彼，有司查照拘收，卖完截没，按季销缴。巡盐御史各于差满之日，查考类奏。其完缴者为贤能，欠数者为失职，听吏部参考，以备黜陟。各官三年考满，户部仍照钱粮事例扣算。任内引目完足，方许给由，则庶乎人效其职，而法在必行矣。

伏望皇上以国计为重，将臣所议敕下都察院，移咨吏、户二部知会，转行各该巡按御史，备行所属有司。凡遇商人运盐到彼，即令铺行报官查验盐引，明白通行，拘收另给印信帖文付伊。发卖[9]毕日，尽将引目截角[10]贮库。除直隶府、州径解运司销缴，其余各投本处布政司，以凭按季类缴。仍行各该巡盐御史，务必严查纠举，勿致因循以滋商弊、以坏盐法。诚微臣奉职之至愿也。

[1] 盐法疏，乃刘存德于嘉靖二十五年（1546年）五月呈嘉靖帝的奏疏。据《大明世宗肃皇帝实录·卷三百十一》记载：嘉靖帝从御史刘存德请，

批"准盐额行地方各巡按御史督责所司，查销退引，以杜商弊"。

［2］簿书，官署中的文书簿册。期会，在规定的期限内实施政令。

［3］掣，抽。挈，攫取。掣挈，抽取（税收）。筭，古同"算"，计算。成筭，已定的计划。

［4］引盐，即官盐。明清盐法规定，以盐若干斤为一引，每引纳税若干。引与税的轻重，各地不同。已按引纳税的引盐为官盐，未纳税的为私盐。

［5］引目，古时准销售的货物凭单。开列有品种、分量等。

［6］影射，假冒。

［7］通同，串通一起。铺行，店铺和商行。

［8］机括，指治事的权柄，或事物的关键。

［9］发卖，出售。

［10］截角，批验盐引的方法和记号。

严考察疏[1]

题为慎名实，以公考察、以励人材事。

臣等照嘉靖二十四年例，该京官考察，权衡藻鉴，特于部院综核品则，酌于成规。赖圣明在上，睿思独断，大小臣工罔不祗承，以图补报。固不待迂愚之论，以裨大公之理。独念文明成化已非一日，顾士多负俗，鲜见真材者。甄别之，或爽其实，虽有黜陟而不足以劝也。夫中人为善，奖之则进，挫之则沮。不见名不劝，不见耻不励。今使为舜之徒与跖同议，怙终之恶与过同恕，欲人知善之当勉，知不善之必不可为也，盖亦难矣。

臣等近查嘉靖十八年至十二年考察事例，除年老有疾罢软等科昭著耳目[2]，少有遗失。其间以贪而去者，仅十二年有兵马大使[3]等官至司务[4]而止耳。夫广受贿赂、克敛羡余、倚公营私、因权猎利，此贪之大者也，而岂兵马等官所有事哉？舍此不问，而察察于其细，是言贪之失实也。及有以才力不及而调者，盖以其迟钝近质、周章寡筹，所短者谋断，而实无卑污之行，故调为州、县、府佐，使亲民事。则虽不能大有所建立，而和平之惠于民，亦有利焉。近或罪恶显著，托迁谪以逃公论；或仇隙交构，摘小过以济私排。同为不及之流，实有泾渭之别。见排者沮于善，而获逃者肆其奸矣。又有以浮躁浅露而调者，盖以其材华浅薄，矜肆未忘。所少者涵养，而实有化裁[5]之资。故一概调外，使居下僚，正欲其深自检省，而惩创之余，尚能得其材而用之耳。近或少年浮靡，虽贪暴而并在宽宥；锐志激扬，虽豪迈而务加摧折。同置浮躁之科，实有熏莸[6]之异。见摧者丧其志，而获宥者滋其恶矣。又有素行不谨而去者，实非圣朝得已之法，盖因其人之可绝而绝之耳。近或搜剔暧昧，撖拾流谤，以害孤介无助之人。又有纳交贵势，结欢亲识，以成根据难动之恶。是非倒置，莫此为甚！夫公论之在人心，未尝一日不明。由是数者，岂秉钧诸臣有所不辩？盖轻于视天下之材，缓于谋国家之事，则于贤不肖之去就，如秦越肥瘠，无与于我。兼之明昵之俗成于下，而怨德之念横于中，则于贤不肖之用舍，如饥渴饮食，取适于怀。大公之法废，而行私之计得矣。

臣等猥小，待罪言职，切见方今水旱，四方迭奏，所急者莫甚于财用。若使贪墨之徒复得容身于外，则财必伤而民必困。我皇上勤民，日以视国如家之臣为念，使当事任怨，介直招尤者，复不得尽节于内，则有志之士孰不解体？此臣等所以目击心摧而不能自已也。伏望皇上垂察愚衷，亟除往弊，敕下吏部、都察院，遵照考察旧规，从实举行。特严赃吏之黜，勿使遗于权奸；详慎不谨之科，无滥加于疏远。断自才能不足以集事者为不及，气质不可以近人者为浮躁，过恶有指为不谨，以次调黜。间有行已偶失而踪迹未明、理法稍乖而原情可恕、历履未练而进修有待、处事多过而志节足称者，乞特加策励，并从留用，勿以混于不及诸列，以广作养，以明德意，使他日得一人而用之，皆今日一劝之力也。且天地之生材甚难，国家之养材甚费。自宾兴之日至于筮仕，数更贤明尺度，重典登庸。一有所短，遂为媒孽挫抑终身，少得振拔以效力于明时，深可惜也。设有不顾公论，不辩名实，与一切徇情纵容、曲为拥护、任意猜忌、巧肆挤排者，听两京科道等官从公举劾，臣等决不敢阿附畏避，以上负君父，下负职任。则庶乎黜陟之典以正，而善恶有所劝惩矣。

批：考察京官，朝廷重事。吏部、都察院会同，务要从公询访，去留不许徇情偏纵。[7]

[1] 严考察疏，乃嘉靖二十三年（1544年）十二月刘存德就来年京官考察一事，上呈嘉靖帝的奏疏。嘉靖帝阅毕作了批示。

[2] 罢，通"疲"，累。昭著耳目，即耳目昭彰。

[3] 大使，官名，多指特派出巡的大臣。元代管理制造、税务、仓库等事设有大使，明、清沿袭，变为低级官员。

[4] 司务，明代官名，掌出纳文书及衙署内部杂务，其官署名司务厅。清代六部、理藩院、大理院等都设有此官。

[5] 化裁，随事物变化而相裁节。后多指教化裁节。

[6] 熏，香草。莸，臭草。熏莸，喻善恶、贤愚、好坏等。

[7] 此御批，《大明世宗肃皇帝实录·卷三百十一》所记为："上曰：考察京官，朝廷重事。部院会同，务从公询访，去留允当，不许徇私偏纵。"

乞赈贷疏[1]

题为重灾连岁，生命穷迫，恳乞天恩，普赈以图全活事。

臣于嘉靖二十五年正月二十四等日，据两淮都转运盐使司运使高鸾，直隶、淮安等府知府姚虞等各呈议，为重罹灾伤，乞欲比例题请发赈等因到。臣随查得嘉靖二年、十八、二十等年淮、扬等府灾伤，间见百姓阻饥，皇上特为轸念，将余盐银两，或自太仓给发，或自运司留赈。彼时民灶倚生，至今传颂。近嘉靖二十四年灾伤，该巡盐御史齐宗道比照嘉靖十八、二十等年事例，题请普赈。承蒙天恩，准将余盐银五万两留存，分给外江北军民灶户，藉此延生，冀秋有获。奈复积月不雨，历冬无雪，及春发生麦苗绝望，去岁鬻子易食、弃家谋口者，即今二十五年不能自有其身矣。臣自奉命以来周行各府[2]，连地旱伤，凤阳兼有河决为灾，而泗、寿二州，临淮、五河、怀远、碣山等县为甚。淮阳兼有蝗蝻为灾，而海、泰二州，盐城、桃源、兴化、泰兴等县为甚。又历淮南以北三十盐场，目击贫灶困居穷海，忍饿烧煎，人色已无。勤动卒岁，真有欲委命草莱、以图一日之安而不可得者，夫孰非皇上之赤子哉！其饥与军民则一，而其业为劳苦，其系于边计为重大，其被灾非止近岁。盖自嘉靖十八年海潮淹没以来，亡散之众至今未复，追呼之吏视昔倍急，又不容其流移糊口于四方，真所谓羁置穷庐、坐而待毙者也。如此之流习见，丰歉皆不复以秋成为望。惟计皇上圣慈，必有恩赈自天而下，则其更生之日也。

臣等待罪盐法，如躬疾疢，无力拯援，独仰体皇上好生大德，俯察黎民待哺至情，冒昧宣达，实臣微忱。伏乞敕下户部，照例议处，从宽给发。除嘉靖二十四年九月至二十五年二月征过余盐银两依期解部不敢轻移外，自三月以后掣积银两，乞容存留十万，一半解送巡抚衙门，赈济军民；一半收放运司，赈济灶户。从此亿万余生咸归一人再造，诚大惠也。至于分赈之策，自古所难计。今可以任事之臣，求之府、州、县，不过数人而已。皇上之施恩如此，其广生民之待生如此，其急若拘，常委任各专界域，不免有勉强终事之徒；调度失策，不惟滋奸靡费，有孤[3]圣恩。甚至聚饥饿之民而转之沟壑，其害又有甚于不赈者。臣既愿为皇上宣昭德意，动费十万，岂敢有欺隐？合无[4]于准赈之日，户部仍咨都察院，备行抚按衙门，通将府、州、县正佐官员，各参访归一，方行会委[5]。先尽本管地方，以次度地分行，责其一意干办，随宜设策。务于时艰有济、实惠遍及，以副我皇上宵旰忧民至意。运司官系臣专属，倘有委用失当、赈恤无方，则臣之罪也。事完之日，通将委用过官员、赈过饥口，造册奏缴，则庶乎亿万军民、灶口之家无有不获，而臣之干冒请赈亦可免于罪戾矣。

批：依拟给银五万两赈济，务要委用得宜，使民沾实惠。

［1］乞赈贷疏，嘉靖二十四年至二十五年（1545—1946 年），两淮地区大旱。时任巡盐御史的刘存德上疏嘉靖帝，细数灾情，请求存留十万余盐银两赈济灾民、灶丁。三月，嘉靖帝批示："给银五万两赈济。"《大明世宗肃皇帝实录·卷三百九》记载："以淮、扬重灾，命两淮运司发余盐银二万五千两赈恤灶丁。从巡盐御史刘存德请也。"即指此事。

［2］周行各府，时刘存德奉命巡视两淮。

［3］孤，辜负。

［4］合无，犹何不。

［5］会委，两个或两个以上机构或机构的主管人，共同在一件公文上签署名衔。

结凳堂遗稿卷之二　史　评

汉高帝斩丁公[1]论

尚论汉治杂伯[2]，予初不知其然。及观高帝斩丁公，徇[3]于军中，致辞谓其以不忠而受戮，且使人无效之，有若袭齐侯责楚之故智[4]，而后知首杂伯之治者，高帝也。昔齐侯以诸侯之师侵蔡，蔡溃，遂伐楚。楚子使与师言，管仲明征其辞，曰："尔贡包茅不入，王祭不供。"楚惟知罪之不暇，以尊王之义，无所逃也。今有不义之臣，不忠于其君，则何所逃于天地之间，而不以身陷天下之大戮哉！丁公之死，无足追论矣！然召陵之对，其义正也，而仲之心则非高帝之致辟[5]于丁公，其义正也。而帝之心则非胥假之而已。齐桓假之，而古今知其谲；高帝假之，至今以为义也。此予之所不能已于论焉。

自刘、项并兴，天造草昧，当时豪杰择君而事，以图大业，故曲逆之就项也。自魏太仆其就刘也自楚都尉，而淮阴以楚郎中受上将，黥布自楚淮南受王礼。汉之所用者，悉多楚之叛亡，卒能用其力，混一海内。当其时，高帝固不疑其不忠，而三臣者亦未闻以不忠自疑。诚以择臣于多事之日，计其足办吾事而已；择君于未定之时，计其足辅以自见而已。此三臣所以不以去君为惭，而高帝亦不以用去君之臣为不义。迹其相遇，非古之明良，亦季世之明良也。及天下既定，丁公负其生全之恩，自楚来谒。帝乃以其为臣不忠而戮之，以徇于军，且曰："使后世无效丁公。"是必以在廷之臣，有丁公之臣在焉，故欲以阴折其心，使之无效，以自固于天下。盖至是而后知帝猜忌三臣者之心未尝忘也。但以汗马之劳未瞬，而带砺之盟方结，未忍遽开其相忌之隙，以自陷于寡恩，故独为楚戮一丁公，以自固夫臣我者之心。

　　呜呼！吾亦闻古之人君有以自固其臣，未闻以杀戮惧之也。使杀戮可以惧人臣而固其心，则夏商之季无叛臣矣。且帝欲其后世之无效是也，而丁公则谁为之效哉！吾意筑坛拜将，参乘护军，侍官御食，贵偶后王，所以立判亡之赤帜者，高帝也。既自为之，卒自疑之，不欲人之效之，至于杀人以惧之，帝之心始于是乎不直矣。使其果欲申大义于天下，而非以一己私意行乎其间，则何为拔三臣于亡命而独戮其宥己之丁公哉！且淮阴曲逆犹或可用，九江王布非项氏所令，以密弑义帝于江中者乎？三军缟素，正名讨贼而独庸其手刃之者。此帝之不能以公道行法，一也。而季布为项王将，亦数窘辱帝，而不忍致之死，皆为有二心于项者也。卒以滕公之言，赦其罪，拜爵郎中，独不闻其以不忠而受戮。此帝之不能以公道行法，二也。是故即黥布之首逆而居功，则知缟素之师无尊王之义，即季布之同罪而异罚，则知丁公之辟，非责臣之礼，用不测之恩，施不测之戮，天下后世以高帝为何如主乎？或者谓其尝以私怨求布，购之千金、罪舍匿者，三族安知不以此之心待丁公哉！故一见而决其愤，致辞而加之罪，是又未可知也。此盖甚高帝之所为，无以异于暴项之烈，吾未敢遽以此断之。然帝之本心已为后世窥见，吾知其无以自白也矣。

　　夫自有天地，而仁义之道行乎其间，盖根之人心不容泯灭者，而非欲以绳天下之大辟。圣人制刑，有不忠之戮，盖公之天下与众弃者也，而非欲以济一时之私怨。故古之人君，尽诚以行仁义之道，犹恐其弗感，此汤武之誓所以柔而婉也，而况敢借以为致刑之口实。至公以持杀戮之柄，犹虑其弗服，此周公之诛所以及管、蔡也，而况敢滥以为酬怨之机权。盖假仁则害仁，假义则害义，淫刑以逞则失刑。五伯至今为祸首，蹈此失而已。尚论者，不当爱惜丁公之死，而当原高帝所以死丁公之心，则于春秋略有罪而责备贤者之义得矣。然帝之所以忍此者，果以为戮一人而千万人惧矣。不知此言一出，惭愧在廷。君臣相忌之隙，实开于此，人人将自危矣。□□云梦伪游[6]，元勋鼎镬。信果逆谋，则帝之言有以二其心，不然则亦帝之猜忌而致其毒也。一二年间，韩王信反马邑，赵相贯高谋柏人[7]，陈稀反代地，彭越、黥布、卢绾悉以叛乱，岂非高帝不测之戮有以二其心哉！其为虑顾得为深且远哉！断史者谓此举系汉四百年治安之业固，未必其信然。而启汉四百年杂伯之治者，高帝一念之私为之也。可慨夫！

[1] 汉高帝斩丁公，典出《史记·季布栾布列传》。丁公，即丁固。丁固为楚将时，曾追逼刘邦于彭城西边。陷入困境的刘邦急切地对丁公说："两贤者怎么能互相逼迫呢？"丁固于是引兵而退。至楚亡，丁固谒见刘邦，刘邦斩其首级，且于军中示众，说："使后人不要效法丁固。"

[2] 伯，即霸。汉治杂伯，指汉代"霸王道杂之"的政治制度，即用王道搀杂霸道治理国家。

[3] 徇，示众。

[4] 故智，曾经用过的计谋；老办法。

[5] 致辟，杀，诛戮。

[6] 云梦伪游，典出《史记·高祖本纪》。灭楚后，刘邦袭夺韩信兵权，徙封其为楚王。又采取陈平之计，诈称出游云梦，趁韩信出迎时将其逮捕，贬为淮阴侯。

[7] 赵相贯高谋柏人，汉高祖五年（前202年），汉高祖刘邦封张耳之子张敖为赵王，嫁长女鲁元公主与之为妻。八年，高祖过赵时，张敖执子婿礼甚恭，反遭辱骂。赵相贯高等见此非常气愤，遂于柏人县谋刺高祖，未遂。次年事发，入狱。

汉高帝处赵王论[1]

凡人之情，莫害于有所溺也。有所溺而为之谋，以求济焉，则穷。于是而求工于谋，以济其穷焉，则乱矣。夫理之在天下，其贞之为是非，其判之为利害，至明也。其好是而恶非、欲利而虑害者，人之情也；为之从是而舍非、趋利而避害者，谋之功也。然而明是非、利害之乡而向往之者，其则未始不在于心也。于是而苟有所溺矣，则是其所是、利其所利，皆理之所谓非与害者也。工于其非与害者而谋之，则不足以求济，而适足以滋乱而已。谋之愈工，而乱之愈亟，而溺之害始见于天下。

汉高之处赵王，爱之溺者也。□□废太子而立之，固为之谋以求济矣。立之不可至，为□□强相以重之，则又求之工以济其谋之穷矣。噫！谋之而不臧[2]，工之而愈拙，帝之智复何所用哉！何也？其理之不足以济也。夫吕氏以坚忍为之，母既嫡而贵；太子以仁孝为之，子又长而贤。高帝徇于所爱，欲以贱妨贵，以少陵[3]长，则吕氏于戚姬之母子，其不相能[4]非一日矣。故高帝一念之爱，吕氏一念之忍也；高帝百念之爱，吕氏百念之忍也。高帝必欲求济其所爱，则吕氏必欲求其所忍，故其所以谋之者愈工，则其中之者愈密；谋之者愈远，则其中之者必愈亟。此势之所必至也。

帝亦知夫博者乎？博以瓦注，则其得失不足较也；博以钩注，则有得失之患矣。而其胜负未可逆定也。惟博以金注，则溺之心始生，溺之心生而必败之形成矣。何则？天下之不可戢者，莫如争心，其启之以必争者，莫如利。夫注之以瓦，彼固无所利于与博也，吾从而收其不争之便可也。注之以钩，则彼固有所利于与博矣，吾欲安受其不争之便不可得矣。然所利者少，则其欲易厌，而其争易息，故曰胜负未可以逆定也。苟以金而注之，则彼固有所侥其大利，而贪婪之心愈鸷悍而不回；〈固有〉所虞其大害，而爱惜之心愈疑畏而不释。夫以其不〈能回〉之贪婪，而应吾不能释之爱惜，则吾之坐其弊也，果矣！所以然者，彼之求济其贪巧于吾之求济其爱也，吾爱之而以置诸博，固无所用爱矣。彼之贪者，固利乎博也，而后贪有所施，故曰必败之道也。

然则高帝之欲立赵王也，其亦以置诸博矣。且置周昌[5]以相之、示之，欲固存之也。吾惧夫与博者之有所利而必欲，故亡之也。高帝亦将无所用爱矣，彼一强项之周昌，何能为哉？观其拙于谋太子，则其拙于谋赵王也可知矣。吾意高帝大惭，赵王不旋踵而鸩毙，实周昌之强项有以速之耳。以帝之明而虑不及此，盖其区区之溺有以锢之，而其为谋亦已无赖矣。然则为高帝计者，正不当植赵王以不可动之业，而当处之于不足畏之地。不当开吕氏以相忌之隙，而贵有以启其相容之心，如博者之以瓦注也，而后足以存之也。故千金之子深藏若虚，而后人无所窥利焉。苟以置之于博，则人人得而利之，人人得而谋之矣。吾虽有爱焉，其得失之机有不在我也。高帝之爱赵王也，甚于爱金。则其推而远之，当甚于藏富，其患吕氏也；甚于患博，则其密而图之也。当甚于□□。是故衽席燕好之私不可溺也，嬖宠匹嫡之阶不可□□，太子诸王之分不可干也。虽三王修身正家之道，实不过此，而吕氏之积毒固蔑，有自来矣。

惜哉！高帝之溺于所爱也，遂至穷其术而无所用。则首赵王之祸者，赵尧置相之谋，而甚赵王之祸者，还宫定策之议，高帝不得辞其责矣。昔晋献公使荀息傅奚齐，荀息曰："臣竭其股肱之力，不济则以死继之。"及里克杀奚齐，荀息死之[6]。君子盖美其信，尤惜其死之非所也。周昌既不自量其才之不足以重赵，又不自量其忠之不足以死义，而遽以受吾君爱子之托，得无负乎？此固君子之所不识者也。所幸者羽翼既成，而赵王之不果立耳。使赵王既立而吕后杀之，则周昌之不为唐之王魏者无几，帝犹得谓之知人善任使哉！

[1] 原题作"论汉高帝处赵王"，据目录改。汉高帝处赵王，汉高帝宠幸戚夫人，欲废太子刘盈，而立戚夫人之子赵王刘如意为太子，众大臣劝阻无效。张良为吕后谋，请商山四皓辅助太子。刘邦见"四皓"，知太子羽翼已丰，遂断废立之意。

[2] 臧，善。

［3］陵，同"凌"，侵犯，欺侮。

［4］能，和睦。

［5］周昌（？—前192），西汉沛（今属江苏沛县）人。秦末刘邦起兵，随刘
　　邦入关破秦。任中尉，迁御史大夫，封汾阴侯。耿直敢言，刘邦欲废太
　　子，直言谏止。后为赵王刘如意相，如意为吕后所杀，他托病不朝。

［6］里克杀奚齐，荀息死之，献公二十六年（前651年），晋献公听信宠妃
　　骊姬谗言，逼死太子申生，逼走重耳和夷吾，立骊姬之子奚齐为太子，
　　并任命荀息为太傅，辅佐年幼的奚齐。晋献公病逝，荀息任相国，立奚
　　齐为国君。朝中以里克为首的多数大臣反对拥立奚齐，里克借献公治丧
　　仪式之机，刺杀奚齐。荀息遂立奚齐之弟卓子为国君。里克与数位晋大
　　夫联合发兵攻入宫廷，杀死卓子和骊姬。荀息深感有负于献公，遂自杀。

张良论^[1]

　　史称张良招四皓^[2]，羽翼太子，其功甚伟。予于一事而获其
三失焉。

　　夫为人臣者，先其忠而后其智。故智可以济忠之不及，舍忠而
用之，虽智则谲。谋人之事者，先其臧而后其成。故成可以见臧之
有功，不臧而谋之，虽成则败。凡有人之国家者，先天下之大义而
后吾身之私图。故自利□□而亦可以有辞于天下，弃义而图之，虽
得则逆。故曰〈仁人〉者正其义不谋其利，明其道不计其功。^[3]夫
仁人者，非世之所谓忠臣、义士与孝子者乎？苟不明于功利、道义
之大界，以臣则不忠，以子则不孝，以士则不义，虽有功，何足伟
哉！吾执此以断之，则羽翼一事，子房失之于用知，四皓失之于求
成，盈太子失之于植私。三者举戾于经，请得而终论之。

　　昔晋献公以骊姬之故，欲废申生。作二军，使太子将其下，灭
三强，而还城曲沃^[4]。士蒍^[5]知其弗立也，谋之曰："不如逃之，
无使罪至，为吴太伯^[6]，不亦可乎？犹有令名。"与其及也，又为
之谋曰："心苟无瑕，何恤乎无家！"此士蒍所以谋人之事而功不

求成也。迨谋成于中大夫里克，克欲以中立自免，为之不谏。太子有皋落之役[7]，克阳止而阴遣之，此里克所以为人之臣谲而不正者也。及其居绛而难，作人谓太子："盍言子之志于公乎？"太子曰："不可。君安骊姬，是我伤公之心也。"谓其盍行乎？太子曰："不可。君谓我欲弑君也。天下岂有无父之国乎？"[8]遂死诸。此申生所以为人之子无所逃而恭者也。

以汉廷今日之事观之，子房之默有里克之志，四皓之谋无士蒍之臧，盈太子之从之无申生之节。〈太史公〉谓为人臣子而不明于春秋之义者，虽其不陷于〈篡弑必〉死之罪，亦将以其身犯天下之大不义，尚得而与之乎[9]？〈余〉观高帝之欲易太子也，谓其弱而不立，其始盖出于天下之公心，而终遂成于女子之私言。此中才之主，徇于所溺，无足深怪。良以腹心大臣，史不闻其数谏，特俟其劫而后谋之。夫良果知其言之不足以济，而有待于四皓，则亦何俟于吕泽之劫[10]已也？劫而图之，则彼以有挟而求我，以不得已而应。此所以待、所与敌者，而谓忠臣之所以事君者乎？且帝自还宫疾笃，又非可以坐视成败之时也，良何以知四皓之必至，又何以知其至之必济？顾为是之舒迟而不虞有后事之悔乎？迹其所为，虽无克之成谋，原其心，度不无克之中立。不然，则临之至变以炫其智，置之至危以显其谋，阴结于女后，售恩于太子，其志从可知矣，罪岂独降于里克哉！春秋罪克，以不能据经廷净，以动其君，执节不贰，多为之故以变其志。良虽幸而成，亦与有此责也已，非所谓舍忠用智，虽智则谲者乎？

夫四皓者，世之所谓隐君子也。其隐也，有所不为；其出也，必有所为。不可苟也。植私于其子，拒命于其父，顾得而为之乎？夫古人事□□□为，而为事到吾前，因而以成之耳。若怀希慕，期必□□□事求可，功求成，行一不义而得天下，无所不可者矣。子□之所以终得罪于名教者，以委身于无父之国，而况为之中主哉！况以死挟之哉！君子死非难，处死为难。古人有死义立孤者，无所逃而为之耳。四皓视太子之易否，特秦越之肥瘠[11]耳！死之，则何义也？以首阳仰止之风，欲自蹈于匹夫之谅，果自轻其身耶？抑以帝之重其死耶？一言之失，举其平生而尽弃之，非所谓不臧求成、虽成则败乎？且盈太子既以仁孝闻于天下，则是举也，乌在其仁孝哉！夫子称太伯为至德[12]，为能专让以成父之志也，独不闻克之言乎！"子惧不孝，无惧弗立，修己而不责人，则免于难"。[13]不忠之臣犹能言之如此，仁人孝子可不明于此义乎？故太子能，则斋栗祗载[14]为虞舜可也；不能，而将及于废，则让位去国为吴泰伯可也；又不能而及于难，则全身远害为公子重耳[15]可也。三者举无一得焉而取，必于自固其身以有其天下，其孰能说之？卒使吕后鸩[16]杀赵王，人彘[17]戚姬。重伤厥心，淫乐弃政，享祚不弥七年[18]。而禄、产作乱[19]，几危刘氏，岂非惠□不能正其始，亦不能正其终之明验与？故曰弃□□□得则逆者也。或者乃曰："首止之盟[20]，《春秋》美之；鲁隐〈不反于〉桓[21]，《春秋》讥其成父之逆志。"

　　然则今日之事，在张良、四皓〈有〉齐桓之仗义，盈太子无鲁隐之徇名[22]，律之以春秋之法，固已与之，是又未达于正变之义也。盖周惠欲以私爱易嗣，齐桓行伯翼戴太子，一举而君臣父子道得，庶乎可与权之义矣。定计羽翼，挟父以争，而君臣父子之道丧矣。是谓之权，则祭仲废君之权也。鲁隐得国于先君，乃探其逆志而以与桓，故《穀梁》谓其废天伦、忘君父而行小惠。盖乐为权而失其正者也。太子之天下未尝受于先君，使赵王得而有之，亦不为取天下于惠帝，何至植私自固，酿祸萧墙，践祚无几而杀帝之爱子。三则以大残易小惠，而父命、天伦沦丧殆尽。如是而谓不失其正，则卫辄拒父尊祖之正也。彼三失者，尚安得而逃之哉？或又以其植立汉家数百年之宗社，在此一举，是又非追本之论也。善乎！杜牧有言曰："南军不祖左边袖，四皓安刘成灭刘。"[23]则其事亦危矣。

［1］原题作"张良"，据目录改。

［2］四皓，即"商山四皓"，是秦始皇时七十名博士官中的四位博士，东园公唐秉、夏黄公崔广、绮里季吴实、甪里先生周术，后隐居于商山。汉高帝欲废太子，吕后闻之着急，便遵照张良的主意，聘请商山四皓辅佐太子。刘邦见四皓，知太子羽翼已丰，遂断废立之意。

［3］此句出自《汉书·董仲舒传》："夫仁人者，正其谊不谋其利，明其道不计其功。"

［4］曲沃，位于山西省南部，为古晋都地。晋昭侯元年（前745年），晋昭侯封成师（桓叔）于此，号"沃国"。晋侯缗二十八年（前678年），武公灭晋自代，定都于此。晋献公十六年（前661年），晋献公有意废太子，分兵二军，令太子申生率领下军，伐灭霍、魏、耿。班师回来，为太子筑城曲沃，令其居焉，有意远之。

［5］士蒍，春秋时期晋国政治人物。祁姓，士氏，讳蒍，字子与。晋武公、晋献公时期的大臣，帮助晋献公清除晋公室桓庄之族。又任大司空，负责修筑绛城以作新都。士蒍知晋献公欲废太子，曾劝太子申生出走。

［6］吴太伯，吴国第一代君主。姓姬，吴氏，名泰伯（又作太伯），商末岐山（在今陕西）周部落首领古公亶父（即周太王）长子。太伯知三弟季历贤，父欲传位季历及其子昌（即周文王），乃借为父采药之机，与老二仲雍出逃至荆蛮，自号勾吴，让位给三弟季历。

［7］皋落，春秋时北方的少数民族。皋落之役，指闵公二年（前660年），晋献公命令太子申生征伐东山皋落氏之役。晋献公指令太子"尽敌而返"，实则是要牺牲他。申生的谋臣们为此议论纷纷。大夫里克明知底细，却劝太子尽孝道。事详见《春秋·左传·闵公二年》。

［8］此段乃公子重耳与申生之对话，表现了太子申生尽忠尽孝之心怀。事详见《春秋·左传·僖公四年》。

［9］《史记·太史公自序》曰："为人臣子而不通于春秋之义者，必陷篡弒之诛，死罪之名。"

［10］吕泽，山东单县人，吕后（吕雉）的哥哥。跟随刘邦起兵，为汉将有功，高祖六年（前201年）封周吕侯。高祖八年卒，谥"令武"。高后二年（前186年），被执政的吕后追尊为王，改谥"悼武"。吕泽之劫，指吕泽因汉高帝欲废太子，出面"胁迫"、"要挟"张良为之出谋划策一

事。张良为之出了聘请商山四皓辅佐太子的主意，打消汉高帝易太子之念头。

[11] 秦越之肥瘠，典出唐·韩愈《争臣论》："视政之得失，若越人视秦人之肥瘠，忽焉不加喜戚于其心。"比喻疏远隔膜，各不相关。

[12] 子称太伯为至德，典出《论语·泰伯》，孔子曰："太伯，其可谓至德也已矣。三以天下让，民无得而称焉。"

[13] 此句典出《春秋·左传·闵公二年》，乃晋献公命令太子申生征伐东山皋落氏时，申生担心被废，大夫里克劝其尽孝的话。

[14] 齐栗祗载，典出《尚书·大禹谟》："……负罪引慝。祗载见瞽瞍，夔夔齐栗，瞽亦允若。至诚感神，矧兹有苗。"瞽瞍，即虞舜之父。舜见其父亲，十分恭敬小心。其孝道感动上天，有神鸟帮忙锄去荒草。后来尧乃此把帝位"禅让"给舜。

[15] 公子重耳，晋献公之子。公元前656年，重耳之兄申生被骊姬害死，重耳亦遭骊姬迫害而逃离晋国，在国外颠沛流离19年，辗转了8个诸侯国，直至62岁才回国登基做国君。

[16] 鸩，毒酒，用毒酒害人。

[17] 彘，即猪。人彘，是指把人变成猪的一种酷刑，即剁去四肢，割去鼻子，挖出眼睛。用铜注入耳朵，使其失聪；用暗药灌进喉咙、割去舌头，使其不能言语。然后扔到厕所里。

[18] 享祚不弥七年，指汉惠帝刘盈在位仅7年，死时年仅24岁。刘盈的早逝，与其即位后吕雉惨无人道地残害戚夫人和刘如意而造成的心理阴影不无关系。

[19] 禄、产作乱，指吕雉逝世后，其侄吕禄、吕产独揽兵权，意欲谋反。太尉周勃得知消息，用计收回兵权，杀掉入宫作乱的吕产，捕斩吕禄，铲除诸吕势力。

[20] 首止之盟，公元前655年，周惠王宠爱庶子姬带，太子姬郑储位不稳。姬郑向齐桓公求救，齐桓公为实施其"尊王攘夷大一统"的计划，召集宋、鲁、陈、卫、郑、许、曹之君于首止，与周太子盟，旗帜鲜明地支持姬郑，反对废嫡立庶，令周惠王不敢轻举妄动，稳定了太子姬郑的地位。

[21] 鲁隐，即鲁隐公，名息，鲁惠公的庶长子。鲁惠公死时，太子允（即鲁

桓公）还太小，便遗命隐公上台摄政，然非即位。及太子允长，隐公有心让位，但贪恋权位，处事犹豫不决，种下祸根。后太子允听信鲁大夫羽父谗言，让其杀了鲁隐，太子允上台，即为鲁桓公。

[22] 徇名，舍身求名。

[23] 杜牧《题商山四皓庙》原诗作："南军不祖左边袖，四老安刘是灭刘。"

皇子弗陵生论[1]

皇子弗陵者，钩弋赵夫人之子也，非世嫡矣。其犹书何□乱本也，其谓乱本，何谓武帝之逆志足以成之耳。〈或曰〉："〈武〉帝有杀太子之心乎？"曰："未也，以其心则足以杀之。"□□□弗陵之生，帝署钩弋之门曰"尧母"[2]。则固以尧之母曰其〈母〉也，安得不以尧待其子哉！子而尧也，其犹弗得立耶？戾太子[3]于是乎无有死所矣。嗣而江充[4]以告阴谋见用，遂为天子私人，至拜水衡都尉，积毁于烁金，丛谤于市虎[5]。虽以太子仁孝，靖献[6]有日，其不重武帝之疑虑，而起其投杼[7]者，盖亦难矣。况卫后[8]以爱弛见疏，苏文[9]以宿怨致谗，戾太子以笃爱而不肯自明，石德[10]以猜恚而不使请命，始坐受其乱，终自蹈于逆，其将谁尤哉？推见至隐，盖武帝一念之私召之也。

《易》曰："履霜，坚冰至。"盖言慎而已。昔晋献公宠骊姬，生奚齐，使荀息傅之。而东山之役，申生以冢嗣统其军，君子盖已知献公推远之意，而必申生之弗立矣。已而致毒于胙，而骊姬之秘计得行。盖亦窥见献公积毒之所自，始得以中之耳[11]。

是以古之圣王，明于修身正家之道，而弗溺于枕席宴好之私。虽至微举动，不敢不慎，无使并后匹嫡[12]以乱天常，所以重宗统、一民心，而辨之于微也。有若文王舍伯邑考而立武王[13]，则圣人举事为天下择君而已，亦□□明其道以安天下之情，夫岂徇于一己之私，使□□□□有所窥见间隙，从而树私恩、摇大本者哉！汉高

□□□□几成厉阶，向无羽翼之谋，则太子危矣。然瘿[14]附于颈，□□内食，必为外溃。汉高既以私心启之，虽旋而复定，然流血之祸，不自赵氏为之，亦自吕氏为之矣，由辨之不早辨也。武帝不胜其溺爱之私，使江充之徒得以窥其意之所属，从而酬其倾悷。逮事之已成，而后存吕氏母壮子幼之戒，遂以杀其母而立其子。

　　呜呼！吾闻古有植遗腹、朝委裘[15]而天下不乱者，而未闻有无母之国也。武帝有见于吕氏之足以祸汉，而不知汉之所以启吕氏之祸者，高帝存赵之一念也。武帝知戒吕氏而不知戒赵王，可谓不当其事者矣。是故弗陵生而太子危，非帝有危太子之心也，其势不足以存之也。"尧母"命门，特起义于任身之异[16]，遂以成其奇爱之偏，帝弗自觉也，爱在此则危在彼矣。是为以意召乱，乱莫大焉。江充，夫固善乱人之父子者，其乘间构虐，犹醯酸而蜹集[17]之耳。帝复以充为使，治巫蛊狱。太子计无从出，从石德议，收捕斩之，而长乐之乱成矣。吾是以知帝无杀太子之心，而势不得不杀；太子无叛父之心，而势不得不叛。始于一念好恶之不慎，而流祸至此。武帝之为□□□，不知春秋之义矣。

　　然吾亦病太子之仁明，而无以□□□。吾闻亮之告刘琦曰："申生在内而危重耳，在外而安乎。"[18]□戾太子欲为吴太伯之让，则无义；为虞舜之底［厎］豫[19]，则不能不得已而去国远害，为公子重耳可也。既及于难，江充衔命迫促，则当自诣以求明。不然，则江充天子之隶臣耳，奉乱命以胁君之爱子，太子从而盗父兵以救难而及杀之，然后自表罪状，幸其见原亦可也。苟身不可保，亦可自明其无有他志，安得以非辜之谴而反自蹈于不道[20]之诛乎？吾于太子无取焉。申生尝谓其傅曰："君安骊姬，是我伤公之心也。"[21]故不明其志于公，君子不以其死为孝。重耳尝言于秦曰："父死之谓何？又因以为利，天下其孰能说之？"[22]君子谓重耳于是乎有礼。迹戾太子之始，执让以酿乱，终蹈逆以速祸。其斯有愧于二子矣，是皆不知义、命之过与？而其志则可哀也！卒之壶关遮诉，立见感悟，殆未可以武帝为无天理之心者。当时若千秋深明，于父子之间不能乘机决言，以保全其天性，使至自经而后上变，将何益哉？故太子之祸，投种于赵氏之立，萌芽于弗陵之生，蔓延于巫蛊之狱。坚冰之渐，有自来矣。咎在当时诸臣不克□□□□纲目谨微之书，故于是而始志之，以为父子君臣□□〈春〉秋之义者之戒，以此防民，犹有立子以贵，而废太子□□，武帝之不能正其始也。

[1] 原题作"皇子弗陵生"，据目录改。皇子弗陵，即汉昭帝刘弗（前94—前74），原名刘弗陵，汉武帝少子，母为皇帝宠妃钩弋夫人。武帝崩后继位，年仅8岁。即位后，因名字难以避讳的缘故而更名刘弗。在位13年，病死，终年21岁。

[2] 帝署钩弋之门曰"尧母"，典出《汉书·外戚列传》。据载，汉武帝时期，勾弋夫人生下龙子。武帝因此子与帝尧同样在母腹中待了14个月，遂将勾弋夫人的宫门更名为尧母门。

[3] 戾太子，即刘据（前128—前91），又称卫太子，汉武帝的长子，元狩元年（前122年），被立为太子。后来，武帝任用江充等奸臣，与太子日益疏离，致使父子间沟通不畅。武帝晚年患病，江充以除蛊患为名，入宫验治，陷害太子刘据。刘据起兵反抗，诛杀江充。江充党羽以太子起兵造反上告皇帝，帝命丞相刘屈牦调兵平乱。两军混战长安，死者以数万人。后太子兵败自尽。史称"巫蛊之祸"。武帝后来终知太子冤情，余生一直在悔恨中度过。汉昭帝刘弗陵去世，无子。权臣霍光扶助刘据之孙刘询登上帝位，是为汉宣帝。即位后，谥刘据曰"戾"，为蒙冤受屈之意。故刘据又称"戾太子"。

[4] 江充（？—前91），本名齐，字次倩，西汉赵国邯郸（今河北邯郸市）人。因其妹嫁与赵国太子刘丹，成为赵敬肃王刘彭祖的座上宾。太子刘丹疑其告密，派人追杀，江齐逃入长安，更名江充，向汉武帝告发赵太子丹，并骗得武帝信任。曾出使匈奴，后拜官直指绣衣使者。官至水衡都尉，权倾朝野。武帝晚年患病，江充以除蛊患为名，陷害太子刘据，引发"巫蛊之祸"。江充终死于太子之手。

[5] 烁金，指伤人的谗言。市虎，市中的老虎。市本无虎，因以比喻流言蜚语。典出《韩非子·内储说上》。

[6] 靖献，谓臣下尽忠于君。语出《书·微子》："自靖，人自献于先王。"

[7] 投杼，比喻谣言众多，动摇了对最亲近者的信心。典出《战国策》卷四《秦策·秦武王谓甘茂》。

[8] 卫后，即卫子夫，为汉武帝生下长子刘据，元朔元年（前128年）三月被立为皇后。其弟卫青、外甥霍去病，均为著名的抗击匈奴英雄。

[9] 苏文，汉武帝身旁的宦官，喜欢挑拨是非，知武帝不喜太子，竟然挑拨武帝、皇后与太子之间的关系。

[10] 石德，温县（今属河南）人。西汉太初三年（前102年），嗣父石庆为牧丘侯，后为太子少傅。武帝晚年，江充以除蛊患为名，在太子刘据宫中掘出"桐木人"，以陷害太子。刘据难以自明，大为惶惧。遂与少傅石德商议，当机立断，先下手捕斩江充一伙人。后太子兵败，石德获罪，赎为庶人。

[11] 此段参见《汉高帝处赵王论》篇注［6］。

[12] 并后匹嫡，典出《左传·桓公十八年》："辛伯谏曰：'并后、匹嫡、两政、耦国，乱之本也。'"并后，与王后并列，即把妾媵拟同于王后；匹嫡，即把庶子地位等同于嫡子。

[13] 文王舍伯邑考而立武王，出自《礼记·檀弓》。伯邑考，周文王之嫡长子，周武王的同母兄。

[14] 瘿，中医指因郁怒忧思过度，气郁痰凝血瘀结于颈部的病。

[15] 植遗腹，扶植遗腹太子；朝委裘，皇帝死去，帝位虚设，置故君之遗衣于朝堂之上而受君臣朝拜。

[16] 任身，即妊娠。任身之异，皇帝宠妃勾弋夫人生皇子刘弗陵，怀孕14个月，故称异。

[17] 醢酸而蚋集，典出《荀子·劝学篇》。醢，即醋；蚋，指蚊子。此句意思是，醋变酸了就会惹来蚊虫。

[18] 东汉末年，荆州刘表前妻所生长子刘琦为后母所不容。因此，刘琦以"上屋抽梯"之计，求诸葛亮教以摆脱困境之法。诸葛亮以春秋时晋献公的妃子丽姬谋害太子申生、重耳的事例指点。刘琦恍然大悟，便请父亲将己外调，避开后母，免去杀身之祸。

[19] 厎豫，指获得欢乐。语出《孟子·离娄上》："舜尽事亲之道，而瞽瞍厎豫。"

[20] 逌，逃避。

[21] 此句出自《礼记·檀弓下》。晋献公想杀其子申生，公子重耳对申生说："你为何不将心中的想法对父亲说？"申生回答说："不行，父亲有骊姬才得安乐，我说了会伤他的心。"

[22] 此句出自《礼记·檀弓下》，公子重耳受骊姬的陷害流亡国外。公元前651 年，晋献公去世，晋国无主，秦穆公派使者到重耳处吊唁，并试探是否有乘机夺位之意。重耳请教于舅舅子犯后，用其舅的话婉言表态。为此得到穆公倍加赞许。

党锢论上[1]

自古至治之世，未尝无小人，惟天欲福人之国，则难乎其为小人也，故虽四凶[2]，无以成其逆。自古衰乱之世，未尝无君子，惟天欲祸人之国，则难乎其为君子也，故虽三仁[3]，无以遂其志。是以成毁之迭兴者，数也；臧否之贞胜者，命也；天时人事之相为表里者，常也。君子于党锢之祸，独可尤[4]之人哉？以之尤小人，则小人不足尤也；以之尤君子，则志亦重可哀也。吾固以天归之而已。

汉自高、惠仁养，得时之春。春，蠢也，物所产也。武、宣励精，得时之夏。夏，大也，物所盈也。物不可以终盈，止之，而有元、成、哀、平之厄。止必有所收，故挚之以秋，而有光武、明、章之烈。降而桓、灵，天地闭矣。陨霜不杀，必物之灾，而况于君子乎？是故冬华之桃李[5]冲和，闭伏之余气也。其天地生物之心不在焉，将百发而百萎矣。衰乱之君子亨通，薄蚀之余精也。其天地生贤之心〈不〉在焉，将百出而百不敷于用矣。否则岂以众君□□□□有一智者出乎其间哉！

吾闻之也，"君子可逝也，〈不可陷也〉；可欺也，不可罔也"[6]。东汉诸贤欲谋人之国家而先，不〈爱人〉爱其身，其死如饴，相率而就之，是独无人情者乎？天地气运之厄，方有以成吾道之厄，故必先愚君子之心，而后以亡君子之身。

[1] 本篇及下篇原题作"党锢上"、"党锢下"，据目录改。党锢，指东汉桓、灵二帝统治时期官僚士大夫因反对宦官专权而遭禁锢的政治事件。所谓"锢"就是终身不得做官。党锢的政争自延熹九年（166 年），一直延续到中平元年（184 年）。

[2] 四凶，是指传说中上古时代舜帝流放到四方的四个凶神。四凶在《尚书》和《左传》中均有记载，但是内容却不尽相同。《尚书·舜典》中记述的四凶是共工、驩兜、鲧（大禹的父亲）、三苗。《左传·文公十八年》中的记述是：帝鸿氏之不才子"浑敦"、少皞氏之不才子"穷奇"、颛顼氏之不才子"梼杌"、缙云氏之不才子"饕餮"。

[3] 三仁，指殷末之三位仁人微子、箕子、比干。微子，商王帝乙的长子，纣王的庶兄。因纣王荒废国政，屡次劝谏不听，遂出走。后为宋国（今河南商丘）开国始祖。箕子，帝乙的弟弟，纣王的叔父，官太师。因纣王无道，受到政治迫害的箕子率其族人出走朝鲜，举为国君；比干，帝乙的弟弟，纣王的叔父，官少师。受其兄帝乙的嘱托，忠心辅佐侄儿纣王，反被残杀。

[4] 尤，怨恨，归咎。

[5] 冬华之桃李，桃、李等果木于冬日开花结果，占象者认为是阴行阳事，像臣下专权，侵凌君阳，或骄臣凌上，当诛而未诛。

[6] "君子……"句，出自《论语·雍也篇》。意为"君子可以被摧折，但不可以被陷害；可以被欺骗，但不可以被愚弄。"

党锢论下

或问，笃信好学，守死善道。君子曰：学，所以明信也；道，所以处死也。信不以学者，谅也；死不以道者，腐也。故党锢之祸，吾不尤小人之害君子，而尤君子之无以处小人；亦不尤其无以处小人。而深尤其无以自处其身。盖小人之害君子者，其常也。至于君子而无以处小人，则疏矣；甚而无以处其身，则愚矣。世有徇虚名而召实祸、信小节而忽大计者，君子必以为迂。可以君子而自处，其疏且愚哉！

汉自和帝用郑众谋窦宪[1]、桓帝用左悺谋梁冀[2]、顺帝迎立且定策于孙程、王康[3]，则阉竖根据，业已难动，蔑贞之志有自来矣。君子惕号以谋之，犹惧其及，而况示之以不可及之名，以开其忮，如太学之更相褒重者乎？激之以不可，戡之□□，甚其毒如李膺[4]杀张让弟朔者乎？卒使狼穷反□，□□□奔，造设党议[5]，考连数百。其不骈首以就诛僇者，□□□□从而更相标榜，污秽朝廷，君厨俊及[6]，各署名号。呜呼，□□矣！焉用文之，此杨恽[7]之所以及于难也。追陈、窦[8]秉政，连〈茹〉引用，剥余不食，来复有机。时苟得为，固孔孟之所屑为也。而卒以轻举偾事，自蹈诛死，延祸钩党，动计千百，不惟善类不可保，而社稷亦重受害矣。故论党锢之祸，首之者，周〈福〉、房植南北之议[9]；成之者，李膺断张成之狱[10]；救之者，陈、窦；成之者，亦陈、窦也。救之也，适所以蓄其变，而甚之也，则一败不可复收。陈、窦之以其身首祸也，固宜。太抵仁不足以胜武，廉不足以养节，智不足以定谋，诚不足以镇物，在陈、窦则有之矣。

夫仁不胜武，则武亵，故一时中官必欲尽收以犯众怒，其失一也；廉不足以养节，则节靡，故一门四侯多为树党以自封植，其失二也；智不足以定谋，则谋泄，故闻难而后率诸生拔剑不为戒备，其失三也；诚不足以镇物，则物二，故临难而致张奂附逆不知本谋[11]，其失四也。犯此四失，而以谋人，其不甚小人之债而泄其余毒者无几。一时诸贤罹祸极备，陈、窦不得辞其责。要之，学不足以〈明信〉，道不足以处死，于诸贤深有可尤之甚者也。

[1] 和帝用郑众谋窦宪，汉和帝十岁登基，年幼无力处理朝政，窦太后临朝

称制，启用其兄窦宪等窦氏亲戚，掌揽朝权。和帝及长，深恐窦氏专权后患无穷，用宦官郑众之谋，诏窦宪回京辅政。然后逮捕其党羽，缴收窦宪印信，遣回封地，赐死。

[2] 桓帝用左悺谋梁冀，汉顺帝时，大将军梁冀因其妹为皇后，飞扬跋扈，专擅朝政，甚至毒杀当面称梁冀为"跋扈将军"的质帝。汉桓帝十五岁登基后，对梁冀专权乱政不满，借宦官左悺等五人之力，杀死梁冀，并诛其全族。

[3] 孙程、王康，汉安帝时为中黄门宦官。汉延光四年（125年）十月，汉安帝卒，孙程与王康等十八人首谋拥立济阴王称帝（即汉顺帝），诛灭外戚阎显。

[4] 李膺（110—169），字元礼，颍川襄城人（今属河南），出身衣冠望族。举孝廉，历任青州、渔阳、蜀郡太守，乌桓校尉、司隶校尉等职，官至太尉。东汉桓帝、灵帝时，宦官专权，李膺联结太学生抨击朝政，纠劾奸佞。时宦官张让之弟张朔为野王县令，贪残无道，被李膺逮捕处决。张让向桓帝诉冤，桓帝诏李膺入殿，李膺据理对答，桓帝以无罪开释。在党锢之祸中，两次被捕，终被拷打致死。

[5] 造设，制设。党议，聚众议论。造设党议，典出《后汉书·窦何列传》，指张成的门徒牢修上书诬告李膺与太学生结成死党，诽谤朝廷一事。

[6] 君厨俊及，东汉桓、灵二帝时期，反对宦官专权而遭禁锢的党人虽被罢官，却得到了比当官更为荣宠的社会敬仰。他们共相标榜，指天下名士为称号，"上曰三君，次曰八俊，次曰八顾，次曰八及，次曰八厨"。君，指受世人共同崇敬的人。厨，指能以财救人者。俊，指人中英才。及，指能引导人追行受崇者。

[7] 杨恽（？—前45），字子幼，陕西华阴人，汉宣帝朝曾任左曹。后因告发霍氏谋反有功，封平通侯，迁中郎将。神爵元年（前61年）升为诸吏光禄勋，位列九卿。因与太仆戴长乐失和，一语不慎，被其检举，免为庶人。居家时，作《报孙会宗书》，发泄怨恨，为马吏所告，被腰斩。此案为中国历史上以文字罪人之始。

[8] 陈窦，即陈蕃与窦武。陈蕃（？—168），字仲举，汝南平舆人氏（今河南平舆北）。汉桓帝时为太尉，汉灵帝时为太傅。为官耿直，桓帝朝，因犯颜直谏，曾多次左迁。曾拼死上疏救李膺等党人。灵帝朝虽得重用，

却因和大将军窦武共同谋划剪除阉宦，事败而死。窦武，字游平，扶风平陵（今陕西咸阳西北）人，东汉末年外戚。桓帝延熹八年（165 年），因长女立为皇后，遂以郎中迁越骑校尉，封槐里侯。次年，拜城门校尉。曾以太后诏，诛戮专制宫省的中常侍管霸、苏康等，得到士大夫的拥护。建宁元年（168 年）八月，窦武与陈蕃定计剪除诸宦官。后事机泄露，兵败自杀。

[9] 周福、房植南北之议，指东汉末期的南北党人之说。周福，字仲进，甘陵郡（今临清）人。汉桓帝刘志为蠡吾侯时，曾就学于周福。桓帝即位，擢周福为尚书。房植，字伯武，与周福同郡。以经学知名，官至司空。周福、房植同时名闻当朝，乡人为之谣曰："天下规矩房伯武，因师获印周仲进。"二家宾客，互相讥讪，遂各树党徒，渐成尤隙。由是甘陵有南北党人之说。后汉党事亦自甘陵周、房二人始。

[10] 李膺断张成之狱，桓帝朝，河内郡人张成以占卜吉凶结交宦官。他推算将要大赦，便故意令其子杀人。时任河南尹的李膺将其捕获，不久政府果然大赦。李膺大怒，不顾诏令，将其处死。宦官集团以此为借口，唆使张成的门徒上书，控告李膺与太学生结成死党，诽谤朝廷。早被宦官集团控制的桓帝大怒，下诏逮捕党人，受牵连者多达二百余人。后太尉陈蕃、外戚窦武极力劝谏，桓帝才宣布赦免党人。但仍将其全部罢官归家，并终身禁锢，永不为官。此即为第一次党锢之祸。

[11] 张奂附逆不知本谋，建宁元年（168 年），年仅十二岁的灵帝即位，窦太后临朝。大将军窦武与太傅陈蕃密议，图谋驱除宦官势力。因机密泄漏，宦官曹节等便矫诏发动政变。此时护匈奴中郎将张奂新到京师，不明真相，曹节便矫制张奂率兵围窦武，迫使窦武自杀，陈蕃被诛，其门生故吏皆免官禁锢。张奂却任少府，又拜大司农，以功封侯。张奂恨为曹节所卖，上书固辞封侯。

赵苞王陵徐庶论[1]

君子之处天下事也，如持衡。然持衡之势，此重则〈彼轻〉，〈弗〉可以兼胜，惟其宜而已矣。处事之势，此急则彼缓，弗可

〈以〉兼全，惟其当而已矣。物惟其宜，故重在物而无与于我，自不害于所轻。事惟其宜，故急在理而无与于我，自不害于所缓。学者明于此义，而后可以应变于不穷矣。

昔赵苞之母劫于鲜卑[2]，王陵之母质于项羽[3]，徐庶之母获于曹操[4]，三子者皆处子母之变，而上有君国之责者也。人不云乎"君亲不两立、忠孝不两全"，正谓此也。而君子于此必欲求其得失，则惟权而已。权之者，低昂而屡变之者也。若举三人而断之，以一理则辨之未辨耳。惟求之于低昂屡变之说，而后权之义始得；权之义得，然后有以见。夫在此则为重而轻之于彼，在此则为轻而重之于彼者，未可以一而概列其失也。何也？苞居灵朝，出守辽西，此其已非母之身也，君所倚赖之身也。以君所倚赖之身而欲私徇于其母，则如君何？古人言：母子之爱，不可解于心。而亦不容以不解者，苞之日是也。故其所重者，忠也，孝不得而与焉。□□聚党从季，徐庶以身许备，此时君臣之分未定，〈备仅渺渺〉之身也。以母所属爱之身而欲苟徇于人，则如□□□□言君臣之义，无所逃于天地之间，而亦有逃之。而□□□可者，二子之日是也。故其所重者，孝也，忠不得而与焉。□徐庶为亲屈而去其君，赵苞为君屈而死其母，吾以为义一而已矣。若陵之从汉，既不得于委质为臣之义，而听母自杀，又不得徇于为国忘家之忠，吾其谓之何哉？先儒程子顾独以徐庶为得，而赵苞列于王陵，吾是以哀其志也。若谓其为君守城，去之不可，则生母之方虽无求焉，可也。必欲求母之生也，非舍其君之城不可也。或者谓其城可委于裨将，使君知吾心之无二。又谓其对贼可以自杀，使贼知杀母之为无益。

呜呼！裨将之足以守城可也，其不足以守也，宁不负其君与国乎？自杀之可以存母可也，其不足以存也，宁不胥失其为忠与孝乎？苞之处此，亦可谓穷矣。况子之能仕，父教之忠，无亏忠义之训。苞之母死于徇义也，义死而安，苞又何恨？况苞又继死于母死之后也，孝子之心昭矣！吾安得而尤之？若谓陵母先死，降之无及

□生母之方，特其为之不早耳。得为而不早为也，谓非□□其母之死不可也，或者谓其委身于君不可，反□□□□谓其母语使者不可违其治命。

嗚呼！秦鹿既失，□□□□果孰为君而孰为仇乎？苟足以存吾亲者，君之可以□□事亲惟义之从，果孰为治而孰为乱乎？求其无负于吾□者，从之可也。陵之处此，亦弗之审矣，况至于以功名伤其天性，勿持二心之教。陵之母死于徇利也，徇利而死，陵何能忍？况陵又以功名终汉之世也，孝子之心没矣，吾安得而宥之？是则曰忠、曰孝，各有当重之时；为君、为亲，必无两重之理。君子惟明义理于心，而施其权衡于事，则何有于不当哉！

[1] 原题作"赵苞王陵徐庶"，据目录改。

[2] 赵苞（？—177），字威豪，甘陵东武城（今山东武城西）人。举孝廉，初仕州郡。东汉熹平末，任辽西太守。赵苞之母劫于鲜卑，赵苞升任辽西太守后，遣人迎母及妻子赴辽西，途经柳城，为鲜卑所房，作为人质，载以进攻辽西。其母说："人各有命，何得相顾？"赵苞即率军迎战，击败鲜卑军。母、妻皆遇害。鲜卑破后，葬母事毕，呕血而死，封鄃侯。

[3] 王陵（？—前181），沛县人。秦末农民战争中，聚众敷千人据南阳，后归刘邦，从定天下，以功封安国侯，官至右丞相。因反对吕后封诸吕为王，罢相，改任太傅，病死。王陵之母质于项羽，刘邦起兵攻陷咸阳后，王陵集合数千兵占据南阳，不随刘邦，自成一军。此后刘邦与项羽作战，王陵的母亲在项羽营中，她为了让王陵归顺刘邦而伏剑自杀。项羽大怒，将王陵之母烹煮。王陵于是归顺刘邦。

[4] 徐庶，本名福，字元直，颍川（治今河南禹州）人。初官于新野的刘备。徐庶之母获于曹操，汉献帝建安十三年（208年），曹操率大军南征荆州。刘备寡不敌众，大败而逃。徐庶之母不幸为曹军所掳，曹操伪造其母书信召其去许都。徐庶得知此讯，痛不欲生，含泪辞别刘备。北上归曹以后，尽管才华出众，却不愿为曹操出谋划策，故在曹魏历时数十年，几乎湮没无闻。"徐庶进曹营，一言不发"，即出于此。

赵普论[1]

天下有大罪似大功、大佞似大忠、大贪似大廉、大谲似大智者，君子非反复始终以考其实，推见至隐以诛其心，未有不轻与之者也。昔晋有桃园之逆[2]，《春秋》不罪。手刃而罪，有将以手刃之罪著而略，而有将之罪微而甚也。

吾观陈桥告变，大事遂定，宋太祖取天下于周，三尺童子得而知之者，惟赵普。普以周旧臣，阳为謇晓[3]，阴主策立，谋其君〈之〉天下以与人，如取诸寄，至今未有非之者，且多其□□□功，得无惑乎？夫以当时天人之势验之宋，虽无□□□□下，孰将逃之？普济以速成之谋，反使天与人归□□□□陷为阳施阴设之私物，则致太祖于逆节者，赵普□□□大罪似大功者也。

绛侯背白马之盟[4]，君子不称其安□□定刘氏之功，而责其无人臣之义。以不正而成，不若正而无成者。太宗欲渝金匮之盟[5]，而以谕普，亦其私之不敢自断者。普显然负之，曰："太祖已误陛下，岂容再误太祖之举尧舜之心也。"何误之有？无乃授受不决，烛影祸炽，廷美嗣祚[6]，恐袭厉阶[7]，故为此言以悟之耶？今也，既教其兄以负其弟，又安知向也不教其弟以戕其兄哉？赵镕告变、李符称逆[8]，普之致廷美于必死，其处心之无良，极矣！至是一言之间，人伦决绝，上负太祖以尧舜之心，不得正其始；下陷太宗为诸樊之逆[9]，不得正其终。谋国不臧，赵普有焉。所谓大佞似大忠者也。

王翦[10]为将，多请田宅，为秦王怛中而不信人，故为此自浼以固其君，君子犹或非之。太祖得吴越馈金于庑下，普谢不知，犹或可也。时君禁私贩秦陇大木，普遣吏诣市屋材，联巨筏至汴以治第。又以隙地私易，尚□蔬园以广其居，多营邸店以规末利，普又得而谢乎？□□相奉朝请，郁郁不得志者累年，乃谋柴禹锡，告

□□□□召对，自道预闻顾命，及上表自诉，以是复相，继□□□□军节度，赐宴长春，奉诗感泣。后复平章事，屈事吕□□□自引避，则其患失之心不能一日忘也。故曰大贪似大廉者也。

晁错为汉削平六国，而以其身首祸，君子不悲其死，而愚其无故以发大难之端。宋之有藩镇，亦犹汉之有七国也。赵普谋收藩镇之权，亦幸而无吴楚之变耳。杯酒之间，何所恃以服其心？而禁卫重兵一旦解之而无难色，又安知其不有他志哉？万一国家多难，尚安得而用之乎？一切以陈桥之故智，揣度帅卒之常情，托以推诚，济其猜忌而侥幸无偿，以为有定难于未萌之功。

呜呼！亦已惑矣。古以藩镇卫王室，皆数百年保天之禄，后世虽不可行，然骤除之，未有不酿乱者也。天厌祸而人怀安，故普之谋以遂。不然，鲜不为清君侧者指名矣。故曰大谲似大智者也。

［1］原题作"论赵普"，据目录改。赵普（922—992），字则平，生于蓟州，后唐末年，随父迁居洛阳（今河南洛阳）。初任陇州巡官，后周显德三年（956年），入为匡国军节度使兼殿前都指挥使赵匡胤的幕僚。显德七年元旦，赵普等人为赵匡胤谋策，发动陈桥兵变。宋乾德二年（964年）任宰相。宋开宝六年（973年），被弹劾罢相，出为河阳（今河南孟县南）三城节度使。开宝九年十月，"斧声烛影"，宋太祖暴卒，赵光义登基。次年，召赵普入朝。太平兴国六年（981年）赵普以"金匮之盟"，解决宋太宗继位的合法性问题，升为司徒、梁国公，二次入相。太平兴国八年再次免相。宋端拱元年（988年），封为太保兼侍中，第三次出任宰相。宋淳化三年（992年）乞归，同年病卒于洛阳。追封真定王，谥忠献。

［2］桃园之逆，指赵穿弑晋灵公于桃园之事。赵穿（？—前607），嬴姓，邯郸氏，名穿。春秋中期晋国大夫，赵盾堂弟，晋襄公之女婿。生性骄奢蛮横。曾封于邯郸，称邯郸君。时赵氏掌管朝政，晋灵公不甘当傀儡，逼走赵盾。公元前607年，晋灵公游于桃园，赵穿伺机弑之。

[3] 譬晓，譬解晓谕。

[4] 绛侯背白马之盟，白马之盟是汉高祖刘邦在位时与刘氏诸王以杀白马方式定立的盟约，即"非刘氏而王，天下共击之"。刘邦驾崩后，吕后立诸吕为王，右丞相王陵以盟约为据加以反对。但是绛侯周勃、左丞相陈平却认可吕后之举，结果吕后大封诸吕为王。

[5] 金匮之盟，宋朝杜太后（赵匡胤、赵光义的生母）临终时召赵普入宫记录遗言，命太祖赵匡胤死后传位于弟赵光义。此遗书藏于金匮之中，故称"金匮之盟"。史料虽有"金匮之盟"记载，但却找不到盟约的原文，故有人认为系赵编造。直至今世，尚无定论。

[6] 廷美，即赵廷美（947—984），宋太祖赵匡胤四弟，原名匡美，为避太祖讳，改光美，又避太宗讳，定名廷美。按"金匮之盟"约定，宋太宗赵匡义应传位赵廷美，但赵匡义登基后，隐匿"金匮之盟"。赵廷美一向专横骄恣，曾多次遭其兄斥责，知有"金匮之盟"一事，对赵匡义更为不满，暗中谋划篡位。宋太宗太平兴国七年（982年），篡位阴谋泄露，赵匡义遂罢其开封府尹。后忧悸而卒。嗣祚，继承皇位。

[7] 厉阶，祸端，祸患的来由。

[8] 赵镕告变、李符称逆，宋太平兴国七年（982年），柴禹锡、赵镕等人向太宗状告秦王赵光美骄恣，将有阴谋窃发，威胁太宗皇位。太宗问失势的老臣赵普，赵普表示愿备枢轴，观察奸变。同时陈说自己忠于朝廷反为权幸诬告，进而把受杜太后之托写"金匮之盟"作了说明。宋太宗解除了对赵普的误解，再拜他为司徒兼侍中，封为梁国公。赵普觉得留在京里还是不稳当，便让开封府尹李符上表，宣称赵廷美"不悔过，怨望，乞徙远郡，以防他变"。于是又一道诏书发下，将赵廷美降为"涪陵县公"，安置房州。

[9] 诸樊之逆，春秋时，吴王诸樊有三个弟弟，大弟余祭，二弟夷昧，三弟季札。诸樊知季札贤，故不立太子，将王位依次传给三个弟弟，想最后把国家传到季札手里。诸樊死后，传余祭。余祭死，传夷昧。夷昧死，当传给季札。但季札不肯受国，隐匿而去，夷昧之子僚便自立为吴王。王僚违背了兄位弟嗣、弟终长侄继位的祖规而接替父位。因而本想继位的公子姬光心中不服，暗中伺机夺位。由专诸进献鱼炙，暗藏匕首，刺死王僚。

[10] 王翦，关中频阳东乡（今陕西省富平县美原镇）人，秦代杰出的军事家，与其子王贲在辅助秦始皇兼灭六国的战争中立大功。秦始皇欲灭楚，轻信于年少壮勇的秦将李信，结果伐楚兵败。秦始皇请王翦伐楚，临行前，王翦以安顿子孙日后生活为由，请求始皇赏赐大批田宅。有人劝道："将军要求封赏，似乎过分了。"王翦说："你错了，大王疑心病重，用人不专。现将秦国所有兵力委交给我，我若不以此为借口请赐田宅，难道要大王坐在宫中对我生疑吗？"

附：

袁丝[1] 谏赵谈[2] 骖乘论

刘梦松

　　赵同，宦者也，与北宫伯子[3]皆用柔曼倾意，色授絷宠于孝文皇帝。帝尝与赵谈骖乘，故吕禄舍人[4]袁盎进谏曰："天子所与共六尺舆，非四方文学之士，则天下英俊。当今朝廷虽乏人，奈何与刑余之人同载乎？"于是帝不得已出同，同亦涕泣趋下。

　　吁嗟乎，岂不伟哉！然则无可议乎？曰：谏则□，而谏之之心则非也。夫宦，刑余也。《春秋》之义，君毋近□□，加阉人于余祭者，贬余祭之。近刑人使阉侍，成□□□□，故伊戾危痤、赵高杀亥[5]，岂二子能为秦、宋祸哉！□□□□媚而忘其患也。文帝与同骖乘，是迹覆车之故辙、〈养丧家〉之宿疾[6]也。袁盎乃引节慷慨而折贵，幸不候席之已□□之垂避，而触安陵之交、解龙阳之宠[7]。至于文帝有难色而强笑，同子躬垂涕而下车，则虽士季及溜于晋、富辰鲠谏于周[8]，何以加焉？

　　当时王侯震懾，宫闱削迹，公卿大夫莫不多之，直声布闻天下矣，而又何议焉？曰：以其心则成于私也。夫人臣事君，不畜私恚，不怀旧怨，忠于事上而无二心，是以祁奚举仇、萧相荐参[9]，不以怨而弃德者，何也？诚先其君而忘其身也。盎之恶谈，其故乃由于素不相能，惧同子近幸，日夜潜盎，暴其过短。计无所出，乃用兄之子种谋，当众廷辱之，使其潜不行。噫！此所谓因忠以就名，乘私以快忿者也。是轸施于仪之计也，非所以事君也。虽赵谈以娥娼[10]幸，由星历显，非有曹相国之贤、羊舌赤之才，即去之无害。而袁盎之谏，固内深而非引义矣。且以孝文之贤，未必遽詟于讹诿[11]。而文景之世，吴王[12]治国日久，煮海铸〈钱〉，〈招〉

置亡命，恃国家富殷，忿太子见提，反形已露，负固[13] □□。〈盎〉果有忠悃，不詟强御，发愤膈臆，则当相吴时，宜□□□□，摘其膏肓，以正其叛逆之乱。即不听，亦当杀身□□□□腟以旌信[14]。长瞑不顾，不知所益以忧社稷而后可□□□踵中立之策，日饮醇醪以避霍泄，上惧上书告其失，□□恐枳棘起于韩庭，不敢讼言其非、案治其罪，缄口卷舌，结唇固齿，无可如何，而后乃说以无度。噫！此岂比干之忠、解扬之使哉！诚利其身也。况多受吴王金，言王不反。至于七国蜂起，鼓行而西，自惧其及身，遂陷晁错于无辜，又岂忠臣事君无二其心者之所为哉！

夫骖乘之祸，非瘠于七国之难也；赵同之叱，宜其叱于吴王濞之庭也。而乃不忠于吴相，而伸直于郎中；不忧强藩已然之势，而忧阉宦未然之私。岂其智不及哉！谏于车下，则可以除怨而快其心；谏于吴王，则腹偩[15]刃而颈齿剑也。吾固谓袁盎之乘隙中人，一行于同子，再行于晁公，屏人之言，即车下之故智也。世及之诤，即却坐之贾直也。故曰袁盎忠未足而智有余。善哉！扬子推言之也。

[1] 袁丝，即袁盎（约前200—150），字丝，汉朝楚人。原为吕禄舍人，后因其兄袁哙与右承相周勃友善，以其才举为郎中。因数次直谏，触犯皇帝，被调任陇西都尉。后迁徙做吴相。在汉景帝"七国之乱"时，曾奏请斩晁错以平众怒。七国之乱平定后，被封为太常。后为吴王刺客所杀。

[2] 赵谈，即赵同（司马迁作《史记》避父讳改"谈"为"同"）。西汉孝文帝刘恒时得宠宦官，靠观星望气的方术而受宠幸，经常与孝文帝出入同车。

[3] 北宫伯子，西汉孝文帝刘恒时得宠宦官。生性忠厚，人缘极好，靠爱护别人、恭谨厚道得宠。

[4] 吕禄，汉高祖皇后吕雉的侄子。吕后临朝专权时，封为赵王，独揽兵权。后诸吕谋叛，为周勃捕斩。舍人，古代豪门贵族家里的门客。

[5] 伊戾，春秋时期宋国的宦官，宋平公的儿子太子痤的内师。不受宠，设计陷害太子痤。后真相渐白，被宋平公烹杀。赵高（？—前207），战国时期秦国的宦官，历仕秦始皇、秦二世和秦王子婴三代君主。先是发动沙丘之变，逼始皇长子扶苏自杀，另立始皇幼子胡亥为帝。后又主谋望夷宫之变，杀秦二世胡亥。

[6] 宿疾，比喻旧的弊端。晋陆机《五等诸侯论》："光武中兴，纂隆皇统，而犹遵覆车之遗辙，养丧家之宿疾。仅及数世，奸轨充斥，卒有强臣专朝，则天下风靡。"

[7] 安陵之交、龙阳之宠，战国时期，楚共王有男宠称安陵君，魏王有男宠称龙阳君。后人以安陵、龙阳作为同性恋的代称。

[8] 士季及溜于晋，典出《左传·宣公二年·晋灵公不君》：晋灵公不行君道，士季去劝谏，伏地行礼三次，晋灵公假装没有看见。富辰鲠谏于周，典出《史记·本纪·周本纪》：富辰数谏周襄王，不从。后翟人前来诛讨周襄王，富辰率其属下为之战死。

[9] 祁奚举仇，即春秋时期晋国贤大夫祁奚外举不避仇、内举不避子的荐贤故事；萧相荐参，即萧何病危时，向汉惠帝亲力荐曹参为相的故事。

[10] 娥媌，轻盈美好。

[11] 訹，引诱，诱惑；谖，欺诈，欺骗。

[12] 吴王，指刘濞（前215—前154），西汉诸侯王，刘邦侄，封吴王。在封国内招招亡命之徒，煮海铸钱，扩张势力。汉景帝采御史大夫晁错建议，削夺王国封地。刘濞以诛晁错为名，联合楚赵等国叛乱，史称"七国之乱"。后被周亚夫击败，刘濞兵败被杀。

[13] 负固，依恃险阻。

[14] 胆，本义为脖子，假借为头颅。旌信，表明诚意。南朝梁刘孝标《广绝交论》："援青松以示心，指白水而旌信。"

[15] 傸，同"刬"，插入，刺入。

元狩^[1]得一角兽论

刘梦松

　　在《汉纪》^[2]，武皇帝宅县宇凡几年所，愿奢欲，大长□□□□厌。既已追迹云云，大封之。乃简弓阅镞于游〈于狩〉，□□□兽逸于原，开弓缴而获之，射夫既同，献尔发〈功〉^[3]。□□□□，不龙不凤，守宫^[4]、蜥蜴俱罔象。兹野人不识，所谓□□□□君子是惟。姬箓方昌获麟之角，风于《周南》，以应《关雎》□□兽大相类。

　　今汉德代，毋若汤武之世矣。天生神物，明□□之，其稽首告阙下，帝曰："俞哉！朕罔有休德，曷敢比隆成周。乃一角兽，远惟肖之天奉我乎？古有喜则以名物其纪之年，大赦天下。告以朕意，且贻后之人观志。"兹休征^[5]于时，诸司百执事望下风拜休命^[6]，奏以元光元年为元狩元年，制曰："可。"夫元，大也；狩，武功也。若曰天子仁圣神武，德至于天，殊类若之于皇，武功亘古，仅见名以命之，盖取诸此。君子元览往籍，迄睹纪志，为吁嘻喑慨焉，曰：嗟乎！咄哉！其不讲于搜狩之术也。甚哉！其不知物也。得一兽而嬖之，乃以是为休征也。夫古者天下大祀，春搜夏苗、秋狝冬狩，皆于农隙以讲武也，以数军实、昭文章、明贵贱、辨等列、顺少长、习威仪也。得其物不足喜，不得不足异也，在《书》"文王不〈敢盘〉于游田"、"以万民惟正之供"。^[7]右尹摩厉而鸣《祈招》^[8]之音，□□为之叹息，卒不以终狩，何取乎？其又何夸于元而□□□。且夫岐山之凤、效陬之麟、洛水之神龟，生有异□□□□□□□□其以若称也，而独不知有南方之雎□□□□□□□□□□若龙若龟耶！物若矣，乃休灾亦判之□□□谓何以若麟而麟焉，其真不识麟者耶！我闻之《诗》曰："〈麟之〉

趾，振振公子。"又曰："振振公姓。"[9]夫亦其非物之谓人之□□，不以人瑞而以物瑞，帝乃淫于其末矣，不然均麟也。岂其麟于周而公子振振，汉麟之而竟以来巫蛊之祸？则何以故？吾故曰：元狩之得一角兽也，搜狩之术不讲，物则不辨，而妄言休征，以诳天下万世，其主与臣均有责云。盖自□意诵子虚之赋[10]以试上心。天子曰："朕独不得与此人同。"（原文至此，后缺）

[1] 元狩，为汉武帝的第四个年号。元朔六年（前123年）十月，汉武帝在狩猎时捕获一只"一角而足有五蹄"的兽，因此改年号为"元狩"。

[2] 《汉纪》，是记述西汉历史的编年体史书，计三十卷，为东汉时期荀悦所撰。

[3] 射夫既同，献尔发功，出自《诗·小雅·宾之初筵》。发功，指射技。

[4] 守宫，即壁虎，是蜥蜴目的一种。

[5] 休征，吉祥的征兆。

[6] 休命，美善的命令，多指天子或神明的旨意。

[7] 此句出自《书·无逸》。游田，亦作"游畋"，出游打猎。惟正之供，指止税，古代法定百姓交纳的赋税。

[8] 《祈招》，周穆王在位时喜游狩，大臣祭公谋父作《祈招》之诗以谏。

[9] 振振公子、振振公姓，均为《诗经·周南·麟之趾》句。

[10] 子虚之赋，即《子虚赋》，为西汉辞赋家司马相如的汉赋作品。其主要情节由两个虚拟人物楚国的"子虚"先生和齐国的"乌有"先生的对话所构成，两人各自夸耀自己国君出猎的情景。

结甓堂遗稿卷之三
赋 古诗 歌 行 乐府 律诗

赋

义乌赋（佚）

五言古诗

镇淮楼怀古（佚）

读下邳志（佚）

寄林次崖（佚）

送东雨湖（佚）

题归寿图（佚）

东山怀友（佚）

上除日代纪山视狱次韵（佚）

石春元应潮来别以卷索诗为其母寿书以赠之（佚）

织妇叹（佚）

送李东明恤刑江西（佚）

送徐漾医士（佚）

暮春归自胥门值廨中牡丹开偶成（佚）

次之日花谢复成（佚）

赠吴母寿（佚）

别长谷（佚）

寿沈凤峰（佚）

为友人谢张都水（佚）

送朱玉桥年丈之太平教（佚）

七言古诗

题雪景（佚）

送叶白山外兄之京武试（佚）

病居南郭以诗来问次韵谢之（佚）

歌

拟答渔父歌（佚）

凤山八景图（佚）

行

昔年行赠友人

昔年意气何纵横，落笔珠玑夸万亿。
儒生亦自数多奇，文章不得纤毫力。
剑气当空掩浮尘，黄金对面无颜色。
岂是过眼日空迷，不因狗监[1]谁相识。
献璧[2]当年事已非，同袍底为予心恻。
时暮江山对摇落，羡君高卧南山北。

[1] 狗监，汉代内官名，主管皇帝的猎犬。《史记·司马相如列传》载：蜀人杨得意为狗监，侍候皇上。皇上读司马相如的《子虚赋》，恨不得相见。杨得意告诉皇上："臣邑人司马相如自言为此赋。"皇上大喜，急召见相如。司马相如因狗监荐引而名显，故后人常以为典。

[2] 献璧，即卞和献璧的故事。作者以此典表达怀才不遇之情。

闻边报有怀

一官十载未得意，万里程期复相逼。
丈夫不作儿女嗟，岂是临岐横胸臆。
秋风如涛卷夜波，长空无云皆冥色。
万叶浑如应敌声，况复听箫赴胡北。
谁为丁壮惜荷戈，微躯止有胜衣力。
古来破虏薄书生，不仗儒臣焉报国。
羽书[1]若数下江南，苍生应待余朝食。
只论茧丝惭保障，敢言鸾凤止栖棘。
予今举首望君门，一似当年司衮职。
诸君不在振落中，安见淮阳终难惑。
草泽放歌自有时，孤松种在东山侧。

[1] 羽书，即羽檄，古代插有鸟羽的紧急军事文书。

贺包吴石[1]获麟更促北行

君看掌上珠，复顾镜中发。
明珠两两映车乘，华发茎茎阅岁月。
兰玉欲使种庭阶，桑蓬[2]总为他时发。
君不见，涂山癸甲[3]别呱儿，五服[4]辅成始归谒。
君亲生在天地间，莫诵脊令悲切骨。

[1] 包吴石，即包孝，字元爱，号吴石，浙江嘉兴人，一曰华亭人。明嘉靖
　　十四年（1535 年）进士，授中书舍人，补南河南道御史。
[2] 桑蓬，即"桑弧蓬矢"的略语。典出《礼记注疏》卷二十八。古时男子

出生，以桑木作弓，蓬草为矢，射天地四方，象征男儿应有志于四方。后用作勉励人应有大志之辞。

[3] 涂山癸甲，典出《书·益稷》："娶于涂山，辛壬癸甲。"孔传："（夏禹）辛日娶妻，至于甲日，复往治水，不以私害公。"用以指一心为公，置个人利益于不顾的精神。

[4] 五服，古代王畿外围，以五百里为一区划，由近及远分为侯服、甸服、绥服、要服、荒服，合称五服。服，服事天子之意。

织女行

一年惟此夕，万里长为客。
银烛照秋光，轻罗扬素魄。
须臾西北起凉阴，云是银河初渡轭。
人间此会能几何，忽作中宵风雨多。
共言涕泣泪成霰，为苦鸳机末夜梭。
云屏锦幕妾空守，寒窗流叶声如沱。
一字组成肠九回，组之成章心已灰。
愿将此锦置郎侧，岁不渡河颜自开。

从军行·送遵岩乃弟[1]南还

晨践严霜露，暮怆河梁别。
河梁水流澌，严霜草枯折。
云何游子心，不顾南归辙。
为言少小念桑蓬，一望白云心断绝。
长来负剑入燕京，下陇磨刀水呜咽。
水呜咽，壮心裂丈夫。
画地取封侯，不顾流河满成血。

[1] 遵岩，即王慎中（1509—1559），字道思，号遵岩居士，后号南江，福建
晋江人。明嘉靖五年（1526年）进士，授户部主事，历吏部郎中、山东
提学金事等职。嘉靖二十年（1541年）被罢黜于河南参政任上。为明朝
反复古风的代表人物之一，列嘉靖八才子之首。遵岩乃弟，即王慎中之
弟王惟中，字道原。嘉靖二十年（1541年）进士，授兵部主事，历官礼
部主客司郎中，尚宝司卿、南太仆寺少卿。

别　友

男儿志四方，岂不事远游。
无策干时好，弹铗非所羞。
朝返东瓯路，暮下章江流。
野烟浮海峤，万户生殷忧。
客剑寒芒在，持依严益州。
樽前有酒且酬击，醉后浩歌嗟落魄。
生逢世难理儒冠，文章反借黄金力。
赠君聊足妆刀头，安敢为君谢抱璧。
侧身尚在天地间，余有图书盈四壁。

送瞻亭外弟[1]归家

剖襟二十年，何以酬结发？[2]
有弟远方来，对此感存殁。
汝长未出门，胡为南走粤？
汝归得几时，倚闾已数月。
勿为薄锱铢，聊以慰契阔[3]。
我有垂白在高堂，亦有弟妹天一方。
兵戈阻绝遗升斗，况复烽燧迫疆场。

嫖姚[4]破虏应吾事，干蛊[5]承家汝自强。

有书付汝归，无翼置亲傍。

归家但说游儿健，见把青丝系虏王。

[1] 瞻亭外弟，当为刘存德的妻弟，叶姓。

[2] 剖缡，古代妇女所用的佩巾。刘存德于嘉靖四年（1525 年）娶同安佛岭叶濬之女，为结发妻。叶氏于嘉靖二十二年（1543 年）病亡，故此诗当作于嘉靖二十四年（1545 年）。

[3] 契阔，劳苦。

[4] 嫖姚，劲疾貌。汉霍去病曾为嫖姚校尉。

[5] 干蛊，即干父之蛊，典出《周易·蛊》。干，承担，从事。蛊，事、事业。继承并能胜任父亲曾从事的事业。

七夕闺情

年年七夕中宵雨，几处征人愁未还。

还亦竟有时，今宵那可期。

玉关有信频书寄，银汉无媒渡彩丝。

本为含情事机杼，羞将流态隔窗语。

郎因王事远辞家，妾念君身比荡子[1]。

荡子去不归，愁心对掩扉。

辞家事鼙鼓，慷慨冒重围。

丈夫自有封侯志，谁顾陌头柳色稀。

妾恨复何益，拜月祈新魄。

愿君无意云间见女牛[2]，好向楼头占太白。

[1] 荡子，指辞家远出、羁旅忘返的男子。

[2] 女牛，指织女星和牵牛星。

忆昔行答吴拾遗川楼[1]

昔年执简侍明光[2]，宫柳宫花共向阳。

萍踪一落江湖里，含情为谁奏绿绮[3]。

君侯朝辞青琐[4]来，扁舟摇曳层澜开。

扬澜不禁多风波，握手共笑匡山阿。

太白云松班荆[5]坐，栗里[6]柴桑载酒过。

君才自是青云客，兴至□歌展双翩。

清庙大雅閟希音，砉错何能辩拊石[7]。

有时为赋楚人骚，英皇鼓瑟声嘈嘈。

忽转清商激西颢[8]，九疑回首秋云高。

为言天地岂不广，心轻万事如鸿毛。

江天赤日人长卧，独有逢君意气豪。

自顾随君长生死，我临盖棺赖君起。

百里延医药自尝，手摩双孺抚如子。

山前江月照君心，古来友义只如此。

一自马首向临安，春树暮云意转漫。

瘴江厉雨渡扬粤，忽说人间行路难。

自信沉埋全死地，一日生还脱如屣。

所少东门酤酒赀，故人遥将双鲤至。

呼儿烹鲤[9]读素书，读罢泫然情无已。

世人会知执手欢，谁复垂颜怜憔悴。

此日康侯[10]正用宾，路远长安多贵人。

幽侧关情应有问，未劳泽畔数垂纶。

君不见，锦湘之水双鸳鸯，没者随流举者翔。

君家凤毛近池上，谁植双树在朝阳。

[1] 吴拾遗川楼,即吴国伦(1524—1593),字明卿,号川楼子、惟楚山人、南岳山人,湖北武昌府兴国州(今属湖北省阳新县)人。明嘉靖二十九年(1550年)进士,授中书舍人。后擢兵科给事中。因得罪严嵩被贬。严嵩事败后才被重新起用,历任建宁同知、邵武知府、高州知府、贵州提学金事、河南左参政。后罢归。为明朝嘉靖、万历年间著名文学家,与李攀龙、王世贞等七人并称"后七子"。

[2] 明光,指明光宫,是汉武帝于太初四年(前101年)建的宫殿。此处借指皇宫。

[3] 绿绮,古琴别称,相传是汉代梁王赠与著名文人司马相如的名琴。

[4] 青琐,装饰皇宫门窗的青色连环花纹,借指宫廷。

[5] 班荆,典出《春秋左传·襄公二十六年》,指朋友相遇,共坐谈心。

[6] 栗里,晋代大诗人陶渊明的故乡,在浔阳郡柴桑县(今江西九江)。柴桑县,因柴桑山而得名。

[7] 砻错,磨治;拊石,敲击石磬。

[8] 西颢,指秋季。

[9] 烹鲤,典出汉无名氏的《饮马长城窟行》,指打开刻成鲤鱼形的书信函。后用于指收到亲友来信。

[10] 康侯,周武王之弟姬封,初封于康,故称康侯。此处借指君王。

别王陈二生 (有序)

同城之东,余有背郭横塘在焉,儿辈构小堂于上。来晋安王友会万、陈友弼卿,聚而业之。余归不能别治,乃就。而杜门理旧籍、课诸子若侄。因得见二君所为文,迥然时彦。兹以秋事别去,知必骞腾[1]而所期于远者,安可以无述也?赋此。

事此环堵居[2],聊以避时燠[3]。
讵意来高人,清芬盈我掬。
有时披幅落烟云,五色缤纷耀人目。
自将白璧慎周防,不与雕颜共驰逐。

吾衰无复群时英，得友如君意亦横。

太史归梁方论著，子由还北始成名。

自惭推毂[4]非吾事，余有灌园复带经。

褐衣自信怀无玉，岩户往来聚有星。

同学少年应不贱，无期温饱负明廷。

[1] 骞腾，犹飞腾，地位上升之意。

[2] 环堵，四周环着每面一方丈的土墙。形容狭小、简陋的居室。

[3] 燠，暖、热。时燠，谓气候和暖。

[4] 推毂，荐举，援引。

别王邑侯咸虚[1]

谁种河阳满县花[2]，花自成蹊人自嗟。

不因去住春心损，底为蹉跎岁月赊。

岁月复何益，磨磷贵不瑕。

芳荪盈尺争怜晓，红杏倚云安足夸。

黄鹂巧作笙簧语，绿芷终为委佩华。

君不见，悟主忠州缘阖户，放身屈子枉怀沙。

卷舒一任浮云态，不作东风杨柳斜。

若无缺折窥芒刃，孰辨铦铅钝莫邪。

[1] 王邑侯咸虚，即王京，字来觐，号咸虚，江西上高人。隆庆二年（1568
年）进士，授同安知县。后迁卢溪知县。

[2] 河阳，即古河阳县，在今河南省孟州市孟县西。河阳满县花，指晋朝潘
岳为河阳令时，满县遍种桃花，人称"河阳一县花"。后遂以"花县"
为县治的美称。

赠太行令 代作

冉冉岁云暮，漫漫思夜长。
有客怀芳蕙，随风闻我堂。
相知岂不蚤，洛浦独遗裳。
佳人理清曲，织女苦成章。
君今怀远路，王事独彷徨。
仰视明月满，晨发践严霜。
规行讵当慎，所植在朝阳。
愿因回飙举，借子以龙光。

乐　府

八石四咏

八石山人春色晓，东风欲曙花枝杳。
娇莺初作谷中声，不向闺园动幽悄。
这幽悄，何时了。
蝴蝶飞来梦未成，原蚕眠起桑条袅。
相思望断白蘋洲，落花门外知多少。

八石山人夏山暮，青苍四野云归树。
樵歌声里采芝回，无复纤尘侵径路。
这径路，来几度。
朱樱树底觅残红，碧荔丛阴散清步。
雨余一架荼蘼花[1]，满地苔痕久留住。

八石山人山中秋，云白在天水自流。
从教落木苍苔遍，不禁吹箫明月楼。
这月楼，为谁留。
菊杯下见南山尽，星佩平看北渚浮。
有意纫兰须委露，何须九辨事穷愁。

八石山人冬在山，冻云流叶满空关。
寒灯余有青霜伴，不为飘零损旧颜。
这旧颜，愁易斑。
碗面流霞催岁腊，枝头破雪下江湾。
剡溪有兴凭君到，莫学山阴棹里还。

[1] 荼蘼花，也作酴醾，一种供欣赏的蔷薇科草本植物。攀缘茎，茎上有钩
状的刺。羽状复叶，小叶椭圆形，花白色，有香气。春季末夏季初开花，
凋谢后即表示花季结束，故有完结的意思。古人常以入诗，喻伤逝。

五言律诗

与南郭[1] 同诸广文登尊经阁　　二首

高阁陵三极，雄观瞰八埏。祥光栖古壁，灵影射元编。
万象丹青炳，半空丝竹悬。中宵台上望，人在百年前。

厄酒论文夕，清灯穷古心。放吟游百尺，挥管秃三岑[2]。
明月尊前满，长松户外阴。县[3]思精舍近，夜半独危襟。

[1] 南郭，即刘汝楠，字孟木，号南郭，福建同安县人。十岁能文，明嘉靖十一年（1532 年）中进士，授湖州司理。旋入京为刑部主事，又升员外郎，后提拔为湖广提学。任提学期间，因思亲称病辞职返乡，五十八岁卒。著有《白眉子存笥稿》。

[2] 三岑，唐岑羲与弟仲翔、仲休的合称。三人皆有治绩。

[3] 県，同"悬"。

避暑梵天寺[1]（用南郭韵）

叠翠映蛟宫，回峦一径通。闲来竹林下，醉卧野云中。
但得道心净，何言禅性同。时聆清啸发，应似虎溪东。

（一作"不妨频去住，家在小桥东"。）

[1] 梵天寺，在福建厦门同安，创建于隋开皇元年（581 年），为八闽最古老的寺庙之一。

九日登高喜南郭为至

把菊东篱侧，望君君更来。何时藏斗酒，此日共辰杯。
看插茱萸遍，相悲鬓发催。秋兰如可佩，莫惜上层台。

留　别

万里同为客，相悲各问岐。城隅分落叶，官舍独留诗。
蕙草西风净，烟波薄暮移。况逢秋尽日，闻笛长离思。

又饮别

灯火溪楼夜，诗篇黍酒时。花关人欲定，绮阁月相期。
鸟语当宵寂，船歌向晚移。留君勤不住，此兴转凄其。

端午与客登东门楼

三山当户牖，一鸟没云霞。望断巫峰雨，诗催禁苑花。
莲歌通锦瑟，黍酒泛金葭。何事溪头女，看郎独练麻。

玉女次韵

夏深秋思逼，风急鸟飞斜。径接三衢路，溪分万树家。
相思传缛草，得意问开花。日暮苍烟外，樵歌奏落霞。

行　役

年年事行役，三夏客中过。别路逢人少，征旗带雨多。
花原迷薜薜，鸟道没藤萝。我亦倦游者，其如芳草何。

春日即事联句

路傍青草长，（抑斋[1]）天外客悲新。
燠日迷烟树，（沂东[2]）轻风渡水滨。
嘤嘤春鸟下，（抑斋）寂寂野花匀。
芳意共怜晚，（沂东）归与问去津。（抑斋）

---

[1] 抑斋，即李恺，字克谐，号抑斋，福建惠安县螺城人。明嘉靖十一年
（1532 年）进士，授广东番禺县令，历礼部稽勋司主事、兵部车驾司郎、
湖广按察副使、辰沅兵备道。嘉靖二十六年（1547 年）归田。嘉靖三十
七年（1558 年），倭寇入闽，逼惠安。时县令林咸已解绶，群龙无首。
李恺毅然与林咸一道率众守城御寇，惠安城得保。

［2］沂东，即刘存德，号沂东。

赠水田教怀宁[1]

黄士谈经处，涪翁（黄庭坚别号）此旧游[2]。
春深啼乌换，岁古淡云留。
尺雪寒毡座，丈杨拂皖丘。
登楼凭四望（怀宁有望四楼），帆落楚江流。

［1］怀宁，地处安徽省西南部，长江下游北岸，大别山南麓前沿。东晋置县，
　　明代隶属安庆府。
［2］涪翁此旧游，元丰三年（1080 年），黄庭坚曾往怀宁县西的山谷寺，凭
　　吊禅宗三祖。

暮春游朝天宫赏牡丹次韵　三首

玉管春催早，金坛日伴迟。晨风留别恨，宿露长幽思。
侧晕霓裳舞，酞妆鬈髻姿。锦栊香欲度，雕槛影初移。

上苑占春色，幽栏迟午香。芳心霓自舞，华事玉为床。
垂幕关流翠，浮觞泛小黄。古来歌款处，明月照红妆。

为客东山卧，名花满院开。宫思频对镜，春望欲登台。
酽绿藏鹂语，暗香引蝶回。朱栏移晚照，故落手中杯。

次袁侍御岐山[1]公余独步（元韵）

二月枯桑苗，东邻少妇忙。谁当绮罗者，犹逐野花香。
白日县宸阙，浮云近楚湘。何堪长极目，曲涧绕回廊。

[1] 袁侍御岐山，即袁凤鸣，字对瑞，号岐山，辰州卫（今湖南沅陵）人。明嘉靖十七年（1538年）进士，授江西贵溪县知县。为官清正，擢江西道御史。嘉靖二十六年（1547年），调任潮州知府。为民解除疾苦，入祀名宦祠。

秋风别客

北风好归舟，南客复淹留。愁动三湘梦，病生双鬓秋。
有心县魏阙，抱拙恋林丘。极目乡关路，烟波江上收。

与贾侍御同游端岩观（三首）

结庐临石磴，开径蹑溪濆。绝胜前朝寺，欢逢旧使君。
绮筵当户设，钧乐自天闻。话罢同归去，江春日暮云。

访故入禅林，梵宫花草深。闲云栖古塔，落叶下秋岑。
未尽杯中酒，旋生物外心。何时来法界，汲井濯尘襟。

燃烛半清宵，雪声深夜潮。寒侵羸病体，瑞协圣明朝。
对镜愁勋业，寻山种药苗。苍生无限望，占岁在今朝。

长安九日作

心结南山约，年来怀索居。应无杯酒分，因与菊花疏。
感节惊新鬓，倦游怀敝庐。欲将篱下叶，题作故乡书。

过德州答蔡白石[1] 时庚戌春二月也

残雪浥香尘，轻车暮水滨。谁怜孤剑影，为语结心人。
芳树衡阳夕，晴云海国春。未论君更远，万里总堪亲。

[1] 蔡白石，即蔡汝楠（1514—1565），字子木，号白石，浙江湖州德清人。
明嘉靖十一年（1532 年）进士，授职行人，升刑部员外郎。后出守德
州、衡州，历参政、按察使、布政使等职。官至南京工部右侍郎。

书 怀

负郭田应薄，出门堪自耕。何心恋五马[1]，将鬓白千茎。
世事随流去，人情反覆生。但凭双剑气，摇落此身轻。

[1] 五马，南齐柳元伯之子五人，皆领五州，五马参差于庭。

寄 友

卜邻杨子宅，驻马旧燕城。（二兄居相邻，是日复会卢沟公寓）
凉月空庭照，端忧永夜生。
引杯燃烛短，看剑听箫轻。北里人方寂，疏钟树外鸣。

病 叹

油幕行春候，官斋昼掩扉。无心成傲吏，因病怯朝衣。
彭泽今应悟，襄阳自不归。但看花发尽，莫厌世情非。

跛　鹤

缥缈沧瀛资，华阴归去迟。瘦躯堪寄傲，中路总难期。
岂谓乘轩贵，翻令覆辙悲。愿君齐六翮，孤唳忽凄其。

牡丹开

高斋春寂寞，二月始开花。酽绿披烟暖，浓妆侵鬓华。
底逢人卧病，徒倚药为家。行乐须何日，浮生易有涯。

途中苦雨

空林过积雨，流水总平原。识路缘官柳，逢人辩野村。
寒衣非所愿，争渡已闻喧。莫扣柴扉急，栖鸡稳暮垣。

端阳过泖塔[1]有感

轻帆陵曙发，入浦始潮生。莫遣凭高兴，徒含吊古情。
湘流空有恨，吴俗不知名。泽畔行吟者，无劳作楚声。

[1] 泖塔，在今上海市青浦区沈巷镇张家圩村，为泖河中小岛上的一座古塔。
建于唐乾符年间（874—879 年），是五级四面的长方形砖塔，历代均有
修葺。

题泖塔

古塔江心峙，标灯记昔年。客舟迷极浦，佛火映前川。
明灭关禅意，烟波惨暮天。于今悲失路，只傍钓鱼船。

湘湖惜别

黄梅时载酒，白苎接城阴。为我牵游舫，知君惜别心。
溪蘋清可荐，云树远成吟。日暮维舟处，悠然江水深。

登梵天高顶 （用南郭韵）[1]

法界了无际，迢迢望气行。言寻仙子去，坐见海云生。
断壑吹灵籁，浮空远世名。应知尘劫尽，惟有怀贤情。

[1] 此诗收入《同安县志》，题为《登梵天寺次刘汝楠韵》。

除夕与吴川楼[1] 君同访李刑部[2]

使君一日至，江国自春生。薄雪分山色，停云识故情。
不谋良夜醉，何事促舟行。八表今同夕，辰柯有好声。

[1] 吴川楼，即吴国伦，参见本卷《忆昔行答吴拾遗川楼》注。
[2] 李刑部，当指李攀龙。李攀龙（1514—1570），字于鳞，号沧溟，山东历
城（今济南）人。嘉靖二十三年（1544 年）进士，初授刑部广东司主
事，升员外郎、山西司郎中，历顺德知府、陕西提学副使等职。官至河
南按察使。明代著名文学家。继"前七子"之后，与谢榛、王世贞等倡
导文学复古运动，为"后七子"的领袖人物，被尊为"宗工巨匠"。

江亭宴客

一网双鱼得，盘羹对客餐。临流思鼓棹，度石障回澜。
情惬梁间乐，诗兼壁上欢。疏松湛夕荫，初月照人寒。

江州别李东明[1]

故乡一为别，隔岁承君欢。几见疑犹梦，更杯强自宽。
何堪陵曙发，令我对愁看。况是春江渺，那禁烟雨寒。

[1] 李东明，即李春芳，字实夫，号东明，福建同安县驿路人。明嘉靖二十
　　九年（1550 年）进士，初授户部，迁刑部主事。后出守潮州，适有倭
　　患，招募敢死士，冒石矢奋力抵御，潮州得以无恙。后因受谗罢归，年
　　四十二而卒。著有《白鹤山存稿》。

初　秋

天末起新凉，游人思故乡。客身今万里，行色任孤囊。
浅水开红蓼，长堤翻白杨。已怀时节感，湛露莫沾裳。

南康[1] 入觐

十年新觐阙，一命旧专城。岂谓淮阳薄，将令浙水清。
朝中如有问，泽畔总含情。汲孺终难惑，何妨卧治名。

[1] 南康，即南康府。元为南康路，明洪武九年（1376 年），改为南康府。
　　府治星子（在今江西省九江市星子县城），辖星子、都昌（今江西省都
　　昌县）二县和建昌州（今江西省永修县）。隶江西布政司，属广饶南九
　　道。1913 年废。

过定远[1] 二首

方城过百雉[2]，沃野近千箱。漆苑怀庄吏[3]，阴陵[4]失楚乡。
水耕新作浍，土埂旧成疆。欲为纾民力，其如道路长。

凝候多阴霭，林烟互蔽亏。愁看红日远，望断白云低。
为客心无乐，怀家思欲迷。庄周蝴蝶梦，吏卧漆园时。

[1] 定远，今安徽省定远县，位于安徽东部。道家的主要代表人物庄周在此
　　地生活时间较长，留有许多遗迹。此诗为刘存德途经定远时所作的凭吊
　　庄周诗句，被收入嘉靖《定远县志》。庄周（前 369—前 286），先秦
　　（战国）时期的思想家、哲学家，宋国蒙（今安徽蒙城，又说河南商丘
　　东北）人，道家学说的主要创始人之一。后世将他与老子并称为"老
　　庄"。
[2] 雉，古代计算城墙面积的单位，长三丈、高一丈为一雉。
[3] 漆苑怀庄吏，庄周早年曾为漆园吏，后米隐退从事著述和讲学。漆园在
　　县东三十里，《定远县志·舆地考》指出："棠棣店（今定远县定东乡东
　　南），为庄周漆园遗址。"
[4] 阴陵，春秋时期楚邑，为项羽兵败后迷失道处。汉时置县。故城在今安
　　徽定远西北。

浙中廨倾自叹

天地岂不广，无以托吾庐。物倾固有分，已策未应疏。
宁为燕雀智，惭负蜗牛居。昔也事环堵，居之何晏如。

范文宗中方[1] 东归以莼[2]
见遗意自吴泽至者感而赋以谢之

泽国心犹旧，江莼思复盈。勤君当食馈，为客异乡情。
物候三春改，秋风两鬓生。如今意不适，安用事高名。

[1] 范文宗中方，即范惟一，字允中，号洛川，后改号中方，华亭（今上海松江）人，范仲淹十六世孙。明嘉靖二十年（1541 年）进士，历官钧州知州、济南府同知、工部郎中、湖广佥事、南京太仆寺卿等职务。

[2] 莼，即莼菜，多年生宿根水生草本植物。鲜美滑嫩，为珍贵蔬菜之一。《世说新语·识鉴》说张翰在洛阳作官，"见秋风起，因思吴中菰菜、莼羹、鲈鱼脍"，于是便命驾而归。

天姥山房[1] 夜宿

隐几听经声，空门远吏情。始知天姥梦，应结谪仙盟。
世事浮云变，洞中秋草生。烟霞今枕席，何用访山名。

[1] 天姥山房，在绍兴新昌与天台交界的天姥山上。

闻报倭遁登巾子山[1] 作

山阁倚城阴，横戈一俯临。长虹县古渡，荒市隐疏林。
渐起疮痍色，差舒宵旰心。谩夸谢安石[2]，谭笑靖氛祲。

[1] 巾子山，位于今浙江省临海市区东南隅，海拔 1320 米。两峰耸立，中垂凹谷。以"山势雄伟、风景如画"闻名浙南，有"东瓯第一峰"之称。

[2] 谢安石，即谢安（320—385），字安石，陈郡阳夏（今河南太康）人。

东晋政治家，军事家，官拜宰相。公元383年，前秦苻坚率师百万，南攻东晋。宰相谢安临危受命，调度有方，面对强敌，却下棋自若，而竟破苻坚于淝水之上，创造了中国战争史上著名的以少胜多的战例。

与夏拾遗同游巾子山风雨骤至为作　二首

爽气浃辰游，重阴忽满邮。萧萧黄叶雨，无限碧萝秋。
共结探元侣，翻为胜事愁。山中已如此，何处复登楼。

洞壑俯江城，西来风雨声。孤峰诸品静，万籁一时鸣。
但觉氛埃尽，自将禅意清。依归如有地，无用学逃名。

夏拾遗召饮移舟江上赋此谢之

理棹向中流，移樽傍钓舟。水清鱼避饵，云净鸟依丘。
莫奏临汾曲，还同泛壁游。烟波收薄暮，未觉荻芦秋。

再宿天姥山房

客路属深秋，轻车拥敝裘。只谋清夜醉，难共谪仙游。
雨色连云冻，泉声带叶流。鸟归兵火后，亦向谷溪头。

次江上逢九日

篱下搴黄叶，江洲待白衣。相逢今日醉，为客几时归。
寒日江容淡，平沙雁落稀。海天愁极目，古昔已成非。

皖城题大观亭[1]　二首

为客春风暮，逢君意气多。心中开径窦，力欲挽江河。
尘世浮成梦，沧浪静听歌。危栏频徙倚，芳草谓吾何。

山色晴江上，川光返照间。佳气相明媚，游人自往还。
共知鱼鸟悦，亦有水云闲。安得将清镜，持以对愁颜。

[1] 皖城，在安庆城西十五里处，今属江苏省安庆市大观区。大观亭，元末
郡守余阙葬处。位于安庆市大观亭街，负山面江，环境清雅。建于明嘉
靖元年（1522 年），系两层砖木结构，画栋飞檐。清咸丰年间，兵燹亭
毁。

旧县道中大风

浩荡震八极，萧索旅魂惊。日见寒中色，雷从何处声。
扶飙无羽翼，献暴有余情。况复倦游者，宁堪尘满缨。

访僧不遇　云顶岩[1]

入定人何往，飘摇云独留。无心成去住，愧我自夷犹。
性旷随廪适，机疏共鸟休。不期浮海外，更得与天游。

[1] 此诗乃隆庆五年（1571 年）夏刘存德往云顶岩访僧不遇，投宿留云洞，
读丁一中诗刻，步韵所作。同行有其弟刘存业，亦步韵作诗一首。诗曰：
"人事成代谢，闲云乍去留。江和山缱绻，诗共酒夷犹。天近歌须浩，潮
平棹欲休。摩崖苔藓碧，尘绝喜来游。"此两首诗均镌刻于云顶岩留云
洞，今尚存。

送王从戎

黄卷惭家学，青丝壮国猷。吴山高立马，越水远维舟。
佩印心非乐，居囊志未酬。所愿南归日，高堂双鬓留。

赠曾封君吉溪寿

七十逢元日，寿尊倍有辉。仙郎花作县，词客芰为衣。
吉水清堪荐，溪鱼馔正肥。欲称介眉酌，应与奏南飞。

和郡丞丁少鹤^[1] 题金榜山^[2]

文翁能化俗^[3]，邹鲁即为乡。雅博分部署，差迟出建章。
风清卿月宇，奎聚德星堂。一矫图南翮，应从霄汉扬。

[1] 丁少鹤，即丁一中，字庸卿，号少鹤山人，江苏丹阳人。明嘉靖年间，
由恩贡拔选，授青田知县。隆庆元年（1567 年）任泉州府同知。任职期
间，喜与朋友登眺吟咏，境内名山几乎题遍，厦门有其多处诗刻。
[2] 金榜山，地处厦门岛中心地带，自然景观优美，人文景观丰富，有唐末
厦门名士陈黯隐居的"石室"与垂钓的"钓矶"，南宋大理学家朱熹的
遗迹和明代文人陈献章题写的"海滨邹鲁"石刻。
[3] 文翁能化俗，宋绍兴二十三年（1153 年），朱熹任同安县主簿。兴文育
贤，力行教化，化民俗强悍之乡为礼教风行之邦，故有"紫阳过化"之
谓。

与诸友步月屏石台

中天明月满，照我同心人。看剑悲歌壮，停杯笑语频。
寒襟依介石，清兴在芳辰。忽听秋声断，嗟予是客身。

游泖塔寺[1]

移舟过夏浦，因访水云居。金刹开晴望，练波涵太虚。
心空来鸟狎，溪隔见麋疏。欲就分禅榻，环宫只亩余。

[1] 泖塔寺，在今上海市青浦区沈巷镇张家圩村。唐乾符年间（874—879年），由僧如海在泖河入海口的小洲岛上筑台建塔寺，赐额为"澄照禅院"。结构简洁，造法工整，具有唐代风格。宋景定年间（1260—1264年）易名"福田寺"，故塔又称"福田寺塔"。参见本卷《端阳过泖塔有感》注。

七言律诗

登尊经阁[1]

高楼怀古暮云闲，月满松阴槛外攀。
宇宙祥光浮极阁，东南佳气集贤关。
双溪夹海[2]潮皆应，独树陵风鸟未还。
杯酒不辞终夜醉，曙星缭乱紫垣间。

[1] 尊经阁，当为同安文庙的尊经阁。原在主体建筑大成殿的左侧，今已无存。
[2] 双溪，即同安的东溪、西溪两大溪流。两溪在同安城南的双溪口汇合，流至团结埭，再分两股。西股经瑶头，东股经石浔分别注入东咀港，故有"双溪夹海"之谓。

芋源[1] 舟中别客

芋源夜泊江有声，雨急风高浪晓鸣。
万里江湖惟此夕，百年波荡许多情。
为君酌酒君须醉，取水更杯水未平。
稚子不堪舟楫阻，移槎直欲向溪行。

[1] 芋源，在福州南台岛最北端的淮安古村，为怀安古县城。怀安建县于北
　　宋太平兴国六年（981 年），万历八年（1580 年）撤县并入侯官县。怀
　　安古县曾设芋源驿，作为福州西驿道重要一站。淮安古村靠乌龙江江边，
　　有千年古渡，称芋源驿古渡。

春雪怀二亲寄弟业[1]

春浅庭闱二月寒，白云长绕五楼端。
身依北阙[2]瞻无极，梦隔东江到亦难。
陟岵[3]遥遥陔草绿，缝衣密密子心酸。
高堂雪色疑侵鬓，荆树西头日倚栏。

[1] 弟业，即刘存德之弟刘存业。刘存业，嘉靖年间贡生，应天府经历司经
　　历。
[2] 北阙，古代宫殿北面的门楼。此代指朝廷。
[3] 陟岵，即《国风·魏风·陟岵》，是一首征人思亲之作。

春雪斋居

上瑞[1]来宁黄屋忧，素光寒逼翠云裘。
昭阳[2]已结青丝网，阊阖[3]重开碧玉楼。
春早瑶台花事动，夜虚芸榻月华留。
斋居寂寂凝旒冕，谁向袁门独抱幽。

[1] 上瑞，最大的吉兆。

[2] 昭阳，即昭阳宫。汉成帝宠赵飞燕，为其所建的宫殿。

[3] 阊阖，传说中的天门。

和李抑斋用胡省长[1]赏莲韵　二首

水色轩楹度暖香，花间笑语接流觞。
沧洲有客成仙侣，浣郭为君结草堂。
歌动兰舟波潋滟，兴添鱼藻暮苍凉。
擎枝高下清秋早，宿鹭来回白日长。

紫陌重云午未收，沧浪陆佩引芳游。
荷衣新制芙蓉淡，竹罦平倾草树幽。
同蒂不妨双结蕊，异香何事独登楼。
南风欲诵招车赋，谁唱莲歌向晚舟。

[1] 李抑斋，即李恺，号抑斋。里居、阅历见本卷《春日即事联句》注。胡
省长，当指浙江布政使胡尧臣。里居、阅历见本卷《送胡石屏年兄觐归
省亲》注。

月湖赠别

客路未归秋复深，绿萝几换结华簪。
逢人欲问关山月，帆海偏违乡国心。
绕岸晴光生夜练，窥楼曙色动寒砧。
相看芦荻江湖上，当户谁为理素琴。

次袁岐山初历卢沟行台约叶后皋[1] 不至韵

马向桑乾古柏台，太行苍树倚云栽。
共传侵晓月初好，可柰早春花未开。
有约不来怀独鸟，多情欲放寄寒梅。
浑河东去西风暮，莫使青巾负酒杯。

[1] 袁岐山，即袁凤鸣，嘉靖十七年（1538 年）与刘存德同科进士。里居、
 阅历见本卷《次袁侍御岐山公余独步元韵》注。叶后皋，亦为刘存德同
 科进士，任工部郎中，有文名。

送张黄门省觐

永夏阴阴杨柳垂，忽逢秋节倍离思。
云林已作招寻计，岐路难裁归去词。
晓日门阑三径草，夕阳乌鸟百年枝。
此怀欲对壶山夜，细约梅花尽放时。

送李举人下第秋归

弱冠重来谒圣明，都门别恨柳条轻。
文章有命憎材叔，阛阓无媒识陆生。
结蓝复逢秋节至，搴蒚欲问楚江平。
停看七夕银河女，浑是机梭永夜声。

庐州道中

长空一夜卷飞沙，何处关山数落花。
狐兔不堪秋草恨，乌鸦故傍野人家。
无愁最是闺中笛，静听应疑塞上笳。
不为伤心悲宋玉，浮名未谢鬓毛华。

过望夫石有怀先室（用张东沙韵）

十载乡关七度游，年年芳草长离忧。
望夫人在云深处，化石何因山上头。
涧水潺湲生别泪，江烟惨断远凝眸。
从来不解嗟儿女，白日红尘总是愁。

泗洲道中讯贾环峰　九月八日

黄叶驱车厌陌尘，偏宜物候客中新。
明朝正及花时节，此地端逢胜主人。
白日同悬游子意，青尊莫负异乡身。
故园纵有登高处，留待茱萸一度春。

过凤阳谒陵值洪水有感　二首

涂山曾是古神州，濠上于今紫气留。
宫树夕阳初叶落，禁城夜角满江秋。
居民指数多耆旧，庐屋栖迟半海洲。
不尽浮云连夜峤，如何使我复登楼。

临淮终日枕江流，近听江声彻夜愁。
寒月归潮连雪色，高风吹浪卷潭秋。
几家烟火新归岸，无数帆樯直倚丘。
飞鸟总疑陵谷变，依人欲渡古溪头。

请　赈[1]

遥将封事奏明光，海表孤臣汉汲郎。[2]
二月郊原虚鸟雀，几家烟火乐耕桑。
畔夫力竭边输急，肉食心愚国计长。
一卧江皋春就暮，使车端不为身忙。

---

[1] 请赈，此诗当作于嘉靖二十五年（1546 年）。时值两淮地区大旱，刘存
德任巡盐御史，巡视两淮。上《乞赈贷疏》，细数灾情，请求存留盐银
赈济灾民，获准。

[2] 汉汲郎，指汲黯（？—前112），字长儒，西汉濮阳（今河南濮阳）人，
汉代著名的直谏之臣。尝奉武帝之命视察，见河南郡水灾，饥民饿死沟
壑无数，乃不畏矫制之罪，持节开仓放粮，赈济贫民，人民大悦。刘存
德以此自评，为民请赈。

丰乐亭[1] 怀古

丰乐亭开刺史碑，干戈犹纪晋阳时。
百年兴废今还昔，此日登临歌复悲。
幸有衣冠逢世乐，敢同草木傲皇熙。
东皋雨后眠黄犊，一曲熏风醉满厄。

[1] 丰乐亭，位于安徽省滁州市琅玡山区丰山脚下紫薇泉旁，为北宋欧阳修任滁州太守时所建，并亲撰《丰乐亭记》记之。后苏东坡将《丰乐亭记》全文书刻于亭中石碑上，留下了"欧文苏字"的珠联璧合艺术瑰宝。

醉翁亭[1] 下有梅亭[2] 亭书易玩而作

天地浮沉一醉襟，梅花亭畔放闲吟。
易前太极涵无象，书到元篇观始深。
向说成都夸偃蹇，曾无仙侣狎招寻。
灵根不向窗前发，恐近高楼伤客心。

[1] 醉翁亭，位于安徽省滁州市市区西南琅玡山麓，为"中国四大名亭"之一。庆历五年（1045 年），欧阳修到滁州，结识琅玡寺住持僧智仙和尚，成为知音。智仙在山麓建此亭，以便游玩。欧阳修亲为作记，即有名的《醉翁亭记》。

[2] 梅亭，即古梅亭，在醉翁亭院的北面，因亭前有一株古梅而得名。相传此梅系欧阳修手植，世称"欧梅"。原梅早已枯死，此株为明人所补植。

柏子潭[1]谒御建神龙祠

何年高阁起龙关，云柱擎珠太乙颁。
古渡春源新雨溜，断垣秋草暮烟闲。
汉家绝胜昆明水，圣代殊深柏子湾。
此日瞻依成怅望，灵沤浑欲点衣斑。

[1] 柏子潭，在安徽省滁州市琅玡山区丰山东南，原为汉代采铜遗下之水潭，
　　元至正十四年（1354 年），朱元璋率军驻滁州。时值大旱，朱元璋挽弓
　　向潭中射箭，祈祷"神龙"降雨，果验。洪武六年（1373 年）九月，明
　　太祖朱元璋御制《祭柏子潭神龙文》，遣使至柏子潭祭祀"神龙"。洪武
　　九年，敕有司建祠。十八年，太祖再次下诏，在柏子潭前建亭。亭内安
　　奉御制"柏子潭神龙效灵碑"，今均已废圮。

寿沈凤峰[1] 时庚戌腊月望日越五日立春也

万年宫里带花回，移却仙蟠沨露栽。
生世逢春应五日，良辰尽醉得千杯。
梅花直待清商发，彩袖偏宜昼锦开。
曲奏南飞江鹤下，穿云深处即蓬莱。

[1] 沈凤峰，即沈恺，字舜臣，号凤峰，南直隶华亭（今上海市松江区）
　　人。明嘉靖八年（1529 年）进士，授刑部主事。嘉靖十九年（1540 年）
　　升任宁波知府，后改为副佥都御史。官至太仆少卿。著有《环溪集》等
　　传世。刘存德作此诗时，正在松江知府任上。

为王母夫人上寿 辛亥春人日

风光淡荡紫筵开，蕨节多应淑气催。
地属早春花欲绽，人从新序彩初裁。
羡将谷水调羞鼎，喜祝松陵荐寿杯。
我亦游儿衣线缓，为君直上望云台。

送许北门之赣州节推

嗟君已是十年流，书剑萧萧作楚游。
桃李春风余泽国，崆峒晓日旧虔州。
琴横单父心如水，镜入秦台意转秋。
倦客伤情惟极目，等闲莫上郁孤楼。

题郭氏北堂

开户偏宜向北峦，北峦三柱仿琅玕。
时占气色珪符隐，夜阅象纬斗极端。
便得东篱种芳菊，又余西畹树崇兰。
芸窗正彻孙康[1]案，惯见风霜戴铁冠。

---

[1] 孙康，晋代京兆（今河南洛阳）人，官至御史大夫。幼时酷爱读学习，
家贫无油，于冬月映雪读书。留下"雪映窗纱"之勤奋故事。

上南郭先生寿诗 丁巳二月五日[1]

为耽泉石早归田，却羡标姿似谪仙。
寄傲独怜居有竹，开樽自适抚无弦。
名成叔夜谢交日，酒酿宜春醉社前。
时向卧云占气色，少微今度井箕边。

[1] 南郭先生，即刘汝楠。刘汝楠生于明弘治十六年（1503 年），是年五十
五岁。

汀州怀友

新人今已隔溪湄，我上阳台立望之。
相对有情太自禁，别来留意更谁知。
汀州月色兼苴夜，邸舍灯花风雨时。
叵奈芳心与愁思，令人未发数归期。

旅店阻雨

寄宿山扃逢夜雨，县思故国愿晨晖。
计程欲驾中流楫，此日暂褰行潦衣。
独酌金罍嗟逆旅，惜将匣剑掩清辉。
主人莫讶淹留意，恐到津头觅渡稀。

即 事

出门黄叶满阶除，归路苍苔细雨余。

物候都于忙里变，客怀转向病中舒。
不妨昼永迟花发，但得身闲任鸟疏。
梦隔沧洲春寂寂，海云生润到琴书。

丁巳夏入都道经桐城既得补南康
复以冬至后由桐城之任赋此[1]

曾向江津揽辔行，江流深处野篱清。
汲郎无薄淮阳意，桓范终余禁闼情[2]。
一卧沧洲惊岁晏，重游芳草忆春明[3]。
客心已逐寒灰变，世事徒催华鬓生。

[1] 丁巳，即嘉靖三十六年（1557 年）。刘存德于嘉靖三十五年接报得补南
　　康知府一职。丁巳夏，经桐城入都。冬至后，又经桐城赴任南康。
[2] 桓范（？—249），字元则，三国时沛国（今淮北市）人。东汉建安
　　（196—220 年）末入函相府，东汉延康元年（220 年）为羽林左监。魏
　　明帝时曾任尚书、东中郎将、兖州刺史等。魏正始年间（240—249 年）
　　任大司农，为曹爽谋划，号称"智囊"。司马懿起兵讨魏时，桓范劝曹
　　爽挟魏帝到许昌，曹爽不听。曹爽被司马懿所杀，桓范亦被诛。禁闼，
　　宫廷门户，亦指宫廷、朝廷。
[3] 春明，即唐都长安春明门。因以指代京都。

中秋之夕泽门袁先生[1]以旧雅见邀赋谢

青琐暂辞今夜直，绿樽端为故人开。
暮云泽国维舟处，明月江城听鹤台。
初服纫兰君有约，临岐揽茝我应裁[2]。
天涯佳节重逢旧，坐惜华光两鬓催。

［1］泽门袁先生，即袁汝是，字公儒，号泽门，湖广石首（今湖北荆州石首市）人。嘉靖二十九年（1550年）进士，授松江府推官。嘉靖四十二年任松江知府。官至浙江副使。

［2］初服，未入仕时的服装。纫兰，比喻人品高洁。临岐，本为面临岐路，后亦用为赠别之辞。揽茞，采集茞草。

过闵子祠[1]读诸作有怀母氏

芦花不着天涯子，遍倚门闾日望归。
灯火寒光冬夜帻，风霜短褐别时衣。
更怜彩袖双尘掩，余有高堂寸草晖。
举袂相看今线密，谁人为断昔年机。

［1］闵子祠，位于山东省鱼台县王鲁镇大闵村内，为纪念孔子弟子闵子而修建。闵子（前536—前487），名损，字子骞，春秋时期鲁国人，孔子的弟子。为大孝子，有"单衣顺亲"故事入《二十四孝图》。

送遵岩乃弟南还　三首

伯氏词章似者稀，羡君骠骑有光辉。[1]
直将壮节酬知己，岂谓明时效建威。
万里剑霜生转盼，一挥鞭电解重围。
关山夜月迟归路，胡马秋风早赐绯。

别却青云跨紫骝，儒衣今已换貂裘。
班超不掷佣书笔，汉室谁封定远侯。
按图能识机中变，发纵兼知帷内筹。
感激明时思报主，青樽长剑祝千秋。

难兄白璧双名在，季子黄金一日轻。
会取封侯宁有种，却怜造物太留情。
孟门为作多才赋，燕市仍歌豪士行。
画角江楼悲壮甚，越台千百旅情并。

[1] 伯氏，指王慎中，号遵岩。里居、阅历见本卷《从军行送遵岩乃弟南
还》注。王慎中为明朝反复古风的代表人物之一，列嘉靖八才子之首，
故有"词章似者稀"句。王慎中之弟王惟中，授兵部主事，故有"骠骑
有光辉"句。

冬日庐阳[1]道中遣怀

一望荒条遮古道，四郊霏雾掩寒闳。
微茫树色村中见，断续鸿音野外明。
冬雨凉添羁客思，暮天凄落故人行。
孤城画角吹残月，蝴蝶西飞梦不成。

[1] 庐阳，明代合肥的别称。

游虎溪寺[1]

断壁横桥渡虎溪，石林种竹已成蹊。
远公说法[2]编蒲坐，野客参禅傍榻栖。
密槿疏篁弦里听，寒泉古道别来题。
空门安得玄关在？半偈都从觉路提。

[1] 虎溪寺，位于福建省厦门市思明区玉屏山麓，亦名"玉屏寺"。相传岩
下有藏虎山洞，故称"虎洞"。洞下流泉汇成小溪，故称"虎溪"。

［2］远公说法，指东晋庐山慧远大师曾在庐山东林寺建般若台，讲经说法。

次袁太冲[1]韵

旧游衰草对尘冠，客路逢君强自宽。
孤剑清樽嗟往事，寒宵轻梦到长安。
临湘不作离居赋，入楚翻为恋故欢。
此去别程堪计日，暮云春树隔江漫。

［1］袁太冲，即袁福征，字履善，号太冲，松江青浦县（今属上海）人。嘉
  靖二十三年（1544 年）进士，授刑部主事，左迁南阳王长史。与王世
  贞、李攀龙等"后七子"结社。

丁巳冬与袁太冲登龙山临溪得鱼攀跻竟日
不及至观风亭与使君滩而还 二首

长林绝壑午溪寒，啸倚郊亭尽楚冠。
鲈鱼白日双侵钓，湖海清时共惜翰。
槛外烟波愁望远，山中樵牧暮归阑。
盘龙岩下陵虚壁，路拥笙歌入水漫。

落日观风倦倚栏，轻舟不渡使君滩。
苍苔古道搜奇去，白石清流漱字看。
四面有山青入座，一冬无雪翠生峦。
夕阴满壑风烟暖，未信灵湫爽骨寒。

送王竹池赴建宁　　时戊午春正月

驲骑乘春入建安，渚星犹带角声寒。
圣明清海休传箭，慷慨匡时惜解鞍。
从古勋名推庙略，如君文雅重儒冠。
莫愁剑浦浮云暗[1]，返斾燕然月未阑。

[1] 暗，原文为"暗"，当为"暗"。

吴川楼君生辰共酌斋中竟日[1]

夜瞩长庚入楚分，辰游芳佩动星文。
曾随天仗归青琐，今向山城卧白云。
推望谁居中散后，论才应与谪仙群。
共怜摩诘生来病，笑倚疏篁坐夕曛。

[1] 此首目录题名为"吴川楼寿日共酌斋中竟日"。

答吴川楼见寄

一入山中夸吏隐，更怜泽畔有行吟。
临湘岂为悲秋赋，恋阙惟余捧日心。
左掖词名君最重，南华物忌古来深。
结庐今向云居处，强欲相从鬓已侵。

南康郡邸中遣兴

城下春江正稳流，斋中宿雨暮还收。
几宵因月难成寐，终日看云总厌游。
读书已作匡庐[1]室，散宦应同彭蠡[2]舟。
怅望音书悭不至，异乡独上最高楼。

[1] 匡庐，即江西的庐山。相传殷周之际有位匡俗先生结庐于此，学道求仙，故称。

[2] 彭蠡，即彭蠡湖，为鄱阳湖古称。

南康寄友

暂向春山听伐木，转于宫阁赋停云。
兴来剧事今能否，老去新诗更有闻。
自怜赤日孤臣卧，为喜清阴五老分。
花外小车谁作伴，独将人迹滞江濆。

柬九江关署郎[1] 黄新泉

粉署郎官新建节，分曹舶市古名流。
九江春色兼推胜，七子词华总不优。
邂逅相从悲岁月，端居无济苦淹留。
故人若问山中守，何异当年李剑州。

[1] 九江关，始设于明景泰元年（1450 年），为明代八大钞关之一。设关署，由户部委官监收关税。署郎，当指管理的官员。

立春早朝

汉家宽大降新书，供帐云龙传赐余。
万寿尊前酣白兽，千官仗下俯金鱼。
风回紫袖笙歌远，日暖彤檐气象舒。
岂谓太平身不遇，惭无词藻近宫车。

端午侍燕

绡纨今已赐宫衣，结缕何须五色绯。
天酒榴花争闪艳，玉壶冰彩共光辉。
侍臣欲进青龙鉴，法驾初颁赤凤旗。
无限恩波汤沐里，蕙兰香入楚歌微。

中秋使归

承华宫阙近星河，奉使应从天汉过。
玉露机丝催婺织，金风兰菊动宸歌。
緱山一夜吹长笛，汾水中流起素波。
谩向天孙勤乞巧，总令岁月易蹉跎。

冬至入贺

法从书云初纪瑞，侍臣瞻日喜迎长。
但占律应寒灰动，谁识恩生腐草光。
欲效汉章歌景福，更遵尧道赞遐昌。
强将弱线添新思，安似当年捧御床。

己未入觐[1] 二首

一辍鹓班[2]十二春，叨从岳觐接枫宸[3]。
山中吏隐今成癖，户内病慵岂为贫。
禁闼有心虚岁月，江湖无计老风尘。
匡庐未作终南卧，曾是君前旧乞身。

周家永命明堂开，万国臣邻执玉来。
不羡黄金劳汉吏，喜勤清问下虞台。
圣朝人事无幽侧，瓯越音书尽凯回。
共识太平新气象，悬思独愧济川材。

[1] 己未，为嘉靖三十八年（1559 年）。是年，刘存德任浙江按察司副使，
　　奉旨进京入觐，贺万寿节。
[2] 鹓班，朝官的行列。
[3] 宸，北辰所居，指帝王的殿庭。枫宸，宫殿。汉代宫殿多植枫树，故有
　　此称。

题龙江览胜堂

背郭堂开江上山，柴门春锁薜萝间。
时看独鹤苍烟下，坐对千花白日闲。
沧海潮平歌枻罢，清郊路熟采芝还。
但将行乐供迟暮，何必丹砂学驻颜。

和张司马百川公[1]平寇韵

万户疮痍一诏蠲，元戎天遣净妖躔。
指挥不复萧曹匹，战伐犹论参佐贤。
往日晴云随剑气，从今春燕倚人烟。
太平勋业青冥上，标柱何须纪汉年。

[1] 张司马百川公，即张臬（1502—1552），字正野，号百川，进贤人。明嘉靖五年（1525 年）联捷进士，授刑部主事。嘉靖十九年（1540 年），官拜右副都御史、巡抚四川。嘉靖二十五年（1546 年）任兵部右侍郎，提督广西军务。后任都察院右都御史，总督闽、广军务。嘉靖三十一年归田。

和镇海楼饯燕韵

江上层城城上楼，黄昏潮动势应浮。
洗兵已挽天河落，仗节更为霄汉游。
赵尉荒台回晚照，汉家大业息宵忧。
特将王事勤贤哲，杕杜歌余满耳秋。

和海珠寺韵　二首

坐入雨华听说尼，孤云潭影景偏奇。
隔江烟火分千界，控海舆图驾六螭。
梵宇正开尘绝处，驿楼空对日斜时。
浮生底有沧洲梦，寂寞玄亭鸟自依。

凤凰城郭枕寒流，风去何年瑞气留。
三十二峰环北极，一湾长水绕南州。
浮烟近市增生态，白日春光照客愁。
风土不殊形胜在，诸君直为息宵忧。

与成侍御井居[1] 夜饮白家园

人生行乐须何时，得意缤纷失意悲。
但向夜深勤秉烛，莫教兴尽强临卮。
使君地主俱怜旧，（井居与予俱按淮阳，白挥使之
父时尚在职）廊庙江湖两系思。
栖鸟不知云入树，却听笑语谩相疑。

[1] 成侍御井居，即成子学，字怀远，号井居，海阳县隆津都龙湖（今属广
东潮州市潮安区）人。明嘉靖二十三年（1544 年）进士，初任江西峡江
县令，升两淮监察御史。官至苑马寺卿。

吊谢叠山[1] 先生

空宫败叶帝城秋，泪落江湖江水流。
存赵有心孤已逝，报韩无托仕何求。
千年血食忠臣庙，当日书题处士丘。
余生只为朝天计，谁遣征车下信州。

[1] 谢叠山，即谢枋得（1226—1289），字君直，号叠山，江西信州弋阳人。
南宋进士，文章奇绝。任六部侍郎，带领义军在江东抗元，城陷流亡。
元朝强迫他做官，绝食而死。

题飞来寺[1]

梵王宫倚碧霄开，云自梁皇天际来。
世事几更陵谷变，行踪今到水云隈。
桃花应笑刘郎度，洞壑虚传帝子哀。
欲识峡山清绝处，尘飞不上读书台。

[1] 飞来寺，在广东清远市北江小三峡处。传说梁武帝普通元年（520 年），
轩辕黄帝的两个庶子太禹和仲阳隐居在飞来峡，面对山水秀丽的飞来峡，
感到美中不足，故驾祥云到安徽舒州上元的延祚寺，把整座延祚寺凌空
拔起，搬往广东，故名。

玉山别韩太尹

花封雨过满溪流，迁客开帆下信州。
归鸟独怜兵火后，望乡犹隔剑关秋。
陇头黄麦青桑路，涧底幽兰芳草洲。
安得移风清海表，孤踪行计等虚舟。

送胡石屏[1]年兄觐归省亲

建始宫成初执玉，锦官花满昼游归。
共怜万寿恩光被，况属三春草色辉。
羡有黄金劳汉使，兼余白发对莱衣。
倚门须识当年意，未论高堂此日希。

[1] 胡石屏，即胡尧臣，字伯纯，铜梁安居（今重庆市铜梁县安居镇）人，

人称"石壁先生"。嘉靖十七年（1538 年）进士，授大理寺评事，升浙
江金事，历湖广参议、副使、浙江布政使等。嘉靖四十一年（1562 年），
由江西左布政使擢都察院右副都御史，巡抚河南。参见卷五《赠观察使
胡石屏擢方伯序》。

送郡侯万灵湖^[1] 得请归养

手植甘棠高拂云，心县寸草临江濆。
一封偏荷君恩重，千里遥将春色分。
夹坞花明鲜倚佩，深秋鲈美荐朝曛。
洛中正诵闲居赋，宣室思贤意复殷。

[1] 万灵湖，即万庆，灵湖当为其号，直隶和州（今安徽省和县）人。嘉靖
三十八年（1559 年）进士，授刑部主事，后升任刑部郎中。嘉靖四十四
年（1565 年），任泉州府知府，曾聘请傅夏器等修撰《隆庆戊辰泉州府
志》。

九日与诸公登高

翠竹新移近菊花，花开冉冉鬓毛华。
数来旧摘人频异，餐尽落英味更嘉。
况是韩公能爱客，故宜陶令不为家。
百年世事同欢笑，任向西风吹帽斜。

寄吴川楼谪高州^[1]

樵州时得惠双鱼，怅望飞鸿瘴岭疏。
贾谊久虚宣室召，退之暂屈海阳居。
鉴川夜静奎光见，龙井春融剑气舒。

他日北归逢明远[2]，还应一笑泪收余。（韦觐谪居潘州，李明远作诗送之。后召归，觐谓明远曰："今旦收泪对君矣。"潘州，即今高州也。）

[1] 吴川楼，即吴国伦。隆庆二年（1568 年），吴国伦改任高州知府。次年二月赴任。这首诗当作于此期间。

[2] 明远，即唐代诗人李明远，作有《送韦觐谪潘州》诗，此处用其典。

和郡丞丁少鹤结毦堂韵

结毦名垂并石阴，惟余秋草断垣深。
我来开径怀贤意，谁识当年遁世心。
总为溪山留胜迹，独怜松鹤下清音。
采荣读罢紫芝咏，君向商家作傅霖。

和郡侯朱白野[1] 冬日韵

最惜流年淑景催，霜前更见小春来。
无边青草随车长，有数黄花待客开。
自识金章劳汉吏，始知白简重兰台。
袞衣他日悬思处，凤渚龙浔景共徊。

[1] 朱白野，即朱炳如（1513—?），字稚文，又字仲南，别号白野，湖广衡阳县人。明嘉靖三十八年（1559 年）进士，初授行人。隆庆三年（1569 年），以御史出任泉州知府。后擢两浙盐运使、浙江按察使、陕西布政使，以不附张居正罢官。著有《白野诗文集》。

江上逢菊 壬申十月

本为避喧来海外，岂期菊吐到江边。
白衣频送花前酒，绿绮新传郢上篇。
紫绶金章人所贵，孤根清节我应怜。
西风摇落情何限，余有癯容带雪鲜。

答黄通守积斋年兄赏菊弁石台

笑倚西风任鬓斜，一樽长满我应夸。
溪山尽日供青眼，松菊多时伴落霞。
花近客杯流短景，江涵雁影浸平沙。
谩将游乐伤频异，径草年年处士家。

送李推府斗野[1] 擢金华二守

酒近黄花别意稠，含情不独为悲秋。
明时三尺冰霜照，南国五丝江汉流。
复借仁风袁谢扇，来登明月隐侯楼。
此行正得坡仙路，胜厌东安十四州。

[1] 李推府斗野，即李焘（1544—1625），字若临，号斗野，循州河源人
（今广东省河源市）。隆庆二年（1568 年）进士，次年授福建泉州府推
官，隆庆五年（1571 年）擢浙江金华府同知。后任南京工部郎中、员外
郎。

同诸春元登清源山纪别

诸君平步云霄上，挟我超然出鹫峰。
独有壮心羞白发，肯将晚节负青松。
斜阳载酒焉辞醉，古道行歌岂病慵。
别后相期堪对景，空山长乐夜闻钟。

寿陈通守赤沙[1]

湘湖秋月照琼琚，闽府清风遍室庐。
泥轼久淹陈仲举[2]，文园早薄汉相如[3]。
千年虀茹怀甘节，一路棠阴覆绿葹。
为赋樽前飞鹤曲，兼逢日下降鸾书。

[1] 陈通守赤沙，即陈嘉谟，号赤沙，湘乡（今属湖南湘潭市）人，举人。
明嘉靖四十五年（1563 年）任泉州通判，后擢河东运副。

[2] 泥轼，语出《汉书·循吏传·黄霸》："霸为颍川太守，秩比二千石，居
官赐车盖，特高一丈，别驾主簿车，缇油屏泥于轼前，以章有德。"其意
谓用缇油于车轼之前，以屏蔽泥污。陈仲举，即陈蕃（？—168），字仲
举，汝南平舆（今河南平舆北）人。东汉时期名臣。少时有志，举为孝
廉，历郎中、豫州别驾从事、乐安太守。因不应梁冀私情，被降为修武
县令。任尚书，又因上疏得罪宠臣而外放豫章太守。后迁尚书令、大鸿
胪。然屡谏诤时事，多次被诬告罢官。灵帝即位，为太傅、录尚书事，
与大将军窦武共同谋划剪除宦官，事败而死。

[3] 文园，即孝文园，汉文帝的陵园。司马相如曾任文园令，后亦借指文人。
汉相如，即司马相如，汉武帝时期文学家、政治家。

寿曾封君吉溪

脉脉溪源春水生，溪亭玉树倚云平。
承家勋业河阳宰，振古风流洛社英。
霖雨苍生今有托，江湖白发更多情。
愿将舟楫酬明世，紫诰相辉彩袖荣。

游西山岩和丁少鹤韵[1]

龙宫掩映碧云间，南北高峰耸两关。
绝壑风回无鸟渡，断炉火活有僧还。
春郊路接平芜远，白社身随化鹤间。
极目尽窥沧海外，放歌聊以振颓颜。

[1] 此诗为刘存德次丁一中《游西山岩咏景》诗之韵所作的唱和诗。西山岩
（又名白云岩），在今厦门市同安区新民镇大西山。明隆庆三年（1569
年），泉州府同知丁一中游西山岩，咏景七言律诗一首。丁一中，字少
鹤，江苏丹阳人，明隆庆元年（1567 年）任泉州府同知。工诗擅书法，
厦门有多处诗刻。隆庆五年（1571 年），刘存德游西岩，次韵七言律诗
一首。丁、刘两首诗镌刻于西山岩之北 50 米处的摩崖上，今尚存。丁一
中诗以楷书镌刻于朝东石面右侧，字幅高 1.95 米，宽 0.86 米。刘存德
诗以行楷书镌刻于丁诗左侧，字幅高 2.12 米，宽 0.95 米。

题詹侍御咫亭新楼　辛未五月也

万井方城第一楼，清芬远色望中收。
举头惟见云霄近，极目尽窥江汉流。
无地作台因斗室，有人鼓枻在孤舟。
丹心绿发青山旧，寒玉烟霜任素秋。

游云顶岩[1]

百丈岩头开宝地，九重天际扣玄关。
此身直向龙门度，何日更从鹤岛还。
无数青山罗海上，居然阆苑出人间。
凭高不尽登临兴，指数凤洲芳草间。

[1] 此诗作于隆庆五年（1571 年）八月。诗镌刻于厦门云顶岩方广寺附近的崖壁，今尚存。

题梵天顶石

独挟长风控紫岑，悠然秋思壑云深。
夹溪烟火千家市，极目江湖万里心。
尘世几看沧海变，空门自在薜萝阴。
到来却悟真如理，漫笑浮生任陆沉。

和郡侯朱白野九日韵

世路差池强自禁，桃花净尽菜花侵。
来归无薄淮阳意，出入难忘禁闼心。
谩道彤檐稀胜事，如今黄阁有知音。
多愁只为穷闾计，且放东篱径草深。

谢嘉禾[1]诸老友

经年不访山中旧，秋日重来海上槎。

玄羽飞鸣还过我，红炉点化几成砂。

人从四皓^[2]今招隐，石对三生夜礼花。

世事陆沉何足问，浮生住着即为家。

[1] 嘉禾，即厦门岛。唐天宝末年称新城，大中十一年（857 年），于岛上设嘉禾里，属南安县。厦门岛也因之称嘉禾屿。后唐长兴四年（933 年），南安县析地设同安县，嘉禾里改属同安县。宋、元、明、清历代沿袭。民国二年（1913 年），嘉禾里由同安县析出，改设思明县。

[2] 四皓，指商山四皓，即东园公唐秉、夏黄公崔广、甪里先生周术和绮里季吴实。皆德高望重、品行高洁的秦朝博士，后因逃避焚书坑儒，隐居于陕西商山深处。

答丁少鹤

曾向沧浪静听歌，徂年抱膝旧山阿。

停云应有良朋在，促席其如念我何。

已作闲情伤暮景，忍将衰鬓对翻波。

与君酌酒迎初月，不照朱门照薜萝。

任丘滞雨中滩汪大尹为言民命不堪之状有感而赋

尽日驱车向水湄，秋风黎黍动凄悲。

舟穿密树仍牵荇，人住寒塘少向蒖。

客病江湖还感物，君材廊庙合忧时。

相逢已悉间阎状，图就应归献纳司。

和丁少鹤过饮结毷堂

余生足与白云闲，一亩之居半在山。
无吏索租持畚去，有人呼酒扣歌还。
河阳花县[1]今如许，司马江山日可攀。
身世遭逢贤与哲，清樽聊复破愁颜。

[1] 河阳花县，县治的美称。参见本卷《别王邑侯咸虚》注。

衢溪夜渡

树色苍凉野气清，轻舟移向濑溪行。
雨余月出云间曙，风际波传水上声。
渔火遥分蒲已绿，棹歌晚唱渡初平。
江光耀映鱼龙窟，影射空林鸟雀惊。

病疴口占二律

曾荷先皇蠲不死，复叨盛世享稀年。
令修岂必求余日，感遇欣逢有二天。
已疏边输赢十万，何劳境上捧文钱。
室人惯识先生态，交谪终朝只湛然。

平生宦辙膏腴地，几席翛然处士家。
易箦从教华且皖，布衾只辨正和斜。
古稀已觉三生幸，达化应知百岁赊。
柴门白日松筠锁，且放荪兰长茂华。

自题手卷

丈夫谁不愿致身，得之不得岂由人。
文章况是憎命达，贫贱安有结交亲。
明珠底合慎投暗，白璧应为世上珍。
是以圣贤戒磨涅，亦有尺蠖徇屈伸。
莫将论著酬忧愤，未必终身事隐沦。

结甃堂遗稿卷之四　绝句　集句

五言绝句

山　中　四绝

酒罢浩歌发，山花次弟开。出门尘满陌，何处复登台。

山中一夜雨，游子寒无衣。谁识炎凉态，春深下绛帷。

闲坐劳僧榻，天花落酒卮。数春愁日少，隔叶听黄鹂。

采药云深处，忘机坐未归，东山招客卧，时事且多违。

柬友人陈居素　二绝

人生贵适志，岂在觅封侯。但有怀中物，应无心上愁。

岁岁看花日，几是去年人。青春如有尽，酒债莫辞贫。

可梅四咏

易画原非有，太玄观始深。灵根初动处，乃见化生心。根

佳人生世外，玉骨出尘中。摇落成清兴，癯然无丑穷。千

天门初日射，掷地皆文章。朝罢携归去，传香上玉堂。花

世味廿于醴，儒酸气若霓。移将居鼎鼐，宁负故盐齑。实

题张植田别业四景

淡烟侵月色，塔影落波流。正逢秋静夜，乘兴刬溪舟。

洞倚碧霄开，云生翠微际。中有探真人，悠然自隔世。

歌管数声中，屏山四面合。有客坐谈元，忘却鸟音杂。

终日坐危台，眷此长青树。知有岁寒心，白首尚自固。

题练潭公馆看剑池[1] 二绝

潭色净如练，剑光壮若虹。敛襟中夜坐，明月已当空。

三载云间吏，半生尘外人。重来看剑气，偏使旅魂新。

[1] 目录题作"题练潭公馆看剑亭"。练潭，在今安徽省桐城市双港镇练潭村，因明代诗人王守仁诗句"远山出孤月，寒潭净于练"而得名。明代为驿站，驿当省会（旧时安徽省会在安庆）入都之要冲，南北通衢，水陆要津，曾是桐城的四大名镇之一。

道　院　四绝

肘后悬真诀，床头枕素书。茅居何事者，尽日掩荒庐。

虚砌新流叶，玄都旧种花。荣枯原至理，莫为惜年华。

丹室时传火，彤云日覆烟。灵砂今几转，令我欲探玄。

未结黄冠侣，独将白鹿游。支离应自笑，为吏似沧洲。

黄梅道中寄龙冈大尹　五绝

寒雨涉长路，羁人别故人。无端一日至，应作四愁吟。

冬深最宜雪，饶得梅花看。忽变千山雨，无花倍有寒。

岭树江烟合，居然吴楚分。其如深岁月，万里复离群。

适国心须在，还家梦独劳。身轻不如鸟，岁晏复天高。

无日不为别，有别最关情。迢迢一水隔，未及尽平生。

豸岩[1]四景

朝出白云扃，夕返苍苔路。春水欲平桥，山人今一度。

水尽川自平，云浮山不极。世事两虚舟，相将何所适。

秋水多摇漾，芙蓉相对明。其如罢纶者，满耳荻芦声。

万境已无尘，翛然怀独往。持得一枝来，达观羲皇上。

[1] 豸岩，在浙南风景胜地圣井山。圣井山又名许峰山、景福山，地处浙江省瑞安市大南乡境内。《（嘉靖）瑞安县志·山川》中记载："豸岩……在山之南。"

登巾子山[1]临眺

返照下层岑，悠然净客心。新蝉鸣树底，遗我以清音。

[1] 巾子山，在今浙江省临海市。参见卷三《闻报倭遁登巾子山作》注。

题渔樵耕读

端居惧世网，故此坐垂纶。物来自有分，无以害吾仁。渔

朝见莺迁乔，暮见莺还谷。与尔结平生，息肩吾自足。樵

老牛少时力，敝犁春所资。但此存方寸，让畔不为痴。耕

少小理章句，长大反不如。所贵在识字，何羡于五车。读

遣 怀

役役云间[1]吏，飘飘江上心。起看中夜月，华雨洗尘襟。

［1］云间，松江府的别称。此诗当作于松江知府任上。

和丁少鹤钓鱼翁石[1]

生涯系一丝，天地成虚廓。悠悠谁与论，苍烟下孤鹤。

［1］丁少鹤，即丁一中，号少鹤山人。里居、阅历见卷三《和郡丞丁少鹤题金榜山》注。道光《厦门志·卷九艺文略三·诗》载有丁一中原诗，题作《钓矶》。其后有署名刘存德的《次前韵》五言绝句两首，与此首不同，或为他人所作。现将丁一中原诗与《次前韵》两首录以后，以供参考。

钓　矶

丁一中

当年垂钓者，终古作寥廓。借问任公鳌，何如令威鹤。

次前韵　二绝

有唐场老叟，高怀海天廓。昔晦一丝纶，今显丹台鹤。

嵯峨一片石，可比严台廓。寂寂几多秋，知翁惟少鹤。

和丁少鹤题金榜山[1]迎仙洞

榜山谁作室，词客复登台。终古迎风处，因风始一来。

[1] 金榜山，在厦门岛内。参见卷三《和郡丞丁少鹤题金榜山》注。

怀 友

青青芳洲树，密密陇上云。小艇归波暮，何时复见君。

秋 郊

绿树映江流，晴风拂汉秋。林塘供晚暮，空有白云浮。

七言绝句

和敬方春行口号 九首（佚八首，仅存一首）

津桥春树放新花，芳草年年野老家。
寒食东风随处到，也应御柳向人斜。

戏答刘南郭[1]

从来浪说爱花人，况是山中欲尽春。
抱病且须寻药物，谁将酒色怯花神。

[1] 刘南郭，即刘汝楠，号南郭。里居、阅历见卷三《与南郭同诸广文登尊
经阁》注。

吕梁悬水[1]

十里奔涛峡气秋，惟将平棹向中流。

行人若上长堤望，一日江湖半白头。

[1] 吕梁悬水，即吕梁洪，系泗水的三大激流险滩之一，位于今徐州市主城
区东南部的吕梁山下。春秋时期，孔子曾驻足吕梁洪边，目睹"悬水三
十仞、流沫四十里"的壮观景象，留下了"逝者如斯夫，不舍昼夜"的
千古名句。今存有孔子观洪处遗址。

汴泗交流[1]

九鼎西沉不纪年，万夫何力起长渊。

兴亡勿问东流水，此物从来无意还。

[1] 汴泗交流，即古代汴、泗两河于徐州城外的交汇处。汴水，源出河南荥
阳，流经开封至徐州；泗水，源出山东蒙山，南流经徐州与汴水汇流注
入淮河。今徐州坝子街大桥北岸，矗立的"汴泗交汇"碑阙一带，就是
古代两条河流的汇合口。韩愈诗"汴泗交流郡城角"即指此。

古城舟中阻风

烟波江上客心违，可奈杨花作雪飞。

坐对夕阳看过鸟，沙汀未有一鸥归。

答白石阻风

江国暝阴寂晓鸡，愁心羁思梦中迷。

东风任卷玄都树，莫遣沙堆白苧堤。

宿观音阁晓发

山寺日高僧未起，何当漏尽放茶烟。
长松若有来归鹤，定向沧洲浅水边。

过泖湖[1] 望塔口占

何年佛塔拥波心，几度来过空寄吟[2]。
若使人生忙似我，应无几迹到禅岑。

[1] 泖湖，古湖泊，今已消失。约在今上海市青浦区练塘镇和石湖荡镇一带，今留有泖河一段水域。
[2] 几度来过空寄吟，刘存德曾多次经过此地，有《端阳过泖塔有感》、《题泖塔》等诗，可见卷三。

归慰答诸会友

黄金华发两消磨，白日浮云奄忽过。
愧我十年虚献纳，归囊复负故人多。

题梵天顶石

独策高筇向紫岑，悠然坐处壑云深。
身闲疑带烟霞气，境定浑忘幻世心。

题梵天寺[1]壁

不宿山房已十年，空门落叶两凄然。
太玄有意兼禅隐，白鹿无心藉草眠。

[1] 梵天寺，在福建厦门市同安区大轮山南麓，为福建省最早佛教寺庙之一。

贺苏省翁冠带[1]

七十余年击壤身，但堪尽醉即逢辰。
况遭明世推黄发，重见华封祝圣人。

[1] 苏省翁，即苏洧（1476—1557），字世舆，别号省翁，世居同安同禾里蓝
　　田，后迁城南街官井，为苏颂第十五世孙。与刘存德有姻亲关系，其长
　　子苏希颂娶刘存德之姐为妻。苏洧孝友诚信，行谊乐善，嘉靖二十九年
　　（1550 年），奉例荣寿冠带。冠带，即帽子与腰带。古代朝廷对长寿老人
　　有优待政策，其措施包括旌表人瑞、赏赐冠带、高龄生员赐举人、官员
　　全俸退休等。苏洧并无功名，故赏赐冠带。

寿叶立斋[1]母舅　二绝

昔日交游君最少，如今摇落数多奇。
学希蘧瑗知非早，文似相如奏赋迟。

君家兄弟双怀璧，一望荆门百感并。
但使济河先定策，何妨三败始成名。

[1] 叶立斋，刘存德的舅父，同安佛岭人。

送友人陈侯峰

董生正谊悬帷日，袁士盛名闭户余。
就使子虚迟奏赋，胜如封禅早成书。

别　友

青草三年度径门，秋风此日动离樽。
故园松菊应相恨，种得成蹊荒复存。

登清源洞山[1]纪胜　　五绝

清源洞[2]倚碧霄开，转尽孤峦更上台。
城郭俯临三万户，长风一路卷秋埃。

观海亭[3]前海气秋，烟波江上几渔舟。
汀鸥如识人来意，应共闲云下古丘。

紫帽山[4]头云气留，金溪西下海门秋。
圣朝人事无今古，白昼长空起暮愁。

别有洞天隐翠微，道人高卧掩柴扉。
浮生半日经过处，识尽人间万事非。

为访山灵远扣关，传闻仙迹在人间。
丈夫白骨终归朽，谩向丹丘学驻颜。

[1] 清源洞山，即福建泉州清源山，为闽中戴云山余脉。峰峦起伏，岩石遍布，盎然成趣，是天然胜景，有"闽海蓬莱第一山"之美誉，是泉州四大名山之一。

[2] 清源洞，位于清源山顶峰，系清源山三十六岩洞之首，有"第一洞天"之称。

[3] 观海亭，清源山景观，原在紫泽宫，今已圮。

[4] 紫帽山，位于泉州西南的晋江市紫帽镇境内，与清源山遥遥相对，也是泉州四大名山之一。

过玉华古洞[1]作

晨发抠衣访玉华，白云古洞即仙家。
刘郎自入羊肠路，莫问元都旧种花。

[1] 玉华古洞，即将乐玉华洞，在福建将乐县城南天阶山下。因洞内岩石光洁如玉，光华四射而得名，被誉为"闽山第一洞"，列"中国四大名洞"之一。

题手卷　二绝

卜筑林塘总好奇，茅亭终日俯清漪。
寻源若到水穷处，瀑布上头云起时。

曲曲溪原遍绿萝，朱轮何自亦相过。
渼陂为有招携者，止说当年乐事多。

别　友

客樽移向山亭开，新人道自故乡来。
相怜脉脉但无语，辞向暮溪倚棹回。

过练潭[1] 看剑亭

寒潭月色苍溟际，长剑虹光霄汉边。
就使客心凉似水，未须掏落向龙泉。

[1] 练潭，在今安徽省桐城市双港镇练潭村。参见本卷《题练潭公馆看剑池》注。

过河东岸驿后有马家塘老僧圆栽
送蔬菜留饭作诗送之

春水断桥数问津，渔舟隔岸未归人。
悠悠昔日避骢路，独有圆栽自认真。

七夕恨雨　二首

为展纱窗待斗牛，谁将云幕起秋愁。
天河尽泻人间恨，彩线虚持到水头。

故欢忽作中宵雨，新恨仍添隔水人。
难道汉宫如许日，不留长信片时春。

枫香阻雨

一夜风霜空败叶，连村烟雨晴江津。
但将飘泊同飞梦，自有行藏任寄身。

丁巳夏会龙江于建溪北
入南康读壁上韵怀而和之

扬子探元久闭门，杖藜应客强临尊。
建溪一夜藤梢月，何处关山复听猿。

与吴川楼[1]共饮松霞廊中
折梅花三朵侑坐　二绝

为吏山中兴亦饶，春宵燃烛坐相邀。
折梅不向长安寄，留取清光伴寂寥。

迎人欲语香仍暗，隔院持来曲未终。
何不移樽花下饮，却令春尽一宵中。

[1] 吴川楼，即吴国伦。参见卷三《忆昔行答吴拾遗川楼》注。

前三日与吴拾遗同俟李刑部于山中[1]
余以事回不及复往口占怀之　二首

采葛思君九月来，白云结社几尊开。
主人已负山中约，补阙犹悬旧日台。

空斋寂寞萧萧雨，何处岩廊有聚星。
岂谓山灵偏妒我，令君独上最高亭。

[1] 吴拾遗，即吴国伦。里居、阅历见卷三《忆昔行答吴拾遗川楼》注。李

刑部，当指李攀龙。里居、阅历见卷三《除夕与吴川楼君同访李刑部》注。

五老峰[1]

冠裳历历苍颜在，跨鹿仙人自不留。
一人山中任头白，莫言沦落向江州。

[1] 五老峰，地处江西庐山东南，因山顶被垭口所断，分成并列的五个山峰，仰望俨若席地而坐的五位老翁，故称。

铁船峰[1]

尘世几看沧海变，铁船今上紫峰巅。
双龙但有负舟力，我欲乘之到日边。

[1] 铁船峰，在江西九江庐山紫霄峰下。相传东晋人将军王敦欲杀许逊，许逊乘船逃走，呼二龙挟船而飞，告诫众人闭目不得窥视。当船飞临庐山紫霄峰上空时，舟人奇而窃视，二龙突然离去，船随即坠于紫霄峰下而成为铁船峰。

双剑峰[1]

何年云岫双栖锷，终古犹余百炼真。
最是空中尘不染，每于独坐意相亲。

[1] 双剑峰，在江西庐山南麓。

石镜峰[1]

悬崖石壁涵霜景，远水芙蓉照月明。
欲将勋业问青镜，白发流年暗里生。

[1] 石镜峰，在庐山东面。峰上有一块圆石，明净如镜，可以照见人形，故
名。

香炉峰[1]

博山佳气晓氛氲，四泽浮烟动绿文。
百和凝合空中散，五云端在望中分。

[1] 香炉峰，在江西庐山北部。奇峰突起，状似香炉，峰顶水气郁结，云雾
弥漫，如香烟缭绕，故名。

紫霄峰[1]

锦树遥连千嶂夕，法云常护五龙居。
搜奇有路通蛟室，吊古无文辩禹书[2]。

[1] 紫霄峰，在庐山第一高峰汉阳峰之南。
[2] 禹书，乾隆时庐山文人曹龙树在《大禹石室》序中称："庐山紫霄峰上，
大禹治水时尝登此，刻字于石室中。好事者缒入之，摹得百余字，字奇
古不可辨。"

上霄峰[1]

诸天只在藤萝外，万象终归幻化中。
闻说秦皇来海上，可能白日驾飞龙。

[1] 上霄峰，在庐山南部。传说秦始皇南巡曾登上紫霄峰和上霄峰。

掷笔峰[1]

道人掷笔归何处，墨翰飞云只在山。
若悟万缘空得尽，不须半偈透禅关。

[1] 掷笔峰，在庐山牯岭东谷。

五桂亭

窦氏五芳宁有种，而今移向柏亭栽。
秋深月白虚堂夜，一味天香风送来。

爱 葵

大块原无寸草私，东风杨柳自西垂。
若缘向日为春易，何羡丹心死不移。

题玉辉堂

水秀山明满四隅，迎风寒露似冰壶。
不因雪色千门净，能使尘心一点无。

和丁少鹤题陈场老祠[1]

曾向龙门览胜还，更寻云壑共跻攀。
当年若为浮名绊，今日何人访故山。

[1] 陈场老，即陈黯。陈黯（约 805—877），字希儒，号昌晦，唐代南安县
嘉禾屿（今厦门岛）人。十岁能诗，十三岁献清源牧诗，名闻乡里。然
屡举不第，年过花甲仍无功名，遂隐居嘉禾屿金榜山麓，读书终身，自
号场老。今金榜山麓尚有陈黯隐居石室和钓矶两处遗址，而西林观音山
还有陈黯墓。然陈黯祠堂居于何处，不得而知。

三生石

黄花翠竹自悠悠，物换星移定几秋。
欲识万缘归尽处，片云无住水空流。

北高峰[1]

直北岩头望帝京，蓬莱宫阙倚云平。
风尘南国江声暗，愿挽天河为洗兵。

[1] 北高峰，在杭州灵隐寺后。石磴数百级，曲折三十六湾。上有华光庙，
以祀五圣。

冷泉亭[1]

寒潭六月冻云留，更爱孤亭水上浮。
欲向此中频洗耳，斜阳一曲满江秋。

[1] 冷泉亭，在杭州灵隐寺山门之左。修建于唐朝中期，公元924年重建。

飞来峰[1]

御风仙子去何年，竺国移来小洞天。
双涧合桥关不住，桃花流水过山前。

[1] 飞来峰，在灵隐寺对面的山坡上，又名灵鹫峰。相传一千六百多年前，印度僧人慧理来杭州，见此峰时惊奇地说："此乃天竺国灵鹫山之小岭，不知何以飞来？"故称为飞来峰。

月　岩[1]

天开石壁隐青鸾，犹似冰轮出广寒。
长信应无偏照处，免教春恨倚栏杆。

[1] 月岩，在杭州城南凤凰山圣果寺遗址附近，是与三潭印月、平湖秋月齐名的杭州三大赏月胜地之一。

龙　井[1] 　其地产名茶

最是山中第一泉，金沙石鼎锁寒烟。
岩花寂历无春夏，惟羡云英谷雨前。

[1] 龙井，在杭州西湖之西翁家山的西北麓。原名龙泓，为圆形的泉池，大旱不涸，水质清洌甘美，为杭州四大名泉之一。

凤凰山[1]

凤凰宫殿接披香，剑佩声随辇道长。
箫管已归湖上月，犹疑歌吹下昭阳。

[1] 凤凰山，在杭州市的东南面。北近西湖，南接江滨，形若飞凤，故名。
隋唐在此肇建州治，五代吴越设为国都，筑子城。南宋建都，建为皇城。
南宋亡后，宫殿改作寺院。元代火灾，成为废墟。

万松岭[1]

唐朝古寺宋时宫，落木空山听不穷。
惟有万年鸡鹊树，至今月色隐青葱。

[1] 万松岭，在杭州西湖东南凤凰山北。唐朝曾在岭上修报恩寺，南宋建有
皇城。

题小景

悬崖之上挂青枝，野水悠悠遍绿篱。
独理钓舟江渚外，扣舷无复问糟醨[1]。

[1] 糟醨，酒。

山　行

山居已谢人间事，杖竹应从物外心。
赢得青山看尽日，不知凉叶下秋岑。

东山小径杂咏 六首

结甏堂在庐东隔水[1]，故名

曲槛俯临清浅水，长桥斜度郁盘山。
结庐不向云深处，好挟琴书自往还。

放情安石名非谢，洗耳深源意自殷。
莫讶终南曾寄卧，山翁今已在人群。

疏松影落浮云净，细草香传浊酒醒。
此际惟余心似水，坐邀明月下中庭。

一溪秋水映芦花，坐对寒汀数落鸦。
忽听菱歌三唱罢，隔溪素女浣红纱。

一尊长向山亭开，有酒都从花外来。
只管清歌闲白日，莫教红叶怨苍苔。

种柳江亭待客归，斜阳古渡送人稀。
风航此日秋江上，泊向柴门理钓矶。

[1] 结甏堂在庐东隔水，刘存德之父刘恭奉母王氏择居同安东桥之西的铁岗
　　下，筑土堡聚族而居。东桥之东，有宋宣和六年（1124 年）同安县令危
　　秉文倚溪而筑的"结甏堂"草堂遗址。刘存德致仕归田后，于遗址上筑
　　堂，仍以"结甏"名之，故称"结甏堂在庐东隔水"。结甏堂周围建有
　　六角亭、半月池、观月台、石梁庵石塔等人文景观，据《同安县志》所
　　载，结甏堂"凡台榭亭塔，花草竹树，备极一时之观"。

客中别友　二绝

几年作客负年华，常忆春来不在家。
无奈离心似杨柳，□人飞尽渡江花。

四海风尘常作客，百年身世几闲居。
飘零王粲犹耽赋，多病虞卿合著书。

寄　友

独怜何逊爱梅花，为吏风尘不怨嗟。
吾亦近来眈此癖，梅花开处即为家。

小　影

悬崖掩映似飞来，石窦松阴一径开。
洞壑幽风清午梦，斜阳沽酒荡舟回。

挽同年林如斋　二绝

当时抱策谒明光，年少曾推贾洛阳。
前席尚虚风雨夜，长江染泪下潇湘。

长江染泪下潇湘，空见慈乌咽夕阳。
垄树何枝堪挂剑，不论宿草更沾裳。

集　句

集　杜　五首（佚）

赠　别　十首（佚）

溪上集句（佚）

题葡萄月图　调满庭芳（佚）

结甓堂遗稿卷之五　序

赠李抑斋[1] 兵备湖广序

按职方氏[2]所载，全楚，中原衍土也，跨江汉之上游，连荆衡之巨镇，山川阨塞，精灵交閟。故文明之代，圣哲以运其枢，为虞、夏、商、周；草莽之际，侯王以骋其力，为吴、魏、晋、汉。读《芦漪》[3]、《沔上》之咏，而知怀忠之士，或愤世以夷其明；诵《黄鹤》、《赤壁》[4]之赋，而知风雅之流，恒玩物以达其化。功名伟于岘山[5]，道学盛于岳麓[6]。盖时不常偶，而代有异人；士不相期，而寓多奇迹。灵杰相值也。

抑斋李先生产于闽，为内文之俗雅，有大节达观宇内，与某尝为莫逆，顾倾谈终日，未尝一言弗闲于世务。每当杯酌为乐，辄拊髀叹曰：“日月流迈，功业堙晦，天下事属之谁为乎？”其时当为吏部郎，与天官氏[7]进退人才。系世升降，其志未为不行，而先生之忧时悯俗，每若彼其慨惋形于诗歌者，复怒焉其有余思，物由力作，虽微必喜；事不益于实用，虽华不为，其志愿所安。盖可想见。吾尝私以其人方晋陶侃[8]，而先生出宪全楚，建节辰、沅，适陶侃始终经略之迹在焉，岂古今豪杰有相待而成者哉！圣朝统一寰宇，大业安全，固非晋室之比。士君子有先国家而后私图之心，则事尚可为；有忧治世而危明主之心，则机岂容缓。且以辰、沅接壤滇南，洞溪外错，其于国家建镇之初意，至要也。先生之出也，人谓贤者之远于君，咸为惜之。先生独旷然谓曰：“行矣！吾志也。”宁平日长，则宣导仁柔之化，以复江、沱、汝、汉之旧；四方多故，则効勤斧斨之役，以修伏波、襄阳之绩。此实其素所蓄积，吾不独于言得之。

　　某也，蔀屋而居，且涉世之日浅。初以意气之合，获筮教于先生最多，卒负先生包容，不攻其过。某复循性而动，自拊所安，迹若渐疏，而所期于死生、存亡之际者，确乎其不可夺也。古人相成以义，岂问其私？予视陶公始督荆湘军事，讨峻石头，遂兼八州。其功不为不伟，迹其初心，不能一日忘中原，亦路人所知。独以矢心若此，反不与顾命，为不结知于主，遂渐志于疆场之外。屡有重发，卒以太真愆期，数趣而成。向使二公自引其嫌，陶公不服其义，则如晋室何哉？君子之立身天地间，毅而致之，曰"志"；履而终之，曰"节"；事君而不二其命，曰"忠"；忠告而能成其善，曰"信"。先生尝以教我矣。

[1] 李抑斋，即李恺，字克谐，号抑斋。里居、阅历见卷三《春日即事联句》注。

[2] 职方氏，古代官名，掌天下地图与四方职贡。

[3]《芦漪》，即《芦漪歌》又作《渔父歌》。春秋时期，伍子胥得知楚王杀其父兄，乃仓惶出逃。至千斧津（今渔邱渡）江边，呼渔父渡江。渔父视之有饥色，即去，为之取饷。子胥生疑，乃潜深芦苇之中。渔父持麦饭鲍鱼羹来，不见子胥，唱《芦漪歌》而呼之。子胥出，饮食毕，解百金之剑以赠，渔父不受，送其过江。后覆船自沉于江水之中。

[4]《黄鹤》，当指唐人崔颢的《黄鹤楼》。《沧浪诗话》谓："唐人七言律诗，当以崔颢《黄鹤楼》为第一。"《赤壁》，即《赤壁赋》，为北宋著名文学家苏轼所作。苏轼被贬黄州（今湖北黄冈）时，先后两次游览黄州附近的赤壁，作两篇《赤壁赋》，后人称之为《前赤壁赋》和《后赤壁赋》，均为中国古代文学史上的名篇。

[5] 岘山，指襄阳岘山，是一座历史文化名山，留存许多历史名人之古迹：刘备马跃檀溪处、风林关射杀孙坚处、羊祜的坠泪碑、杜预的沉潭碑、刘表墓、杜甫墓、张公祠、高阳池、王粲井、蛮王洞等。山南有楚皇城、宋玉故里，东面有夹鱼梁州、山水田园派诗的开创者孟浩然的隐居地鹿门山；北眺有关羽水淹七军遗迹；西去有孔明躬耕地古隆中。

[6] 岳麓，即岳麓书院，在湖南省长沙市湘江西岸的岳麓山，为中国古代著

名四大书院之一。乾道年间，著名理学家张栻主教岳麓。乾道三年
（1167 年），朱熹来访，与张栻举行了历史上有名的"朱张会讲"。此后，
岳麓书院名声远播。

[7] 天官，古代官名。《周礼》记载：廷分设六官，以天官冢宰居首，总御
百官。唐武后光宅元年，改吏部为天官。旋复旧，因此后世亦称吏部为
天官。

[8] 陶侃（259—334），东晋鄱阳郡（今都昌县）人，字士行（一作士衡）。
早年孤贫，任郡县令，勤慎吏治。后有再造晋室之功，官至太尉，都督
八州军事，荆、江二州刺史。

《三苏文选》序

宋以词章取士，其体制于本朝为近。维时眉山明允[1]，历举
进士、茂材异等，皆落第。归焚所为文，闭户读书近十年。至和
中，遂为永叔[2]知名，荐授校书郎，编《太常因革礼》百卷[3]，
方成而卒。二子轼、辙，皆以嘉祐制策并擢巍科[4]，文为时冠，
落笔传诵，而东坡尤为著称。故自科举之学盛行于世，而三苏诸作
则其筌蹄径窦[5]也。史臣病其文为兵谋权、利机变之言，子朱子
亦谓："老苏父子为文，自史中《战国策》得之，皆白小处起议
论。"

噫！是非苏氏之病也。科举之习，其趋必至，不如是，不足以
猎取世用，非如六经之文，取其足以传而已。是故指事析理，贵极
其奥；引物托论，贵博其义；经世成务，贵穷其变；臧否进退，贵
推其隐。其雄壮俊伟，则若决江河而下；其辉光明白，则若引星辰
而上。而后作者之极观备矣。三苏氏盖由此选也。若求其辞，约而
臧，肆而隐，如六经之义，则于苏氏何有哉？东坡晚年杜门深居，
酷喜靖节，遍和所著诗文为一变。栾城[6]自雷州北还，亦杜门理
旧学，几得圣人遗意。可见其平日所为文，亦皆与时高下之具，而
未尝期于明道立德者也。士生斯世，其立言不能如古人者，亦岂士

之得已哉！惟于行也，亦然。然正卯之言，先六经而伪；紫阳之学，后科举而明。则善恶之归，存乎所为耳。学者苟以兵谋、权利机变之言取科举，而以诚意、正心之学用之，夫何愧于古人哉！

　　翥亭先生，关中之贤者，与余僚守云间[7]。其宏才浩气，每匡余所不逮。政暇出所梓《三苏氏文录》相示，谓自蚤岁习举子业，酷嗜诵读，所得就锓以传。盖欲与士类公其利器也。余因僭序诸篇首，期诸士进苏氏而上之，以成翥亭公善至意云。

[1] 眉山明允，即苏洵。苏洵，字明允，号老泉，眉州眉山（今属四川）人，北宋散文家。与其子苏轼、苏辙合称"三苏"。应试不举，经韩琦荐任秘书省校书郎、文安县主簿。长于散文，尤擅政论，议论明畅，笔势雄健。有《嘉祐集》。

[2] 永叔，即北宋时期政治家、文学家欧阳修，字永叔，号醉翁。欧阳修亦极力推誉苏洵，曾向宋仁宗上《荐布衣苏洵状》，苏洵从此名动京师。

[3] 《太常因革礼》，欧阳修、苏洵参与编纂的宋代礼典，共一百卷。

[4] 巍科，即高第。古代称科举考试名次在前者。

[5] 筌，捕鱼竹器。蹄，捕兔网。后以"筌蹄"比喻达到目的的手段或工具。径窦，门径。

[6] 栾城，指苏辙，字子由，一字同叔。嘉祐二年（1057年）与其兄苏轼同登进士科，历官御史中丞、尚书右丞、门下侍郎。因事忤哲宗，谪雷州安置。著有《栾城集》，故称。

[7] 云间，松江府的别称。

送郡少伯胡双华[1]考绩序

　　国家设官，莫非为民。维守令，谓之父母。父母之于子也，则爱之何已矣！求之于未言，鞭扑教戒之于既长，爱之心一也。今之父母斯民者，不求诸心而求诸政。其贤者虽不猎民之利，而荣辱毁誉一入其心，则凡行不义、杀不辜，皆无所顾而为之，求其所得不过一色笑足矣。故徇名之利甚于黩货[2]。盖其心不在民，虽进而加膝[3]，固有待而鱼肉之耳。

我双华胡先生，贰郡[4]三岁半，视同安属事，政不求异而斯民有生之乐，汪濊充塞[5]，莫可指名。某每与先生接，未闻倾谈，但言无饰情，动无饰貌，承上无枉己，使下无违道，盖可一见而信者也。所谓淡然无欲者非耶？古人言："百里奚[6]爵禄不入其心，故饭牛而牛肥。"先生之心所不能入者，岂但爵禄而已哉！民之囿于先生之政，欢欣忧戚，莫不从欲，盖日用而不知。太史公之传循吏也，于上世首孙叔敖[7]。其序事言庄王更币而市乱，敖请复而安之[8]。又教闾里高梱庳车[9]之俗，不令而易。敖之贤岂无长于斯二者。其从情以治之，己不劳而效可见，则斯为甚焉。于汉首汲长孺[10]，至叙其归节矫制[11]，多倨寡容以为盛美，岂所以教天下之为人臣者？盖重于周民之急，切于直己之道，虽忤深忌之臣，冒毁誉之消，而不知恤，其忠足以寝未乱，而官不足以备中郎，于初节不少懈焉。此黩之所以为贤也。先生之政成，将入报矣。法得玺书勉励，增秩赐金。若求诸太史列传之意，则继二公而首传者，非公而谁也？书以赠之。

[1] 胡双华，即胡文宗，字在鲁，庐陵（今属江西吉安市）人，举人。嘉靖二十四年（1545年），任泉州府同知。摄同安县事，人有甘棠之思。

[2] 黩货，贪污纳贿。

[3] 加膝，放置膝上，喻爱重。

[4] 贰郡，古代州郡长官的副职。

[5] 汪濊，亦作"汪秽"，深广。汪濊充塞，典出苏辙《吴氏浩然堂记》句"汪濊淫溢，充塞坑谷"，原指江水深广浩荡，喻浩然之气。

[6] 百里奚，姜姓，百里氏，名奚，字井伯，春秋时著名政治家。原为虞国大夫，虞为晋所灭，百里奚成为奴隶，替人喂牛。秦穆公知其才，以五张羊皮买下，委以大任，终而称霸诸侯。

[7] 孙叔敖（前约630—593），名敖，字孙叔，楚国（今荆州沙市）人。任

楚国令尹（楚相），辅佐楚庄王施教导民，宽刑缓政，发展经济，政绩赫然。

[8] 庄王更币，楚庄王认为原有钱币太轻，下令改铸为大钱，结果造成市场混乱。孙叔敖请求恢复旧币制，才安定市场秩序。

[9] 库，矮。库车，低矮的车。楚庄王认为矮车不便于驾马，欲令改高。孙叔敖以为政令屡出，百姓无所适从，建议只让闾里加高门槛。果然半年后，百姓自动把坐车造高。

[10] 汲长孺，即汲黯，字长孺，濮阳（今河南濮阳）人，西汉名臣。景帝时任太子洗马。武帝初为谒者，出为东海太守，有治绩。召为主爵都尉，列于九卿。好直谏廷诤，后犯小罪免官，居田园数年，召拜淮阳太守，卒于任上。

[11] 归节矫制，武帝时，河内失火，令汲黯前往视察。返回时，见贫民"父子相食"，便借所持皇帝赐予之节，假诏开仓济民，事后主动"请归节，伏矫制罪"。后武帝未作追究。

赠龙山戴先生[1]考绩序　代作

君子之道，经世而不窒于用，曰"才"；律己而不诡于俗，曰"节"；履道而不贰其命，曰"忠"。才理乎，盘错者也；节戾乎，比周者也；忠贞乎，污隆者也。三者修之身以成其德，措之天下以定其业，非窥媒之资、圣哲之矩也。凡今之士，志广用疏矣，而文之以神圣；变和为同矣，而济之以旷达；守官废命矣，而托之以峻洁。其究道术决裂，耻尚失所。此俗之所为无行，而士之所以取轻于当世也。

昔者宸濠之变[2]，龙山公以节推应檄，备舟师江上，而我军宽其东顾。既以御史理盐榷淮北，而大业赢于上供。蜀之役，芒布倡乱[3]，议往剿之。大司马治兵，度支治饷，肃将戒行，公先定而后闻，曰："愿陛下勿以成都为忧，臣宣布灵威，服而舍之矣。"上命中使往廉其状，归报"西路浡饥，非御史臣处置得宜，使悬罄之民弛于负戈，则崩析不保矣"。于是特见嘉悦，抡其才可使治乘，命领五监。嫉功之臣遂从而持议于后，调公补外，历西南臬藩。公论渐著，擢御史中丞，分驻蓟北。复以非罪调留都佐乘。

夫士虽廉介，不能违命以洁己；人虽贤智，不能先事以图功。公之先后被论无所过，故远可以白于天下，而近不能已于人言者，不为毁方[4]以徇乎世，比周以植其誉也。然人之情，直而见枉，则伤；善而弗获，则怠。故良贾折阅，藏货不市；贤者见忤，以道为己，亦尚时之义也。公有保厘西土之功，而不能安其身于庙廊之上，周历三省六有余年，而至内台。宦迹差池，所在著业，如其初服，绝意不以蜀功为恨，君子以为忠矣。既以受命调留都，适南狩过蓟，公曰："是未可以行也。"其修吾卒乘，以备扈卫；率吾草莽之民，浆食以迎旄节。卒使至者如归，居者如堵，耦俱无猜[5]以悦上心，虽古所谓忧国奉公之臣，未有如其匪懈者也。

就官无何，入为畿辅，逾年擢御史大夫。复以庙建采木荆蜀，事集而民安之。上以为贤且劳，召授大理寺卿。公至而视狱，多所平反，独未尝以法徇人。临当论，每愀然不乐，见于辞色，不独九刑允理可以作法。苟师其意以行之，虽咎繇[6]之贤不能过也。夫以公之文望德业，虽岁致九迁，夫何难者，计中外履历二十余年，且数有显功。致位是日，仅以通议大夫得通理奏绩，岂非所谓尽道而违于时者？某也，先奉兰台之教，叨光白笔。是复听棘院之理，获侍元衣，知公于出处之际合乎古人义，当次为言，以俟知者。

[1] 龙山戴先生，即戴金（1484—1548），字纯甫，号龙山，湖北汉阳县人。正德九年（1514年）进士，授苏州府推官，后补抚州府。嘉靖初年，升任广西道监察御史。嘉靖五年（1526年），奉命巡视两淮盐政。寻又按巡四川，后历任两京太仆少卿、顺天巡抚、应天府尹兼副都御史、大理寺卿、兵部尚书等职。嘉靖二十四年（1545年）致仕。

[2] 宸濠之变，明正德年间，明太祖朱元璋五世孙、封国在南昌的宁王朱宸

[3] 芒布倡乱，指嘉靖九年（1530年），苗民芒部酋长陇政起事，夺取新设治所镇雄府之事。时戴金任四川巡按，参与会剿。

[4] 毁方，毁弃立身行事的准则。

[5] 耦，两者。猜，猜忌。耦俱无猜，谓双方都无猜疑。典出《左传·僖公九年》："送往事居，耦俱无猜，贞也。"

[6] 咎繇，即皋陶，舜之贤臣。

赠邑侯袁方州[1]闵雨序

壬寅[2]春，正月不雨，二月犹不雨。时侍御南湖公以天子之命来弊群史，严袁大夫从政为最后，考最先，乃惕然曰："是为有善政乎？何雨旸之弗时也？"三月祷，乃雨，民喜而歌誉之，相率诣予请言。予知大夫不喜佞，为大夫辞，尔民曰："德则及我，谁能已之。大夫之德可忘，其志不可泯也。时当未雨，大夫斋居省躬，恤刑振滞，悼心呕图，如躬在疚，其志甚悯。祷而不雨，民犹甘之；喜雨，则亭可无志乎？"予闻而思之，《春秋》之义，有志于民者，事不一书。故春正月不雨，夏四月不雨，鲁僖非所谓讥也，况闵雨而雨有，传循良者必及之矣。尔民聪明，请则及义，予于是乎可以言也。

按：《洪范》曰咎征[3]，曰僭，恒旸若。夫所谓僭者，岂徒以其言弗从之？云刑越其罪则僭，征逾其艺则僭，淫破其义则僭，诡贼其良则僭，口不道忠信之言、心不则德义之经则僭，凡足以干天地之和者是也。曰肃，时雨若。夫所谓肃者，岂徒以貌作恭之？云刑清而服则肃，敛省而经则肃，物轨有章则肃，清浊有别则肃，忠信贯于金石、德义通于神明则肃，凡足以致天地之和者是也。大夫至而为政，时当编户为虏，罹及胁从。当道将苗糵而发栉之，期不遗乃止。大夫为之辨诬，疾诉如救汤火，所全活数千家。同于泉亦为甲邑，独财赋为下，而民之见诛求又甚峻切而繁。数其弊在于上无节制，故下见侵渔。大夫首自裁省以先之，后定为出内而蠲节之。民所供应，昔百十而今可十一也。同俗多讼，民日丽于禁。大夫多所矜宥，独在六逆[4]之科，则断之不疑，曰："为政以风俗为先也。"首而推奖儒术，戮除横暴，发号施令，与民画一，推诚布公，示人不欺。凡此数者，可谓能遵美、屏恶、去逆、效顺。三月之间几有成矣，宜足以解戾致和，乃雨旸弗时，以虿忧亟，是天将以明大夫之志，使布于民，以固怀附。人情如此，天意岂远哉！予当雨霁齐罢之晨，尝诣大夫致喜，大夫谓曰："无敢贪天之功以为己力。"大夫之志有大焉。扩而充之，将位育可致，岂于闵雨而雨足为异哉！凡今之吏民者，苟取肥润尔矣，所志如大夫，诚如民之言曰："不可泯也！不可泯也！"

[1] 袁方州，即袁杉，号芳洲（原刻本作"方州"，方志则作"芳洲"），扬州人，举人，嘉靖二十一年（1542年）任同安知县。秉道守礼，治民有方。甫六月，百姓赞颂，而受到巡按徐南湖嘉奖。

[2] 壬寅，即嘉靖二十一年（1542年）。

[3] 咎征，过失的报应。

[4] 六逆，《左传》中石碏谏卫庄公中所提出的六种违逆，即"贱妨贵、少陵长、远间亲、新间旧、小加大、淫破义"。

赠杨君斐序

　　夫士居业以诗书，而致用必以法律。然则诗书、法律皆道之器，居业、致用皆士者之事，不容有二也，又从而有所贵贱之可乎？大抵周孔之书，手披口诵，不足以裨学植；管商之术，敦信协义，皆可以资治具。且自秦汉相传，李斯稽古之杰也，观其作用刑名之觌[1]为烈矣。萧何以三篇从入关中，乃足以王。李悝法六经为九章，而诗书之意为存。由此言之，在此不在彼。今朝弘制别为途辙，士之择术而居，其来亦已旧矣。职业之所修治，资限之所课责，远不相及。然其意未始不相为间，有所用异，其所养不待推见至隐而后见者何多，乃欲求诸操术之异者，反其故以合道。盖君子之所难也。

杨子君斐初治经无速效，去而治律，乃能察其意归，折其分例，缘以儒术，比于法理。天官氏试之，居上，上谓是明于民务，可以备职守矣。乃系诸铨籍，以待资及，是为故事，于君斐又何异焉？当时天官氏及诸司论材，审以进贤退不肖为惓惓，自一命而上，未尝轻以与人，亦未尝没人之微贤，辄试以言，遂及昭哲。时之落寞者，无用尤怨。君斐抱术而考最上，岂寻常明文法之徒所能哉！其言必审而核，综悉而宽平，致之为用，可以禁暴止奸，为长育群生之一助。乃以见录，吾安得不为之重耶？

吾向也闻君斐之义能与吾辈同患，捐资恤难，不负宿昔，心甚高之，故不辞与交。既接其为人，聪慧而辨礼，沉思而明物，盖可与为善。日与少明诸君友，又皆乡之遗良也。诸君荣其选，而求为赠言，吾书以勖之。至推吾党以相附于躬[2]，自厚之意，盖亦有也，岂独以告杨子。

[1] 戭，同"祸"。
[2] 躬，自己，自身。《诗经·卫风·氓》："静言思之，躬自悼之。"

赠李母曾太孺人寿七十序

嘉靖癸卯，日正仲夏，列耀秀华，凝芳郁荔[1]。圣天子方报功阴圻，展礼元郊[2]。耆老大夫彬彬从事，惟曰质明孝敬，以昭茂祉，称咸施也。李母夫人于是为衣裯之辰生，实会昌有灵应矣。夫阴阳日月，各有教令。古称夏至，运臻正阳，君子履之，则绥祉以嬴长。夫人生逢福世，度协朱明，舜日尧年，永欢何极哉！况有二子，长曰乾山君克谐[3]，次曰少峰君克念[4]，并以专经冠闽多士。克谐初仕为番禺令，全活百万；却暹罗金[5]，夷夏皆知其人。即今荐身选部，古所称为国家进贤退不肖者也，汲汲然以不能彰人之微贤、全人之细忽，使贤才利泽不究于民。日用疚心，谈及当世，则耻荣利而崇节信，薄豢养而甘癯瘁，奇气侃辞，可以起顽立懦。古人论士，先器识。乾山，固非今之士也。致之为用，天下事皆无足为。又尝谓予念少峰君云："使吾弟遭时遇主，其勋业，吾当远避。"则夫人也不独享有荣养，可以怡志保和，眉寿无害，天下后世将知有二李之母也已。

《閟宫》[6]以颂僖公，曰："既多受祉，黄发儿齿。"乃上及于成风，则母以子寿，亦古之意也。于是遂扬觯而上乾山君，辞曰："恺也不腆，辱君子之言以逮吾亲。其敢不敬承？惟予念之先君百劳课子，未见成立，而亟捐馆舍。母曾力贫董其卒业，而闲于教诲。昔也，敬姜明文伯之不益，卢妪崇元驭之令训，隽母询平反而安食，发母闻刍粱而绝户，[7]君子谓其行可以备教化，列于贤明。母曾博达考故不如古人，然皆言近而规远，行约而义彰，虽古贤母，不能过也。"恺后先游仕，每愿迎就升斗，母辄谓曰："母休吾蚕绩而舍其力。吾子仕矣，朝考其职书，讲其庶政；夕序其业，夜而计过无憾，而后即安。惟不失子之身以治君之官，则所养于我者至矣，不愿以禄。"恺于是黾勉操行，凤夜虔督，期不背慈母之惓惓耳。

圣天子尝察其为令无过，特见嘉异，锡秩及母，留恺补司勋，自是不视餐寝有年数矣。是日也，地有显功，宗子祀之。母有令晨，繄我独遗，所为极其思念而不能自己也。某也闻之，于是为之歌《南陔》之诗，曰："循彼南陔，言采其兰。眷恋庭闱，心不遑安。"乾山君其不懈于养矣，是以似之。又为之歌《白华》，曰："白华绛趺，在陵之陬。蒨蒨士子，涅而不渝。"[8]乾山君其不堕于行矣，是以似之。

[1] 列耀秀华，凝芳郁荔，出自北周庾信《周祀方泽歌·昭夏》诗中名句。

[2] 报功阴圻，展礼元郊，出自北周庾信《周祀方泽歌·昭夏》诗中名句。原句为"报功阴泽，展礼玄郊"。玄郊，即北郊。

[3] 乾山君克谐，即李恺，字克谐，号抑斋。生平、阅历见本卷《赠李抑斋兵备湖广序》注。

[4] 少峰君克念，即李慎（1506—1577），字克念，号少峰，李恺之弟。嘉靖二十九年（1550年）进士，授南京户部主事郎中，改琼州知州，广西按察司副使，转辽东宛马寺卿。后辞官归梓。明世宗念其功勋，赐李慎祖、父"三世同卿"。

[5] 却暹罗金，李恺因"廉干有材名"，故于嘉靖十七年（1538年）受委主持东莞抽分番舶事。其为官清廉，办事公道，泰国商贾甚为感激，奉千金为其祝寿。却之不受，遂建"却金亭"以纪念。今东莞教场街尚留有"却金亭碑"。

[6] 《閟宫》，即《鲁颂·閟宫》。此诗以鲁僖公作閟宫为素材，歌颂僖公的文治武功，中间亦描述祖先圣母姜嫄的端正德性和始祖后稷的神异不凡。

[7] 敬姜，齐侯之女，鲁国大夫公父文伯的母亲；卢氏，唐朝宰相崔元暐的母亲；隽母，西汉隽不疑的母亲；发母，战国时楚宣王的将军子发的母亲。均为古代教子有方的贤母典范。

[8] 《南陔》、《白华》，均为《诗·小雅》中的篇名。《诗·小雅·南陔序》曰："南陔，孝子相戒以养也；白华，孝子之絜白也。"皆用为奉养和孝敬双亲的典实。

《兰堂会义》序

九灵之墟，三江之会[1]，思皇多士，抱艺而居。其达者，盖或入掌中秘、出为方岳，职九伐、司五材以充邦国之隶。其次亦已乡论其秀，序而选之，将告于王而升诸司马矣。是故前此之日，则修业之基有常；后此之日，将建功之路不一。乃出所为文，梓其尤者以传，题曰"兰堂会义"。盖善人与居，其室曰"兰"[2]。友以辅仁，非文不会，是为乐。其聚而志，其益亦久。要之，所托也，予复何辞以赞之。

子曰："君子之道，或出或处，或默或语。二人同心，其利断金。同心之言，其臭如兰。"《易》曰："同人，先号咷而后笑。"此之谓也。夫自经籍道息，辞章义裂，当今经术之士，其去制作之理远矣。于欲贞志一德，如《易》之教，众人疑之，不观于《诗》之风乎！其言掇于里巷而用达于邦国。至其变也，邪正得失异齐，而圣人以为发乎情、止乎礼义而并存之于经，况乎今之文辞，莫非依经辨义，错文约理。士之所以贞白其志，以靖献于君，如承筐之有实也，岂精神、心术之间有不足以观其深者乎？惟拘于体制，趋于习尚，则时之所为，如风之有变，孰非明义理之归，以翼正术，圣人所不废也。

以余观于会义诸作，其浩瀚者，沛乎江河之决；藻丽者，炳乎云汉之章；弘广者，通乎形器之外；辨析者，入乎纤毫之内；沉郁而澹雅者，涵乎元始之蕴；离坚而合异者，错乎刚柔之质。其泽言于茂典，则撮百家之枢；其约事于故实，则纽百王之教。猗欤盛哉！文至矣，而习近不能舍途辙，为所有事也。使由是而施之训诰辞命，垂世立教，其理莫之有易；用之宗庙邦国，安上治民，其术亦未之或远。此会文之所由传也。《易》赞同人之旨，盖先心而后言。余序兰堂之雅，盖因言以论心。诸君其闻之乎？循心以为量者存乎我，因物以成务者系乎彼。存乎我者，隆杀[3]止于其域；系乎彼者，丰约安于所遇。所谓齐性命、一穷达之道，君子之终也，岂徒以文会而已哉！松固三吴之俗，揆诸至道，如齐之有鲁也，盖所厚望于诸君而非以为侫云。

时执币以征予言者，为乡进士郁君岷、朱君凤、唐君自化、姚君臣、龚君情、秦君寀、郑君梦纲、朱君承枋、王君之路、冯君行可、周君颂。所为会文，则朱翰林文石[4]、徐兵部望湖[5]、周工部莱峰[6]、王太守弘宇[7]、孟进士华里[8]与焉。

[1]　九灵之墟，三江之会，当指松江府。松江府设立于元至元十五年（1278
　　　年），由华亭府更名而来，明清沿之。其地域相当于现今的上海市，吴淞
　　　江、娄江、黄浦江三江交汇于此。《吴都赋》中注：“太湖东注为松江
　　　（吴淞江），东北流为娄江（嘉定娄塘），东南入海为东江（黄浦直东入
　　　海）。”嘉靖二十八年（1549年），刘存德出任松江府知府。此篇当在其
　　　任职期间所作。

[2]　善人与居，典出《孔子家语》：“与善人居，如入芝兰之室。”

[3]　隆杀，犹尊卑、厚薄、高下。《礼记·乡饮酒义》：“至于众宾，升受、
　　　坐祭、立饮，不酢而降，隆杀之义别矣。”郑玄注：“尊者礼隆，卑者礼
　　　杀，尊卑别也。”

[4]　朱翰林文石，即朱大韶（1517—1577），字象元，一作象玄，号文石，直
　　　隶华亭（今上海松江）东马桥人。嘉靖二十六年（1547年）进士，官选
　　　庶常，授检讨。官至南京国子监司业。归田后，建别墅名“文园”，常
　　　在文园招饮友朋，共鉴书画，谈论诗文。

[5]　徐兵部望湖，即徐陟（1513—1570），字子明，号望湖，又号达斋，直隶
　　　华亭（今上海松江）人，徐阶之弟。嘉靖二十六年（1547年）进士，授
　　　兵部武科主事，转车驾郎中，改尚宝丞，升少卿。后任南京刑部、工部
　　　侍郎等官职。

[6]　周工部莱峰，即周思兼（1519—1565），字叔夜，号莱峰，直隶华亭
　　　（今上海松江）人。嘉靖二十六年（1547年）进士，授平度知州，擢工
　　　部员外郎，累官湖广按察佥事。私谥贞靖先生。

[7]　王太守弘宇，里居、阅历不详。

[8]　孟进士华里，即孟羽正（1514—1556），字卫卿，号华里，直隶华亭
　　　（今上海松江）朱坊桥（今上海）人。嘉靖二十九年（1550年）进士。

送节推袁莪溪[1] 赴召序

　　圣人在上，明目达聪，为置台谏之司以充其任。时或员缺，则

疏中外郎官试。有最绩者，诏王辨论。论定，然后官之，其责不已
重乎！时嘉靖癸丑[2]之岁，举事如初。郡节推莪溪公首与兹选，
征檄趣行，士民留之弗得。同安令蔡君[3]至方浃日，自谓不获蚤
奉长者之教，乃诣余请言以赠。余初出守松州，公举明经，居于乡
比。其归也，公举进士。治其郡，于公行义政事盖独详焉，恶得而
已于言哉！

　　夫刑罚爵赏，天下之大权也。刑当其罪，则恶以惩；爵惟其
贤，则善以劝。治，天下之大机也。尧舜之有天下，皋夔之事其
君，舍是无称焉。治郡之刑与国禁不同，情伪隐显，杂然至前，莫
不求直于我，匹夫匹妇之心一不当焉，则乖气至矣。公执两造之
词，兼五听之术，或折于片言之下，而情毕献；或持之旬月之间，
而争自释。其听察强毅若不甚炫，而民自以不冤者，公之心无所喜
怒，施之枉直，各得其平故也。

　　今将进而司耳目之事，则天下之贤不肖待公以为进退矣。夫贤
不肖之用情之微，与其进退之所系之大，岂特罪狱哉！今之台谏，
所以论列善恶，其用心岂必尽异于古人，惟自信之过而知人之难
也。故其弊至于攻及君子、用及小人者，盖不免有所之累耳。然川
洛有相攻之党，申公悔常秩之荐，诸公终不害其为君子，则无所为
而为之故也。昔者伊尹[4]之耕于莘，傅说[5]之筑于岩，天下之人
岂一一而知之？圣人称伊尹举而不仁者远，盖伊尹之志尝以一夫不
获为己忧，则所以相汤之治，其举措可知也。宋室诸贤之心，视伊
尹固有间矣，而今之人之用心视诸贤，又有间矣。公出而祥刑，有
皋繇之誉；入而治内，有伊尹之业，皆素所蓄积，岂余废罪之人所
敢赞益？惟余之知公，实知其心，余之过故隐显于公，亦无所遁。
庶乎临别之言虽轻，见信云耳！遂书以赠。

[1] 袁莪溪，即袁世荣，莪溪当为其号，松江府华亭（今上海）人。明嘉靖
　　二十九年（1550 年）进士，三十年任泉州推官。嘉靖三十二年（1553

年）应召试，升给事中。

[2] 嘉靖癸丑，即嘉靖三十二年（1553 年）。

[3] 同安令蔡君，即蔡琼，广东番禺人，举人。明嘉靖三十二年（1553 年）任同安县令。

[4] 伊尹，商代贤相。传说自幼聪明颖慧，勤学上进，虽耕于有莘国之野，但却乐尧舜之道。由于研究三皇五帝的施政之道而远近闻名，以致商汤王三番五次前往有莘国礼聘。

[5] 傅说，商代贤相。传说为傅岩筑墙之奴隶，武丁梦得圣人，名曰说，求于野。乃于傅岩得之，举以为相，国大治。

寿李母林太孺人七十序

嘉靖甲寅春二月十有一日，李母太孺人于是为设帨之辰。时就养刑部东明[1]君，未数月，为念少子而至也。少子承欢膝下，莫能自致，乃集里戚称觞为孺人寿。孺人之妹为某也母[2]，于某有犹子之爱，复徇宾从之请，故特序以赠之。

夫《诗》称后妃之德详矣，而皆不言其应，惟《樛木》[3]之诗曰："南有樛木，葛藟累之。乐只君子，福履绥之。"以其有逮下之惠，故众妾乐其德，而称愿之耳。其继则《螽斯》之咏，言子孙众多也，而卒之以《麟趾》之章，言子孙仁贤也[4]。周道之隆实始于此，况于有一家而治之者哉。故观于衽席之微而知兴衰之渐，察于媵妾之情而知福履之端，孺人其尝闻《诗》之教者乎？今日之所以享有遐福，褒封将及者，实仁惠之一念有以来之也。

方其自林于嫔也，装送盛具，妇道恪修。李方隆爱而寡断，且时在丁年，殊未为嗣续之计，孺人自以寡出，多方置媵。不数年而有三子，俱未离褓，而李没矣。向使孺人为谋不早，则李氏之宗不其微乎。再使其幼而保之、长而训之，一或不如己出，则其能有成者，盖亦鲜矣。孺人直欲亢李氏之宗，誓死不负，含饴衣纩于乳哺之日，而和丸修楚于授经之年。其为之延师致友者，百不辞费，虽不必如古人断髻剟荐而具，殆罔有不端其诚，故能使东明君少有异名，童年发科为名进士。且其志行古雅，充养纯实，谓非孺人之教而能哉。昔者灵夫人以傅姜有子之故，自叙礼当斥绌，欲请居外。傅姜固辞，以终其节，时人称之二顺。然以孺人之心观之，则其视姜之子盖异于己子也，孺人之贤于彼也，不亦远乎！岂徒谓之处顺已乎？故兹称觞之日，特为歌《樛木》之章以侑之，见福履之所始也。李氏《螽斯》、《麟趾》之祥方森然其未艾，则孺人之所以福李氏者，当不止于其身，而天之所以寿孺人者，即所以寿李氏也。

[1] 东明君，即李春芳，号东明。里居、阅历见卷三《江州别李东明》注。

[2] 孺人之妹为某也母，由此可知李母太孺人乃刘存德的姨妈，李春芳与刘存德可称作表兄弟关系。

[3] 《樛木》，《诗经》中《国风·周南》的诗章。以樛木的葛藟缠绕，比喻君子常得福禄相随。

[4] 《螽斯》、《麟趾》，均为《诗经》中《国风·周南》的诗章。《螽斯》之诗旨在于颂祝多子多孙，《麟趾》原题为《麟之趾》，是一首赞美诸侯公子的诗。

为宋儒许先生族人致谢眉溪公序

宋儒许先生[1]，讳顺之，生于淳熙之年。当紫阳夫子授簿同安，先生尝师事之，一时及门，闻道独蚤，故夫子称其"恬淡靖退，无物欲之累，未有如顺之者"也。既殁，卜藏于城西之阴，溪山前映，荫木苍郁，历年四百、传世十二，子孙世守其祀，皆无失业。嘉靖以来，地辟民稠，庐舍接于茔域，左右蚕食，尽其隙地。督学邵端峰公尝一正之。近以居民窥利，多营地宅，至或连楹，以当[2]其前，则崇封伟观一失其旧，且于堪舆之说亦所甚忌。于是许之族人相率而求质于督学朱镇山公。公以其事属郡，适眉溪先生署郡幕事，承檄往视之。至则展谒如仪，乃召争者于庭，曰："此先贤封土阅有世数矣，是恶可以弗识也？古人崇贤，过庐必式，而况争寻丈之地于其宅兆之前，谁则直之？"于是以其地归之官，俾许氏子孙扫除如故，勿为他人所有。

许氏感眉溪公之德，谓能不没其先。兹闻其荣擢将行，乃谋所谓谢于余。余于一事而知公有三善焉：夫崇贤恤后，礼之经也；抑强植弱，政之平也；存感去思，德之致也。礼以制政，政以昭德，眉溪公其不为有道之士乎哉？公为岭表人豪，以明经发科，长于风雅，六书之法靡不各极其蕴。历官户署，谪官府幕，盖以意气冲淡，不为时流所容，以取沉晦。即其所处许氏之事，类非俗吏所急，而公为之不遗余力，有非人言所能摇夺，岂所以树恩于许氏而奚以谢为哉！自许氏以其先世视之，则于公不为无德，亦仁人孝子之心所不能自己者耳。生于公有一日之知，敢不直书以告。

[1] 宋儒许先生，即许升，字顺之，号存斋，福建同安县（今厦门同安区）在坊里人。南宋绍兴二十三年（1153年），许升年十三，从师同安县主簿朱熹。朱熹去任，复从学于建阳，为紫阳高弟、理学名儒。著有《孟子说》、《礼记解》，已佚。

[2] 当，遮拦，阻挡。

赠通守孙宜山[1]擢达州序

贤者之仕也，行其志也。志得则乐，拂则忧。而其所谓拂者，岂必见违于世而终窭且贫哉！大凡劳于民而无可布之利、慎于职而无可居之功，徒有是心而施之弗及者，皆君子之所忧也。予读《北门》、《北山》[2]之诗，其悲嗟怨怼，大不自胜，岂人臣之事其君，劳逸丰约，尚不忘为计而得谓之贤者哉！其辞曰："王事适我，政事一埤益我"[3]、"大夫不均，我从事独贤。"[4]盖必所役非所任，所事非所志。彼两贤者疲苦筋力，舍妻孥以从事于外，而于为德为民一无所补，故若是，其怨天悲人之无已也。然则今之所谓仕而得行其志，惟守与令耳。盖守、令承上流为最专，而宣化于下为最近也。

宜山公自开化令擢判吾泉，则为郡之尊，与为驭异矣。而公常悒悒不乐，且民习束薪之烈、亲破觚之良，其恃公也，如赤子之恃慈父，岂为无所利赖于民，而于心自以为歉者哉！以公视昔为令，所以为民趋利避害者，而治从朝发而夕至，则判为不若耳。且公判郡几三年，而以王事往还京邸之日强半，以公夙夜为民之心，岂能安然虚此岁月哉！

今自郡而擢守达州，则守之得行其志，而与为令异矣，恶得而不为公喜耶？或以达州为蜀奥区，风土拙朴，不足以尽公之才而大其建立。不知政因俗成，治审所尚更币高梱之政，乌足以尽孙叔敖之贤？而太史公书之以冠循吏者，以近其民之情而已。公本以明经取巍科，其恂恂儒雅，簿文法吏所为，故常洁己而恕人，不敢辨敲扑钩摘[5]以取赫赫之名，则孙叔敖之业，固公之所优为也。某尝仕公之乡，归为公之民，深知公之恬澹寡欲，无所利于官，而其忧乐之情，恒心在民。故因县尹蔡君[6]之请，而特书其意以赠之。

---

[1] 孙宜山，即孙继荣，宜山当为其号，松江（今上海）人。举人，明嘉靖三十年（1551 年）任泉州通判。后擢守达州知州。

[2] 《北门》，《诗经·国风·邶风》之一首，描写一个公务繁重的小官吏，遭受家人责难而表现出的无奈与哀伤；《北山》，《诗经·小雅》之一首，描述一个日夜忙于王事的士子对社会劳逸不均的怨恨。

[3] 王事适我，政事一埤益我，此语出自《诗经·北门》。

[4] 大夫不均，我从事独贤，此语出自《诗经·北山》。

[5] 敲扑，敲打鞭笞；钩摘，搜索挑剔。

[6] 县尹蔡君，即蔡琼。里居、阅历见本卷《送节推袁莪溪赴召序》注。

赠邑侯徐鲸山[1]闵雨序

　　嘉靖丁巳[2]春,二月不雨。邑大夫鲸山布语于民,曰:"勾芒之月,生气方盛,民事始作。是犹不雨,则时政阙失攸致,余甚轸忧。"斋居省刑,责躬示谴,极其虔备以祷于神。不逾旬而大雨时降,民用欢腾,相率请言以诵。夫大夫之为同,承蛊坏之后,御溃乱之众,一饬治而振起之,堤防其溃而节约其离,不逾月而民志定。时当倭丑为虏,征调无时,财用绌缩。大夫为之缓议省役,时其催科而劳于抚字,其善足书者数矣。而民且安之,不言其德,独贪天之功以归于大夫,岂其佞哉!

　　余尝读《春秋》,至僖、文之世,僖公宽俭仁爱,务农重谷,有志于民,则每时而一书不雨,以明其贤;文公不务德义,废朔侮盟,以疲其民,则数时而始书不雨,以明其慢[3]。然则治民者审其志而已。古者季春之月,天子始命司空曰:"时雨将济,下水上腾,周视原野,备利堤防。"则是月也,丁雨为时。当其仲春,虽不雨不为旱,于是而有祷。大夫之勤其民也,故未雨而用其忧,不为先祷而应,应而辄颂。民知大夫之勤其事,故既雨而用其乐,不为过《春秋》之义,交与之矣,岂独以事使之情而私于今日也!大夫持此念而致之,虽位育可幾,况于一邦一家之民,有不以大夫之心为心者哉。国家自承平以来,政令详密,时之为吏者,致民于画一之法,以辨其职事,谁则不能?惟志不在民,则民不被其泽,此当今之所忧也。苟得所志如大夫者,而置之庙廊之上,则伊傅[4]之业此所优为矣。故书以志喜,以备观风者采之。

[1] 徐鲸山,即徐宗奭,鲸山当为其号,建德人,举人,明嘉靖三十五年
　　(1556年)任同安县知县。三十七年,倭寇犯同安,率兵民拒却之。
[2] 嘉靖丁巳,即嘉靖三十六年(1557年)。

[3] 此段典出《春秋穀梁传》。《春秋穀梁传·僖公》曰："一时言不雨者，
闵雨也。闵雨者，有志乎民者也。"说的是僖公有忧民之志，故每时一书
"不雨"。《春秋穀梁传·文公》曰："历而言不雨，文不忧雨也。不忧雨
者，无志乎民也。"说的是文公无忧民之志，是以数时始书"不雨"。

[4] 伊傅，伊尹和傅说的合称。两者均为商代的贤相。

赠观察使胡石屏擢方伯序[1]

君子尝相与论治世之事，莫不曰："安得视国如家之臣而与之
治世，不足虑也。"嗟乎！视国而如其家，岂其远于人情者哉！而
犹以为难，其臣道之下衰矣。夫千金之子，居则计赀，动则思患，
固不待智者谋、仁者虑。然而日用、宫室、车舆、衣服、燕养，极
人伦之备，皆有其物；其殖货自山林、川泽、市廛、疆亩，以至力
作之微，皆有其利；其安养自父子之亲以至于长幼、属戚、厮役之
贱，皆有其所。则有智者所不能谋，仁者所不能虑，其故何也？不
过以一家之人与其所事之责，皆无所辞于吾身，则不得不以吾之心
日用于其所爱欲之中，而求为之备物，以治其情。物备而又厚，自
节约以求可继，则为之愈不得不疾。此中产之家所以虽急不匮者
也。方今天下有大极矣，渐以沃壤处其上国，宋至隆兴之际，犹得
因其财以力抗强虏。立国百数十年，而况未改于全盛乎？时以师旅
频仍，输给绌缩，箕敛之政不免户及，虽仲尼任民所不废也。民固
不与同患而以为厉己，司国计者每每难之。

石屏公日以观察使擢居方伯，于古人所称视国如家之心，盖其
素所蓄积也，东南民力其将有瘳矣乎！传者论絜矩之义详矣，其于
好恶公私之际，间不容发。今之仕而谋人之国者，利害丰约，是非
毁誉，背其缓亟，皆一念之私所必至耳，无惑乎其令之不从也。

不腆辱与观察同举进士二十有二年矣，其阅台寺事守，虽各参
异，然皆入司法理，佐民以刑，所求于忠厚侧怛之意，自相为谋，

以是而知公之为人。其释之于定国之俦亚也，是岁获以职事从观察之后，朝夕治牒而听命焉。则见其辨析推论，无不各极其深精。至于狱成而致之，又未有不本于人情之所安，而从事于一切之法。岁及大辟，所录囚以数百计，观察人求其冤，莫不虚己以听，不得则哀而遣之。凡所诉理未遑质白，与所讯鞫未得其情，虽日昃不为退食，曰：“淹滞[2]，下情所苦，况吏缘为奸，吾何以甘味耶？”所驭吏无小大，惟能与民兴利御害、顺好恶而近人情者贤之。初未尝责其深文捷辨，以称一时之愉快，曰：“上急操，其下则事多拂抑，而情每至于相遁，几何而不为酷耶？”观察厚所与友，未尝尽言以昭其过，而每以规婉售其切直。相与论天下之事，则曰：“惟澹泊宁静之人任之，吾辈不能以一己之见逆睹其利钝，惟当从事于此，庶几有济。”此殆公之大节，处末俗而无所受变者也。是日既释所以纠民之具，而从事于康阜之业，则其视国如家之心，益获以自尽矣。而时之所穷，术将安施？古人不云“未有上好仁而下不好义，未有好义而事不终”？

观察仕浙先后几十年，一无所藉于民，以为养交安禄之计，与借誉于上，以行违道从欲之私，其为仁人长者之用心，民既安而从之矣。即以顺时之义，民在所损。然而谋虑取舍，亦皆出于集思广益之余，莫不尽其公且诚焉。则于定计数、必功治之间，殆庶几乎仁人之效。故曰贤者心力所为，能使颠而不倾、决而不溃，以所感者深也。观察以其道用于天下，将使天下忘私明义以徇国家之急，何有于浙乎？兹辱僚长之命僭辞，不佞安可以具诸编。

[1] 此序作于嘉靖三十九年（1560 年），是年胡石屏擢浙江布政使。胡石屏，即胡尧臣。里居、阅历见卷三《送胡石屏年兄觐归省亲》注。
[2] 淹滞，拖延，久留。

赠二华谭宪使[1]擢参政留镇明州序

二华宪使奉制防御海上，且三年矣。初以守台州，善能修备捕虏，使倭夷不得所欲。故徙置制使以控全浙，圣天子委任而责成功之意至明也。抚臣承之，复分道为备兵，俾公专力东顾，建节明州[2]。州之辅为靖海，其外为昌国[3]，皆浙喉舌所也。夷以修贡习其地利，自互市既通，率都会于此。一或乘衅作难，直捣其虚，则流血之祸及于内地。乙卯、丙辰之间，斯为烈矣。重臣视师，议为遣使，谕意而不能弭，所在告急，独台州素有警备，士心内附，尚能以揭竿之子俘其余虏。公独有暇，豫以赴舟山之急，参决谋，为首执叛逆。继获丰州诸丑，岑港之贼遂绝援以遁，则公离郡就镇之日也。镇兵旧多散失，临敌亦少所用命，惟按籍待给，至于帨巾[4]以求。公至而先以劝励，答其功勤；次核欺冒，惩其不恪。士渐安于教令而易其志虑[5]，然后分水陆习攻刺，治蒙冲舸舰出洋遮敌，修烽堠堞垒据害逆击，与凡坚锐劲疾之技、糗醪顿舍之资、炮石烟焰之具，无一不备。以师大率为用，不逾兵家，惟公之器使，明见事速。与士卒信，待有功弘，居常如强敌在前，可以随发而应，无不备可乘，则固非所以甲兵为空谈者耳。

己未[6]，贼犯象山失利，遂趋桃渚，聚寇海门、新河诸所，奔突为患。以其党数百近掠宁海，实攻所必救，图得志于远。其胜则合力以窥台州，不胜则可相习为援，计亦狡矣。公乃实兵于内，直提所部，越宁海而急攻诸贼，尽歼其类。援贼中沮，寻为我师所灭，遂宁东土。公之量敌决胜，可一举而睹矣。督府以其功奏闻上议，未报。视师中丞、监察交荐其贤，会考期将及，督府以为公必得代，具请于朝。朝议留镇，晋秩参政，以称功能。是举也，督府以人事君，朝廷以名器励贤，使君以身殉事，可谓交尽其义。惟古者师旅之兴，任民及于茕寡，而今之富室以为病矣。李牧，古所称名将也，便宜置史，专市租，赡士且十数年，所事不过修保。至士自求战而后用之，犹必纵畜委人以尝敌，而后能收灭胡虏，靖赵边患，其功为足尚矣，而安可持此以对当今文墨之吏？此任事者之所难，而公独优为之若此。盖动于其所已试，不待求信于天下，而其道自足以安人者也。《诗》曰："文武吉甫，万邦为宪。"言其能备懿德、奏房功，而可为法于后世也。某辱诸大夫之命属辞，不腆敢以是为公赠云。

[1] 二华谭宪使，即谭纶（1520—1577），字子理，号二华，江西宜黄县谭坊人。嘉靖二十三年（1544年）联捷进士，授南京礼部主事。嘉靖三十一年（1552年），升南京兵部郎中。三十四年，受命台州知府，率兵大挫倭寇。三十九年，升浙江布政使司右参政，仍兼按察司副使，巡海治兵事。与戚继光、俞大猷等联合，转战浙江沿海，屡战皆捷，倭患得以平息。官至兵部尚书、太子少保。著有《说物寓武》等军事著作。

[2] 明州，即宁波。唐开元二十六年（738年）设州，州治设在鄮县（今宁波市鄞州区鄞江镇）。明洪武十四年（1381年），为避国号讳，将明州府改称宁波府。

[3] 靖海，当为镇海，今宁波市镇海区。昌国，在浙江象山半岛东南部，今为浙江省宁波市象山县石浦镇昌国。洪武十七年（1384年），置卫于旧昌国县城内，领所四。后徙后门山。永乐、成化、嘉靖年间多有修葺，以御倭寇。

[4] 帨巾，也叫缡，是未婚女子的佩巾。周制婚礼中，由母亲将其系在即将出嫁的女儿身上，称为"结缡"。后用结缡为成婚的代称。

[5] 志虑，精神；思想。

[6] 己未，即嘉靖三十八年（1559年）。

辛酉浙江同年录后序　代作

嘉靖辛酉[1]秋八月，余临浙江试事，所举士如制宴以鹿鸣[2]。

礼成而退，诸士各以齿序为录以进，求余言以冠于帙。余既辱临之，其容辞耶？

尔诸士之国族，聚于斯也，其分则乡邻也，行将尚及于天下，则乡邻其同室也。同室之人，聚而无礼则渎，同赀而牟利则争，好恶而不比其情则怨。三者有一焉，其家必索，非若秦越之人可以谈笑而推远之耳。今夫士之聚也，以道义、德业为礼，其怀赀以事功、名誉为利，其情不能不用穷通、得丧为欣戚。语曰朋友之道有四，近则正之以成其行，则聚不渎；远则称之以归其誉，则利不争；乐则思之、患则死之以副其情，则怨不作。虽以友于天下可也。施必自邦家始，故曰于所厚者薄则无所不薄，是以君子务于近也。古者道德和同而心志一，故行业修而名誉垂，有友之益而无其患，以是死生患难，乌可解于心也？今人道术为私而意气乖，故爱恶攻而情伪出，不惟不能夹持以有成，犹将挤之而恐其轧己也。虽处于富贵福泽，乌有能全其交者耶？诸士同方而业以明经，结轨于时，此固定交之始，而久要之所托也，其尚择而处之乎？辕固、公孙弘产于齐，同以贤良召对，而固让之，曰："公孙子务正学以言，无曲学以阿世。"岂固以始进而遂察其私哉？固能直义，而弘之操术不审，虽以表德彰义，率世励俗，食邑于汉，然以视固，其贤不肖何如也。诸士能慎术以往，同道为朋，则出而长世安民，亮采[3]服僚，将勤思乎并济，而称誉于师。师其问所从举者，且将于吾有余羡[4]，而岂惟吾能为诸士重哉！其相与勉之。

[1] 嘉靖辛酉，即嘉靖四十年（1561 年）。

[2] 制宴以鹿鸣，古代地方官祝贺考中贡生或举人的"乡饮酒"宴会，称为"鹿鸣宴"。起于唐代，明清沿此。饮宴之中必须先奏响《鹿鸣》之曲，随后朗读《鹿鸣》之歌以活跃气氛。

[3] 亮采，辅佐政事。

[4] 余羡，盈余。

同浙江藩臬为胡司马^[1]上寿序

嘉靖岁辛酉^[2]，岛夷悉众寇欧、粤诸郡，大师破之，厮舆^[3]之卒，无一不备以归。奏入，上嘉大司马功，进太子太保，摄诸路军务留镇，用唐以郭子仪同中书门下平章事，仍总节度制也。

是秋九月，四郊静柝，侦谍不出于道，乃尽放甲士事农亩，还其业，室家相保，熙熙然乐生之意，洽于闾阎。其日为大司马荣诞，行年且五十矣。缙绅大夫相与聚为歌颂，庶民听而交语于市，曰：“愿尔君子则百斯年，以捍圉我民也；愿尔子孙茅胙^[4]于斯，以世抚柔此土也。”藩臬郡吏骈其言，入为寿。大司马进而语诸曰：“某也，初为绣衣行部，值倭夷逼犯，阛阓奋戈，以先顿行，卒平其难。寻专钺东征，组系黠酋，而俘讯之，尽得虏所伏，次第歼击。圣天子谓是可以委任，而责成之也，乃悉建康、淮、闽薄海之区孽寇所尝首鼠者，先后降。诏俾余临摄，岂区区智武所能胜哉！诚以圣天子之灵，封疆牧圉之士效力于外也。乃距浙东、西，越江南北未有息肩，赍廪^[5]不备，不可以师备之，则民有忧色。况闽海涉远，鞭长不及；洪都新患，去薪未能。所为公家计者，能尽为攘安长策，用是患焉。古人有言：‘疆场之臣，处不忘枕戈’，皆良有以也。陶士行运甓之志^[6]劳矣。史臣谓太真为能左右以成其义，不敢辱诸大夫之举，其惟义是闻，不亦可乎？”

某从诸执事成礼而退。退而三复大司马之教也，则所谓“讦谟远猷^[7]，辑柔淑慎”之理，居然如武公之所以箴诫于国者，辑为编以充瞽史之御。乃谋于胡方伯尧臣、杜参政拯二君。然其举为诵雅抑之章，曰：“吾观于《诗》，而知武公之所以寿乎。公乃心王室，用遏犬戎。其于车马弓矢，不忘修备，公之忠也。然而寝兴洒扫，言语威仪，施及氓隶，相尔屋漏^[8]，虽既耄不少懈也。而犹崇训于师工，戒其无舍，岂非所谓尊而能降、谦而愈光者耶？天地鬼神将必福之，而况于人乎？"

大司马以身系东南休戚，上宽主忧，兹且十年。其处于夷危、谤誉之间，意无少望，率能自白其心以终大业。盖极人臣之所难。而虚受抑畏，未有侮于一夫，亦未尝尽文以绳事守之吏。旅贲瞀御[9]有以言进者，虽微必察。其所赍予，寻常十九于外，而推捐以周穷，交之惠不与焉。世之所谓奇节特行，鲜弗克举。及其谈笑以释危难，推置于安反侧。大敌在前，而指画成败，应若计数，又非奇节特行之士所能及者。方且惓惓于闻义，以求助乎箴言，其不为武公之俦乎？《诗》曰："如切如磋，如琢如磨。"言其作德不已也。又曰："有斐君子，终不可谖兮。"言其德盛以永终誉也。惟大司马有之，是以似之。二君以其言畀某，遂次以上为祝。

[1] 胡司马，即胡宗宪（1512—1565），字汝贞，号梅林，徽州绩溪（今属安徽）人，明嘉靖十七年（1538 年）进士。历任益都、余姚知县，后为湖广道御史，御史巡按宣府、大同。三十三年（1554 年）出任浙江巡按御史，擢都察院左佥都御史巡抚浙江。三十五年（1556 年），擢兵部右侍郎兼佥都御史、浙闽总督，主持抗倭斗争，重用俞大猷、戚继光等名将，灭倭寇徐海、汪直等。三十九年（1560 年）以功加太子太保，晋兵部尚书。嘉靖四十二年（1563 年）涉及严嵩案被革职还乡，嘉靖四十四年（1565 年）以"妄撰圣旨"问罪，死于狱中。隆庆六年（1572 年）平反，万历十七年（1589 年）赐谥"襄懋"。

[2] 嘉靖岁辛酉，即明嘉靖四十年（1561 年），时入侵江浙倭寇已基本平定。

[3] 厮舆，旧时指仆役一类的人。

[4] 茅胙，即分茅胙土，指分封侯位和土地。

[5] 赍，钱财、物资。廪，储藏的粮食。

[6] 运甓之志，晋太尉陶侃，空闲时，常早上把砖搬出屋外，天黑又搬回。循环往复，不知疲倦。人见不解其意，问其缘，答曰："吾方致力中原，过尔优逸，恐不堪事。"后用"运甓"表示励志勤力。

[7] 讦谟，大计，宏谋。远猷，长远的打算。

[8] 相尔屋漏，典出《诗·大雅·抑》："相在尔室，尚不愧于屋漏。"意为君子独居在屋内深处，也要无愧于心。

[9] 旅贲，周代诸侯的禁卫军。暬御，近侍。

浙江武举乡试录后序

嘉靖辛酉[1]冬十月，期当贡武士于京师。侍御崔公如制举行式征，诸执事具官以从，度靡不恪，所举士彬彬乎备材官之良已。某获以职事与观厥成，当序诸末。

序曰：古称智勇之士，抱艺而居，莫不急于自见，惟知遇之难耳。既遇矣，而出奇决策为国纾难，或抗辞[2]以要千乘之主，或谈笑以却百万之师，惟所欲为，无不辄效万一。事当其难，则以徇[3]国为荣，保躯为辱，毅然犯难，正志其声施[4]，皆可被于后世，传称国士焉。其究知道者鲜，一或动于意气，皆能使之决性命以就然诺，岂尝屈首受书、讲求大义、晓然知其当为而为之者耶？尔诸子生长右文之世，涵濡于诗书礼乐之泽，虽诵法管、乐，祖述孙、吴，而其立言，多所进退。盖皆贵王贱霸，先仁义后功术，沨沨乎立德之教，则非学焉，其孰辨析之？

兹既应格而进，御史将上其贤而升诸大司马，所谓处囊[5]之日，其末可立见矣。乃若出而谋人之军，制其成败、其忠智，果足以重国而轻于自视其身否也。朝廷设科以待腹心之将，固惟沉机养略，为能恢弘仁义之猷，以靖其邦家者贤之。而吾顾责以匹夫之所挟，以求快于一逞，岂非夫子所谓不与者与？夫士未有重视其躯而能果于徇国，亦未有不果于徇国而可以敌忾于天下者。迩俗自治平以来恬嬉成习，士大夫贵安养矣，于甲胄之士无讥焉。何其学先乎古人，而节信反不逮之？非学之罪，学道而二者之罪也。学贵于一，二则惑，功利悦而迁矣。二三子其知夫射乎？射之有鹄，以一志也。明乎其节之志而不失其事，则功成而德行立，是以君子贵之。功令以射侯之礼致众而论士，盖周制，岁贡士于天子而试之射，宫之义也。其鹄也，其以为臣委质无二，则臣之共吾惧。夫尽志于射，而失其鹄者，多矣。夫子之观于矍相，非务武也，而奔军之将、亡国之大夫皆不与焉。既而曰：好学不倦，好礼不变，耄期称道而不乱者在此位，岂非先责以为臣之礼，而后与其至道耶？二三子既以射举矣，慎无若贾椟者。然忘其珠，而徒羡其华美，则市之人群指而誉其愚也已。

[1] 嘉靖辛酉，即嘉靖四十年（1561 年）。
[2] 抗辞，高深的言论。
[3] 徇，通"殉"。
[4] 声施，名声流传。
[5] 处囊，典出《史记·平原君虞卿列传》，比喻一个人的才智得到机会便显露出来。

结瓻堂遗稿卷之六　序

赠邑侯陈西洋[1] 旌奖序

国家以御史纠群史之治，又以观察分道，先核其状，而后上之以诸道，于群吏为专，而贤否易得也。邑侯西洋公为同未期月，而观察何公以按兴泉事，亟移檄嘉异之，谓其征敛时而储备给，可以风一时怠事之吏也。侯以古道勤民，会其十五，教之道艺，一式祖训而条具之。于政暇则从而稽其功叙，去其淫怠，与其奇邪之民莫不师师然，乡化称盛美焉。首约于民，曰："为令者，实兼君师父母之任，苟赋税而茧丝之，刑罚而鱼肉之，其如教之、食之之意，何哉？"听其言也，其所耻尚，断可识矣。观察公尝历官松、常，其俗赋繁而民多逋负，然于始终有父母之依，则观察又必不以催科之能，责效于群吏者也。乃民苦疲，力以称上之愉快，则首言不便者宜无如里胥。何以奉檄而欣然者，交接道路，首征言以为侯赠。且于供输期会之间，亹亹然不以为厉也。迹其上下相与，事使情若甚背，而实则相成，是不可观至治之理乎。

君子有言："善制政者因其时而已，善用法者师其意而已。"故政之义，时为大，而法之用，意为至。《易》之《损》曰："有孚元吉，无咎。"又曰："损益盈虚，与时偕行。"夫损非圣人之得已也，必有孚而后其心可信于民，必有时而后其道可经于远。闽之倭患已频年矣，其毒以漳泉为归，而同则其交壤也。流血暴骨之祸，盖仁父母所不及见。而军旅供亿赍负顿舍之备，至有鬻资易子，而后给者，卒未尝有非其上之心，岂非以损上益下，时义使然。侯复谨身率先，居以廉平。其哀矜恻怛之意，虽鞭笞系械之，且不废焉。宜乎百姓之以侯之心为心，而不以为怨也。夫子之论任民曰："国有师旅之兴，则征及于茕寡。"论御民曰："均其力，和其心。"则令不再而民从其必征之者，时也；其必和之者，意也。操和之术以行征之法，此舜之所以为巧于使民，不至于穷其力而佚之者也。由此观之，则侯之所贤者，固在彼而不在此。

[1] 陈西洋，即陈一敬，西洋当为其号。广东程乡（今梅州市梅江区）人，举人，嘉靖四十三年（1564 年）任同安知县。后擢上思州知州。

寿郡少伯谭瓶台[1] 序

嘉靖岁甲子[2]，即少伯瓶台公徙泉之明年也。秋九月甲辰为公初度，同之耆儒咸奔走乞言，以为公赠。而王某、叶某又能更仆[3]，数其惠德大约。

公为同既五年矣，始终与民同患。为能以身先敌，使制梃之夫[4]疾赴而勇斗，以却贼于阛阓之间，卒褫其魄而终不敢窥利。即复越寇漳、泉，皆从径道宵遁，相戒毋犯。是以四郊之外，青草在野，昔以祸毁而去其乡者，皆反归而治其室庐坟墓，以保有其族戚，孰非仁父母所遗耶？一时童稚类能言之。惟公之纤徐[5]以纾难，敏速以应机，镇静以制变，轻疾以从谋，布惠以结叛离，推诚以安反侧，不为急迫之令以尽下情，不求能称之誉以伤民力，不顺苟且之政以开弊端，不事文应之末以妨本实。

当倭贼初獗，拥数万之众剽掠城下。公方谈笑樽俎，坐而麾之，迁矣；武夫奋力而拘诸原，公为之取其酋而免其从，纵矣；一时中外咸事刮削，监司以期会责守之吏[6]，朝不盈则暮及于罚。公一喜休息，至于终岁不征，慢矣。既而从难之民，怀公之义，其身陷贼以雄长之者，皆愿率众效顺，惟公一言之要是听。公即处之内附，以外御其侮，轻矣。间有疑而未就，与其就而复惑者，不免剽窃境上以苟一日之生。公皆下令，令勿亟，曰："亟则变。"怯矣。事宁，诸郡各第所隶灾数上于计府，公既一无所请。会当籍民之期，诸郡复计属所死伤流移之数，请削其额，而公一无所损益，慢矣。自今观之，其示迂也，所以定危；其示纵也，所以携奸；其示轻也，所以怀敌；其示怯也，所以怀贰；其示慢也，所以裕下。使当时快于一逞，拒其来而追其去，则民不能有其身，何暇习于教化，而知尊尊亲亲不忍于箠楚如今日也。使当时急于征求，以求称其职，则民不复有其家，何暇治其生业，以待数年逋负并于一朝，终不敢有非长上如今日哉？又反而观于郡邑之所蠲与版籍之所削，无非胥吏操其伸缩，而便文以营其私，则公之一无所为者，岂非审于大体而断于责实，不以虚文诬其上者哉！传所称循吏，不过谓其奉法循理，而所谓酷者，亦皆据法守正。但于其用情少异其流，遂至于上下相遁而浸以耗废耳。然则观政于君子者，当观其既成，而观德于民者，亦当观其既往也。

公自邑徙郡，无间孔迹，然其在郡之德，又必俟徙而内而后可知也。《南山》之诗曰："乐只君子，民之父母。"又曰："乐只君子，遐不黄耇。"则凡美德于君子者，莫不以寿归之。而同之民颂公之德于寿之日，其谁曰不宜？

［1］谭瓶台，即谭维鼎，字朝铉，号瓶台，原籍广东新会人。夺明经科乡魁，明嘉靖三十八年（1559年）出任同安知县。任职期间，率领军民抗击倭寇，克敌制胜，百姓感恩不尽。尝立碑纪念。参见卷七《邑侯谭瓶台功德碑》注。

［2］嘉靖岁甲子，即明嘉靖四十三年（1564年）。

［3］更仆，计算。成语有"更仆难数"，形容人或事很多，数也数不过来。

［4］梃，棍棒。制梃之夫，指手执棍棒。

［5］纡徐，从容宽舒。

［6］期会，约期聚集。事守，指应当遵守的法度。

《戚南塘平寇诗》[1] 序

　　嘉靖癸亥[2]，贼陷莆阳。事闻，上亟命文武重臣发兵击之。是时，都督南塘公以参戎靖寇建抚，盖上所委任责成者也。于是诏公移师趋莆阳。寻起二华谭公[3]为御史中丞，督闽军务。以谭有魏公之望，而公尝负吴玠之知，非是不足以共成功也。公至而誓师奋旅，立致克复，尽归其辎重、人畜。绥抚未遑，而海外诸岛复拥众数万突犯仙游。公乘胜长驱，诸夷皆望风奔窜，解而向粤，所过郡县悉从间道宵遁。公躬擐甲胄，为众先驱，直出其前而逆击之，尽捕所伏，人莫不以为飞渡。公尽境乃还，市无易业，皆相与聚而祝之。先是同安被患独甚，故今日之德公尤至。士夫故老而下，咸侈其功，著为歌咏，属某为序。

　　某尝执戈从公于顿行，宁海之捷[4]，公先后持钺，何啻百战，所树立皆浙直大计，非但以全活生命论也。阿甄之役，穰苴以不战而却晋师[5]，则后世诵其法；襜槛［褴］之役，李牧以再起而后成功[6]，则当世显其名。南塘公以法信于士卒，而以身拊循其疾苦，孰与穰苴？而今之法不得行于贵臣，则威有所难伸。分将军之资粮以享士，时骑射以节其劳，孰与李牧？而今之置吏输租不得便宜于幕府，则恩有所难用。公方且以数万之师，齐之以画一之法，更出迭战，岁数举而士无解体。幕府所入虽什九于外，所用不过什一，而人无怀望。盖由公尝从事于良知之学，其作用一出于至诚，故罚有所不用，恩有所不加，用有所必急，则人皆信之，乐为用而忘其死也。余尝读《六月》、《采芑》[7]之诗，优优乎急君忘己之意，未必其下之皆贤也，实二老有以先之耳。惟吾之执爵以驭公者，其得为张仲以无辱[8]多祉否也。

[1]《戚南塘平寇诗》，为同安士绅为抗倭名将戚继光击败倭寇而作的颂诗。

戚南塘，即戚继光（1528—1588），字符敬，号南塘，晚号孟诸，山东登州人。明嘉靖三十四年（1555年），任浙江都司金事。三十五年，任宁绍台参将。三十九年，转任台金严参将。四十一年，升为分守台、温、福、兴、福宁等处副总兵。嘉靖四十二年（1563年）二月，倭寇攻陷平海卫（在莆田县东南）。世宗即令戚继光自浙统兵入闽会剿，升参议谭纶为右金都御史，巡抚福建，命提督两广都御史张臬总督广、闽军务。同年四月二十日，戚继光一军先登，与总兵官俞大猷、援闽广东总兵官刘显一起大败倭寇，收复兴化。戚继光首功，升为福建总兵官。次年二月，戚继光追倭至同安王仓坪，斩杀倭寇数千。同安士绅"咸侈其功、著为歌咏。"

[2] 嘉靖癸亥，即嘉靖四十二年（1563年）。

[3] 二华谭公，即谭纶，号二华。里居、阅历见卷五《赠二华谭宪使擢参政留镇明州序》注。

[4] 宁海之捷，明嘉靖三十八年（1559年），倭寇进犯浙东象山，海道副使谭纶败之。倭寇改犯宁海，谭纶会同戚继光合力追击，取得宁海之捷。时刘存德任浙江按察司副使，因分守缺员，受命代署兵戎，参与宁海战役。

[5] 穰苴，即田穰苴，春秋末期齐国人。曾率齐军抗击晋、燕入侵之军。因平时爱兵如了，故出战之日，齐军士气极为高涨，以至晋、燕军见状不战而退。田穰苴麾师追敌，夺回阿、甄二城，凯旋而归。

[6] 李牧，战国时期赵国人，赵国名将。时匈奴侵犯，李牧采用坚壁清野，伺机歼敌的战术。赵孝成王以为其胆小怯战，将其召回。然接替将领不能扭转战局，赵王只得再次起用。李牧采用诱敌深入、设伏包歼的计谋，大败匈奴，灭襜褴、破东胡，完全清除北方忧患。

[7] 《六月》，即《诗经·小雅》中的一首，描写周宣王之臣尹吉甫奉命出征猃狁，师捷庆功的叙事诗。《采芑》，亦是《诗经·小雅》中的一首，描写西周大将方叔奉周宣王之命出兵讨伐南方蛮荆的叙事诗。

[8] 张仲，字忠嗣，与尹吉甫共同辅佐周宣王中兴周王朝。无辱，不劳枉驾。

赠邑大夫陈西洋擢守上思州序[1]

西洋大夫为同再及年，时和岁稔，群生咸若[2]，户口滋息，征输给办，盗贼不至其郊，贫穷、孤弱、冤苦举无失职。监司亟上其贤于铨曹，以为材足以周时务之急，克当今上悯念时艰之意，乃自县徙牧上思州。

州甚辟左，远于上国，虽风俗醇古，民事简易，而翳瘴毒雾之所交侵。疑非所以居贤者，而大夫尚歉然以为不当有也。乃尝以语人曰："是行也，吾所喜者三，所惧者一耳。吾有垂白二亲，年皆逾颐，不能奉以跋履，远遗升斗，白云南望，每至泫然。兹从同入邑，实道亲舍，得以少慰。门闾盘桓晨夕，虽三公之贵，何以易此一日也。余平生无所矫饰，动多循性，即承乏多贤之地，百蒙见察，而此心凛若驭朽，计过中夜，无漏尚未即安。上思终寡文物，然闻其俗尚醇朴，固无事于破觚斫雕[3]以御之也。同之被患盖频年矣，余至而承其敝，土地之荒秽未治，人民之物故未蠲，流移转徙者未复。计部[4]按籍责偿于郡省，督办之使交接道路，百姓之逮系迫促，吾其何辞以免？上思盖下赋之国，其所征输皆可应檄而集，吾从是而得释于茧丝之务，顾不为喜耶？惟天子加意遐远，慎选守令，甚于股肱之地，以耳目所不加也。且申之以久任责成之议，而时其省试论纠之罚，盖详于简贤而密于黜。不肖也，铨格自令而守，非再迁不可。吾以再岁而得之，是待吾以异等也。贤之而特置之于远，是任之腹心而寄其耳目也。任此责者，不亦难乎？宋臣重远之议，尝以其地为控制南夷氐蛮，远屏河朔，审官差除不可取具[5]临时，而况于近日土兵之变、征调之扰，又非昔比耶？此吾所为惧也。"

某闻之曰："大夫之德至矣。仕不忘亲，不为孝乎？动则思过，不为礼乎？期得百姓之欢心以事其职，不为仁乎？对扬[6]天子之明命以服其官，不为忠乎？惟忠与孝之道立，而有礼与仁以成之，于从政也何有？"适其僚及庠之师友来诣，乞言以赠，遂次而授之。顾何以重大夫之行也与！

［1］陈西洋，即陈一敬。里居、阅历见本卷《赠邑侯陈西洋旌奖序》注。上思州，今广西防城港市上思县。唐天宝初年，开置羁縻上思州。元改名为上思州。

［2］咸若，指万物皆能顺其性，应其时，得其宜。

［3］斫，大锄，引申为用刀、斧等砍。破觚斫雕，比喻删繁杂而从简易，去浮华而尚质朴。

［4］计部，明清以称户部。

［5］差除，官职任命。取具，用作备位充数。

［6］对扬，答谢，报答。

赠邑侯邽宜亭[1]荣奖序

赞府梅溪黄君[2]偕其曹甘清州以币至，拜而言曰："宰君之政有令闻矣。台檄肆用褒嘉，令僚官备礼奖之。某也贰，无以修共于辞命，其敢以辱执事。"

某曰："夫令，六官之所为备者也，丞述六职以辅其令者也。惟令有善，丞则道，而布之直书而不没其实。所谓辞也，余又何以赞焉？"

梅溪曰："宰君为善远名，从民欲而治之，未尝骋其智巧、武捷以为条具。丞惟知涉笔署押而已，虽欲言之，其能得耶？"

某曰："若是，则赞府其甚逸乎？"

梅溪曰："逸则逸矣，惟宰君之教临民，曰凛乎如朽索之御。六马非缓急于唇吻之间，正度乎智[3]臆之中，执节乎掌握之间，则御必蹶。故虽疲心力以从事，而中夜尚计其过也，于逸何有？"

某曰："若是，则赞府盖甚劳乎？"

梅溪曰："劳则劳矣，惟宰君之教临政，曰'政以养民，犹之导引以养生也'。广成[4]曰：'游心于淡，合气于漠，与物自然无容私焉，则生不伤。'[5]故事举其中，齐其政而不易其俗也，于劳何有？"

　　某曰："嘻！是而后得闻君子之教矣。侯其古之遗良也乎！尝观太史传循吏首孙敖[6]，曰：'位高而意下，令不繁而民知所从，以为若是其易也。'以今观之，乃知位高意下者，畏民也；令简俗安者，顺治也。侯之所以正身率先者，不越乎此，其以道则人也。赞府所以画一于教令而不乱其官者，则其道于人也。同之民深于嗜欲心知之性，而其俗介乎轻疾果毅之间。其为直、为谲、为良易、为刚恶，皆惟其上之所感耳。以其果毅之俗与其心知之性，合为之上者，又从而驭之；以畏民之心临之以顺治之政，则蔼然而知有其上，虽劳之杀之而可为也。以其轻疾之俗与嗜欲之性合为之上者，又从而肆己以驭之，多其条数以捆摭而絷系之，则一日而去之，以快其所欲为也，不难矣。虽煦煦然以从事于柔，而民之狎而侮之不已甚乎。《传》所谓制治清浊之源，维侯得之矣。赞府能述其事以告曹而下，莫不从而禀度焉，皆可谓知方也已，岂独以为宰君荣哉！"遂以为辞而书之。

[1] 酆宜亭，即酆一相，号宜亭，南昌丰城人。明嘉靖四十四年（1565年）进士，次年莅任同安知县。明隆庆二年（1568年），曾礼聘刘存德等人重修县志。是年，升任庐州府同知。刘存德曾为之撰《邑大夫酆宜亭去思碑》，全文见卷七。

[2] 赞府，古代对县丞的别称。梅溪黄君，当指黄昂，广宁监生，曾任同安县丞。

[3] 智，同"胸"。

[4] 广成，即杜光庭（850—933），字宾圣，号东瀛子。唐僖宗李儇和前蜀王建两位帝王视其为帝佐国师，类比轩辕黄帝之师"广成子"，进其号为"广成先生"。

[5] 此句典出《庄子·应帝王》："汝游心于淡，合气于漠，顺物自然而无容私焉，而天下治矣。"或为杜光庭所引用。

[6] 太史传循吏，即司马迁的《史记·循吏列传》。孙敖，即叔孙敖，楚国期思（今河南固始县）人，春秋时期著名的政治家。在《史记·循吏列

传》中列于首位。

刻次崖《批选绳尺论》[1]序

木从绳为直，从尺为曲。论学以绳尺名，犹言学论者之规矩也。是作多出宋元人士，非复先秦两汉时语，于今无足多让。惟篇有其体，辞发其意，虽阖辟[2]驰抗，变化无穷，然率数语一反顾，未尝谩为辞说。而索之茫然，如业屦者之为黄也。

次崖先生雅崇古作，至于是论，独以为有救于时弊，乃篇摘而指授其关键。未果梓行，乃子有梧遂成其志，出诸笥中，属余补所未备，且为之序。余知先生之意，盖以规矩诲学者。其有所工于规矩之外，则愿学者之自得也。若其巧不足徇，是守之以至于瞽，其不为俗学者几希[3]。

[1]《批选绳尺论》，林希元编撰。是书未见，疑已佚。据明焦竑《国朝献征录》卷之一百二载《云南按察司金事林公希元传》称，林希元著有《宋绳尺论》，当为是书。宋代科举，每试必有一论，较诸他文应用之处为多，故有专辑一编以备士子学习揣摩。宋魏天应编的《论学绳尺》就是较为著名的论学专书，其专收南宋科场论文，有笺注、批点、讲评。"论学"之称自此始。从此序中可见，此《批选绳尺论》当是林希元对宋元人士科场论文的批注。

[2] 阖辟，指文章笔法的变化。

[3] 几希，不多，无几，甚少。

寿邑侯鄞宜亭序

《传》称，十月，良月也，从盈数也，君子履之则百福是从。宜亭大夫生于是月九日，其季子先三日，为月一周，盖履福之台也，鄞氏将世有令誉矣。乡缙绅谋所为贺于某，某知大夫之节俭正直，佺于南国。其远束脩之馈，惟恐至于其庭，惭脂韦[1]之听，未尝一入于耳。若乐其寿而称愿之，且归福于其世也，则其言必致美而近谀，何以使闻于大夫不如其已，金谓某之言过矣。

夫《鸤鸠》[2]之风诗，人所以美君子也。始而曰"其仪一兮，心如结兮"，言其心之结于一也。既而"四国"顺之，则曰"正是国人，胡不万年"，非嘉乐其德而愿其寿考之无已耶？《南山》[3]之雅，诗人所以道燕享也。始而曰"乐只君子，邦家之基"，言其德之足以重邦家也。既而"德音"茂之，则曰"乐只君子，保艾尔后"，得非寿考之不足而愿施及其世耶？故凡欣欢豫悦，则颂声作情之正也。苟无取于眉寿孙子，则德爱微言之经也。

同自倭夷扇逆，《兔爰》兴悲，如毁之民，有怀孔迩[4]吏民者，溺道德之实，任意为刚柔之用，百姓非不靡然向风，而终将索然弊矣。其究在位无如结之心，宠利声誉，皆得以入之，颇用术辅其资而制其治，如汉所称质有文武，未有不称其位者，而非所与言于以德化民之义。大夫至，一反其弊，居然有淑人君子之仪。其任民也，日求所以富之；其论民也，日求所以生之；其役民也，日求所以逸之。即其富之、生之、逸之之心，乌得而与任之、论之、役之之心一也？然民知有此而忘乎彼者，以其心之专乎此，未尝有宠利声誉以二之，而以百姓徇乎其所欲为也。所谓乐只君子，民之父母者非耶，如是而嘉其德，而愿其寿考之无已。寿考之不足，而愿施及其世，顾诗人之教也已。使大夫而让德弗居，是其共也。子之颂德弗佞，是其直也，乌能抑其欣欢豫悦之正性，以将顺大夫之让耶？某闻之曰：嘻！吾爱人之以德也，是其浅也。其奉诸君之言以入告于大夫，请扬觯而贺之，为之歌《鸤鸠》之风、《南山》之雅，侑而成礼焉。

[1] 脂韦，油脂和软皮。后因以比喻阿谀或圆滑。
[2] 《鸤鸠》，即《国风·曹风·鸤鸠》，《诗经》中的一篇。

[3]《南山》，即《国风·齐风·南山》，《诗经》中的一篇。

[4] 孔，甚、非常；迩，近。孔迩，很近。典出《诗·周南·汝坟》："虽然
　　如毁，父母孔迩。"谕执政者应有父母之德，百姓望之甚近。

送学博刘平宇[1]擢令清流序

平宇先生倡道同安，多士景从。其有不齐，亦皆先后兴起，莫
不革其惰善长傲之习，以归敦信明义之化，一时学校称盛美焉。方
且与诸士游咏于义理之趣，追琢乎文艺之华，博采乎名物之备，远
览乎贤哲之规，将怀而廷对，以待升诸司马，谓士生斯世，非如是
不足以行其志也。一闻清流之命，监守迫促临民，诸士既不可复从
之游，且复重其去也。乃相与请言以赠，有若以未究所欲为为憾
者，是殆不然。

夫士者，尊行其道则为宰相，卑行其言则为谏官，皆所谓得行
其志者也。然宰相之道行，以其坐乎庙堂之上，而得以进贤退不肖
为事耳。然不能使天子之必用，使其用之。而一失其人，则天下议
其用舍。谏官之言行，以其立于殿陛之前，而得与天子争是非耳。
然未必能以旦夕施于天下，使其施及之。而一不当其情，则匹夫匹
妇得以归其怨仇。孰若邑制百里之命，其用舍举措皆得以意裁其枉
直利害而施为之，固可以朝发而夕及于民也。有不当焉，则其势亲
而易知，固可以朝更而夕有其利也。就使宰相而用失其人，谏官而
举戾于下令，亦得以其心力周旋其间，以和其人民，使不至于刻削
峻急而束缚于一切之法，其志不尤遂哉！故君子之存心爱物者，端
不敢薄乎为令也。

先生之守身，其推远交际，常若浼[2]己，则其守官可知；其
爱士，周穷恤匮，尝忘有己，则其爱民可知；其敬贤，执酱结袜，
皆所愿为，则其礼让可知。以先生之志之远而持是三者以行之，则
宰相、谏官之业不足为也，于先生乎何憾？吾闻清流之俗，质直好

义，而恬于进取。小人则愿悫[3]少文，而安于勤劳。以其恬于进取之心，则易与兴教化；以其安于勤劳之心，则易与阜财用。二者皆时政所急，而清流之取办为独易焉，则先生于是乎优为矣。遂书以赠。

[1] 刘平宇，即刘光奕，字居谦，号平宇，广东归善（今惠州）人。举人，明嘉靖年间任同安县儒学教谕，后擢清流县知县。
[2] 浼，央求，请求。
[3] 愿悫，朴实，诚实。

赠学博林寒泉[1]荣寿序

《传》曰：夫师者，以德长人者也。如以其德而已，则虽其年之后乎吾，吾从而师之无不可者，其于齿何尚焉？曰：是在学者则然。师之所以尚其齿也，则所以考德也。故师非德弗尊，德非年弗邵[2]。周官致师于学，必取诸三公之老而致仕者为之。盖以师之道隆于三公，非政成于朝则教不可以成于学也。今制广立学校之官，则取诸士之积行于学者以岁贡之。其制虽与古异，然于贵德尚年之意，则未尝不同。惟古者既臣而后师之，其体貌不待示而尊，而其道亦易以信于人。今之职于师者，且不免俯于郡邑之长矣。则虽欲自信其道，以其教行于弟子，犹不可得，而况以责之人人乎？苟有怀德行道艺之实，而以轨物教化为己责者，则又不然。强学立行，养身有待，戴仁抱义，不更其所，上答之不敢以疑，上不答不敢以谄，民有比党而危之者，其志不可夺也，恶有乎以道徇人者哉！

夫子之所谓儒也，以是而齿诸成周之世，称乡与国之老，固皆以成德为行者矣。寒泉林先生其庶几于此，故其为同学博，一以礼率人，士亦以礼归之。于寿之日，相率而请言以赠。士方以大用期

其师，疑齿非所以加于有爵，而不知先生之齿固德之征。虽由此而
牧守藩臬，暴于民上，不过域之于仁，寿足矣。《礼》不云乎"天
子以射选诸侯"，卿、大夫、士至瞿相之圃[3]，司马扬觯[4]，再而
曰："幼壮孝弟，耆耋好礼，不从流俗，修身以俟者，在此位。"
终而曰："好学不倦，好礼不变，旄期称道不乱者，在此位。"[5]则
非德与齿并者，不可以宾，而可以为卿、大夫、士乎哉！然后知齿
之为尚也。

　　先生以正术课诸士，虽隆冬夏不废。砺以行义，不期月而尽变
其惰习，卑而无所屈于身，贫而无所缁于利，非与道始终者能之
乎？吾固知其无愧于古之为师也。是以寿之。

[1] 林寒泉，即林伯表，字寒泉，吴川人。明隆庆元年（1567 年）任福建同
　　安县儒学教谕，五年升福建邵武府学教授。
[2] 卲，高尚，美好。此句即成语"年高德卲"之意。
[3] 瞿相之圃，又称瞿相圃，古地名。在山东曲阜城内阙里西。《礼记·射
　　义》："孔子射于瞿相之圃，盖观者如堵墙。"后借指学宫中习射的场所。
[4] 司马，官名。周代时掌管军政和军赋。扬觯，举起酒器。
[5] 此两句出自《孔子家语·观乡射》，为孔子与门生在瞿相圃习射时，令
　　其门生公罔之裘、序点所说的两句话。此话过后，围观者大多离去，所
　　剩无几。此系孔子用淘汰的方法，教育那些礼义欠缺的人。

别邑侯酆宜亭[1] 序

　　少读孟氏书，见所称伊尹曰："非其义也，一介[2]不以与人。"
意其但与不取并称耳，所贤不在焉。又读朱氏书，见所称希文[3]
曰："事上遇人，一以自信。"[4]意其但与为之在我，必尽其力并称
尔，所贤不在焉。比长而涉世，酬酢于务，则见夫徇名曲谨[5]者，
或无异于好修[6]之士。惟轻施好费，致其妄悦，率以之媒利[7]要
誉，树私结识，厚有所求于人，非夺可餍。而后知苟与者，乃所以

苟取，自不与而达之，于其所取，则尹之为尹耳。乃若奉职力事，庶几循理，虽中材可勉。惟未尝明其在我，而于中未必有也。故或临之以势重，摇之以谤誉，则未有不沮丧眩惑。至于候刺人意，迁就事机，凡可以致身者，何不为矣？而后知徇人者，必至于丧己，自其所自信而达之于其所不可，则文之为文耳。是二人自任皆以天下之重，然必五就而后得君，或终其身不得于宰执，岂非直节难合其合，则系世治之一机也哉！

圣明更化，举措一新，如古所称直节之士试于初筮，孰有若宜亭酆大夫者？而擢官不过郡贰。此盖圣天子所责于良二千石之意，以为非良佐不可，未暇以内外论轻重也。但自士民之望，以为国家置台谏、铨曹之司以待贤者，而贤如大夫且不以待之，则从而意度其所由，曰："大夫有南国之节俭，而常辞费以为礼；有南国之正直，而不善以意事人。"故为之延誉者少，而无以获乎上人之心。不然则守令之以最考者，宜无如爱民，其次莫如平政。大夫在位，始终不劳民以不急之务，不用民以不经之费。民以讼至者，两尽其辞而后□□。既得其情而复矜之，直其所枉，如以手权物，游移于衡本之上，但取其平而已。至于服食玩好，湛若无有，岂其性尽与人殊？惟未尝一取于民，而民无以窥其微也。如是惠爱及于下而名誉不达于上，岂非有所沮而然耶？

此皆负俗之见，不免有菲薄当世之心，而愤懑于君子之行，岂仁人长者所愿闻耶？然大夫所以贤于人、与民之所以深德大夫者，皆见于此，而大夫所以能终伊范之业以传后世者，亦基于此。故其说终不可没也。使大夫而浚民以求说于人，失己以求用其道，是虽可以猎取卿辅，民亦将求其故而为后言也已。是不可以禁后来之侈心而绝其诣也耶！若某辈者闻教于大夫有日矣，固知黜陟、毁誉不足以动其心，恭俭仁爱皆非有所为，而为无所容致其赞也，惟于民情则恶可没耶！

[1] 鄣宜亭，即鄣一相，号宜亭。里居、阅历见本卷《赠邑侯鄣宜亭荣奖序》注。

[2] 介，喻微小之物。此句语出《孟子·万章上》："非其义也，非其道也，一介不以与人，一介不以取诸人。"

[3] 希文，即范仲淹，字希文，卒谥"文正"。

[4] 此句语出欧阳修《文正范公神道碑铭并序》，意思为"他侍奉上级，待人接物，都本着自信"。

[5] 徇名，舍身求名。曲谨，谨小慎微。

[6] 好修，喜爱修饰仪容。借指重视道德修养。

[7] 媒利，谋利。媒，《说文》："媒，谋也。谋合二姓。"

赠宜亭鄣侯擢贰庐州[1]序

控襟喉之形势，擅明茂之土风，世治则可以乐生聚，世乱则可以资霸王者，地之近也。怀峭直之正性，尚事功之本务，驯而教之则可与共安，抚而用之则可与同患者，民之上也。内重而难惑以非，器弘而善藏其用，其平易可以近民，其沉毅可以制变者，利之良也。审势以御轻重，执秩以经内外，预远略而急于固本务，和民而先于任民者，制治之隆也。

庐为临濡上流，江淮巨镇。终吴魏之世，其民未尝息肩，其俗以尚力习斗称，非其性然也，盖吴魏之遗也。自藏舟之浦渔闲、教弩之台牧戏，其俗则以好学务本称，非能自异于昔也，盖治平之遗也。国家长治，有大物盈，凡民之资用广而取物宏，则本实衰而技术胜。故其巧而少信称者，又非其大戾于昔也，盖丰豫之遗也。观变于质文，察机于因革，非有简静冲泊之化，不可以节其流；非有惇朴忠厚之实，不可以反其本；非有浑涵并包、吐纳无际之量，不足以归容万类，以为兴事起功之资。若宜亭鄣侯者，盖由此其选也。

侯莅同，所抚皆兵毁遗民，诛求余烈[2]，计其生聚教训，非十年不效。侯于再岁之间，尽能起而置之乐生之地，用以修举其废坠，而服习于右文之化，蒸蒸然进于古也。岂以干局应务[3]如赵张者所能卒办者哉！圣天子初御六合，远览万方，特慎守令之选以重民命。而于两都外辅之地，尤所加意，亟为择上贤以贰之，将以佐守所不逮。长令以治行进者十有七人，鄞侯首得庐州，盖在明试之后，知其所以治同者即可以治庐也。

　　或谓同治于乱敝，而庐治于既治，其操术得无异乎？曰：同之远，犹之四肢也；庐之近，其心膂也。四肢之疾，可攻可砭。治心之疾，贵于未形。故惟陶摄元气可以已之，而所以坚强其肢干而祛其痹癁者，恒必由之。然则侯之道，其无施不可者乎？其进而相天下，则以忠厚立国如周召之作周也，何有于庐哉！侯之僚黄君梅溪、甘君青洲、王尉赓[4]重侯之行，请言以赠之，遂以书。

[1] 庐州，今安徽省合肥市。隋朝置州，大业三年（607 年），改庐州为庐江郡。元代升为庐州路，明代为庐州府。明隆庆二年（1568 年），鄞一相升任庐州府同知。

[2] 诛求，强制征收。余烈，遗留的业绩。

[3] 干局，办事的才干器局。应务，处理政务。

[4] 黄君梅溪，即黄昂，广宁监生，时任同安县县丞。甘君青洲，即甘时辉，丰城人，嘉靖四十四年（1565 年）始任同安县主簿。王尉赓，即王赓，怀宁人，嘉靖四十三年始任同安县典史。

赠邑大夫王咸虚[1] 奖举序

　　周官任民力以九职，任地力以九赋，任侯国之力以九贡，于赋敛则已详矣。旬终而正日成，月终而正月要，岁终而正岁会，以考其治。治不以时举者，以告而诛之，其足用长财善物者，赏之。则古法所以弊群吏之治，以吏之不苟免于职事，而孳孳焉日恐其怠者，则惟赋敛而已。是以上无惰吏、下无闲民，以致邦国之用。虽有兵凶而无惬惧者，其积储备也。自秦竭天下以奉己，其政繁紊而峻切。汉兴，济以宽平，多所蠲贷以实海内，遂开建武之侈心。其臣下更为武健以浚其民，而先世之泽耗矣。史臣直以崇简出苟之意，故为伸抑于其间。所传循吏，率以居身廉平，务成就安全以为政本者居之，其明察刚敏、有治辨名者，率不与焉。是盖鉴近垂远，以风世教，非果于卑贱奉职之吏，而长其惰也。世吏背实徇名，堕其事守，徒曰劳心抚字[2]，以苟塞己责，溺其职矣。

方今天下抚尚大之势，际宜中之运，南倭虽靖，而余孽萌生；北虏方张，而羽书交至。岁所馈士，率竭大农[3]。方且布公集议，期尽规画。台谏诸臣至以君忧臣辱勤卿士大夫，是岂长令纡徐养安、不艺经敛之日耶？督府监司率是图惟一，如少宰掌治法以考百官，群府县都鄙之治。而乘其财用之出入，得所谓足用长财如大夫咸虚公者，郡一人焉。遂用部格侈其礼待，以俟明试是与也。其诸周官之遗意以艺，实风其吏治也。

僚丞某、簿某与其幕某，偕诣某请言以为公赠。余方悼俗士怀反道之行以取世资，伪吏背官常之实以干时誉，此世道所以日舛也。如大夫之奉法循理，自荩[4]于国而使民义者，其不足树世表仪耶？故直为之叙，以书其事。

[1] 王咸虚，即王京，号咸虚。里居、阅历见卷三《别王邑侯咸虚》注。目录题为"赠邑大夫王咸虚荣奖序"。
[2] 抚字，抚养爱护，多用以称颂官吏治理民政。
[3] 大农，即大司农。
[4] 荩，通"进"，进用。后引申为忠诚。

赠林母洪太孺人荣寿序

古今称贤母者，凡以其约而有礼，慈不失义，守道而达于变，能以其子为忠与孝，成信明谊而济大业者称之。陶士行[1]之母之为母也，庶几为近，夫然后有士行之为子。当其初举孝廉，数诣张华[2]而不见礼，至于椽属孙秀万为杨晫物色，曰："《易》称贞固足以干事，士行是也。"寻为黄庆所誉，数立荆扬显功。若是，则士行之所表见者，独以雄毅有断、慷慨大节耳。其于中士纤密之行，宜所不与。史称其恭而近礼，爱好人伦，辨及农殖竹木之微。至于衔杯凄怀，辄有定限，尝语人曰："少有酒失，慈亲见约，故不敢逾是。"而后知士行之勤俭仁礼，克谨细行，皆自其母断发挫荐之日所得于长者之教，而终身以为惓惓者也。

某与玉山君游，未知其母，知其父。而玉山君之知我，盖自其乃翁双溪公得之。公倜傥不群，善鉴识人物，臧否行谊[3]，其有当于厥心者，归辄以勖其子。某辱在比数[4]，玉山君亦善崇先君之思，施及不榖，待以莫逆。比举省元，观光上国，归而与某剧谈当世之务，无非以风俗颓坏，士习倾靡，发其悲愤，谓丈夫生世不能扶颠支溃、力砥末流而与世共其波荡者，非夫也。某窃异之，以为孤根贞干似士行，而或以放达病之。乃徐观其施，为先于厚宗恤族，为之衣食婚娶其所不能自给者，以及亲故之匮乏不能自存者。又从而执酱问馈于四方之贤者，惟于情于礼有所得为始，不自计其丰约而为之。且于酬物应务，惟求即其所安，未尝徇毁誉、择利害以为趋舍。虽攻坚击锐，未尝少挫其直节。每谓异日有披鳞陷刃之事，则谁为之。

某尝以其母老未仕，讽令节施以为养，遵晦以自全。玉山君辄正色言曰："非母志也，石之少也。母氏织纴以给余业，宾客有至必为欣然治具。家无余蓄，辄能与宗族共其困乏，求无弗应。迨授糟糠氏以妇道未有易此，曰：'人生人伦之中，不容以贫故废也。男儿及长，当有事于四方。若不自内佐之，而夺其交游、施与，以顺吾贫，则厚者薄而贤者远，将何以速得志于外？吾所以力贫为此者，将以遂其好外之志，以成令子之名耳。'今既稍自成立，且拘于时命，未能广母所欲为，则所奉以慰母心者，独以将顺其志尔。若自图温饱以为安全之计，则非惟无以答母之教，而于长者亦既负矣。"

嘻！林母之能以其子贤也独是。某夙佩母训，每于古人求之而不知继。今及有也，独自愧不能为林母之子耳。幸而忘年与友，为之称觞于寿之日，安可以无赠乎？杨君某、叶君某某又具以言为请，遂叙书以赠。

[1] 陶士行，即陶侃（259—334），字士行（一作士衡），鄱阳郡（今都昌县）人。父早亡，由母亲谌氏抚养成人。陶母教子恩威并重，如孟母之贤。历任东晋荆州刺史、广州刺史。咸和三年（328年），平定苏峻、祖约之乱，任侍中、太尉，都督荆、交等八州军事。卒谥曰桓。
[2] 张华（232—300），字茂先，范阳方城（今河北固安）人，西晋时期政治家、文学家。官至司空，封壮武郡公。
[3] 臧否，褒贬、评价、评论。行谊，品行，道义。
[4] 比数，相与并列，相提并论。

喜雨编为陈通守赤沙序[1]

辛未[2]之岁，同安令以调行。督府、监司求所以署，必曰清介绝俗、正直不阿者畀之。郡长以端寮赤沙公应檄，咸可其举。公车以二月之晦临邑，雨即如注随之，涉去冬以来盖未有也。自是而不雨者弥月，则为孟夏。在周官，于是将修其大雩以祈谷实，慎物所长也。公为之惕然，下令于民曰："尔其贬食、省用、务啬、劝〈分〉[3]。"公以为旱备，而躬自缓刑平狱，侧身齐食，以祷于神。若古之卿士有益于人者，勤其朝夕，浃旬不废，而雨乃应。始若霏微淅沥，无甚救于物者。既而霖霖浸淫，为泽深广其于仁也。为纾徐而善入，汪濊有余润，岂非精诚之报必象其德耶？

《洪范》所叙五事[4]之应详矣，其曰："恭作肃，时雨若。"夫雨，阴气也，与阳和而为雨；君子者，正直而方义，阴道也，配阳行而为肃。若公之为人，内明而外顺，礼行而巽出，立身于庄而不过乎物。其从政，自纪纲法度之大，以至于讼牒御用之微，皆必有礼。其接物，自上下之交以至于仆、夫、工、瞽之贱，皆必以敬。五听弗备则弗理也，三时不逾则弗役也。庭清而后退食，无漏而后即宴。盖每事必求诸人情之所安，揆诸理法之不得不然者，而复瘠躬省身，一不以嗜欲自累，可谓尽肃之道。而所祷于神人者，已非一日矣。时雨之应，故不待求而后得者也。《传》曰：上持亢阳之节，施虐于下则旱灾应，于今日何患焉？时则雨泽既滋，重阴初霁，农人兴事，妇子饷菑，嘻嘻然有生之乐盈于四野，而颂声作矣。胥里之民，奔走乞言以志喜。某固无辞以赞，而实沐公之德与齐民同，夫安得而辞之？遂书于编以上云。

[1] "序"字据目录补入。陈通守赤沙，即陈嘉谟，号赤沙。里居、阅历见卷三《寿陈通守赤沙》注。
[2] 辛未，即隆庆五年（1571 年）。
[3] 嗇，古同"穑"，收割庄稼。劝分，劝导人们有无相济。此句出自《左传·僖公二十一年》："修城郭，贬食，省用，务穑，劝分，此其务也。"
[4] 《洪范》，《尚书》篇名。托周武王与箕子对话，言禹治水有功，上帝予其"洪范九畴"的"天地之大法"九种。其二为"敬用五事"，五事"一曰貌，二曰言，三曰视，四曰听，五曰思。貌曰恭，言曰从，视曰明，听曰聪，思曰睿。恭作肃，从作乂，明作哲，聪作谋，睿作圣"。

贺学博黄见泉[1]荣奖序

自古右文[2]之世，则聪明敏锐之少年，操弄华藻以沽荣宠。而恬笃宏博、深奇邃老之君子，亦得优游泮适，发明其故业而润色之，以能有所羽翼于残蠹而广其传。故汉兴至武、宣之间，弥文侈

丽，飘荡靡汰，如东方生、司马长卿、贾捐之[3]辈极矣。然郡国
鸿儒衰然四出，鲁之申培公、淄川田生、燕韩太傅、赵董大夫[4]，
皆能白首一经，深其著述，为文学宗。虽不得登要陟崇，而其微说
奥窥，公相传道，使六经毁灭而复完，则数子之功与表章等。圣世
昌熙，文士云翔，春华秋实，晔然并茂矣。顾其建学立师之意，则
有得于汉，每邑博士缺，选郎辄论岁所宾兴[5]，士往为之。夫士
之得以宾兴者，皆其逖窥古昔，穷老不衰，潜心六籍，修饰百行，
为其乡所推信而敛郤者与其选。及其至也，非有公孙对策之奇、贾
臣上书之遇，则不复烦以政而师授焉。惟其授命而来，于其郡邑之
子弟，非故执贽[6]之素服、杖履之役，以朝命北面而礼事之，则
其道之不能相信、经之不足相法者，固宜有也。彼汉之所谓弟子云
者，诵服其遗说，则终身不敢背尺寸，故孟长卿[7]一改师法而累
辟不授，其严若兹，其不忍相背负若兹，然犹寖久而息。乃今以为
不相信之道，不足法之经，而师未尝及面之弟子，欲经之大明、道
之大行，亦艰难矣。

　　闽之与粤相距仅数百里，士之逢掖而谈诗书者往往通也。邑博
先生见泉者，固粤产。少年补文学，辄课高第。其辞章率《尔雅》
深厚，治《易》尤明天人分际，粤之士皆自以为莫及，所谓乡之
推信而敛然避者，非欤！再为弟子师，皆在闽近十年矣。而其师吾
同实四稔[8]，其为道日习而易遵，其为经讲求而易明。其芳规懿
范，得于近邦邻邑之所，尝耳受而口咏者深而易服，则二三子之靡
然师风者，固非谀鲜也。虽传称田何之教，何以加之？

　　使者按部至同，即首器先生。凡再三至，计先生必且入守四门
矣。同之士将失所师，乃不以为戚而思以为贺，征言于予。惟次公
师夏侯公仅一载，倪大传事褚大，通凡三易师。二三子能得先生之
《易》，遵《易》明者而存之。先生虽内征，其嗣持檄而师，若者
谁非先生哉！天子方修明堂清庙之制，二三子勉之，异日廷辨，同
则为夏侯、黄，异则为倪、褚。先生其亦有荣也耶，敢始终以汉贤

为先生贺。

[1] 黄见泉，即黄世龙，字见泉，程乡人（今广东梅县）。贡生出身，隆庆
　　四年（1570年）任福建莆田训导，万历元年（1573年）任同安县儒学
　　教谕。

[2] 右文，崇尚文治。宋欧阳修《谢赐〈汉书〉表》："窃以右文兴化，乃致
　　治之所先。"

[3] 东方生，指东方朔；司马长卿，即司马相如，字长卿；贾捐之，贾谊曾
　　孙。三人均为西汉文学家、辞赋家。

[4] 申培公，姓申名培，西汉初期儒家学者，经学家，西汉今文《诗》学中
　　"鲁诗学"之开创者。淄川田生，即田何，字子庄，淄川（今属山东淄
　　博市）人，西汉今文《易学》的开创者，田氏易学派创始人。燕韩太
　　傅，即韩婴，西汉燕（今属河北）人。文帝时为博士，景帝时至常山王
　　刘舜太傅。治《诗》兼治《易》，西汉"韩诗学"的创始人。赵董大夫，
　　即董仲舒。

[5] 宾兴，周代举贤之法。谓乡大夫自乡小学荐举贤能而宾礼之，以升入国
　　学。后亦指乡试。

[6] 执贽，即执挚，古代礼制，谒见人时携礼物相赠。

[7] 孟长卿，即孟喜，字长卿，西汉易学家。

[8] 其师吾同实四稔，据《同安县志》载，黄世龙于万历元年（1573年）任
　　同安县儒学教谕。故此文当作于万历四年（1576年）。

送节推罗次山[1] 擢守福宁序

汉制吏治，重内轻外，苟以上贤外服，则谓忧其末而忘其本。
盖自一时君侧多置贵倨，不可一日无贤故耳。使其英君贤相，一德
咸有[2]，多贤在位，纲举目张，一如今日之盛，则可忧，固有不
在于君心者。惟多故之后，凶厉荐作，民数既损，岁额具存。向所
谓置镇节帅守之，吏与行伍军旅之属取给于民者，较之岁额，殆居
其半，民固利一时之安而忘其费。至于事已民疲，当事者率惩往事

之难，而犹莫敢议其废置。则时愈绌而逋愈积，檄日急而应办日堕，虽有龚、黄为吏，其鞭笞缧系不及，于民不可得也。如是而民必毙。民毙矣，非有爱民如子、视国犹家之心，不足以使民信；非有因时酌损、顺事恕施之才，不足以使民宜。又非有省身约己、推名远利，与百姓共其困乏之守，必不能使民维系固结而不忍去。

是三者，皆次山公之所蓄积，而为疲民择良牧者之所必稽，则铨部所以处公之意，岂非有所重而然哉！公再理郡，评无所挠法[3]，除文致[4]之请，绝钻钻惨酷之科，用明示晦，谳正其疑。苟得其情，则哀矜而致之，无复有矜能喜事以为己功。于死而求其生、于有过而救其全者，殆难以数计。适轻适重，惟不失于论要而已。故所称作法以助三正[5]之微、承天顺物以致时雍[6]者，公其人也。钱若水[7]节推同州，所雪冤死不过数人，遂荷人主之知，方二年而致位枢密。以公之祥谳若是，且劳事有日，既底厥绩上籍以告于后，增秩而宠以专城，岂非以福宁为闽首土，必得公以治，举闽而首赖于公，顾不为重本之意耶？

[1] 罗次山，即罗文靖，字以献，号次山，南昌柏林村人。明嘉靖二十五年（1546年）举人，任雷州推官，隆庆六年（1572年）迁泉州推官。后擢福宁知州，升江南太平府同知、两淮盐运使。

[2] 一德咸有，典出《尚书·咸有一德》。伊尹于是篇中所谓"一德"，即它的源头深藏于人的心灵深处，它的原理体现于人的外在行为，只要掌握了它的基本原理，就会坚定地身体力行，绝不会受到其他歪理邪说的冲击。在后来的儒家义理中，伊尹首倡的"一德"概念逐渐演化成了一个完整的体系：正心、诚意、格物、致知、修身、齐家、治国、平天下。按照这个体系，"一德"就相当于正心、诚意。

[3] 挠法，枉法。

[4] 文致，指舞文弄法，致人于罪。见《后汉书·陈宠传》，李贤注："文致，谓前人无罪，文饰致于法中也。"

[5] 三正，是春秋战国时代各诸侯国所使用的夏历、殷历和周历三种不同的

历法制度。三者最主要的区别在于岁首的不同。

[6] 时雍，指时世太平。

[7] 钱若水（960—1003），字澹成，一字长卿，河南新安人。宋雍熙间登进士第，起家同州观察推官，迁简易大夫、同知枢密院士。真宗时从幸大名，陈御敌安边之策。后拜并、代经略史知并州事。卒谥宣靖。

赠邑侯陈中斋[1] 报政序

地方百里，听事于庭者万家。逊其志，则一邑之人喜；拂其虑，则一邑之人惧。士而得此，亦可行其志矣。然而奔走执事之役，且夕承伺意旨，动定以为敛纵，故非澹泊无以率先。盐米丝发之争，不良乘之，狙掠成讼，蔓游其辞以耸上官，计一行而追胥[2]在廷，睢盱叫呶[3]，讙[4]不可晓，故非镇静无以戢众。寇盗凶荒之后，豪右猎以兼并，富贾操其赢绌，陇夫畎老不能自直，至野无粒粟穗禾之资，而岁输数百缗，故非蠲贷无以恤弱。用是三者，士得行其志于此，亦可为难矣。

吾邑大夫陈侯至之日，矢于心曰："吏期于清而清者稀，岂不以欲牵之也。欲之所行肆奢，崇货为之车舆也。"于是撤其帷帐荐蓐之具，便于身说。于目者悉归之有司，泉粟之羡、金矢之入实之军府。此皆旧之所督观而封己者。推而远之，而后拔葵悬鱼[5]之规，如月在水，支县风之，况廨役乎？

二之日，谋于众曰："市狱[6]细故，古人慎之，以为烦于市者，耗斁人之生；扰于狱者，轻重人之命，苟侵牟肆夺之无平，则讼端兴。案牍笞榜之无度，则大狱构，是国家以章绶印墨毒苍生也，岂治理也哉！"于是商百货之贵贱，悬三尺之等列，使贪不下残，忿不私逞，欲求环而不得，未纳金而输情。然后盖公曹相之术效，而小人用宁。

三之日，询于野曰："令奉君之令而致之民，民出菽粟、丝布、财赇以供上。二者失职，则君子交责焉。今圣明在上，敕课农桑，而令不能有所建白以苏民困，是上贻天子有征无粒、赋《无衣》[7]之名，而下负吾民有不乐输上之戾也。"乃按编籍，除无田租余之里，得三十石，他鄙称是焉。世咸以为祎长、紫芝[8]再出，以界吾同，故民无催科苦，而公赋给。

为理三年，邑人亲之为父者如一日。夫妇耕织之暇无他惧，惟惧侯速迁也，常有裂裳焚廪之嗟。幸淹三年，而侯以秩满，将考绩天曹。适抚台宣上玺书，赐金劳问。侯有六曹之役，获以职事事侯有日矣。是举图所以庆，曰必以余言。余知不腆百里，不足久稽骥足审[9]矣。兹固不当复用邑宰之事为公道也，但夫子惜不齐之所治者小。程子曰："一邑者，天下之式也。"侯持此以往，虽赵、张京兆，董、汲禁庭可矣。余特为公识之，且以质之将来云。

[1] 陈中斋，即陈文，字美中，中斋当为其号，江苏丹徒人。明嘉靖四十三年（1564年）举人，隆庆五年（1571年）任同安知县。后升河南邓州知州，历浙江宁波府同知。崇祀宁波名臣祠。

[2] 追胥，逐寇捕盗。

[3] 睢盱，睁眼仰视的样子。叫嗷，喧哗叫闹。

[4] 讙，喧哗。

[5] 拔葵，典出《汉书·董仲舒传》。鲁国宰相公仪子拔掉自家栽培的冬葵，曰："吾已食禄，又夺园夫红女利乎！"喻做官不与百姓争利。悬鱼，典出《后汉书·羊续传》。东汉羊续任南阳太守时，下属送生鱼，他将鱼悬挂于院子，让送鱼之人不得再送。

[6] 市狱，商市和监狱。旧时均为奸人牟利的场所，故并称。

[7] 《无衣》，即《诗·秦风·无衣》。关于《无衣》的由来，从古至今有抗戎说、讽刺说和哀公赋诗三种说法。此处当用讽刺说，即讽刺秦康公好战。《毛诗序》曰："《无衣》，刺用兵也，秦人刺其君好攻战。"陈奂《诗毛氏传疏》亦称："此刺康公诗也。"

[8] 紫芝，即元德秀，字紫芝，唐代著名清官，作《蹇士赋》以自况。见

《新唐书·卓行传·元德秀》。

［9］审，果然。

东磐徐侯[1] 华诞序

　　东磐公令同安之三月，序惟孟冬二十有二日。□胥里之民，俨然造庐而请曰："是日也，为邑侯降神之朝，二三荐绅、文学之士咸以言献矣。惟编户之夫，欲效庭蹈舞杯以上而不能自言也。敢就君子图所以为侯寿者，可□□□。"吾见侯之所以寿同也，未知所以寿侯。至于寿侯自为之□，宁能为侯寿耶？

　　夫人生之寿而且荣，皆□□千岁、□□弗朽者，表竖也。古守令之享遐龄、获永算者，岂无其人，乃至今汶汶，独文翁、黄、赵诸人称焉。及考其所赂，则有用兴学著者、开渠著者、亭猪种树之末，皆足声施后世。今侯至甫三月耳，其治宽大和平，视所莅犹己出，政不求所可，喜愕而绿野雨耕，花村月静。至于悉纤规为周中民隐，虽使孟坚载笔，未易数数举也。彼数君者徒一长，犹然名寿若斯，即侯当万祀弗朽矣，且宁独寿其名也耶。

　　盖公[2] 年九十，廉静无为，用其术为齐相，师不扰市，狱民以宁，一己而卒跻期颐，与安期遇于海上。侯之政类盖公，而其学本于经术，其德性要之澹泊宁静，期以致远。虽或事至拂拂，未尝见愠懑色。推数循理观之，寿岂在盖公下哉？古人有言：心和则气和，气和则形和，形和则神和，神和矣，有不安且久者，否也。

　　于是胥里之民芒然丧其所怀，来而叹曰："然哉然哉！吾属小人，诚蹁跹忭蹈，竟何以神哉！"某曰："有之。古称寿之义有三：厚也，久也，受也。君子积德隆施，厚自培植，故名与天壤俱敝也。平情养性，喜怒不形，故形久而神完，至寿考也。斯二义者，某前所称殆谓是矣。又受也者，言万户讴歌，百神鉴止，诸福荐臻，君侯受之。今里闬阡亩之间，鼓腹深咏，仰天高讴，冰冰乎若越鸟呼林、代马舞风；洋洋乎若调节奏而谐金石，俾天帝百神闻之，将俾君侯炽昌寿臧，引而不息，百千无穷矣，曷谓无以褷之乎？"某惟谓是也，故敢以诗人之词，私为侯颂之。兹辱长老之情，亦用是以献。

[1] 东磐徐侯，即徐待，东磐当为其号。鄞县（今宁波市鄞州区）人。明万历二年（1574年）进士，次年任同安知县。以循声擢御史。
[2] 盖公，《史记·曹相国世家》载，曹参为齐相，拜善治黄老言的盖公为师，盖公为言治道贵清静而民自定。

赠明府徐东磐入觐序

岁丁丑[1]春，天官[2]将籍上计吏。吏四方者，自藩臬诸司下逮守若令，咸先期以职事走京师。邑大夫徐侯将发，不佞从诸缙绅文学之后，敬进楚令尹、齐相国之说，以侑离觞。大夫有味乎其言也，为之一引满[3]。惟时大夫之佐若缙云张丞、丽水李簿[4]，爵而属不佞曰："古诸侯觐于天子，则命卿相之以□□玉。汉郡国来同，得从其傅、长史、都尉，即引见关问，匡所不逮。今明府有万里之役，独尉与偕耳。光世等皆在事，于制不得从。愿从先生丐一言，为明府别。"不佞惟二君幸以吏事事大夫，请以大夫御吏状对。

大夫性端静，引大体，虚心尽人，不求多于下吏，居常护其短，无所督过。昔朱北海[5]以爱利为行部，遇从事胥役有恩，未尝笞辱人，以故所〈部吏〉民爱敬之，治行为天下第一[6]。颖川丞老且不称建成□□贤者，意阴善助之，卒得吏民心，为贤良高第。夫士方沉，下僚碌碌，固未有奇也。即有矣，长吏弗良，鲜不败。诚得良长吏矣，重之以忮心，绳之以深文[7]，才节且安所施？今张君善其职，蒙显擢去；李君得事日浅，名且烝烝起。二君固明识吏事，诚练达，微大夫推毂之，宜不至此。大夫之御下，以太史氏之法论之，得称曰"长者"，其为吏得称曰"循"。兹将入觐，丞相对簿考功，其得称曰"贤良治行第一"，盖无疑也。乃若宣畅德意，导赞休明，民皆阜稣，俗且长厚，业已缅缅陈之无论已。

于是大夫让弗敏，二君乃拜手谢曰："龚大夫[8]治渤海，岂不彬彬称治哉！比征入，实用王生长者之言，称明主意。今明府诚长者，赖先生言益彰，有如当事察明府□□治邑，愿明府毋让，以先生之说对，必且留中，则下吏□□□曹先生之赐也。"

[1] 丁丑，当指万历五年（1577 年）。

[2] 天官，周代官名。《周礼》记载：廷分设天、地、春、夏、秋、冬六官，以天官冢宰居首，总御百官。唐光宅元年（684 年），曾改吏部为天官，吏部尚书为天官尚书，旋复旧。因此后世亦称吏部为天官。

[3] 引满，斟酒满杯而饮。

[4] 缙云张丞，即张光世，缙云（今属浙江省丽水市）人（《同安县志》作江西余干人），贡生，明万历三年（1575 年）任同安县丞。丽水李簿，即李启元，丽水（今浙江省丽水市莲都区）人，万历五年任同安县主簿。

[5] 朱北海，即朱邑（？—前 61），字仲卿，庐江舒县（今安徽庐江）人。汉代贤吏，秉公办事，以仁义之心广施于民，深受吏民爱戴。昭帝时任大司农丞，宣帝时任北海郡（今山东昌乐东南）太守。以"治行第一"选拔入京，任大司农。

[6] "以爱利为行"句所述朱邑事迹，引自《汉书》卷八十九，《循吏传第五十九》。

[7] 忮心，嫉恨之心，妒忌之心。深文，援用法律条文苛细严峻。

[8] 龚大夫，即龚遂，字少卿，汉代山阳郡南平阳县人。汉宣帝任命为渤海郡太守，选用贤吏，赈济贫苦，百姓安居。

刻《慈训堂集》序

岁戊寅[1]春，余病少闲。李甥璋[2]挟一册拜床下，曰："孤璋

不幸，生再期[3]而先大夫见背，今年十有五矣。赖慈母夫人朱之
□□□知识，然夫人每诲之，未□□涕下泣，引先人也。盖先
□□□□长，璋才五岁，祖母□□人抚之，犹璋之有母。朱乃
□□□□，而先大夫举于乡，〈又〉十年，而太安人封于朝，贵显
矣。于是学士大夫相与论次之，撰为诗歌序赋若干篇，大都本其节
之苦，乐其志之成，高其行义，托之无穷，以警动世之妇而嫠、子
而孤，正室而善字其诸姬子者，不谓李氏当重罹此荼也。先大夫受
藏之，毋敢轶失，将益润色光大，以图不朽，又不图今日复踵而行
之也。母夫人辄及此，且泣且诲，既乃挥泪曰：'昊天不吊，重降
割于而家，李氏再世不绝如线。'虽然前事不忘，后事之师，吾与
而不敢忘天灾，其敢忘先人之懿行？璋不肖，敬受母命，退而籍为
成书，就舅氏丐一言，冠诸首简，用扬祖烈成先志，俾不肖孤
□□□□得镜览焉。"

　　余惟古女子若割鼻断臂诸烈，岂不赫然□□□死已耳，以方豫
生国士之报足矣。至于贞而能〈诲〉、□□□劳如邹人之母，下逮
申国郑媪，虽程婴、韩宣〈子〉□□赵孤，岂能过哉！余所熟林
母谊至高，方之奚让焉。乃史称宣子之功于晋，未睹其大，卒与赵
俱列诸侯数十世宜矣。今林虽以子贵，然所食报与子大夫君禄位寿
命□□□其阴德后当遂昌而孤茕茕者，何也？且继以朱为□□□诲
其孤、绍夫志，乃不自居。引之先德，此其志念益深远，喜□天将
大李门，意在斯乎！小子璋勉之。

　　余母于璋大母□同产子。大夫君在时常兄我，故既殁，我得女
其孤，以是三世讲其家，知二母贞行甚悉。然其往者，业在诸名家
语中；今其存者，亦多为时所记睹。将来当益著，皆可无述云。集
既刻，以"慈训堂"名，盖从大夫未第时，督学使者江公所署堂
额也。

[1] 戊寅，当指万历六年（1578 年）。

[2] 李甥璋，即李春芳之子李璋。李璋，万历间贡生，任上林苑监录事。娶刘存德之次女。古代盛行姑表婚，有将岳父、公爹称舅，婆母称姑之俗例，故李璋称刘存德为舅。

[3] 再期，指服丧两年。旧时父母之丧为三年，但到第二个忌日即除去丧服，故称。

贺督学胡二溪[1]升浙江大参序

胡公既以按察督学三晋矣，无何复从藩大夫移视闽中学，令诸生皆逊，则古昔无侪俗，卑卑深渺。其文辞归之至义，逮于策俗，务在长厚，盖海滨之士靡然向风云。三年始□□□督储浙西东，于是泉诸士高第相与走帐下，北面□□□□之归，则爽然自失也，私谓：夫子，古大儒。仕京□□□□出再为学者师，所职不越经义，其于笃古，喜□□□天性。今参政诚贵阶，浙诚望藩，顾犹涸钱谷间，而夫子微几不豫色者，何也？阳城子在太学称有道，儒者宗之。至于催科署下下考，江南蹶绌日久矣，有如宿逋沉负□□□至督漕，台臣不以问闻，夫子将安得以长者为解□□□□□公独微不豫哉！将愿此而毕之乎？洛阳通□□□□孝文初元亦云多故，乃廛廛以往。古求贤，在□□□所忧天下大命，独积贮耳。使二子幸得一当焉，当不余力而让能矣。

今胡公为天子厉士，则北连三晋，南通七闽，悉从考问以尽其材，所得英俊半天下。复移治储，京师所仰粟，东南岁不下数百万，浙当其半。粟集矣，以先期达庙廊解颐矣。持此者建数世之安，犹手掇之□豪士……（下文缺）

[1] 胡二溪，即胡定，字明仲，二溪当为其号，湖广崇阳（今湖北省咸宁市崇阳县）人。嘉靖三十五年（1556 年）进士。官至广西左布政使。著有《胡二溪稿》。

结甏堂遗稿卷之七
记 碑 状志 祭文

记

光裕堂记（佚）

结甏堂[1]记

城东太师桥[2]而南，临□□□□□□□□□□□□□□□南折，蜿蜒数里，骇翠□□□□□□□□□□□□□□岩然，龙蹲虎踞，莫可□□□□□□□□□□□（下缺九行，计198字）烟交翠。三秀[3]列屏，遥峰送青；九跃[4]孤卿，近岫映绿，宜于春也。临流濯足，清湍激石；倚树乘凉，南熏爽葛，宜于夏也。天高水清，夕月沉璧；寒蝉咽树，落叶随流，宜于秋也。水落石出，溪鱼依藻；霜前雪后，梅香绕屋，宜于冬也。若夫塔影波光，上下交映，并石台上，酒壶茗灶，拂衣坐久，云水生凉，则月夜宜。溪流涨绿，小艇轻移，庐舍往来，咫尺甚便，则雨霁宜。溪声恋耳，树响相和，爽然天籁，破寂幽岑，则清风宜。野寺谯楼，鼓钟相间，静中坐听，洒然幽想，则昏旦宜。斯境之无往不宜，惟余自解而自领之。爰有退老归休，木石与居之乐。而其得余解、同余游者，南郭先生而已。虽然晦翁簿同[5]，东桥玩月，亦尝登临于是。佳境赏心，今古胥同，固知地以人传。因镌于石，曰"紫阳旧游"，曰"友石之居"，曰"东皋清流"，以志胜也，以传奇也。而溪山胜概，庶后之不任其丘墟也已。

[1] 结毚堂，原在同安东桥边，今已圮。北宋宣和六年（1124 年），同安县
　　令危秉文于此钓游啸赋，并构草堂其上，曰"结毚"，镌于石阴。明刘
　　存德归田故里，复临溪构堂，仍名"结毚"。参见卷八《结毚堂跋》。
[2] 城东太师桥，即同安东桥，位于同安区城东的东溪上。始建于北宋建隆
　　四年（963 年），经宋乾兴、治平年间重修。因明《闽书》载其为清源军
　　节度留从效所建，故俗称为太师桥。桥头临流多巨石，有"紫阳旧游"、
　　"友石之居"、"东皋清流"等题字，皆为刘存德手书。
[3] 三秀，即三秀山，在厦门市同安区东北部，汀溪水库东侧，同安五显镇
　　后塘村外。三峰挺拔秀丽，故名。
[4] 九跃，即九跃山，又名凤山，在厦门市同安区城东，因"自卧龙山行而
　　西，九顿九伏如龙之跃"，故名。
[5] 晦翁，即朱熹。朱熹，字符晦，一字仲晦，号晦庵，别称紫阳、考亭。
　　宋绍兴二十三年（1153 年），朱熹莅任同安县主簿，力行教化，移风易
　　俗，有"紫阳过化"之誉。他曾走遍同安各处，采风民间，体察民情。
　　尝在东桥觅胜，赋留五言绝句《雨霁步东桥玩月》一首。

同安县儒学师儒题名记[1]

周制，居民自二十五家以上皆为之学，而其建官至三百六十，
皆无职于斯，惟曰："三公在朝，三老在学。"考其所谓"老"，则
三公之老而致仕者为之，二乡一人焉。盖贵德尚贤，示民有尊，而
后民知敬学也。士生于时，自道德、性命、礼乐、器数之余，不见
异物。且必久年而后视其成，四十而后官之，四不率教而后屏之。
其屏之也，民知背其师之罪；其用之也，民知信其师之功。恶得而
不知有师也哉？是故师道明而教易行，虽幽厉之微，孔子犹得而论
次诗书，修起礼乐，以师道行于下位。其卒也，七十子之徒皆得而
师传于列国。至于坑焚之余，而儒术始绌[2]焉。

汉兴未遑，至建元下贤良之诏，郡国之众对亡应旨者，董仲舒乃以建学置师为请。而后世广立学校之官，皆自董仲舒发之。但其制不师古，率以师儒之职隶于六官，而师遂无常尊矣。师无常尊，则士之所以信其师说如神明父母，惟有得于达善继志之学者能之，而非所以望于人人也。宋臣追论其弊，至谓庠序传舍，师儒路人，不亦甚乎！

我国家酌损古典，以开至治，虽学校贡举之法稍因近代，而政教画一，道艺同归。师之所以教与弟子之所以学者，虽不越乎言语文字之间，亦安有措之不正而施之不行者耶？同为紫阳首仕之乡，一时学者翕然师事，自许升而下，盖有人数。其所闻诚意正心之说，传之靡广易世未亡，虽授习失真，终无诡异。故其为士，或不免于负俗之累，然皆易与言善而不敢安于显过。及其出而为仕，莫不怀名远辱，矫励行义。惟迂愚不度，妨忤于物则有之。近观其耻，尚皆未有失所，岂非紫阳之泽流化于远哉！

宪学镇山公[3]端本于上，兴起正学。师儒北城陆君挺[4]，以宏博精微之蕴，足佐下风。王君尚贤[5]、屠君材，亦皆敦朴，以先诸士，故士之洗心励行、讲艺兴事而服习于教化者，视昔有加也。《诗》有《子衿》[6]，以刺教废，则及淫僻，然则俗正而教兴可知矣。于是聚而论次，期鸣盛于不朽，乃以镇山公之绩镌于紫阳书院[7]，以开后学。以儒师题名，属余某为之记，复因叶子某、陈子某、郭子某陈币以请。是记也，自北城诸君始，而后民知有师也。其等而上之而并存者，何惧有如北城诸君之贤之为师，而世不及传之也。其不贤者，不嫌于同辞。何不贤者？贤者之师也。是皆所以劝也。

[1] 此文收入民国《同安县志》，题为"师儒题名记"。然县志中有多处谬误，如"二十五家"误作"十五家"，"贵德尚贤，示民有尊"误作"贵德尚年，示无有尊"，"久年"误作"九年"，"对亡应旨者"误作

"对亡应书","授习失真"误作"授受失真","近观其耻"误作"及观其所尚","何不贤者"误作"何则不贤者",等等。谅是抄录不细所致。

［2］绌，通"黜"，罢免，排除。

［3］宪学镇山公，即朱衡（1512—1584），字士南，又字惟平，号镇山，江西万安县人。嘉靖十一年（1532年）进士，初授知县，迁福建提学副使，历山东布政使、山东巡抚、吏部侍郎、南京刑部尚书等职。官至工部尚书。著有《道南源委录》等。

［4］陆君挺，即陆挺，号北城，浙江鄞县人。嘉靖年间任同安县教谕，擢漳州教授，迁南京国子监学录。著有《宋元史发微》等。

［5］王君尚贤，即王尚贤，字鸿盘，广东化州人。由诸生应贡，嘉靖年间任同安县训导。后擢瓯宁县教谕。

［6］《子衿》，《诗经》中《国风·郑风》所收录的一首诗，描写女子等候意中人的相思萦怀之情。经学家则将认为"淫奔之诗"，《毛诗序》更认为是"刺学校废也，乱世则学校不修焉"之缘故。

［7］紫阳书院，即文公书院，在同安大轮山梵天寺后。前身为"大同书院"，元至正十年（1350年），同安县尹孔公俊始创于县学之东，至正十四年毁于寇。明成化十二年（1476年），知县张逊在县东门内重建大同书院。后被改作府馆。嘉靖初，林希元倡议在大轮山梵天寺后重建文公书院，故又称"轮山书院"。而后，书院历经改建修葺。《同安县志》收有清乾隆副贡生陈思敬撰《重修大轮山紫阳书院记》，即记乾隆十七年重修之事。

愿丰堂[1] 记

文武之德至矣。余读《七月》[2]之诗，陈后稷[3]之业，而后知周之所以兴与周之所以为臣也。《北山之什》[4]，周道其衰矣。然而《楚茨》之艺黍[5]、《南亩》之耘耔[6]，大田兴刺，犹曰彼有滞遗，为寡妇之利[7]。故所以协上下和神人，虽不能如古之道，犹得以古之道望之。

我太祖圣作，亲历田野，悼民失业，尝指太平、应天、宣城诸郡曰："此吾渡江开创之地，供亿先劳之民，其有租赋，宜与量减。"自后，北平、燕南、河东、秦垅[8]以暨南服，蠲恤之诏，无岁不下。其重农务稷，何啻豳谷之风。惟淞州[9]滨壤，圣虑未遑，民间征额倍蓰诸郡[10]。诸载籍称，景定中，贾似道买民田以为公田[11]，盖粮几十六万。大德、至元以来，张瑄[12]、管明、张士诚[13]之徒，皆以拒命，族居此土，既籍其田租为赋，视则壤之科，盖倍数焉。仁、宣之世，代有蠲除，皆不下数百万。维时百用未广，犹得以天下全力惠此二方。志称，有重赋之名而无其实，民赖以生，盖有由也。方今有大物盈，备文致美，不惟俎豆、军旅之数，赀用倍昔，兼以蝗虫旱溢之变，灾孽萌生，势不得不举天下之力以从事。不给则为箕敛以继之，盖损下益上，时义所为，执政诸臣岂无有存周公之心，能述后稷、公刘之业以辅导其君者哉！仲尼之论任民，亦曰茕寡孤独，有军旅之出则征之，无则已。今欲行而法也，则周公之典在，所益奚所得？为者不过谋虑取舍、定计数、必功治之间耳。熙宁、元丰之际，诸臣言利皆乱大谋。然有所谓去之甚易而无损，存之甚难而无益者，此在庙堂锐意择之。牧守之臣，惟视征檄以为缓急。朝期会而暮不至，则罚及之，鞭笞、逮系之子，流移转徙之众，无日不接于目，而不得不置之度外。远臣之心，岂得已哉！欧阳公守滁，以"丰乐"名亭，而首叙五代干戈之际。当今治安固迈庆历，而安可忘其虑民之疲命？暂有息肩，亦安得享其乐？读《南山》而思禹功，此"愿丰"之堂所以作也。

夫祖德宗功，永言配命。上仰太祖重农之意，近体仁宣蠲除之恩，用以祈天笃庆，报介福于农夫，书大有于永年。则民和物阜，而国之贡赋于是乎出，敦庞纯固亦是乎成矣[14]，岂惟淞民赖之？《诗》曰："自天降康，丰年穰穰。"[15]又曰："嗟嗟保介，维莫之春。"[16]亦又何求，如何新畲[17]。然则斯堂之愿在乎敬修，其可也！

[1] 愿丰堂，在原松江府的府署西园，即今上海市松江区松江二中校园内。

今已圮。据《嘉庆松江府志》："府署，在城之中，前临官街（即中山东路），后枕流水（即邱家湾）。旧华亭县署也。"依照此志的"府署图"，今松江二中校门就是府署的谯楼。以谯楼为中轴线往北，两侧建有东、西两园。

[2]《七月》，即《诗经》中的《豳风·七月》。此诗的主旨，《毛诗》序云："陈王业也。周公遭变，故陈后稷、先公风化之所由，致王业之艰难也。"

[3] 后稷，本名姬弃，帝喾的长子、周王的先祖。在尧舜时代当农官，教民耕种，后人奉为农耕业的始祖。

[4]《北山之什》，即《诗经》中《小雅·谷风之什》的《北山》。此诗主旨乃"行役士子感伤王事繁重，劳逸不均"。

[5]《楚茨》，即《诗经》中的《小雅·谷风之什》的《楚茨》，是周王祭祀祖先的乐歌，有"楚楚者茨，言抽其棘。自昔何为，我艺黍稷"句。楚楚，植物丛生貌。茨，蒺藜。艺，种植、栽培。黍，黏米。

[6]《南亩》，即《诗经》中的《小雅·甫田之什》的《南亩》，反映上古时代农业古国的原始风貌。诗中有"今适南亩，或耘或籽"句。南亩，泛指农田。耘籽，泛指从事田间劳动。

[7] 彼有滞遗，为寡妇之利，语出《诗经·小雅·甫田》："雨我公田，遂及我私。……此有不敛穧，彼有遗秉。此有滞穗，伊寡妇之利。"反映上古时代公私田中割落的禾穗尽归寡妇拾遗的古风。

[8] 垅，应作"陇"。

[9] 淞州，指松江府，宋时所置，称华亭府。后改为松江府。刘存德于嘉靖二十八年（1549 年）出任松江府知府。此文当于任上为"愿丰堂"所作。

[10] 倍蓰诸郡，明洪武二十四年（1391 年），朱元璋下诏免应天、太平、镇江等五府、州官租，唯江浙的苏州、松江等府、州独重，后世有"怒民附寇"、"官田重税"等说法。直至仁宗、宣宗时，税赋才略有减除。

[11] 贾似道买民田以为公田，指南宋景定四年（1263 年）右丞相贾似道为解决财政危机而实施的公田法。公田法是在限田制基础上，将官户田产超过标准的部分，抽出三分之一，由国家回买为官田，再租赁出去，以解决军粮、会子、物价等问题。

[12] 张瑄，嘉定人，宋元之际活跃海上的著名海盗。与朱清结伙贩私盐，后受宋朝廷招安。宋亡后降元，开创漕粮海运。张瑄、朱清在江南拥有大片元朝赐田，大德年间被朝廷没收。

[13] 张士诚，元末农民起义领袖之一，领导江浙海盐民反对元朝统治的武装起义。元亡后，盘踞江浙与朱元璋抗衡。故有朱元璋"怒民附寇"而加重税赋之说。

[14] 敦庞纯固，亦是乎成，语出《国语·周语上》。敦庞，丰厚富足。纯固，纯粹坚定。

[15] 自天降康，丰年穰穰，语出《诗·商颂·烈祖》。穰穰，丰盛貌。

[16] 嗟嗟保介，维莫之春，语出《诗·周颂·臣工》。保介，指古时立于车右，披甲执兵，担任侍卫的勇士。朱熹《诗经集传》则称为农官之副。

[17] 新畲，开垦了两年和三年的熟田。《诗·周颂·臣工》："嗟嗟保介，维莫之春。亦又何求，如何新畲。"

碑

邑侯谭瓶台功德碑[1]

世治，周为盛矣。狁猃[2]内侵，整居焦获[3]，至烦卿士而后定。时维吉甫，以文武居其成功，犹曰薄伐，以至于大原而已。明德克类，奄覆无外，倭夷匪茹，肆其弗靖，非诚有志于中国者。初以岛民私其市易，诱置内地，多所侵谩，以致其穷患。至于攻剽践蹂之变成，则揭竿之子又起而从乱，蔓延郡邑。芟薙不施，动有损军陷城之祸，是谓中国之人挟夷狄以虐中国耳。论者易之，而不知事势所难，非周比也。当狁猃以夷狄侵中国，待之以夷狄可也，来则同仇，去不穷追，以三公莅其军，尽民力而饷之，以为当然。中国挟夷狄以逞，虽待之以夷狄，而终不可失其待中国之意，欲究其武，是仇民也；欲舍其辜，是纵逆也。劳及卿士，则守令失其官；

费及正供，则大农亏其藏。古人所以不患夷狄者，名义与权皆得也，而今皆失之矣。当此者，不亦难乎？

同安介于漳、泉，负山襟海，盗贼常薮其间，以伺进退。公至以嘉靖己未冬十月，时倭、饶二寇纵横境上，漳民如林三显、马三岱、黄大壮、洪杨三诸逆乘机倡难，所在窃发，皆能雄长万夫，助倭为乱，以辛酉夏五月大举围晋安。前是部落散居，贼机肉视同者屡矣。公至而勤民，使自为守，旬月之间，筑堡百十有余。连以什伍之法，为社百有六十，相助守望。时其耕获，遂使野无可掠。虏复结倭酋阿士机尾、安哒进薄浯洲屿，意公必阻海不至。而公攻之愈急，遂得其酋以归[4]。逾岁，贼复拥众突犯，挫衄尤甚，故解而向晋安。马三岱负其智狡，谓晋既受敌则同必解严，乃率倭杂其所部，直趋同安。公出民兵击之，擒斩殆尽。三岱仅以身免，自是胆落，不复再至。公曰："惟是可以战，而后可以抚，不抚则黩矣。"于是条请当道广布怀柔，得侦者辄释不杀，令归，谕且宽及从乱家众，曰："可来则来之，不可来则自致而执之。"自是日就解散。林三显首以部众自诣，用其策破洪杨三，擒黄大壮，奔郑大果，逐王子琪诸贼于安溪，诚之。独马三岱骁黠绝负固，且有宿怨于同，怀之不至。公闻其妻与母尝力贫，不有其所掠。三岱甚以为念，乃致而遣之。至则涕泣不食，誓以必死。岱为动其天性，且愧且悔，夜以数骑携母妻皆遁，平旦伏辜庭下。时值疫作，民怯于战。朝处岱城中，暮则贼攻其南关，莫不以为变生不测矣。公亟下令，令勿疑，且以兵授岱，立解其围。晋安剧寇数万所以効顺于一朝者，风声所被也，岂功在于同而已哉！

公讳维鼎，长于粤之新会，以《礼经》魁于乡，屈就百里，将以文教成俗，而顾以武功显者，时为之也。公爱人礼士，出于天性，虽在干戈偬遽[5]，无所虐慢。民有讼于庭者，必诲谕所不能释而后以理平之，必刑罚所不可宥而后以法治之。既往必复教之，示无弃也。同之民无厚赏，多以力作给公上。数年夺于兵荒、困于征求，公为之停调计处，与监司争其可否，不宽不已。故虽以从事于危，而民不怨者，其力赡也。未可以战，则谋所守；既可以战，则谋所抚。固非权示羁縻而已。读其露布之辞，恻然有哀怜无辜之意，神人莫不鉴。故公有所疑，辄决于梦寐，如释王元景、阮崇德之狱，人争异之，岂非神之所助耶？抚按诸司谓公当一令之寄，谋军旅之事，未论所斩获而计其所全活，当不下百万，功可首论。疏上，而公已奉朝议，擢贰本郡[6]，谓非是无以借公也。甲子冬，又觐行，同民思念其功，俾某为记其事。某初来归，托有径处，室家如故，皆公所畀，敢不据事书之以遗后人？使知当吉甫之事易，当公之事难；成公之功易，有公之德难。民其永思于无斁。

[1] 谭瓶台功德碑，谭瓶台即谭维鼎，明嘉靖三十八年（1559 年）出任同安知县。是时，倭寇勾结海盗进犯同安，烧杀掳掠，残害百姓。谭维鼎率领军民抗击倭寇，以战抚相辅、以贼制贼之策，克敌制胜。百姓感恩不尽，立功德碑以颂之。功德碑今尚存，立于同安城外碧岳村的铭恩亭内，碑高 2.02 米，宽 1.04 米。横批题为"邑父母谭公功德碑"。碑文由刘存德撰写，南京户部清吏司主事林丛槐书丹，南京太仆寺少卿洪朝选篆额。据碑载，此文撰于嘉靖四十三年甲子冬十一月朔旦。立碑者署名 195 人，其中知县、知府以上官员达 19 人。铭恩亭内的碑文与此文稍有差异，可参考何丙仲编纂的《厦门碑志汇编》第 13 页。

[2] 獯狁，亦作"猃狁"，中国古代民族名。殷周之际游牧于今陕西、甘、宁、内蒙一带，曾进犯周王朝。春秋时被称为戎或狄。

[3] 焦获，古湖泽名，亦作"焦护"，在今陕西泾阳北。《史记·匈奴传》：犬戎"遂取周之焦获，而居于泾渭之间"。

[4] 得其酉以归，此段所述，乃嘉靖三十九年（1560 年），倭犯金门岛，谭维鼎亲率乡兵渡海增援，连战连捷，俘获倭首阿士机尾等。

[5] 悤遽，仓促。

[6] 擢贰本郡，即嘉靖四十三年（1564 年）谭维鼎升任泉州府同知。

邑大夫酆宜亭[1] 去思碑

士大夫所以不朽于世者，其道有三：曰仁寿国、雅厚俗、道率人是也。三者之事，其计效缓为名廉，成功远循而为政厚，有所裨于大公之理，而薄无所利于比周之私，故非其既去民无得而思也。比去而以其泽遗之后人，夫恶得而勿思也？

宜亭酆大夫以之同，自被倭之后，财困力疲，大农计乏，日责所逋，监司部吏衔命得以法弊郡邑之吏者，悉以是稽能而进退之。大夫无敢怠事，而不忍浚其民，乃躬为省约，而先之以本务。禁其邪侈，居杜苞苴，行绝赍负[2]，宾至不为燕享，问馈不及境外，役民之力，岁不至三。彼此之讼必不得已而后听之，治之必以其罪，期足以息争而止。故所余有一日之力、丝粟之赍皆得以从事在公，而偿其所逋。大夫复为之，用一缓二，以纾其困乏，以为拊循之道所宜尔，未必有所计虑于远也。日以广州寇剧，征师闽中，议为绝海巨舰制以全力。同安接攘漳、潮，取备尤急，几于疲百工之命，竭五材之用以从事，然且不给。顾民无废业，赋不易时，而诟詈不作，则民和之故也。民和则国日以纾矣，谓非大夫所宽乎？

同安旧有探丸之习，比礼教稍明复弊，而为巧利善候，刺官长而中其意欲。大夫于至之日，其下方凛凛然伺之。适易服肃宾，缙绅罗拜，命从者布席弗具。大夫曰："岂其不为备耶？"遂安然成礼而退。于凡器用服御，一不求当，从是人无所窥其喜怒与其所嗜好。古所谓落饵投纶逐而吸之者，皆不待驱而化之矣。当渡海将抵岸，舟人易而覆其舟，大夫既出于其险，乃薄责之，曰："凡水皆可覆舟，岂以浅而弗戒耶？"人以是服公雅量，而知其不敢逸于民上如此，俗之殆蹙、傲惰、肆己、嫉物者，无敢使闻于大夫矣。

自吏治不古，事使无义，日诏其上而渎其下，靡然树私而济同欲，无复率善遗意。大夫为政，尊贤者而与之共治，矜不能而退之，以礼其养士也。惠苟非公事而至其室，必正色拒之，虽少有所求，弗与其事上也；敬苟越法守而用其喜怒，辄直己以应之，虽临之以重威，弗沮且惧。故贤者劝而不肖者远。士无贱行而工无败度，则大夫之道有以率之也，具此三善而以令民。其既去也，夫恶得而勿思哉？昔者尹铎以保障为晋阳，晋国赖之[3]；刘文饶不失色于翻羹[4]，卒成悬蒲之誉；宓子贱不假色于阳鳙，遂著鸣琴之化[5]。三者有一焉，则史书其事以传，况修此而全者耶？某从士民之后，载笔以从所请，愧不能索数以终其善也。

　　大夫南昌丰城人，登嘉靖乙丑进士，初试为同安令，以丙寅二月至。隆庆戊辰八月擢庐阳二守以行，或者谓其迁不足以称德。噫！此固其德之所以不易称也夫。

[1] 鄞宜亭，即鄞一相，号宜亭。里居、阅历见卷六《赠邑侯鄞宜亭荣奖序》注。

[2] 居杜苞苴，行绝赍负，语出宋曾巩《移沧州过阙上殿札子》："航浮索引之国，非有发召，而篡赏囊负以致其赘者，惟恐不及。"

[3] 尹铎，春秋末季晋国人，晋卿赵鞅的家臣。顷公时，赵鞅派尹铎治理晋阳（今山西太原市），修建晋阳城。尹铎便问，是让晋阳城成为提供赋税的城邑呢，还是作为保护的屏障呢？赵鞅说要建成若金汤的城池，日后有难可以避难。后来果然成为赵氏避难的大本营。

[4] 刘文饶，即刘宽（120—185），字文饶，弘农郡华阴县（今陕西潼关）人，东汉时期名臣。性情温和，一天将上朝，奴婢打翻羹粥污损其朝服，刘宽却神色不变，仍关心地慰问侍婢说："肉羹是否烫伤了你的手？"其宽厚如此。

[5] 宓子贱，名不齐，春秋末期鲁国人，孔子的学生，七十二贤人之一。曾在鲁国做官，鲁国君派其任单父（今山东菏泽单县）宰。临行前求教于阳昼，阳昼以钓鱼之法教他，曰："夫投纶错饵，迎而吸之者，阳鳙也，其为鱼薄而不美。若存若亡，若食若不食者，鲂也，其为鱼也博而厚味。"宓子贱心领神会，将它运用到识人上，远小人、亲君子。故其治理

单父时，每天弹琴取乐，悠然自在，却把单父治理得很好。

纪邑侯陈中斋[1]蠲无征粮碑

万历之元岁，当更籍[2]天下都鄙、圻甸、郊里[3]之地域，而辨其夫家、人民、田莱[4]之数及六敛、九赋之额，以献于王。司徒受之，以岁时征其贡赋，亦以考群吏，而诏其废置多用、增秩[5]进退。长吏令于民为最近，其责系尤重焉，故有"苟避于殿责，悉尽申闻；所司姑务于取求，莫肯矜恤。遂至逃死阙税，累加见在。一室已空，四邻继尽"[6]，如陆宣公所忧者。

吾邑父母陈侯独不然，正统之际，邓寇、倭夷相继煽乱于汀、漳间，同实伊迩，而积善[7]尤为接壤。民残于兵火，室庐为烬，无复有券契以正民址，都有吴弃仔、苏时政者，全户歼焉。而其户所悬官米几三十石，则岁为都人累。其甚而殍者凡几，又甚而离其父子者凡几，令无杜伟、长无可告者。侯莅同之二载，政清民和，百谷同登。春雉且率循矣，乡耆乃相与泣诉于侯，侯恻然悯曰："是诚剥肤之灾，宜其蠲额以相告也。然而国有常赋，不可以损，盍求其无负于公家者图之？"诸耆乃循浮粮[8]之例以请，曰："粮有载产者，谓之实征；产去粮存，谓之浮粮。实征则因租以起庸，盖兼力以事其上也。浮粮则因租而废庸，盖啬力以惠乎下也。圣明在上，其不忍加征于不粒，而赋于无衣也。故谓之通变以宜民者，盖如此。"侯曰："若是，则汝属之请不已缓乎？"诸耆曰："请者屡矣，而听者缓。君侯不加之意，则虽数易其令，尚犹故也。"侯惕然叹曰："是将安用余长民者哉！"乃大索通都载籍，躬核其赔累已足中户百家之产，曰："是不可以复累矣！"遂具为通移，备言已往所以为殍与离其父子之状，与今日所以不容不蠲之意，力请于监司，乞以浮粮定为征取，勿复别有徭役，以重民困。情切辞恳。

俞檄接至，积善之民喜若更生，遂定为籍。余以岁社相将笑语，备得其情。诸耆愿有以纪之，将以子若孙谓皆侯所留也。余从诸耆之后，其所以为子若孙幸者，宁有异乎！犹待于请而后纪也。但以百五十年民困苏于一日，则前乎此者，皆不足纪乎？曰：非也！前乎此者未必无侯之心，但仁不足以乎，同人则苟避其私而不敢为。贤不足以信当道，则或为之而不得于上，此晋城之民惮差役而互相纠诘，必程伯子而后能定也。然则是纪也，所以纪侯之仁与其贤为足以乎于上下耳，岂匹夫匹妇之私云哉！

侯，南直隶丹徒人，讳文，别号中斋先生。

[1] 陈中斋，即陈文（1522—1590），字美中，号中斋，南直隶丹徒（今属江苏）人。明嘉靖四十三年（1564 年）甲子科举人，隆庆五年（1571 年）任福建同安知县。后升邓州知州、浙江宁波府同知。诰授奉政大夫，祀宁波名臣祠。

[2] 更籍，古代户籍中有人口、年纪、土地等内容，是国家征发租税徭役的主要依据。重新登记户口，称为"更籍"。

[3] 都鄙，京城和边邑，借指全国。圻甸，天子的领地。郊里，周代指远郊至国中六乡居民所居之处，后指乡间。

[4] 田莱，正在耕种和休耕的田地，亦泛指田地。

[5] 增秩，增俸，升官。

[6] 此段引自《陆宣公奏议》卷一二《论两税之弊须有厘革》。

[7] 积善，即同安县积善里。明代同安县划三乡十二里，积善里属明盛乡，在县之西，大约在今厦门海沧区东孚镇和漳州龙海市角美镇一带。

[8] 浮粮，定额之外的钱粮税款。

高浦所[1] 颂功铭碑

　皇帝即位，诏天下军民：困苦特甚，宜减其年田租之半，而尽蠲其积逋[2]。是年也，海波不扬，风雨时若，甲士休于传箭[3]，而力于稽事。军吏为之治牒，编葺散亡，方唯追呼是惧。一奉诏令矜恻，老弱扶杖往听，举欣欣然于道，曰："孰脱我于虔刘而错诸衽席[4]！孰保有吾之室家以及于拊循！"

辛酉、癸亥之间[5]，岛夷倾国入寇，袭陷莆阳[6]，所过城郭，萧然为墟。高浦以蕞尔之区，滨于穷海，风鹤刁斗[7]，骋望伶俜[8]，自惟待毙不遑。属都督戚公师复兴州，乘胜长驱，尽歼诸丑，归其人畜无数，郡邑藉是安堵，始圉圉然有欲生心。向非先皇帝委任得人，大将军矢心不负，偏裨以下偶俱效力，则吾属皆委荒外。虽有今日旷荡之恩、更生之赐，何从及见？乃相与谋所以颂于不朽。

适指挥欧阳君枢[9]来视所篆，其先君深[10]尝为都督部将，以共难死事，备知都督劳苦功高。一闻所属之举，亟为成之，请铭于某，某曰："多难之民，则忘其所以死；思治之民，则德其所以生。如是去乱之日渐远，而颂功之念弥殷，固情也哉！吾其铭之。"

铭曰：穆穆先皇，德渐扶桑。重译来裳，岂以遐绝。萌其芽蘗，蔓延流血。祸及闽疆，繁徒啸猖。杀伐用张，帝思颇牧。谓公方叔，以匡广福。奉此简书，既伤我车。采芑而茹，士共其武。来如时雨，咸缺我斧。未及桑薇，殚扬国威。爰赋无衣，悉去大罴。嬉及稂植，民还耕织。岂天厌胡，仗我庙谟。折首为俘，岂人厌乱。资公谋断，以靖多难。百雉之区，室家煦煦。爰奏硕肤，公孙弗有。镌之螭虮，以垂不朽。

[1] 高浦所，即高浦守御千户所，遗址在今厦门集美区杏林街道高浦社区内。明初为加强海防，于洪武二十年（1387年）设巡检司于高浦。二十三年（1390年），徙永宁卫中右所官兵戍此，置高浦守御千户所，隶属永宁卫管辖。翌年，江夏侯周德兴于此兴建所城，今只留有小部分残墙。

[2] 积逋，指累欠的赋税。

[3] 传箭，古代北方少数民族起兵令众，以传箭为号。引申为传令。

[4] 虔刘，劫掠，杀戮。错，"加置于其上"的意思。衽席，借指太平安居的生活。

[5] 辛酉、癸亥之间，即嘉靖四十年至四十二年（1561—1563 年）。此期间，倭寇频繁侵袭东南沿海。

[6] 莆阳，指福建的莆田、仙游二县。因处于湄洲湾之水的北面，故称。

[7] 风鹤，指战争的消息；刁斗，斗形有柄的铜锅，白天用作炊具，晚上击以巡更。借指敌情。

[8] 骋望，放眼远望；伶俜，孤单无依的样子。

[9] 欧阳君枢，即欧阳枢，字新田，福建南安人，明抗倭将领、都指挥佥事欧阳深之次子。嘉靖四十一年（1562 年）袭父荫，初署高浦千户所，移署崇武千户所。对倭作战勇猛，立有战功，升泉州都指挥使，擢铜山把总。

[10] 深，即欧阳深（1500—1562），号东田，福建南安人，晋江欧阳詹后裔。少为诸生，嘉靖三十七年（1558 年）年自太学授任泉州卫指挥佥事，因功升指挥同知。嘉靖四十年，因功升都指挥司。同年抗击入侵倭寇，英勇殉国，谥赠昭毅将军，子孙世袭指挥佥事。

状　志

为叶母求墓志铭碑

先母叶，豪姓女也。外祖父浓，蚤世，独遗二女，母行二。外祖母郭保育，如期婚许，长而字之，母年十五归于我父。适门祚寡薄，祖父复捐养，伯叔祖以贫故，视侄子弗如其子。曾大父不能制以父，且使得挟以加害。祖母王携孤子与妇无有处所，母叶请于父，愿以姑偕宁，曰："氏有寡母，可相依，有强近足相保，有薪水以共困乏。弃而业以行也，以遗刘氏，不亦可乎？"父氏难之，以为丈夫无所与立，而托足于妇人，非计也。寻逼家难，如其请，至则营别室而居焉。操井臼馈爨[1]，隆冬夏不衰。祖母郭怜之，遣婢侍以代，母谕而归之，曰："勤力事姑，此妇之常，何劳母过念为也。"自是贫媭相安，差度岁月。

伯叔祖为官司捕重负，复逮父氏。母尽鬻其装送，及于杼柚，盈数以偿，不敢弃先人尺寸之业。且戒其家人，勿复勤恤，以安姑氏之心。既而父以伯叔祖偕释，姑执而悲泣曰："奈此家事轗轲[2]何？"父悒悢亦无以慰，母迎谓曰："家赀虽荡，而既平其难，又何恨哉？人有夫妇行佣，亦可以供母，丈夫子当有远志。氏更求丝麻而从事焉，使伯叔父以是哀念，复修侄子之爱，则刘氏一家之肥也，又何恨哉？"祖母氏聆其言也，喜。徐伺其孝敬，冥冥弗惰。相依十有五年，未尝一逆其志。而祖母氏殁矣，时某已九龄。于夕隔而执烛，父叩祖母所欲言，疾云"亟矣"，独执母谓曰："佳妇，嘱尔以夫与子。"遂瞑目。伤哉贫乎！仅敛手足形而归之。父为丧于外，母哭诸寝。哭罢，持《孝经》、《小学》授某句读。读罢，则治其绩纴，以备资用宾客。如是者三年。某于《学》、《庸》、《语》、《孟》，次能成诵，无师保一日之功。父贫而丧，不废闾里一人之礼，实母之助也。自是母之姊长字某既授经，当延师友，赗赗[3]有酬，资用无数，视昔之糊口相保，所费倍十。内外经营，百劳不给。母日遣某就傅于外，不令察见其状，意谓某颇知识，恐以贫故瘵其心，则壮志不远耳。

某每倦于学，父召而责之，母复谕之曰："刘氏门户所赖于汝，吾坚忍百年，待子以为甘食，何得过为偷逸，重负责望乎？"言毕涕集。某感而敬学，十五补弟子员，近二十而虚有时名。父日督以事师亲友之道，母为治礼而致隆焉。先生长者不以某为可绝，日有至者，母虽贷借，必为供馔。尝谓某曰："吾读《小学》，见茅容[4]以草蔬与客同饭，为鸡黍以供其母，郭林宗贤之是也，而岂为人母者所安？吾愿子有陶侃[5]之行，所友有范逵[6]之贤，吾不难于剉荐以给其马，截髦以具其食也。"故某自所遇贤者，不敢不敬事之。以此获益，皆母之教也。

弟存业晚而窳生，为母氏疾，寖以伤内，而外似强健。勤事犹昔，医视皆无恙，逾再年而病形具。某博延名医视之，则曰："是病伤于积劳，甚于产败，既侵其原，药之不及。"某大惭负，为废业从医者六余年，方无遗良，而病卒不起。呜呼痛哉！是晨也，神爽旷然，病若忽脱，召诸子于前，顾谓父曰："氏相刘三十四年，不懈一日。今获从先舅姑地下，吾无憾矣。男女少者以属父与兄，岂吾所忧，独念有子成立，吾弗及见耳！"遂命器去溲，沐浴更衣，尚能举袂而视，曰："美哉！不称其家矣。"端坐有顷而后告逝。呜呼痛哉！某当时摧裂，已不欲生。父氏哀毁，亦复逾数，不得不起而慰解之。父即某苦寝且泣告曰："汝母于刘有亢宗之功，吾不当独以妻哀之。"乃述其平生委曲孝敬，辛苦积拾，曰："缕衣粒食，皆汝母所遗，慎无忘之。"某于是重自哀慕，三年泣血，逾今十有余年，举足未尝废念。万里遗弱弟书，未尝不惓惓于此也。

昔也敛而周衣，殡而周棺，但所得为，靡不竭其诚信，虽悔勿悔矣。但未即述其行而志之，嫌于专志也。既反望望，复有年数，将无远而遗忘之忧乎？夫妇人之道，臣道也。适明时，事治国，功成而身显，谁不能之。立倾否之朝，拥孤危之主，卒济君以成其功。此武侯所弗竟也。管仲兴垂弱之齐，仅足以伯，而夫子以为仁人。则明公于母为何如也。母之生也，某无荣养以酬其恩；母之殁也，某无令名以明其教。泉壤湮晦，待辉太史，久矣。伏祈不爱毫笔之劳，以厌存殁之志，荣无数矣。母生为明妇，死有灵爽。异日结草于道，以待明公缺斧之役，则刘氏所以报也。

母年四十有七，为刘治三年丧者二，期功丧者六。生于成化丁未二月己卯，卒于嘉靖癸巳七月戊申，葬于乙未七月癸亥。坟坐丙向壬兼午子，施山之阳。当其十五归刘之年，为弘治辛酉。癸亥生长姊，适苏。正德戊辰生某，辛未生弟，复殇殁。乙亥生妹二娘，适张。嘉靖壬午生妹三娘，适郭。乙酉生弟业，其年某以妇叶归。母殁，弟尚九龄，今亦以妇杨氏归。长孙梦龙、次从龙，妇叶出也。在哺失依，皆母所隐。并详为状。

[1] 馈爨，烧菜做饭。

[2] 轗轲，坎坷，困顿。

[3] 赙，拿钱财帮助别人办理丧事。贶，赐赠。

[4] 茅容，字季伟，东汉陈留人。年四十余，耕于野。与同辈避雨树下，众人随意而坐，独茅容正襟危坐。郭泰见之甚感奇异，因留寓宿。次日，茅容杀鸡供母，而以草蔬招待郭泰。郭泰以为至孝，起而拜之。

[5] 陶侃（259—334），字士行，东晋鄱阳郡（今都昌县）人。早年孤贫，素有志操，有"陶侃留客"、"陶侃惜谷"等美谈传世。历任郡县令、刺史、侍中、太尉等职。勤慎吏治，为所称道。

[6] 范逵，东晋鄱阳郡人，与陶侃同籍，举孝廉。曾投宿陶侃家。当时陶侃家一无所有，而范逵的马匹随从甚多。陶母绞发以易酒肴，斫屋柱为柴薪，铡草垫为马草，招待客人。范逵为陶侃之情意所感动，到洛阳后极力宣扬陶侃，陶侃为此大获美誉。

欧阳母孺人慈懿黄氏[1]墓志铭

山尾之阳，背卯而西[2]。爰有幽扃[3]，敏斋斯宅。令嗣子深，奉母以从。敏斋讳镐，父确斋夏。祖皛斋璹，著姓欧阳，为詹之裔。母曰慈懿，黄氏仲女。始元司令，奕世及祥。逮生孺人，敏斋好述。公实少孤，内乏强近，祖母曰徐，继母曰程。慈懿逮事，克以孝闻，絺绤无斁[4]，薄浣[5]惟勤。操其蘋蘩[6]，执竞昧爽。妯娌是式，及于臧获[7]。君子赖之，以成亢宗。岂其中道，遽缺初缡。年未四十，遗孤六祀，一女在褓，形影相悲。罹诸重疾，益励初志，内不失业，外御其侮。莫不称异，谓女丈夫。孤既有知，择所与处。迁自东田，即域西隅。卜邻后坏，亲友从师。勖以薪胆，先君之思。宾至如逵，截髻治馔。逮所成立，亦陶之子。大学蜇声，大业以至。巨儿辈出，鸾鹄亭峙。母始怡颜，嫩福宗兆。读书作室，远绍祖詹。推财赡族，禀训希父。锐也夫弟，幼而鞠之。锐也早世，孤复保之。亡私五伦，存心伯道。孰如慈懿，明于难易。懋斋弗嗣，慈懿丧之。时其祀事，恤其宗党。孰如慈懿，不衰父母。扩视同人，以及物与。埋胔掩骼，修途治梁。视岁旱潦，蠲负贷匮。焚券百计，舍利无穷。居室之义，侔于王政。里无逋家，盗不犯疆。菌峰之间，仁风远尚。肇允才淑，阃德斯良。嗟乎！慈常胜教，私常胜义。勤则寡恤，俭则寡施。顺则寡成，成则寡变。凡阴之道，于阳居半。坤虽得纯，莫之或益。岂以慈懿，非妇之极。兹不复作，志于斯石。铭曰：

有崇若封，乐与处兮。匪与处之乐，葛蒙楚兮，予有所兮。

[1] 欧阳母孺人慈懿黄氏，欧阳镐之妻。欧阳镐，号敏斋，福建南安东田人，晋江欧阳詹后裔。其子欧阳深，为明代抗倭名将，阅历参见本卷《高浦所颂功铭碑》注。

[2] 背卯而西，即坐东向西。卯为正东方，西为正西方。

[3] 扃，门户。

[4] 絺绤，葛布的统称。葛之细者曰絺，粗者曰绤。引申为葛服。无斁，不厌恶，不厌弃。絺绤无斁，指葛布做成衣服，穿着不厌弃。典出《诗经·周南·葛覃》，意思是亲执其劳，而知其来之不易，所以虽然粗糙而不忍厌弃。

[5] 薄浣，洗涤。薄，用作词头，放在动词前面。浣，洗涤。典出《诗经·周南·葛覃》："薄浣我衣"。

[6] 蘋蘩，蘋和蘩。两种可供食用的水草，古代常用于祭祀。后以借指能遵祭祀之仪或妇职等。

[7] 臧获，古代对奴婢的贱称。

奉政大夫湖广按察司提学佥事
南郭刘公[1] 圹志

公讳汝楠，字孟材，更字孟本，别号南郭，世居同安古庄村[2]。其先有荣礼者，因赘所居窑头村[3]。高大父沧泉卜徙县治之西，曾大父大梁以大父庸又徙而南，俗传为宋衋宫旧址。父封主事二桧公，母封安人王氏，实产公于此，无复再乳。

识者知其钟灵完厚，必非凡种。甫十岁，师授《春秋》，能尽解《左氏》文义。有所属缀[4]，辄摹先秦两汉。虽画字亦于隶法为肖，皆其心力所为也。时文体颓腐，会当振起，公盖得气之先者，故能师于六经子史之间。其为文率多古法，然奇璃不易为遇。至嘉靖戊子[5]，朝议推望出主试事，始得石溪陆公铨、午坡江公以达[6]，皆以郎官行。至而物色之，擢居乡试第一。己丑，赴春官，复遇霍文敏[7]，相奇不异二公。阁臣执议，必欲置之，莫明所以。其后多所要，致公不为就，始知其初意私也。壬辰[8]登甲榜，出理湖州刑事，大有祥名。部院首疏以充风宪之缺，乃以廉峻峭直为监司所忌，因而龃龉其行，使愆选期。公复会恩诏，欲得封荣奉其二亲，遂不俟再选，就拜刑部四川司主事。一以详慎治官，少所干谒，但文望在人，人终以是官不足以待公。会戊戌疏公为春秋主试，阁臣复以为未尝识面，削之。寻转贵州司员外郎，越岁出为湖广按察司佥事，奉敕督理学政。台臣忌，欲中公，且为所私阴攘奏格。寻自败去，公愈为时所直。及见其入楚所条教与所取士，率皆刮磨道义，彬彬然质有其文，未期月而士习成矣。

公以痰湿之患，遽疏乞归，再上而后得。人皆知公之去志，不在于疾，亦知当日之疾，不足以去公。但贤公为人而重违其所请也。是时，公年甫三十有九[9]，即其才望风节，表著如是，孰不谓其大用有日矣。有以是为公勉慰者，公辄怫然，谓"以终南为捷径可乎"？比归，以天性慰其二亲，曰："如是而晨夕出往，不烦门间，不亦乐乎？"乃辟城西隙地，凿池筑室而居焉。匾其门曰"白眉真隐"，堂曰"少微"，东西列以斋舍，令二子居业于此。外峙以"卧云"、"明漪"二阁，中作亭曰"濯缨"，题其轩曰"解劬"，即公所寄傲处也。盖取渊明"春醪解其劬"之语云。

大率公初志良图，本欲为天下事，无如其介然之节与悠然之趣，视外物无所与易，故所至不可屈折。每类渊明，观其歌咏自娱，忘怀得失。或造之者，有酒辄设，醉则大适，融然无复物忤。但闻时鸟变声则知节至，或问及秫粳蔬苘之事，其他喧哗，不入于耳也。公历仕八载，归囊尚不足以需宾客，所赖二桧公世厚，安人佐以居积，故三径之资，皆取其家。公之备物致爱，先志以奉二人者，亦无所俭。二桧公以嘉靖癸卯、安人以岁壬子终其荣养，公哀而丧之，一度于礼，祔身祔棺，靡不竭其诚信。而今二子皆效而致悫焉。计家食二十余年[10]，修理祖坟者三，为宗族举者无数。所示教诸子书以砭订者，皆古人所遗廉静节慎之意，而未尝以洁志慕声为事也。某尝在病，公以长言代问，中有"积书积金谁为从，遗安遗危智者辨"之句，则公其不为达人之见乎？

[1] 南郭刘公，即刘汝楠。生平、阅历参见卷三《与南郭同诸广文登尊经阁》注。

[2] 古庄村，今厦门市同安区大同街道古庄村。

[3] 窑头村，今厦门市同安区西柯镇瑶头村。据乾隆十六年（1751 年）重修的轮山派同纂辑《刘氏家谱》载，刘氏九世刘安生，又名恭（1346—1374），自古庄赘居窑头村，故号曰瑶山先生。其子四，徙居同安县前。

[4] 属缀，即著述。

[5] 戊子，即嘉靖七年（1528 年）。是年刘汝楠中解元。

[6] 石溪陆公铨，即陆铨，字选之，号石溪，浙江鄞县人，明嘉靖二年（1523 年）进士。官至广东左布政使。午坡江公以达，江以达（1502—1550），字子顺（一作于顺），号午坡，贵溪湖陵（今泗沥镇泗沥村）

人，嘉靖五年（1526 年）进士。官至湖广提学副使。

[7] 霍文敏，即霍韬（1487—1540），字渭先，号兀崖，南海县石头乡（今
　　佛山市石湾区澜石镇）人，明正德九年（1514 年）进士。官至礼部尚书
　　协掌詹事府事。卒谥文敏。

[8] 壬辰，即嘉靖十一年（1532 年）。是年刘汝楠中进士。

[9] 据《明刘汝楠夫妻合葬墓志铭》载，刘汝楠生于弘治癸亥（即弘治十六
　　年，公元 1503 年）二月五日。其谢病乞致仕时三十九岁，当在嘉靖二十
　　年（1541 年）。

[10] 据《明刘汝楠夫妻合葬墓志铭》载，刘汝楠卒于嘉靖庚申（即嘉靖三
　　十九年，公元 1560 年）十二月初二日，其归田至去世计二十年。

尚事王公墓志铭

　　尚事公卒于是二十年矣，愚甥孙某始得志其墓。志曰：公姓王
氏，讳定，字权栋，号尚事，漳龙溪甫远山人。大父斌模、父秉
镇，世不仕，皆有令德，以昌其世。而赀产之广、财帛之牣，甲于
乡邑者，则自公始。公适养事祖母躬临，某时杖履左右，公见奇
之，命歌古诗以为乐，久而益壮，动止有则。丰俭各适其宜，月滋
岁积，隐然富家翁也。及乃子中建君，卓然出类，谦恭乐礼，义贤
好施，里子弟乐敖放者，见君必自检退，私语曰："老成典型，具
在此君。"由是名彰郡邑。莱侯嘉其孝义，旌表门闾。当时莫不慕
君之德，而公之嗣复益光矣。

　　初公以大父早卒，家亦落寞，每敕表叔给其费。厥后丙辰，某
更守南康，道乡谒公，公已殁矣。表叔诚恳若初。拜别莅任，瞬息
一年，表叔继殁。家人报知，闻之一恸。时由仕途，不得奔吊，徒
然嗟悼而已。

　　公取林氏，长佐公以恢前规，始终俭勤，美德可稽。生子中建
君，讳望，号省非。父子世善，积德又复积金，后之子孙必有增光
前烈者焉。铭曰：

惟公清白，厌嚣乐静。隐德弗事，自课乎耕。阀阅有声，冈阜有陵。可光可裕，奕叶流馨。而子省非，孝义修德。礼贤好施，克缵前英。宜兹立宅，地杰神灵。佑尔子孙，福禄多庆。铭篆勒石，以诏后生。

亡妻叶孺人圹志

孺人叶氏，族聚邑之岭下，为簪缨著姓。父潘，以慷慨于乡。母苏氏，以正德己巳六月六日生孺人。年十七归于我，糟糠相从，盖十有二年。而予始发科，为嘉靖丁酉，即长儿庠生梦龙生岁也。女令仪，适庠生林业梧者，前梦龙生六年。次儿庠生从龙生后五年，既周岁为癸卯，孺人以是五月十八日疾终于寝矣。予举戊戌进士，得告归省。庚子，携孺人赴选，授行人司。孺人以体弱，不能侍候巾栉，乃谋于媒氏，择端厚之女，置之侧室，以代己行。韩锦衣之女，今三儿为龙、四儿跃龙其出也。时以奉使益府，偕携以归，孺人遂执礼于舅姑，不与偕。予复入而得选为御史第一，孺人之殁，不及丧之。逾二年，以庙典覃封，聊伸褒恤。至是甲子始得卜厝于归得里[1]马坑山之阳，当未丑、坤艮之居，以十二月五日癸酉封土。予犹及视之。

呜呼悲夫！孺人适刘之日，姑病之年也。孺人为释簪珥、侍汤药者七年。复从而力贫丧葬、送往事居，未能享一日之安。遽尔告逝，内外属人无小大远近，咸为哀之。以是知孺人于亲疏之间，盖尽其宜也。孺人色庄气仁，居常寡言笑，惟所雅与，辄于贫乏，不俟其求而后应，于侈艳盖无愿焉，可谓得妇道之尽矣。天畀其德，而夭其年，岂予不毂所致然耶？于是含哀而志之。予沂东刘存德志仁也。

[1] 归得里，即原同安县归德里。其辖地为今厦门市同安区莲花镇和新民镇

的部分。

继妻叶孺人圹志

继孺人叶氏，先母族也。世居邑中，以内叶称，别于岭下云。母氏于刘有亢宗之功，同之人贤之，若以为女范所自出者。故先氏之丧，予方奉敕按两淮盐政。先君预择所继，得松庄叶君之女三娘，不谋不卜，定聘焉。盖贤其世类，且知松庄君之孝，以为有以教于家也。嘉靖丙午，予复治南畿，乃便而逆妇[1]。

居三月则一王程行矣，孺人于别际，一不为儿女之言，惟惓惓于舅姑饮食之嗜欲，与于亲戚所爱敬为问，则不违其志之意可知也。然不谓其行之果如其言，犹将遑于王事，则归而教之耳。何其天夺之速，别去方逾岁而遽闻讣于途耶。生离死别，奄忽若此。当日之悲，殆等梦寐耳。比归而问其生之所为，则舅姑、弟妹、婢仆皆能言其婉顺慈孝之举。问其死之所嘱，曰："吾已嫁而死于夫，受夫之托而委其养，吾兹罪矣。嫁时之衣，苟可以周身，毋以改其为也。"遂瞑目终焉。

呜呼！其贤行而志正若是耶。孺人行年方逾二十，而能明于人伦之际，顺其生死，非丈夫之所愧乎！此吾所以呜咽而增悲也。予存德自为志。

[1] 逆，迎接。逆妇，迎娶。

亡妾韩氏[1] 圹志

予读传志所载与时士大夫所著作，鲜有志其妾者，岂以为无足志耶？而韩之为妾，又能以自异于人人者。予先为御史，出入王命，先孺人皆未之从也。及仕为松江，三年复调为南康，迁副浙江提刑，皆携以从。韩佐予治内者近八年，予以疏愚龃龉于世非一日矣，而簠簋之訾无自见。及韩氏殁，而后仕粤，则予被之矣。予之不如人言，敢自信也，而复能自信其下哉？故尝掩泪而思韩从予所至，授以官中箴戒之格，如禁绝僮仆出入不一，问其土所产物。死之日，所私不满十金。家人发其笥视之，簪珥服饰皆微时有也。所怙恃无如二子，而食不兼味，衣不令绘帛，未尝以财货之言入于其耳。终得是人，始终于官，则予安能以无助哉？此吾殁身之思而不可以不志也。其尤为妾妇所难者，终身正色，不修物怨，不进骨肉谗言，所以处吾家人父子之间者，盖尽善也。

韩，庐州合肥人。始祖以元平章军归附，克复锦衣卫正千户，留住京师。父荣以无子嗣，袭与其弟华。氏之归，其祖玺主之也。氏卒于浙之官舍，适予以觐行。藩臬诸长每器二幼而怜其母，莫不慎为治具，曰："毋令若儿有后日之悔。"柩归从二孺人葬圹。尽存德志。

[1] 亡妾韩氏，即刘存德之妾韩青扬。韩青扬，北京锦衣卫指挥韩荣之女，原籍庐州合肥。嘉靖十九年（1540 年），刘存德携妻叶孺人进京赴选，授官行人司。因叶孺人体弱，不能侍候巾栉，乃为其置侧室，以代己行。

祭　文

祭傅侍御[1]母太孺人文

惟古内行弗闻于外，其所称《关雎》、《葛覃》、《采蘋》、《茉苣》[2]，莫之有尚，而皆恒德之贞也。乃若其教齐乎贤惠善于民，有伐于世者，必在其子以永名称，则傅母太孺人之谓也。

太孺人胄系茂族，冘身君子，柔惠且直，不忒其仪。令子仕为留都侍御，直节抗论，权右屏息，皇帝贤之，谓："有内教既绥之，宠秩以族所出。"遂命理荆襄戎事。令子以高堂为念，引疾归养者三年。时当边陲弗靖，被于晋阳。太孺人闻之，瞿然曰："古者四方多故，则男子经略非此其时，吾子行矣。为亲而忘其主忧，非孝也。"令子乃起如命。至则以凤望留内台，首疏贵臣，言及君侧；次论制将冒功不法，酿为边患，欲底之罪。规画综理，率当于务。无何，朝议推御史按事，谓滇南逖壤多梗，非峻望不可，乃以令子行。令子归，奉平反之教，行将惠此一方，以承欢养，胡其彩衣万里，至则不栉冠而侍矣。尝饵未旬，奄以属纩[3]，嗟门闾日暮之情，深庭树风声之感。其会若奇，其别何酷。死生大数，归诸一恸。有子方升，复介方福。某也子行，弗与沐椁。远则无从，临风而哭。何以荐之，惟此刍束。

[1] 傅侍御，即傅镇，字国鼎，号近山，福建同安县嘉禾里（今厦门岛）人。明嘉靖十一年（1532年）进士。初授行人，后任南京御史。母病请归，旋补广东道御史。嘉靖二十年（1540年），山西战事。揭发总督樊继祖冒领首功等罪行，给予严办。后历官河南副使、广西参政、浙江右布政、湖广左布政的等职。执法如山，有"傅虎"之称。官至南京右都御史。

[2] 《关雎》、《葛覃》、《采蘩》、《茉苜》，均为《诗经·国风》中的著名诗篇，歌颂古代妇女恭谨勤劳的美德。

[3] 属纩，古代汉族丧礼仪式之一。即病人临终之前，用新的丝絮（纩）置其口鼻之上，试看是否尚存气息。后用于指临终。

祭云南佥事林东冈文

爰有佳木，徂夏而腓。凄凄者叶，有殒其霏。贞脆不犹，福介所归。宽彼硕人，胡逝以微。爰有寒泉，在滇之南。参彼九棘，俾于召甘。灵修是恋，民惠且眈。公归弗复，怒哉如惔。爰有兰芷，于浦之湄。薄言采之，佩纕之宜。其佩维葛，五紽素丝。岂不速化，远渐为仪。爰有梧凤，于阳之冈。养育毛羽，齐翮而翔。遭兹沉抑，乃复摧藏。与侣同疚，涕洟以伤。

祭同年赵吏部乃翁文

嗟哉梁甫！奄尔长游。大仪贞观，灵曜环周。凝霜被翳，悲风振秋。至形时化，落叶霄流。冽冽素秋，摧此荣木。结根为苓，实稔多穀。之仕西台，钦哉五服！世有令人，胡为不禄？岂谓令人，迈种自身。爰生正则，乃字灵均。贻犹不显，翼翼思仁。有宽者硕，彝矩所珍。硕人之宽，宜多申锡。嗟尔瘁只，袭而弗获。琼琚黄裳，蕙兰幽宅。好是卫武，履道不斁。君子履道，寿考其宜。天胡弗淑，菱哲歼耆。于何为恸，有子同绥。重遭凶厄，摧裂我私。

祭舆浦王先生文

惟公刚峻钧陶，悃愊溢美。夙籍王国，严棱卓岢。摧缙均节，顷忓权侍。历周中外，不渝其履。试之扶风，三王之理。弭敌西蜀，如张文绝。杖杀支禄，悖慢顺轨。人日次升，干城攸倚。后嘉乃绩，赐辞嫩侈。何以赐之，白金文绮。寻拜司马，五兵是俾。明哲辞盈，乞归殁齿。雍雍者凤，猗梧栖只。君子居身，宠辱不避。遴兹匡辅，施及孙子。赡彼环周，川流山峙。游游大化，公归嬉尔。嗟予相后，登堂弗企。爰有神灵，生刍在几。

祭次崖林先生[1]文

呜呼！崖翁而遽止于是耶！岂以八十五余龄犹苦其短。古人有言："生不满百，忧怀千岁。"如翁所怀，固不止于千岁而已也。

则天之所假，又岂以百数为侈耶？

　　翁自龆稚执经，老而不释。尝尽读古人之书，深探贤圣大旨，所著有《易疑图解》、《古本大学》[2]，岂非欲上继绝统、下开来学于无穷者耶？是千岁之忧在于立言，而其道尚未行于世也。强年登仕，所至效职。入则正直以匡国是，出则经济以理时艰。所成就人材，必以道术。虽以其身屡进屡退，而终无所恒泪，岂非欲隐忍就大，以垂勋业于无前者耶？是千岁之忧在于立功，而其志尚未究于用也。翁从少不为剧戏[3]，长而学道，于事物一无所累。故能洁志远利，游心高明，任其孤坚，跋疐不恤，立礼秉义，矗耄不衰，岂非仁为己任与道终始者耶？是千岁之忧在于立德，而动与时违，终未能以其道信于天下者也。负此三者而瞑目以逝，翁将能之乎？

　　某为夫人外侄，早辱翁知，拊循爱勉，有若己子。先人属纩，翁辱临之，恸而且慰，曰："乃子全材，乃翁全福，亦勿以悲。"夫某之顽冥甚矣，翁之所以为无憾者，以先人之事止于教子成名，而男女无恙且得相依以死耳。某能知翁之指为无憾，则能知翁今日之所憾。不以为言，则当戚不戚，是负翁之情也；欲以为言，则不当有而有，是伤翁之心也。惟有挥泪写词，伸于一恸耳。夫觅路得失，尚且有分，而况于儿女哉！翁达观宇宙，顺适义命，不谋一身而志四方久矣，况于造化为徒之时耶。翁逝之晨，有二郎在侧，诸孤满目皆英俊出人。将来所以继翁所未就者，必有待也，翁又何憾焉！

[1] 次崖林先生，即林希元（1481—1565），字茂贞，号次崖，福建同安县山头村（今属厦门市翔安区新店镇）人。明正德十二年（1517年）联捷进士，初授南京大理寺左评事，擢右寺正。谪泗州判官，告病归。起广东按察司金事，擢南北寺丞。复落职知钦州，终以拾遗罢，历仕数十年，屡起辄踬。自幼师承蔡清，笃志圣贤之学。归田后更精研理学，被誉为理学"一代宗师"。

[2]《易疑图解》、《古本大学》，即林希元所著的《易经存疑》和《更正大学经传定本》二书。《易经存疑》十二卷，是书用注疏本，其解经一以朱子本义为主，多引用蔡《蒙引》，故杨时乔、周今文谓其继《蒙引》而作，微有异同。今尚存，有明万历二年刊本藏国家图书馆，清康熙十七年重刊本藏南京图书馆。《更正大学经传定本》，是书复《大学》古本说，与朱熹所定之《大学经传》有抵牾之处，被列为禁书，林希元也因此而削籍为民。故今已佚，唯《同安县志·艺文志》等著有存目。

[3] 剧戏，嬉戏、游戏。唐张鷟《游仙窟》有"向来剧戏相弄，真成欲逼人"句。

祭都阃欧阳东田[1]文

呜呼！丈夫之生于世，仁不足以济物，义不足以重国，礼不足以已乱，智不足以达观，信不足以定危，则大节不立。节苟立矣，生与死皆无憾也。公负达人之见，旷观于穷达得失、死生夭寿之际，自顺受之外，无复余事。故凡蠲财发粟，以周乡邻之乏；散赀酬士，以徇国家之急；执酱结袜，以致贤哲之遇；分金解剑，以定生死之交。皆素所蓄积者也。

泉州戊午之变[2]，值岁大杀而多暴作。征师十万不能战，郡中且谋危矣。公毅然请行，至则诸酋皆求要以从。公推赤心置之，无不反戈为众先驱。旬月之间，盖逐丑夷，以安全郡。即莆阳袭陷[3]，衣冠戮辱，独以无公之人在耳。公仓卒应命，奋戈以赴同室之仇。贼为弃城逐北，而公遂及于难，从行诸酋次死之。不十日而援至，又十日而贼亡。海内传闻，莫不为公惋惜，谓公全活百万而不保其躯，非天之所以报善人？嗟乎！忠而无后则善者惧。

公平生务为伟丈夫之行，而青云之志辄酬于其子。自为舍命以直节，取忤于时，则公之后天既植之矣。公苟为全躯保首领之计，不过一括囊而足耳。然能使长安知名，夷虏夺魄，乡间脍炙，世代血食，于公何有乎？某于公为莫逆，致亲儿女[4]，固知公之心。

瞑目于此，而不能不痛恨。公之死者，其至情也。束刍加酹[5]，自粤徂[6]闽，千里悠悠，惟灵鉴之。

[1] 欧阳东田，即欧阳深（1500—1562），号东田，福建泉州南安东田人。少为诸生，明嘉靖三十七年（1558 年）自太学授任泉州卫指挥佥事。时倭寇进犯，剿抚兼施，因功升指挥同知。嘉靖四十一年（1562 年），剿江一峰等，泉地得以安宁，因功升都指挥司。同年倭寇侵兴化，因敌众我寡，英勇殉国。谥赠昭毅将军，子孙世袭指挥佥事。都阃，即都司。

[2] 泉州戊午之变，指明嘉靖三十七年（1558 年）四月初四日，新倭自浙江窜入福建福州、兴化、泉州，皆登岸焚掠而去。

[3] 莆阳袭陷，嘉靖三十七年（1558 年），倭寇六千余人包围兴化府城（今福建莆田），守军严密防守一个多月，被倭寇用计袭陷。次年正月二十九日，候寇掠夺已尽，弃城而出。都指挥欧阳深率兵迫剿，中伏阵亡。倭寇乘势占领平海卫。后总兵俞大猷和副总兵戚继光从浙江驰援，合力灭之。

[4] 致亲儿女，欧阳深之女嫁与刘存德长子刘梦龙为妻，与刘存德为儿女亲家，故有是称。

[5] 束刍，成束的草。《后汉书·徐稚传》："及林宗有母忧，稚往吊之，置生刍一束于庐前而去。"后因以"束刍"称祭品。酹，斟酒。

[6] 徂，往。

祭李东明[1]文

呜呼！交谊至生死皆称百年矣。忠告之义，尚有未及。某之于公，岂曰无负，然未谓公之遽至此也。公自髫稚入孝出弟，泛爱亲仁。所至师事长者，遂成令名。其应对英敏，属词秀发，皆出神异。以童年荐于乡，继登高第，历官西署，识者谓其少年通达如贾谊，而识量过之。

岁当录囚[2]，公以明允得江左，果称任使，而于权贵颇忤。

寻出〈潮〉阳，兼际时艰，为之不遗余力，一以裁抑豪右、抚循
人民为事。未期年而制归，则人从而中之矣。是为正直取忌，于公
何损？独乡邻所指，不如昔时。去岁以姜菲[3] 见反，与某并落。
公为之直，已愤世至于扣阍[4]。某力挽之不可，以是知公之才之
志不在人下。其郁郁而不能自平者，盖不在于今日；其皎皎而求以
自白者，亦不止于一生。故其施之径情，动至疾物，皆才志所使
也。

　　夫天下之事，不有见枉，何以明直？不有不容，何以明大？不
以是非邪正付之天下后世，何以明公？凡此皆非吾之所能与，而公
不知也。某为公友，不能言之于杯酒谈笑之间，而乃尽之于涕泗交
横之际，于义何益？诚知公负此以殁，虽死尚有余悲。而今乘化归
徂，又宜有所安顺以尽性命也。公之身后所患子少，而今已度灾
疹，体骨峻茂，视公尤厚。高堂慈训，卓有成法，其继世公佑，盖
可立俟。公其可以自慰矣。

[1] 李东明，即李春芳，号东明。里居、阅历见卷三《江州别李东明》注。
[2] 录囚，皇帝和各级官吏定期或不定期巡视监狱，审录在押情况，以防止
　　冤狱和淹狱的一种监督监狱管理的执行司法制度。李春芳曾任刑部主事，
　　故有参与录囚之举。
[3] 姜菲，又作姜斐，原指花纹错杂貌，后以比喻谗言。
[4] 扣阍，叩击宫门。吏民向朝廷有所申诉。

祭陈封君北沙文

　　惟翁天民淳朴，圣世耆英。既备令德，亦享荣名。笃生贤哲，
扶翊皇明。鸣琴治行，载笔直声。保厘南土，骈被神京。帝嘉忠
懋，褒异所生。龙章辉映，鹤发峥嵘。逍遥白社，引养黄庭。礼勤
卫武，道学广成。锦还及见，善养惟馨。森森谢玉，种种徐卿。一

家祥集，百福宜并。期尔昌大，胡遽奄零。乡失耆旧，士丧典型。罢歌里巷，染泪缕缨。某与令子，投分晏平。流言不惑，视败犹荣。升沉异迹，休戚共情。古称友谊，孰能与争？公于先子，同里同庚。布衣执手，行义同盟。兼辱世讲，耻俗中倾。感念存殁，涕泗交横。生刍不腆，用展血诚。翁其鉴止，弃此来迎。

祭刘南郭[1]文

呜呼！公之丧既祥而除矣。余始废逐来归，哀号求友。呜呼！其哀不已后乎！吾尝闻讣而哭诸野，谓是不足以尽吾情也。而今日之情，又乌乎尽哉？向也执手踌躇，惟公挽我，而我不能从，以及于辱，悔负忠告。呜呼！其悔不已后乎。吾尝闻言而谋诸心，谓是不足以间吾道也。而今日之道，又乌乎在哉？始知古人论交，辄曰生死，以生不可期也；论道，辄曰进退，以进不可期也。公诚负达人之见，先事物之智，是以投簪壮岁，开径终年，且从而正志远名，放情晦迹，至使绳墨之士，日攻其短。虽通方[2]之见，莫睹其情。某又何人，而足以窥公之万一哉？但知公有文望于时，而终身不猎声誉；有士望于朝，而终身不竞进取；有隐望于野，而终身不饰廉隅；有富望于乡，而终身不营尺寸。则真能砥柱中流，而为达人之所难，又岂不能褰衣行潦[3]而为拘儒之所易哉！流行坎止，各顺其时。去世逃名，必托于物。此元亮所以盘桓三径，引壶觞以自老也，岂其初志然哉，亦岂以是为足以尽其平生哉！某幸而有蒋诩[4]之遇，顾不能为二仲之贤，生无以通公之举，死当明公之志，某之责也。兹从二郎之请，志公名行，知公恶谀，不敢于心目记睹之外有所致辞，而公岂藉是而后传哉！是日为公沐椁将归诸厝，乃效古人，以只鸡斗酒展竭一哀，公其勿弃而鉴之。

[1] 刘南郭，即刘汝楠，号南郭。里居、阅历见卷三《与南郭同诸广文登尊

经阁》注。
[2] 通，广博。方，道。通方，广博的道。
[3] 褰衣，撩起衣服。行潦，浑浊的水，以喻浊世。
[4] 蒋诩（前69—前17），字元卿，杜陵（今陕西西安）人。东汉兖州刺史，以廉直著称。王莽专权，辞官隐退，闭门不出。在家门前辟三条小路，唯与高逸之士求仲、羊仲往来。后来用"三径"意指隐士的家园。

祭少司徒黄霖原[1] 文

呜呼哀哉！公以斯人而死于斯所也乎。是所诚不足以死，而亦安以求生为哉！此兴元之变[2]，李深之绛[3]所以义而无避也。深之初以谏显，为能惠绥困穷以遏乱略，至迪简以帑廥匮竭，移简疲老，人情危之。深之为斥禁帑绢十万，以安反仄。田兴以魏博来降[4]，复请斥禁钱百五十万缗赐其军，其为谋类若此。夫岂啬小费、隳事机者哉！蜀之役，卒以廪麦士，还兵未半而难作[5]。嗟乎！深之之不为国言利，与不以士之募直私其身，一时上下孰不信之，而无救于一噪之间，岂非命乎？

当公讣至，缙绅摇惑[6]。不再日，而大司农以公所条具移于诸省，读者泫然，莫不叹公之精神命脉竭于此矣。以此谋国，而足以杀其身。人固知公有深之之才、之望，而蹈深之之祸、之毒也。呜呼悲矣！然而元和图绘，绛以直与？其子璋复以起居郎，官至尚书。公殁矣，而有国之典与公之子，在其所以报公，固未艾也。悠悠灵爽，涕望南墟。

某也为公之友，而远于难，不能为赵存约、薛齐之事[7]以赴公之急，虽摧心裂肝，嘻嘘如儿女子何益哉？呜呼悲矣！大抵才识忠亮，造物所靳与？取数多者，忌必归之。公之追相圭璧，妙质天成，其少达国体，何啻贾谊！独尔遭逢有道，序致通显，其上和鬼神，下福苍生，盖不待前席之对，已居然简在[8]矣。迹太奇则数必夺，天所啬则人必祸，固理也。夫公负达人之见，而游神于九域之中。其嗔为风雷，咤为沦渤，皆足以泄其精灵，而纾其愤恚，复何疑其为厉于斯世也。

[1] 黄霖原，即黄懋官，字若辨，号霖原，福建莆田人。嘉靖十七年（1538年）进士，初授礼部主事，改吏部，历吏部文选清吏司郎中，累迁太仆寺卿，顺天（北京）府尹。嘉靖三十六年（1557年）冬，晋南京户部侍郎，总督南都粮储。时诚意伯刘世延与懋官有宿怨，竟扣发军粮，引起兵变，黄懋官被乱兵所杀。

[2] 兴元之变，即唐大和四年（830年）兴元府兵变。时南诏国侵犯成都，朝廷诏命山南西道派兵救援。节度使李绛招募新兵前往。然未到西川，南诏兵已退，遂遣返新兵，每人赏赐麦子。监军杨叔元向来忌恨李绛，以赐物太薄激怒新兵。新兵顿时哗变，掠抢库存兵器，屠杀李绛及其幕僚、家人。

[3] 李深之绛，李绛（762—829），字深之，赞皇（今河北赞皇）人。擢进士，拜监察御史。唐元和二年（807年）授翰林学士，知制诰。元和六年拜相，为中书侍郎，同中书门下平章事。因与权贵有隙，罢为礼部尚书。后入为兵部尚书。文宗时，召为太常卿，以检校司空为山南西道节度使。大和四年（830年），奉旨赴四川讨逆，被杨叔元乱军所害。

[4] 田兴以魏博来降，李绛任宰相期间，多次建议皇帝削藩平党，并积极参与谋划。利用藩镇内部矛盾，使魏博节度使田兴听命朝廷，在一定程度上消弱了藩镇势力。

[5] 未半而难作，即指李绛赐麦遣返新兵却引兵变一事。

[6] 摇惑，迷惑动摇。

[7] 赵存约，兴元府节度判官。薛齐，兴元府观察判官。李绛被乱兵所围，令幕府赵存约、薛齐先自逃走。两人均不肯偷生，结果与其一起遇害。

[8] 简在，即简在帝心，指能被皇帝所知。

祭三郎学敬文

呜呼！三郎谓予犹父也，予不得视犹子也，罪也。何如？予尝私第五伦之心，谓兄子有疾，虽一夜十起，退而安寝，岂自常情言之耶？若予则能安于吾之子，而不安于侄也。在侄亦知予之不安于其疾，又惮予之汤药必躬，以为予劳。故疾在得已，必不以告及。予之知其疾也，则疾既成矣。嗟乎！予有子五人，未尝无疾，但未有既成而后知者，独于三郎而谓其善讳乎哉！予之不能为若父也，明矣。

汝父有万里之行，念汝孤只，欲携以从而竟不果，以有予在也。予亦安然受其付托，以为可必无负。胡乃未疾而不知所保，既疾而不知所致，彷徨求医，苟得一愈而喜，竟不能防其所复，致求其所必保，以致于复作而不可救也，则又安以予为哉！汝以去年正月得疾，手足挛［挛］急，医者投以活血之饵，不数剂而起。于是能穷其本原，授以调摄，明其患害，以为汝告。汝之资近鲁而善守，素不隐父兄之教，岂有不惕然自保者哉！乃以门户外患，撑持不给，忘其近忧。汝亦日就强健，足以任内外之事，予方以为喜，数贻书以慰汝父。汝父每答辄有疑虑，岂远者疑而近者故忽耶？抑予之爱汝不如汝父耶？迨今有足患微作，即转剧为咯血，紫黑暴涌，令予不知所措。药之虽已，而沉昏梦语，无复昼夜。医者以为邪热侵于血，分理之不及。稍觉时则皆念父悼母，牵系弟妹，不忍诀别之言。二月十日，顾无左右，乃执予手而嘱曰："吾脱有不讳[1]，善视吾妻与子。"予入耳咽鸣，辄以手止之，曰："勿惊惑吾母也。"平生孝养，虽疾甚犹恐伤，其志盖如此。越七日则奄然长逝矣。

呜呼哀哉！吾侄以朴茂之资，天植孝敬，勤俭足以立家，谨信著于乡间。其德慧大异时人，而享年不满三十。读古人书能知大义，治举子业方望成名，有子孩提，孀帏新继，遗父于万里之外，孰将其母得弟方一月之期，遽夺其兄。人生痛割之事皆备有之，天之所报于侄者，何其爽耶？岂门祚之不幸而侄适值之，抑予之行负鬼神，不足以长于而家，乃贻祸于侄也耶？顾有命存焉，非予所得而为也。非予所得而为，则不过付之一恸。其所得为者，惟不当使侄之致有是疾，则吾责耳。此所以辗转哀念而不能自已，至于恸哭陨绝而不能自胜也。侄无可起之期，予之悔恨亦且终予之身而已。倘未遽死，犹及见汝之子与弟长大而教之，比肩以从吾子若孙之后，或可稍宽予一分之悲也。哀哉！

[1] 脱，假若。不讳，死的婉词。

结跳堂遗稿卷之八　书　杂著

书

上司马郑湛泉^[1]

恭惟明公，负世山斗[2]，折节爱士，凡在名流莫不以及门为幸。某之庸谬甚矣，望公门墙，自知无能以备器使[3]，而愿为执鞭之志。虽数历乖蹇[4]，未尝沮丧，每及侍御之侧，公必为改容而礼貌之。某退而自幸，且使自固其迂愚，不复推移于世，犹或免于谗嫉者何？莫非长者所造耶？

迩以承乏入沂，公为桑梓之故，推施尤厚，扰费无数，殆非下十所安。图至省悉布谢悃[5]，奈浙东兵备虚任待署，宁海剧贼屯劫已月余。海道参巡之兵，皆并力于观海、桃渚之外，不遑及于内地。职仓卒往剿，幸有成功，劳师止一昼夜而斩获百三十余级，火攻就毙者六百七十余贼。本皆所部鸟铳长弩，冲锋破敌，反使麻阳悍卒冒功骄纵，百费处分。时适分守缺员，俱令兼署，以此留滞台、宁之间，历春徂秋，方始得代回省。专仆致谢，计已后时，望公昭察而纳之。

[1] 郑湛泉，当为郑淡泉，即郑晓（1499—1566），字窒甫，号淡泉，浙江海盐人。嘉靖二年（1523年）进士，授职方主事，历吏部郎中、太仆丞、南京太常卿、兵部右侍郎兼副都御史总督漕运、吏部左侍郎、兵部尚书、刑部尚书、南京吏部尚书等职。刘存德写此信当在宁海战役之后，其时刘存德因分守缺员，受命代署兵戎，参与浙东抗倭的宁海之战。功成，

书信告知郑晓。
[2] 山斗，即泰山、北斗的合称，犹言泰斗。比喻为世人所钦仰的人。
[3] 器使，犹重用。
[4] 乖蹇，事事不顺遂，命运不好。
[5] 谢悃，诚心地表示感激。

与参将戚南塘[1]

承厚礼未报，向期聚首尽款。以公提兵复往赤城[2]，故尔迟迟。不意重使更临，币物荐至，且归德太过，使鄙人自愧不遑，何如，何如！夫公之赤心，路人知之，成败利钝，豪杰所不免，独恐时事可惜耳。仆力所能为，百口不敢有爱。愿公更加努力，以尽此心。天若厌乱，必不使公流落失所也。有可见教，尚望不弃，幸甚。

[1] 戚南塘，即戚继光，号南塘。里居、阅历见卷六《戚南塘平寇诗序》注。嘉靖三十五年（1556 年），戚继光任宁绍台参将，镇守宁波、绍兴、台州三府；嘉靖三十九年（1560 年），转任台金严参将，镇守台州、金华、严州三府。嘉靖三十八年（1559 年），刘存德任浙江按察司副使，巡视海道，故多有交集。
[2] 赤城，当为天台赤城山。今台州市天台县西北，为天台山南门。

江西谢巡抚[1] 郑东泉

职奉违台下役，使从事越中，岁强半矣。其间代署兵戎，阅五余月。既归，则龌龊拘守，殊无所为。思如向承郡乏，犹得效尺寸之劳于簿书，尽须臾之心于匹夫匹妇，于心盖无愧焉。况为之上者，有如明公之正直持法，责实治吏，一时之士莫不敦本行而贱浮靡，其民俗莫不畏法守而明耻尚。此职所愿驱策以佐下风之日也，而今皆违阻不及矣。感恩图报，徒有兴怀；历暑往寒，倍增恋慕。为此专差下吏千里来赴，谨奉荒牍之词，聊表依皈之念。

[1] 巡抚，原刻本目录作"巡按"。

与沈凤峰[1]

自入吴山以来，瞻望松陵，有适适之处。尝与其主人联床风雨，对榻诗编。而今陈迹已近十年，又复切迩而游，得无为念乎？近见姚生成之，询悉动履，知幽贞自若，清健有加，极为故人喜慰。正拟专役走候，而拘累于奔走之涂，偶未遑及。适归自吴兴，至平望而舟人报有沈使自松来者，不觉倒履迎之。接读翰教，恻侧溢然。生虽无德以系松人之心，而不弃于松之贤者且如此，则亦庶可以自解矣。但明公退处之迹，表如日星。今顾置身于缯缴不及之外，而所目谋不肖者，乃汲汲以留滞为悲嗟，岂至情乎？生自涉湖泖，已知世事之难，竟不能决断，复尔同流，此正负耻于有道者也。明公不闻有以教之，而反期我以通显之事乎？真率之余，倘可扁舟浮渡，使得候于西水，倾谈怀抱，以尽一日之欢，甚所愿也。

[1] 沈凤峰，即沈恺，号凤峰。里居、阅历见卷三《寿沈凤峰》注。

送刘军门带川[1]年丈

恭惟节钺南行，山川生色。海滨荷担之子，莫不壶浆以迓骑士。况其叨荷年谊，又滥僚末，其行其居皆切有庇福。乃株守偏隅，不能一诣车马以伸祖饯[2]。负罪深重，惟仁翁能鉴亮之耳。

[1] 刘军门带川，即刘焘（1512—1598），字仁甫，号带川，河北沧州人。嘉

靖十七年（1538 年）进士，初授兵部职方主事，历陕西金事、监军，屡立战功，擢福建巡抚。历山西巡抚、总督等职，嘉靖四十三年（1564年），任两广福建总督。官至都察院左都御使兼兵部左侍郎。卒，赠太子少保，谥"竭忠"，赐祭葬。

[2] 祖饯，饯行。

与项少瓶易扁^[1]字解书

承教易"昼锦堂"扁，如以先生所遗名之，当曰"遗厚"。杨伯起[2]有言："使后世称为清白吏，子孙以此遗之，不亦厚乎？"如以公辈贤子孙有光先德言之，当曰"兰玉"。古人有言，"芝兰玉树，欲使种于庭阶"是也。公所作楼，旧曰"见山"，今改辟之，而名曰"平山"何如？《列子》所载：北山愚公面山而居，惩其出入之迂也。遂率子孙荷担扣石垦壤，箕畚运于北山之尾。河曲智叟笑而止之，愚公长息曰："吾之后有子生孙，孙又生子，子子孙孙，相继无穷也。而山不加增，何苦不平。"河曲智叟无以应之。其事意亦善，故以名之。后作三亭，其中拟名"秀野"。苏子瞻题君实独乐园，曰："青山在屋上，流水在屋下，中有五亩园，花竹秀而野。"于景似之。其傍二亭，一可曰"枕石"，李端[3]之诗曰"枕石待云归"之谓也。又一曰"抱瓮"，子贡所问汉阴丈人，教之桔槔而不为者也。书屋意名之"正谊轩"，不然则曰"少瓶下帷处"，皆取重学之意也。

[1] 扁，匾额，后作"匾"。

[2] 杨伯起，即杨震（59—124），字伯起，东汉弘农华阴人。曾任荆州刺史、东莱太守。公正廉洁，不受私谒。明经博览，人称"关西孔子"。

[3] 李端（743—782），字正己，赵州（今河北赵县）人。唐大历五年（770年）进士。后历任秘书省校书郎、杭州司马等职。晚年隐居湖南衡山，自号衡岳幽人。

与中丞翁见海[1]

向蒙台下造就，苟叨寸进，铭感在怀。既得备员大邦，适当寇乱，领兵宁海。因得展候门墙，求瞻年伯老先生光范，竟未及遇。而筐筐之仪，自惭不腆。乃辱台台[2]存念，专劳使者兼币备物以及下吏，盛德渥恩，焉能承戴？捧读大教，又仰雅谊。某以寡昧之资，局踏于世久矣。荷蒙仁慈怜察不弃，戴激兴怀。再展疏章，历睹规为。但时事民情所宜急处者，无不具举矣。至于畿辅事故，首陈数语，大关国体，霖原年兄虽死瞑目。感仰！感仰！

[1] 翁见海，即翁大立（1517—1597），字儒参，号见海，浙江余姚人，嘉靖十七年（1538 年）进士。曾任山东左布政使。三十八年，以右副都御史巡抚应天、苏州诸府。隆庆二年（1568 年），总督河道。万历二年（1574 年），任南京刑部右侍郎。万历三年，担任刑部右侍郎，升任南京兵部尚书。万历六年致仕归。

[2] 台台，旧时对长官的尊称。

升浙江具谢二院

窃惟矜愚而振滞者，激昂事功之美节；从上而承德者，砥砺行能之奇会。是以大德多藏纳之光，而下士获景附之益，崇卑贤愚，各得其所而休治明矣。职之顽钝既彰，蠹腐将及，当其进逐而不能去，复自俯就而无所为，负耻于有道之世，待罪于无私之台，自分处所，惟有休闲。讵料仁明特加矜察，录寸长于尺短，察孤迹于群咻。有若援泥涂而加诸膝，何幸假风飙而奋其翼。微末遭逢，当今希遇，虽没齿以执鞭，殊甘心而就枥。岂谓备员觐阙，偶获叨命臬司。虽暂脱淹延，然终知愧怍。仰思造就之德，莫图衔结之私。何有驱驰以谢门墙，敢为远涉而辞道路。实因奉明例，特革浙江水程，又无敢越疆，重劳江西民力。姑冒罪以行，特代躬而至。瞻望恩台，何殊天上。披陈悃曲，徒有渊深。愧负国士之知，一愚未效。苟免封疆之责，百废俱存。虽窃禄于它方，尚待罪于兹土。伏望始终帡庇，以全下才；更愿福德崇修，以膺上相。

与拾遗吴川楼[1]

某已迟暮无闻矣，自谪山中，得明公为友，开发意气。而通达其名誉，苟叨寸进，皆公力也。而公竟以谪去，此岂非命耶？违教以来，不闻金玉，日从事于世态，且应酬不给，岂复能有匡山之乐？窳寐风雅，徒有膺思。夏中以入贺北行，闻车驾先以赴调，拟得对榻邸舍以尽故欢，而竟不能得，抱郁又甚。偶得友人林大梁调考城尹[2]，为公属吏，得选之日，生亦将毕事出都矣。匆匆具候，及书近作一卷，远质词宗。归囊已乏，奉侑微鄙，则知公不为罪也。此时仕宦郡省者，多以规避不任事为嫌，安得公有此失？则鄙人所愿也，二人同心，为谋万里，而相期以此，何以明义？惟明夷养晦之理，圣贤所珍，而多才取恶之迹，贤哲难避。公之誉业，夫何闲于世也，而蹉跌不已。若此安得不复隐忍以图所就？临楮几至泫然，伏祈鉴照。

[1] 吴川楼，即吴国伦，号川楼子。里居、阅历见卷三《忆昔行答吴拾遗川楼》注。

[2] 林大梁，字以任，号双湖，福建同安嘉禾里塔头（今厦门市思明区黄厝社区塔头）人，嘉靖十六年（1537 年）举人。嘉靖三十一年（1552 年）任宁海知县，调广东化州知县，再调河南归德府考城（今兰考县境内）知县。嘉靖三十九年（1560 年），吴国伦调河南归德（今商丘市）推官，任职三年。林大梁调考城知县时，恰为吴国伦下属。

与中丞翁见海

明公江东归镇，几数阅月矣。保爱在民心，威信在三军之士，去后弥著。生得之道路传闻，以及京国，莫不交颂其美。惟吏怀不肖之私者，则病其察；俗有无良之行者，则病其严；士夫相与养交安禄、苟利于己者，则病其矫。是三者于公皆无所过。其以是病公者，亦非其中心以为实，然不过忌其不诡，而故为乱德之论耳。当今天下，徇私养乱，在在受弊，其端非一。大率坐观事变，安于不为以苟免其责，则虽贤者不免是非。有以身任天下之事，力辨善恶之归，破比周[1]之惑者，恶能反其末流哉？故公之才、之望，拨乱反正之器也，世道所赖，曷能弃之？生忝年谊二十余年，寡所亲爱。迩岁为属，奉法理于下，不能及岁，而荷蒙见察，特倍常情，岂垂怜其孤蹇之迹，以为可附于意气之末者哉！感激在怀，砥砺未称。

[1] 比周，结党营私。

与李抑斋[1]

计翁归卧十有五年矣[2]，虽数候门墙[3]，间或领教。然皆客路匆遽，无复昔日悃款[4]，徒增别来怅望耳。世难方殷，人情日甚，求之慷慨任事不遗余力，其直节奇气可以振起颓俗，孰有如公者哉！生孤蹇，取困于时，非一日矣。见几而不能舍，俯就而无所为，负教畴昔，有觍面颜，仰望高踪适意，虽则遭逢世难，尚免羁危，而犹能以恩信结固乡井，保障一方。则施于有政之明效也。古和公相念尤至，谓天下有事，不宜置公于散地。则其相期之意又非浅浅。此公在今日，真所谓视国如家之臣，而其精神心力殆亦宗社所留也。迹其议论激发，大汇于公，故其相契特深耳。近日闽、广倭患，庙堂未有为计，所赖圣明恻然轸念，特令本兵陈议。时方大举，未知当事诸老尚能佐其下风否也？

[1] 李抑斋，即李恺，号抑斋。里居、阅历见卷三《春日即事联句》注。
[2] 归卧十有五年，李恺于嘉靖二十六年（1547 年）致仕归田。故此信写于嘉靖四十一年，时刘存德任广东巡视海道副使，对闽、广倭患多有担忧，故备询良策。
[3] 门墙，指师长之门。
[4] 悃款，诚挚。

别中丞凌洋山[1]

不肖辱明公深知，垂情切至，数年戴德，殊未有涓埃报称。兹以风波失足，遽及云泥，仁慈必为动念。惟生之疏阔[2]世务，自取困踣于人，曷尤哉？舟抵闽门，闻大驾寻胜入山，迅欲追踵，以遂彼此之情。惟时暮弗及，兼以逆旅种种，怀况皆急促如疢。虽欲候教，殊泥于情，姑于是刻解缆，向松陵矣。

[1] 凌洋山，即凌汝成，字云翼，号洋山，江苏太仓人，明嘉靖二十四年（1545 年）进士。初授南都工部主事，隆庆六年（1572 年），任右佥都御史，抚治郧阳。万历元年（1573 年），升右副都御史，巡抚江西。后任兵部左侍郎兼右佥都御史，提督两广军务。平瑶乱有功，加封为南京兵部尚书，并总督漕运。万历十三年累及张居正案，翌年病故于家。万历十七年，获得平反。
[2] 疏阔，不周密。

谢寅丈李梅台李仙台王印东谷近沧[1]

三年承教，草率奉别。翁于不肖忧患同情，困乏相济，友义可谓无负矣。而生之图报，未知其所，况复萧萧岭表，携挈二幼。瞻望停云，徘徊越江之上，虽有良朋，爱我莫助，其感念当何如耶？

是月廿日抵常江，询故乡去路，必不可行。姑强抑归心，由信州[2]渡赣而入广矣。游宦至此，百感俱集，其大者离违君亲，解索朋旧，高天赤日，孰表此心。虽谓丈夫无泪，而撄怀触目，伤如之何？悠悠逆旅，它无以谢知己。

[1] 寅丈，对同僚的尊称。李梅台，即李燧（1515—1585），字晦夫，别号梅台，山东金乡人，嘉靖二十三年（1544年）进士。历任员外郎、河南按察司佥事，曾任浙江按察司副使，当与刘存德共事。官至都察院右佥都御史。此信当是刘存德由浙江按察副使调任广东海道兼番市舶提举司赴任路上写给浙江同僚的信。

[2] 信州，唐朝始置，治所在上饶（今江西省上饶市），辖境大致相当于今信江流域各县。

与军门游让溪年丈[1]

奉别台范近二十年矣，生之踪迹，强半忧患。我翁道谊之雅，非不欲朝夕注仰，而音问寥落、迹类疏寡，其实云泥自阻，赖仁慈能照察之。下省残伤之后，财力困竭，翁以盛德大才而当其难，惟在心力所为，能使决而不溃耳。生忝编民，患在剥肤，求之百计，已无所出。大率饷兵无正额，而实有其费；调兵无利益，而实受其祸。法不断于近，而养玩之习成；情不察于下，而携叛之志决。独任成乱，苟安致废以往之弊，翁所熟察者也。而今弃之不可，图之无从机括，所系更张有渐，决莫逃于神虑。而生敢有所渎于左右者，赤子有欲，未尝讳于慈母之前也。

倭寇入闽七八年矣，其叛而从之者，虽日益众，而皆非其情也，不过迫于势，以苟一日之生耳。闽中人户空者十九，虽多所杀戮，而所得终不能供其众，贼亦何利而为之，是招集之策可施也。
其有自顾身家不忍弃而为盗之民，室庐坟墓、宗族亲戚，莫不被
祸，亦莫不愿于一逞，是积忿之心可使也。海口被倭之始，征兵数
郡，无救于患，卒以海口残民一鼓而自收之，则其验矣。然是所谓
致心之法，非法令所能驱。愿翁宣示恩信，抚复叛移，又与八郡良
家誓无与贼俱立之义，远近必有响应。其守令，择有德爱于民、素
肯以身任事者，授以此任，勿拘文法，俾得便宜一切。苟且习常之
吏，勿使与事，以乱大谋。则庶乎人心激发，举动有机，而后经理
兵食，次第施为，在翁仁武，戡定可立致耳。目前之论，似为迂
谈，然生皆得于民间，非掇于纸上者。愿公熟察之。

[1] 游让溪，即游震得，字汝潜，号让溪，江西婺源人，明嘉靖十七年
（1538 年）进士。初授行人，擢监察御史，历赣州副宪、副都御史。嘉
靖四十一年（1562 年）任福建巡抚。此信当作于他任职巡抚期间。年
丈，犹年伯，科举时代对父亲同年登科者的尊称，明代中叶以后亦用以
称同年的父亲或伯叔，后用以泛指父辈。

与宪伯黄葵峰[1]

明公德望，系世瞻仰。某忝乡谊之末，昔年蒙教，又独亲切。
嗣以踪迹沦没，靦颜世故，遂不能时修问候于有道之侧，负罪多
矣。兹闻荣命特总邦宪，此世道反正之效、天下更生之辰也。生以
谪居岭表，不获瞻依台范，以申积悃[2]。但朝夕阅守成法，粗可
救过，则虽躬奉明公指授，无以逾此。曷胜喜幸。

[1] 黄葵峰，即黄光升（1506—1586），字明举，号葵峰，福建泉州晋江人。
明嘉靖八年（1529 年）进士，初授浙江长兴县令，历任浙江按察司佥
事、浙江布政司参议、广东按察司副使、四川布政司左参政、广东按察
使、兵部右侍郎兼都察院右佥都御史等职。官至南京户部、刑部尚书。

[2] 积悃，久积的诚挚之心。

与戚南塘[1]

是春，大将军躬擐甲胄，为漳、泉靖难。适生与虚江公当穷居之冲，遏之不可。生旋得命去矣，方喜得释重负，归谢故人，轻骑而至，则节钺已还镇府。但见载道老少，则曰："戚父所留也。"舍卜力薄，倚于孤城，是日得保庐舍，以余三径之资，孰非明公之赐耶？况恋恋交情，推及儿子，躬临蓬荜，指顾生辉。某自忖寡鄙，何以当爱？即欲驰诣辕门，备谢款遇，缘荒径未除，百口为累，举家寝食，姑且为计，未能遽奔走，亮在原宥。

时当海波宁息，道路无尘，实数年以来所仅见。闻吴平复以数千之众，自潮州就抚还籍，竟散漫于诏安境上，至烦当道计处，未知翁曾与闻之否也？此贼旧在潮封殖，生备得其情状，心实愿抚而迁延，顾望非得自全之策，则党与必不解，以力取之亦不易。向日归途，亦与峒岩公备道之，今无便不能复达。倘势未遽已，则或抚或剿，非麾下不可。事关桑梓，不敢不言。

[1] 戚南塘，即戚继光，号南塘。里居、阅历见卷六《戚南塘平寇诗序》注。

上军门汪南溟[1]

明公蕴华国之文，抱康时之略。典兵瓯粤，遂收破虏奇勋。奏报朝端，特受专方重寄。实荷长城之托，岂徒分阃之司？方叔壮猷[2]，用申威于九伐；吉甫[3]文武，允为宪于万邦。凡在抚绥，咸兹鼓舞。某清时唾核，涸辙遗鲋，曩因萍水浮踪，望高山而仰止；于今林泉投迹，分棠阴以承休。二天之仰庇在怀，千里之瞻依犹缺。实缘兵荒未辟，兼且病屡相羁，谨布芜词，代申积悃。上贺朝廷，宽忧于南顾；下欢黎庶，获福于更生。范文正[4]胸中百万，从此获见设施；裴晋公[5]淮西一行，即日尽收底定。更愿增修誉业，结主上之深知；宣布威猷，永生民之利赖。则某之畎亩余年，无非太平盛日也。

[1] 汪南溟，即汪道昆（1525—1593），字伯玉，号南溟，又号太函，安徽歙县人。明嘉靖二十六年（1547年）进士，授义乌知县，历官襄阳知府、福建副使。与戚继光参加抗倭战争有功，擢按察御史，升金都御史。官至兵部侍郎。

[2] 方叔，西周周宣王时卿士，曾率兵南征荆楚，北伐獯狁，为周室中兴一大功臣。壮猷，宏大的谋略。

[3] 吉甫，西周周宣王时贤臣，曾率师北伐獯狁至太原。

[4] 范文正，即范仲淹，谥号为"文正"。北宋著名的政治家、文学家。

[5] 裴晋公，即裴度，字中立，唐朝名相，封晋国公。

与吴川楼[1]

自惟顽钝之资，至老不化。所遇如翁者，当世有几？而必欲得其人，然后能为之执酱结袜不辞。不得，则虽强颜事之，必不能久，而其取罪当尤甚。别来蹉跌不常，率皆由此，而岂能尽为故人道哉！勤翁垂念，偶尔璎情并目，近日所止。相府揭帖附奉尘览，中所借重，望恕轻突疏狂。自分本不欲求明，惟恐终绝贤者，故为喋喋耳。

所传卜居信州之说，因入粤时道贵溪，江少峰[2]见小儿为龙，谬有奇爱，婚以孙女某。于午坡[3]为门徒，义属通家，不能却其雅情。虽有卜居之渐，且视闽土兵患何如，尚未在今日也。

恭喜翁之麟祥振至，必当以次接武。弃捐之人，无由复睹英异，俟来科阅览荐书，首得其名，足慰阔怀也。

［1］吴川楼，即吴国伦，号川楼子。里居、阅历见卷三《忆昔行答吴拾遗川楼》注。

［2］江少峰，即江以朝，字少峰，江西贵溪湖陵（今贵溪市泗沥镇）人，明嘉靖五年（1526年）进士。历大理寺副、云南司员外郎、福建司郎中、福建盐运副使、兴化府同知、广东按察司金事等职。不愿卷入夏言与严嵩之权势纷争，挂冠还乡。严嵩倒台后，督抚胡松极力举荐。然婉辞，终老乡间。

［3］午坡，即江以达，字子顺，号午坡，江以朝之弟。明嘉靖五年（1526年）进士，官至湖广提学副使。著有《江午坡集》。

与欧八山[1]

屏居中承亲爱，惠音来自千里。垂吊先母，厚勖诸儿，非有骨肉之谊，笃于平生，何以及此耶？深感！深感！但以迂愚，不及叙用为戚。生亦自幸其得所耳，安有二十余年世路一任瞑行，而可以自免于世者耶？即为忌者所中，固无惑也。新治所赖，自有贤者如尊公之深资伟望。今当论定之后，虽从此而致台辅，可指日耳。小儿托在至亲，在忌者之心，日未尝忘。尊公情关休戚，谅必有以谋此也。

［1］欧八山，应为欧阳八山，即欧阳模，号八山，欧阳深之子。里居、阅历详见卷首附列《同安县志名臣传》注。

与吴川楼

士负董、贾之才，有誉于世，其不为机危所中者盖寡。何有于留滞迁徙，固宜安之。但如有道之，愈挫愈励。修己而不嫉于物，且安然受其羁置，不复为疏夷旷远之行以自表见。此其志量，大非古之才士、无居厚致远之器者所可论量。故虽今日有岭海之行，自有道视之，固皆庄衢也。某平世交游，方得明翁一人，当在江州之日。赤胆相照，每谈当年世事，不过谓惟人为之。别来沦落，遂委泥塗，离遗十余岁矣。翁且淹延一郡，远涉天涯，古所谓明时海曲于情何限耶？怅望南鸿，无翼相接，风光何似，曾否携家？皆休戚之人所欲急闻。令郎青云期迫，必不宜有此行。向闻庭训甚严，今且不烦为此矣。偶以贵属史之便，布候起居，尝忆皮日休寄杨舍人语云："酒树堪消谪宦嗟。"翁近日以酒为戒，此地亦所未宜。万惟善护，以保道躯。不胜瞻仰。

上李中丞石塘[1]年丈

某闽海疏材，叨从年末，徒增羞于附骥，尝励志于执鞭。自云泥路隔，奄忽多年，而兰契心同，尚如一日。恭闻荣命，暂借外台。岂非以中秘之务即优，而疆场之事尤急。待宣猷于元老，用绥抚于遐方。某忝编邻，尤亲宠庇。不胜二天之喜，莫遂千里之依。聊具荒牍，预布鄙私。

[1] 李中丞石塘，即李棠，字石塘，湖广长沙县（今湖南长沙）人，明嘉靖十七年（1538 年）进士。累官吏部郎中、金都御史、南赣巡抚。官至南京吏部侍郎，卒谥恭懿。

与宪伯徐龙湾[1]

翁系世望，盖有日矣。而闽中人士，获沾教化，则始于今日。某自守匡山，得读翁所为文词于川楼拾遗，炫然如珠玑夺目，固愿一见而不可得。继于京国获睹光霁，接论绪，则又如饮醇充量。使人味之，愈久而不厌，至今犹铿然在耳也。岂知一别二十年，始有亲教之便。而某已寥落无数于世，安敢扳高谊哉！但仰慕之私，自

不能已，谨遣小儿梦驹代申薄敬。不过以蒯簪之旧，渎于仁爱。想
在垂察。

[1] 徐龙湾，即徐中行（1517—1578），字子舆，一作子与，号龙湾，天目山
　　长兴（今属浙江）人。明朝后七子之一，嘉靖二十九年（1550 年）进
　　士。初授刑部主事，历员外郎中，出为汀州知府，改汝宁。后谪长芦盐
　　运判官，迁端州同知、山东金事、云南参议、福建副使、参政等职，累
　　官至江西布政使。

杂　著

三寿堂扁[1]

　　眷庭先生年八十五矣，强礼不倦，余笃异之。先生具言，乃父
讳仁，享年八十有三。大父讳嘉，且八十有九。溯其生岁，盖自至
正丁酉至今百九十六年，未逾再世。我国家跻民寿域，沈氏其先得
之，岂适然之数能尔耶？用扁其堂曰"三寿"，俾子孙世世修之，
以莫不享不亦善乎！

[1] 扁，匾额，后作"匾"。

结毵堂跋

　　是地旧有堂，曰"结毵"。宣和间，县令危[1]以他识及之，勒
之石阴，与弁石台并传。然不知其创之所始，与其意之所谓。某自
来归，开径于此，乃得废井于悬崖之下。浚之，则砖墁如故，而隘
甚，仅可以通挈壶，且峻甚，而劳于抱瓮。意必好修之士能自治，

而不愿及物甘直，遂而耻于机智者之所为也。《易》曰："井甃，无咎。"[2] 顾非所以名堂之意耶！是意湮没于数百年之后，始于予而一遇焉。予顾可以无悟耶？乃结庐而居之，遂以名。

[1] 县令危，即危秉文，宋宣和六年（1124 年）任同安县令。闲暇常于东桥钓游啸赋，构草堂其上，倚石而溪，曰"结鹜堂"。后刘存德筑堂其处，仍以"结鹜"名之。

[2] 井甃，用砖修井。《易·井》："井甃，无咎。"孔颖达疏引《子夏传》："甃，亦治也。以砖垒井，修井之坏，谓之为甃。"无咎，没有过失。《易·乾》："君子终日乾乾，夕惕若，厉，无咎。"谓时时警惕，就能免于过失。

洪启书社铭

徐之洪[1]，旧有三道并趋而下。其中流冲没以就堙塞，故二洪之势特涌，民颇病涉。至于嘉靖丙辰[2]，豸岩张先生[3] 来治都水事，复修其故道，并为三洪，往来称利。先生复于治事之暇日，与徐士讲习经义、考德逊业。因于官厅之右葺旧庐为讲所，命其堂曰"仕学"，表于外曰"洪启书社"。盖作于洪启之时，且取洪之义为大启之义，为发谓斯社之作大，有所启发于徐士也。比丁巳[4]，余以得补南康，道出徐上，始于先生倾盖之日，颇托忘形之交。先生遂为叙所立社，属余数言，以懋诸士。余行促，不能应复，命吏同至桃山，乃书数言以铭之。用见仁人君子之用心，其广于利物、急于作人，可以没世不忘者也。铭曰：

人心之塞，如彼川壅。辞而辟之，如决斯行。辟之维何，因明牖蔽。斯若其性，相诱而趋。何如不致，圣功乃作。如彼浚川，因势利导。布利上下，民悦无疆。乃为堤防，以正其溃。俾无诱物，〈见〉异而迁。斯为闲邪，诚存业广。人心以正，侔诸禹功。

［1］徐之洪，即徐州三洪，又称古泗三洪，即徐州洪、秦梁洪、吕梁洪三处
　　激流险滩。洪是方言，石阻河流曰洪。"三洪之险闻于天下"，而尤以徐
　　州、吕梁二洪为甚。

［2］嘉靖丙辰，即嘉靖三十五年（1556 年）。

［3］豸岩张先生，即张大猷（1537—?），字元敬，号豸岩，广州番禺李溪
　　（今花都区花东镇李溪村）人。明嘉靖三十一年（1552 年），广东省乡试
　　解元。嘉靖三十五年（1556 年）进士，授工部主事，奉命治理淮河水
　　患，筑防疏导，洪灾得治。历郑州通判、吉安同知、云南提学。著有
　　《文章使委》七篇，已失传，仅存《治遭河流》一文。

［4］丁巳，即嘉靖三十六年（1557 年）。

舟　铭

　　萍踪梗迹，维汝之乡。流行坎止，顺汝之常。岂其远而江湖庙
廊，怀美人兮兰泽楚湘。无惮利涉于浅蹇裳，曰有圣德而波不扬。

一勺亭铭

　　量勿居是，善勿弃是。以游以咏，戒之勉之。

复宣城[1]县学祀土神文

　　惟神俎豆之司，未闻失守。墟宫改祀，于礼弗经。兹奉圣灵，
还依旧宇。辟埵与坠，神其相助。更阐人文，以臻丕显。

［1］宣城，今安徽宣城市宣州区，东临苏浙，地近沪杭。西汉高祖四年（前
　　203 年）置县。

祈霁告城隍文[1]

　　是岁初夏恒燠，地脉枯涸，民倚桔槔之力以济鲋蛆之困。幸彼苍轸闵，明神相助，未及焦落，沛然膏润。勃兴之势，有生之乐，孰不鼓舞歌颂以归。显佑自此告成，岂烦余力？乃当阎阖之会，宣疾挠之猷、逆修藏之性、损包任之实，神天仁爱，何遽至此？考诸经，异赋敛不理。兹谓祸不思利，兹谓无泽皆应恒风。某等职理，或蹈愆咎，神以为不震、不慑、不喻、不惩，用是色示，以启悔祸。某〈等〉敢不自诣，遄即省图。惟所司有罪，无以万民。神谴所加，百荛莫赎。逾时不戬，终岁失望。此某等所以呕心疾首、叩祈若焚者也，矧神司此土，昭察民艺。松俗自谷粟、布缕之外，何计聊生。谷秀于斯，风撼其英；绵橐于斯，风伐其枚。收获之际，掇茎抱蔓。官府索租，剥肤不偿。军国赍负，征檄如羽。某等尸素无所逃罪矣。（原本至此止，后疑缺）

[1] 此文当祈松江城隍。嘉靖二十八年（1549 年），刘存德出任松江府知府。时值松江大旱多年，作文祈雩。松江府城隍庙，前身为华亭县城隍庙，始建于宋政和四年（1114 年）。经过历史变迁，现存砖雕照壁。

附 录

刘沂东存德先生年谱

陈　峰　编撰

正德三年戊辰（1508年）　一岁

刘存德出生。刘存德，字至仁，号沂东，福建同安县城内东桥（今厦门市同安区大同街道碧岳社区五甲自然村）人。

高祖父刘雄，字逸圃，原居同安县积善里十七都后浦（今属厦门市海沧区东孚镇凤山村）。正统十三年（1448年）正月二十七日抵抗袭同之"沙尤寇"，阖家被杀，惟姜吴氏携三岁幼子宏渊往邻乡母家得以脱难，薪传刘家香火。刘宏渊，即刘存德之曾祖父。

祖父，刘复，早逝。祖母，王氏。

父，刘恭（1486—1554），少时家贫，因奉母王氏始择居同安东桥铁岗之下，因而自号"铁山"，为同安城北五甲村刘氏开基祖。五甲村刘氏遂以"桥东"为"灯号"。刘恭因子贵，封浙江道御史。

母，叶太安人（1487—1533），同安内叶人。父叶浓，早逝；母郭氏。安人为叶氏之次女。弘治十四年（1501年），年十五岁嫁于刘恭。

长姐，弘治十六年（1503年）生。

正德四年己巳（1509年）　二岁

六月初六，妻叶孺人生。叶孺人，同安佛岭叶氏之女。父叶潘，母苏氏。

正德五年庚午（1510 年）　三岁

正德六年辛未（1511 年）　四岁

大弟出生，夭折。

正德七年壬申（1512 年）　五岁

正德八年癸酉（1513 年）　六岁

正德九年甲戌（1514 年）　七岁

正德十年乙亥（1515 年）　八岁

大妹二娘出生。

正德十一年丙子（1516 年）　九岁

祖母王氏逝世。

洪朝选出生。洪朝选，字舜臣，号芳洲，别号静庵，同安县翔风里洪厝（今属厦门市翔安区）人。其母为同安岭下叶氏，为同安佛岭分支。而刘存德之母为后叶叶氏，也是同安佛岭分支，故有姨表亲戚。然刘、洪两家因间隙而成积怨，于后辈引发一段怨仇。

正德十二年丁丑（1517 年）　十岁

春，林希元登进士第。林希元，字茂贞，号次崖，别署武夷散人，世居福建泉州府同安县翔风里十三都麝圃山头（今厦门市翔安区新店镇垵山社区山头村）。刘存德曾自称为林希元夫人外侄。

正德十三年戊寅（1518 年）　十一岁

正德十四年己卯（1519 年）　十二岁

正德十五年庚辰（1520 年）　十三岁

正德十六年辛巳（1521 年）　十四岁

武宗朱厚照驾崩。无嗣，兴献王朱祐杬之子朱厚熜以武宗堂弟，入继大统，即嘉靖皇帝。

是年，考取同安县学生员（秀才）。

嘉靖元年壬午（1522 年）　十五岁

二妹三娘出生。

是年，朝廷发生"大议礼之争"。以藩王身份入继皇位的嘉靖，不顾礼制，追封生父兴献王为皇帝，与首辅杨廷和等反议礼派群臣发生争吵。

嘉靖二年癸未（1523 年）　　十六岁

嘉靖三年甲申（1524 年）　　十七岁

四月，反议礼派群臣二百余人跪于左顺门前力争，激怒世宗，下狱者一百三十四人，廷杖而死者十六人。

嘉靖四年乙酉（1525 年）　　十八岁

完婚。娶同安佛岭叶潜之女。

弟刘存业出生。

嘉靖五年丙戌（1526 年）　　十九岁

三月，友王慎中联第进士，授户部主事。王慎中（1509—1559），字道思，号遵岩居士，后号南江，福建晋江人。为明朝反复古风的代表人物之一。

嘉靖六年丁亥（1527 年）　　二十岁

继妻叶孺人生。叶孺人，名三娘，同安内叶叶氏之女。父叶松庄，母氏族人。

嘉靖七年戊子（1528 年）　　二十一岁

秋，友刘汝楠中解元。刘汝楠，字孟木，号南郭，同安县县前人。生于弘治十六年（1503 年），长刘存德五岁，与刘存德交情甚深，常相约出游，吟诗唱和。

嘉靖八年己丑（1529 年）　　二十二岁

春，友刘汝楠赴会试。因考官霍韬和张璁对其"榜首"意见不一，致"留待后科"。

嘉靖九年庚寅（1530 年）　　二十三岁

嘉靖十年辛卯（1531 年）　　二十四岁

长女令仪出生，叶孺人所出。后适庠生林丛梧。

嘉靖十一年壬辰（1532 年）　　二十五岁

春，友刘汝楠中进士，授湖州司理。后奉调入京，任刑部四川司主事。

春，友傅镇中进士。傅镇，字国鼎，号近山，福建同安县嘉禾里（今厦门岛）人。初授行人，历任南京御史、广东道御史、河南副使、广西参政、浙江右布政、湖广左布政等职，官至南京右都御史。其母逝世时，刘存德为作《祭傅侍御母太孺人文》以祭。

春，友李恺中进士，授广东番禺县令。李恺，字克谐，号抑斋，福建惠安县螺城人。官至湖广按察副使。与刘存德有诗词唱和。

嘉靖十二年癸巳（1533 年）　二十六岁

七月，母叶太安人逝世，享年四十七岁。

嘉靖十三年甲午（1534 年）　二十七岁

嘉靖十四年乙未（1535 年）　二十八岁

七月，母叶太安人下葬。葬于同安施山。

嘉靖十五年丙申（1536 年）　二十九岁

是年，闽南饥荒。

嘉靖十六年丁酉（1537 年）　三十岁

秋，乡试中举人。同安县同榜者有洪朝选、蔡示达、林大梁、谢复春、卢天祐等六人。

长子梦龙出生，叶孺人所出。

嘉靖十七年戊戌（1538 年）　三十一岁

是年，嘉靖帝为明太宗上尊号为"成祖"，封父亲为睿宗。"大议礼之争"终以反议礼派失败而告终。

春，以三甲第一百七十八名登进士第。同榜胡尧臣、刘焘、游震得、李棠、袁凤鸣等，有书信往来或诗词唱和。

友刘汝楠迁贵州司员外郎。

嘉靖十八年己亥（1539 年）　三十二岁

友刘汝楠出为湖广按察司佥事，奉敕督理学政。

嘉靖十九年庚子（1540 年）　三十三岁

携妻叶孺人进京赴选。授官行人司，掌管奉使、颁诏、册封等事。

因叶孺人体弱，不能随侍巾栉，遂置侧室，为北京人、锦衣卫指挥韩荣之女韩青扬。

春，友王惟中中进士，授兵部主事。王惟中，字道原，王慎中之弟。历官礼部主客司郎中、尚宝司卿、南太仆寺少卿。刘存德有《送遵岩乃弟南还》等诗相赠。

秋，姻亲李春芳中举人。李春芳，字实夫，号东明，明代同安县驿路人。后其子李璋娶刘存德之次女。

嘉靖二十年辛丑（1541 年）　三十四岁

奉使江西抚州益王府，持节册祭益王。嗣王雅善修饬，为之直陈"四勿"，嗣王悦纳，赠满百金及衣物。执意不受，独收篆书四幅而归。

送妻叶孺人携子归乡。

春，洪朝选中进士，授南京户部山西清吏司主事。

友刘汝楠以病乞归，三十九岁致仕。

嘉靖二十一年壬寅（1542 年）　三十五岁

与李恺、程双溪合荐俞大猷，授予汀漳守备一职。俞大猷（1503—1580），字志辅，号虚江，福建晋江河市（今属泉州市洛江区）人。嘉靖十四年（1535 年）武进士，承袭百户世职，时任都指挥佥事。因抗击倭寇，功勋卓著，累官都督，与戚继光并称"俞龙戚虎"。

袁杉莅任同安知县。袁杉，号芳洲，扬州人，举人出身。

同安正月不雨，二月犹不雨。三月，同安知县袁杉祈雨，乃降。作《赠邑侯袁方州闵雨序》以记。

次子梦熊出生。梦熊乳名从龙，叶孺人所出。

嘉靖二十二年癸卯（1543年）　三十六岁

五月十八日，妻叶孺人病亡。

十二月，由行人选授浙江道御史。

嘉靖二十三年甲辰（1544年）　三十七岁

任巡按御史。

四月，上《议大礼疏》，斥郭希颜的"止立四亲庙，而祧孝宗、武宗"之说。嘉靖帝为此震怒而掷疏，夺俸半年。

春，友袁福征中进士，授刑部主事。袁福征，字履善，号太冲，松江人。与刘存德有诗词唱和。

十二月，就来年京官考察一事，上《严考察疏》，请"为慎名实，以公考察、以励人材"。嘉靖帝阅毕批曰："考察京官，朝廷重事，吏部、都察院会同。务要从公询访，去留不许徇情偏纵。"

嘉靖二十四年乙巳（1545年）　三十八岁

任巡按御史。

作《送瞻亭外弟归家》诗一首，诗中有"归家但说游儿健，见把青丝系虏王"。瞻亭当为其妻弟，叶姓。

嘉靖二十五年丙午（1546年）　三十九岁

任巡按御史，奉敕巡视两淮盐政。两淮地区大旱，上《乞赈贷疏》，细数灾情，请求存留十万余盐银两赈济灾民灶丁。三月，嘉靖帝批示"依拟给银五万两赈济，务要委用得宜，使民沾实惠"。作《请赈》诗一首，有"遥将封事奏明光，海表孤臣汉汲郎"句。

五月，上《盐法疏》，历数国家盐法执行过程中"有司之奉法欠严，而商之射利自弊"现象，提出了各该巡按、巡盐御史和有司应"严行督察"、"严加禁治"，以"绝私盐"。嘉靖帝"准盐额行地方各巡按御史，督责所司，查销退引，以杜商弊"。

巡视应天府，吏部侍郎潘少宰故时尝举荐刘存德，其门下子弟在应天杀人，藏匿十年不出。既至，逮捕凶犯，绳之以法，而后写信与潘少宰谢罪。

是年，便道回乡迎娶继妻叶氏三娘，家居三个月。

嘉靖二十六年丁未（1547 年）　四十岁

继妻叶氏亡故，年方二十。

友李恺迁湖广按察副使、辰沅兵备道，作《赠李抑斋兵备湖广序》以赠。然李恺仅任职六个月即被罢归。

嘉靖二十七年戊申（1548 年）　四十一岁

是年，嘉靖帝将兴献帝睿宗神主升祔太庙，而仁宗朱高炽则被祧出。

任巡按御史。

作《送郡少伯胡双华考绩序》，以送胡文宗三年半政成入报。胡双华，即胡文宗，字在鲁，庐陵（今属江西吉安市）人，举人。嘉靖二十四年，任泉州府同知，摄同安县事。

嘉靖二十八年己酉（1549 年）　四十二岁

出任松江府知府。时苦旱六载，逋赋增至二百余万，朝廷特设参政督办催交，百姓负担沉重。请使者宽期以候秋收，又请准三年内还清。

嘉靖二十九年庚戌（1550 年）　四十三岁

任松江府知府。

二月，过德州，拜会德州知府蔡汝楠，有诗《过德州答蔡白石》与之相唱和。蔡汝楠（1514—1565），字子木，号白石，浙江湖州德清人，明嘉靖十一年进士。授职行人，历刑部员外郎，德州、衡州知府，按察使、布政使等职，官至南京工部右侍郎。

春，姻亲李春芳中进士。初授户部主事，迁刑部。后出守潮州。

春，友吴国伦中进士，授中书舍人。吴国伦（1524—1593），字明卿，号川楼子，湖北武昌府兴国州（今属湖北省阳新县）人。为明朝嘉靖、万历年间著名文学家，与李攀龙、王世贞等七人并称

"后七子",为"后七子"后期之代表。

十二月,作《寿沈凤峰》七律一首,为沈恺作寿。沈恺,字舜臣,号凤峰,南直隶华亭(今上海市松江区)人。明嘉靖八年进士,授刑部主事。嘉靖十九年升任宁波知府,后改为副佥都御史,官至太仆少卿。

是年,姻亲苏洧奉例荣寿冠带,作《贺苏省翁冠带》以贺。苏洧(1476—1557),字世舆,别号省翁,世居同安同禾里蓝田,后迁城南街官井,为苏颂第十五世孙。其长子苏希颂娶刘存德之姐为妻。

嘉靖三十年辛亥(1551 年) 四十四岁

任松江府知府。

松江宦绅朱大韶、徐陟、周思兼、孟羽正等聚兰堂会文,应请作《兰堂会义序》。

过桐城练潭,作《题练潭公馆看剑池》五言绝句两首。

嘉靖三十一年壬子(1552 年) 四十五岁

任松江府知府。

三子梦驹出生。梦驹乳名为龙,妾韩氏所出。

嘉靖三十二年癸丑(1553 年) 四十六岁

正月,以考察拾遗纠劾,诏降用。

作《送节推袁峩溪赴召序》,以送泉州推官袁世荣应召赴台谏之试。袁世荣,松江府华亭(今属上海市)人,明嘉靖二十九年(1550 年)进士,三十年任泉州推官。刘存德任松江知府时,曾与他交往。

嘉靖三十三年甲寅(1554 年) 四十七岁

父刘恭逝世,葬同安长兴里寨仔山。

作《赠通守孙宜山擢达州序》,以送泉州通判孙继荣擢达州知州。孙继荣,号宜山,松江(今属上海市)人,举人。明嘉靖三十年起,任泉州通判近三年。后擢达州知州。

嘉靖三十四年乙卯（1555 年）　四十八岁

丁外艰，居于同安。

洪朝选任广西参政，职督粮储。

嘉靖三十五年丙辰（1556 年）　四十九岁

丁外艰，居于同安。

徐宗奭任同安县知县。徐宗奭，号鲸山，建德人，举人出身。

接报得补南康知府一职。

友吴国伦因得罪严嵩，被贬为江西按察司知事。次年，移南康推官。

嘉靖三十六年丁巳（1557 年）　五十岁

二月初五日，作《上南郭先生寿诗》七律一首，为友刘汝楠庆五十五岁寿辰。

春，同安二月不雨。同安县知县徐宗奭祷神祈雨，不逾旬而大雨时降，百姓欢腾，作《赠邑侯徐鲸山闵雨序》。

守丧期满。

夏，入都，道经桐城，作有《过练潭看剑亭》、《题练潭公馆看剑池》等诗。

冬至后，由桐城赴任南康。

赴南康，道经徐州，结识张大猷，成忘形之交，遵嘱为其作《洪启书社铭》。张大猷，（1537—?），字元敬，号豸岩，广州番禺李溪（今花都区花东镇李溪村）人。嘉靖三十五年进士，授工部主事，奉命治理淮河水患，筑防疏导，洪灾得治。历郑州通判、吉安同知、云南提学。

游览徐州吕梁洪，作《吕梁悬水》、《汴泗交流》等七言绝句。

抵南康。结识时任南康推官的吴国伦，交为挚友。有《与吴川楼共饮松霞廧中折梅花三朵侑坐二绝》、《吴川楼君生辰共酌斋中竟日》等诗唱和。

作《丁巳夏会龙江于建溪北入南康读壁上韵怀而和之》诗一

首。

冬，与袁福征登龙山，作《丁巳冬与袁太冲登龙山临溪得鱼攀跻竟日不及至观风亭与使君滩而还》诗二首。

冬，同年友黄懋官身亡，作《祭少司徒黄霖原文》以悼。黄懋官，字若辨，号霖原，福建莆田人，嘉靖十七年进士。嘉靖三十六年，晋南京户部侍郎，总督南都粮储。时诚意伯刘世延与懋官有宿怨，竟扣发军粮，引起兵变，黄懋官被乱兵所杀。

是年，黄老虎流剽同安，虏乡官、知县，杀官兵。刘存德家遭劫。

嘉靖三十七年戊午（1558 年）　　五十一岁

任南康知府。因病归。

正月，作《送王竹池赴建宁》诗一首。

五月，倭寇攻县城，同安知县徐宗夔拒却之。

嘉靖三十八年己未（1559 年）　　五十二岁

授浙江按察司副使，巡视海道，统管嘉、湖诸军。书《升浙江具谢二院》一信以谢。

四月，倭寇登陆台州，围攻桃渚。谭纶、戚继光率兵反击。

时浙东兵备虚任待署，分守缺员，受命代署兵戎，参与谭纶、戚继光领导的浙东抗倭之战。

五月，与参将张鈇，令把总任锦设伏于石浦所港口，而自引兵进剿，贼即逃遁出洋，被伏兵击败。

书信与郑晓，告知宁海之战："劳师止一昼夜而斩获百三十余级，火攻就毙者六百七十余贼"。郑晓（1499—1566），字窒甫，号淡泉，浙江海盐人。嘉靖二年进士，尝任兵部右侍郎、兵部尚书等职，嘉靖三十九年以南京吏部尚书致仕。

留滞台、宁之间阅五余月，直至秋天方返嘉、湖。

进京入觐，贺万寿节，作《己未入觐》七律二首。徐献忠作《己未万寿节别沂东刘宪副》诗记之。徐献忠（1493—1569）字伯臣，号长谷、九霞山人，松江华亭人。嘉靖四年举人，历奉化知县。以文章气节名，为当时松江"四贤"之一。

姜韩青扬卒于浙江官舍。适进京入觐，梦驹、梦松二子年幼，由藩臬诸长及同僚代为治丧。二子扶柩归同安，从二孺人葬圹。

十月，谭维鼎莅任同安知县。谭维鼎，字朝铉，号瓶台，原籍广东新会人。

倭寇横发攻同安城，子刘梦龙与县令谭维鼎划备御之策，捐资筑堡为犄角，百姓争相附依，全活甚众。

嘉靖三十九年庚申（1560年）　　五十三岁

任浙江按察司副使。

五月，倭寇犯金门岛。同安知县谭维鼎亲率乡兵渡海增援，连战连捷，俘获倭首阿士机等人。

九月，浙江按察司副使谭纶升浙江布政使司右参政，仍兼按察司副使，巡海治兵事。作《赠二华谭宪使擢参政留镇明州序》。谭纶（1520—1577），字子理，号二华，江西宜黄县谭坊人。嘉靖二十三年联捷进士，授南京礼部主事。三十四年，受命台州知府。在浙江任上，与戚继光、俞大猷等联合，率兵大挫倭寇。官至兵部尚书、太子少保。

十二月，与胡松、范惟一、谷中虚、徐献忠等同游杭州保塔山房。胡松（1503—1556），字汝州，号拓泉，滁州人。嘉靖八年进士，官至吏部尚书。范惟一，字允中，号洛川，后改号中方，华亭（今上海松江）人。明嘉靖二十年进士，官至南京太仆寺卿。谷中虚（1525—1585），字子声，号岱宗，山东海丰（今山东省无棣县）人。嘉靖三十三年进士，历浙江按察使，官至兵部侍郎。

十二月四日，友刘汝楠卒于家，享年五十八岁。作《奉政大夫湖广按察司提学佥事南郭刘公圹志》。

十二月，倭寇再掠浯屿，被知县谭维鼎率民兵击退。

是年，友吴国伦得调河南归德推官。适同乡友林大年调归德府考城知县，为吴国伦下属，托其带信及近作一卷，"远质词宗"。林大梁，字以任，号双湖，福建同安嘉禾里塔头（今属厦门市思明区）人。嘉靖十六年举人，历宁海、化州、考城知县。

是年，同年友胡尧臣擢浙江布政使。作《赠观察使胡石屏擢方伯序》。胡尧臣，字伯纯，铜梁安居（今重庆市铜梁县安居镇）人，人称"石壁先生"。嘉靖十七年进士，授大理寺评事，历浙江佥事、湖广参议、副使等。官至都察院右副都御史。

嘉靖四十年辛酉（1561 年）　　五十四岁

任浙江按察司副使。

春，戚继光以"大创尽歼"的灭倭战策，依次剿除浙东象山、宁海诸地的万余倭寇，九战皆捷。

九月，作《同浙江藩臬为胡司马上寿序》。胡司马，即胡宗宪（1512—1565），字汝贞，号梅林，徽州绩溪（今属安徽）人。嘉靖十七年进士，历任知县、御史、巡按御史、左佥都御史等职。三十五年，擢兵部右侍郎兼佥都御史、浙闽总督。主持抗倭斗争，重用俞大猷、戚继光等名将，灭倭寇徐海、汪直等。三十九年，以功加太子太保，晋兵部尚书。时入侵江浙倭寇已基本平定，缙绅大夫相聚为其作五十大寿。

十月，获以职事从崔侍御举行浙江武举乡试。事毕作《浙江武举乡试录后序》。

是年，倭寇屡犯同安，掠东界，攻南城，谭维鼎将其一一击退。

嘉靖四十一年壬戌（1562 年）　　五十五岁

调任广东巡视海道副使兼番市舶提举司。

赴任途经九江，游庐山，作有《五老峰》、《铁船峰》、《双剑峰》、《石镜峰》、《香炉峰》、《紫霄峰》、《上霄峰》、《掷笔峰》等七言绝句。

途经信州（今江西省上饶市），作《吊谢叠山先生》诗一首。

谢叠山，即谢枋得（1226—1289），字君直，号叠山，江西信州弋阳人，南宋进士。任六部侍郎，带领义军在江东抗元。

途经贵溪湖陵（今江西省贵溪市泗沥镇），拜会江以朝、江以达兄弟。江以朝，字少峰，贵溪湖陵人，明嘉靖五年进士。曾任福建司郎中、福建盐运副使、兴化府同知等职。江以达，字子顺，号午坡，江西以朝之弟，明嘉靖五年进士。官至湖广提学副使。

作书请益李恺，对闽、广倭患多有担忧，备询良策。

作《祭都阃欧阳东田文》，以悼欧阳深抗倭殉国。欧阳深，号东田，福建泉州南安东田人。嘉靖三十七年（1558 年）年自太学授任泉州卫指挥佥事，因功升指挥同知。嘉靖四十年，剿江一峰等，泉地得以安宁，因功升都指挥司。嘉靖四十一年，倭寇侵兴化，因敌众我寡，英勇殉国。谥赠昭毅将军，子孙世袭指挥佥事。

友吴国伦三年不调，自归德自免归，严嵩事败后才被重新起用。是年秋，任建宁同知。一月后，擢邵武知府。

嘉靖四十二年癸亥（1563 年）　　五十六岁

任广东巡视海道副使。

二月，倭寇攻陷莆阳。四月，戚继光奉令自浙入闽会剿。一军先登，大败倭寇，收复兴化。

三月，倭寇大举入寇潮阳，围城四十日。亲率家兵救援，倭寇乃遁。

嘉靖四十三年甲子（1564 年）　　五十七岁

致仕，归居同安。

二月，戚继光追倭至同安王仓坪，斩杀倭寇数千。功成，同安"士夫故老而下，咸侈其功，著为歌咏"。受士夫故老之嘱，作《戚南塘平寇诗序》。

九月，同安知县谭维鼎寿辰，作《寿郡少伯谭瓶台序》以贺。

十一月，同安知县谭维鼎获升泉州府同知。又将入京觐见，同安百姓思念其抗击倭寇入侵之功绩，立功德碑以志。受托撰《邑侯谭瓶台功德碑》文，并由南京户部清吏司主事林丛槐书丹，南京太仆寺少卿洪朝选篆额。

是年，同年刘焘调任两广福建总督，书《送刘军门带川年丈》信致意。刘焘（1512—1598），字仁甫，号带川，河北沧州人，嘉靖十七年进士。初授兵部职方主事，历陕西佥事、监军、福建、山西巡抚、总督等职。官至都察院左都御使兼兵部左侍郎。卒，赠太子少保，谥"竭忠"，赐祭葬。

是年，陈一敬莅任同安知县。陈一敬，号西洋，广东程乡（今梅州市梅江区）人，举人出身。

嘉靖四十四年乙丑（1565 年）　　五十八岁

居同安。

同安理学名宦林希元逝世，享年八十五岁，葬同安县从顺里四五都坑内山之原。作《祭次崖林先生文》以悼，文中自称"某为夫人外侄"。

同安知县陈一敬擢上思州知州，作《赠邑大夫陈西洋擢守上思州序》。

洪朝选出任南京太仆寺少卿，转任都察院右佥都御史，提督操江。

嘉靖四十五年丙寅（1566 年）　　五十九岁

居同安。

二月，酆一相莅任同安知县。酆一相，号宜亭，南昌丰城人，嘉靖四十四年进士。

是年，洪朝选调升都察院右副都御史、巡抚山东。

明世宗朱厚熜驾崩，其三子裕王朱载垕登基，即明穆宗。次年改元隆庆。

隆庆元年丁卯（1567 年）　　六十岁

居同安。

是年，丁一中莅任泉州府同知。丁一中，字庸卿，号少鹤山人，江苏丹阳人。由恩贡，拔选青田知县。任职期间，喜与朋友登眺吟咏，与刘存德多有唱和。

隆庆二年戊辰（1568年）　六十一岁

居同安。

受知县酆一相礼聘，主持重修《同安县志》。

八月，同安知县酆一相擢庐州府同知，作《赠宜亭酆侯擢贰庐州序》以记。且从同安士民之请，撰《邑大夫酆宜亭去思碑》，以记其治同业绩。

洪朝选由刑部右侍郎迁左侍郎，署玺尚书事。

隆庆三年己巳（1569年）　六十二岁

居同安。

二月，友吴国伦改任高州知府，作《寄吴川楼谪高州》。

泉州府知府万庆得请辞归，作《送郡侯万灵湖得请归养》诗以赠。

是年考察，洪朝选遭南北道科纠劾，穆宗令其"冠带闲住"，免官归里。后被同安知县金枝罗织罪名，上报福建巡抚劳堪，逮捕下狱。万历十年（1582年）春，因狱卒以沙袋压胸，气绝亡于福州狱中。

隆庆四年庚午（1570年）　六十三岁

居同安。

隆庆五年辛未（1571年）　六十四岁

居同安。

二月，同安县令调任，泉州通判陈嘉谟署同安县。陈嘉谟，号赤沙，湘乡（今属湖南湘潭市）人。举人出身，明嘉靖四十五年任泉州通判。后擢河东运副。

四月，同安弥月不雨，陈嘉谟祷神祈雨。作《喜雨编为陈通守赤沙》一文以记之。

五月，作《题詹侍御岊亭新楼》诗。

游同安西山岩，次泉州府同知丁一中游西山岩咏景七言律诗之韵，作七言律诗一首唱和。有"极目尽窥沧海外，放歌聊以振颓颜"句。

夏，与弟刘存业往云顶岩访僧不遇，投宿留云洞，读丁一中诗刻，步韵作诗各一首。

八月，游云顶岩，题七言律诗一首，有"凭高不尽登临兴，指数凤洲芳草闲"句。

是年，陈文莅任同安知县。陈文（1522—1590），字美中，号中斋，南直隶丹徒（今属江苏）人，嘉靖四十三年举人。

泉州府推官李焘擢浙江金华府同知，作《送李推府斗野擢金华二守》诗以赠。李焘（1544—1625），字若临，号斗野，循州河源人（今广东省河源市）。隆庆二年（1568 年）进士，次年授福建泉州府推官。后任南京工部郎中、员外郎。

隆庆六年壬申（1572 年）　　六十五岁

居同安。

十月，作《江上逢菊》诗。

是年，友吴国伦迁贵州提学副使。

明穆宗朱载垕病崩，四子朱翊钧即位，次年改元万历。

万历元年癸酉（1573 年）　　六十六岁

居同安。

作《纪邑侯陈中斋蠲无征粮碑》，以记同安知县陈文力请于监司为同安百姓免去浮粮之举。

是年，黄世龙莅任同安县儒学教谕。黄世龙，字见泉，程乡（今广东梅县）人。贡生出身，隆庆四年任福建莆田训导。

万历二年甲戌（1574 年）　　六十七岁

居同安。

六月，友吴国伦转河南参政。

同安知县陈文秩满，将考绩，作《赠邑侯陈中斋报政序》以记之。

万历三年乙亥（1575 年）　　六十八岁

居同安。

八月，徐待莅任同安知县。徐待，号东磐，鄞县（今宁波市鄞州区）人，万历二年进士。

十月，作《东磐徐侯华诞序》，为徐待祝寿。

万历四年丙子（1576 年）　　六十九岁

居同安。

作《贺学博黄见泉荣奖序》。黄见泉，即黄世龙。

万历五年丁丑（1577 年）　　七十岁

居同安。

春，作《赠明府徐东磐入觐序》。徐待后以循声擢御史。

万历六年戊寅（1578 年）　　七十一岁

春，病。于榻前应次女婿李璋之请，为其刻《慈训堂集》作序。

是年，卒。

子五：

长子：刘梦龙，字国祯，号肖沂，娶都指挥欧阳深之女。因与知县金枝友善，被疑洪朝选冤案之弹词与其有关。洪案平反时，挺身赴理，纾诸弟之难，而其弟则四散躲避。及弟梦松登第入仕，乃退耕于野。卒于万历四十三年（1615 年），年七十九岁。

次子：刘梦熊，乳名从龙，隆庆年间为诸生。娶金门阳翟人、三郡知府陈健之女。因其兄事走避粤西。

三子：刘梦骀，字国成，号应南，乳名为龙。年十四为诸生，因其兄事由漳趋越，访父故人凌云翼、茅坤。后归家，杜门敛迹。著有《天马更生集》。卒于万历三十一年（1603 年）秋，享年五十一岁。

四子：刘梦松，字国夏，号璘苍，乳名跃龙，万历十六年

（1588 年）举人，二十三年（1595 年）进士。授扬州教授，历国子监助教、刑部主事，升员外郎中，知台州府。官至江西按察副使。娶宋丞相苏颂裔孙、乐昌知县苏澜之孙女。卒葬感化里古坑。

　　五子：刘梦潮，字国壮，号海若，万历四十年（1612 年）举人，四十七年（1619 年）进士。授南昌县令，历北京武学教授、礼部仪制司转主客司、广西副使等职。卒于官，归葬同安从顺里院前山。

后　记

　　古籍普查工作的开展，不仅摸清了古籍存藏的基本底数，还陆续发现一些过去深藏秘室、鲜为人知的珍贵古籍。这些古籍旧藏的重现，不仅对古代文献研究，而且对地方文史研究都具有重要的意义。2009年4月，我们在同安开展古籍普查调研时，在同安区图书馆的古籍书库中发现十余部以前未曾知见的厦门地方古籍，《结蓥堂遗稿》即其中之一。

　　《结蓥堂遗稿》为明代后期同安官宦刘存德的诗文集，初刊于明崇祯三年（1630年），为刘存德之子刘梦龙等所辑。然初刊本今已荡然无存，同安区图书馆所藏的乾隆刊本，为刘存德之裔孙刘兰等人于乾隆三十三年（1768年）重刻。至今已逾二百多年，虽然不能称上年代悠久，却是存世孤本。我们曾查检国内各大图书馆馆藏目录，皆未见其踪影，而福建师范大学图书馆编的《福建地方文献及闽人著述综录》和李秉乾先生编的《福建文献书目（增订本）》，也未见记录。因此，此次古籍普查，从刘存德之故里找到此部罕见孤本，令我们颇为欢欣鼓舞。

　　乾隆重刊的《结蓥堂遗稿》，全书八卷首一卷，分四册，白口，单鱼尾，四周双边，半叶九行二十二字，缺内封。卷之首有序二：一为明崇祯三年（1630年）东阁大学士林釬所作之序，一为清乾隆三十三年（1768年）刘存德之七世孙刘兰、刘守、刘敬、刘瀚及八世孙刘清、刘澜所作的重刊序。此外还附列《同安县志·名臣传》之刘存德小传。正文各卷卷端大题为"结蓥堂遗稿卷之✕，同安沂东刘存德著，男梦龙、梦熊、梦骃、梦松、梦潮同校"。在《同安县志·艺文志》中，《结蓥堂遗稿》著录为十卷，今所见的乾隆重刊本仅存八卷首一卷。盖自初刻至重刊已历百余年，海滨沧桑变易，原刊本多毁于兵燹、蚀于蠹鼠，故存世者不甚完备。刘兰等人只能"先就家藏所有完整篇章付锓，而其不完不备之篇，目录尚夥，姑缺之"（《重刊序》）。而今又历两百多年，此重刊本卷次完整，概貌尚存。然历年既久，不免水浸虫蠹，乃至帙篇缺叶。其遗缺者，有序言部分的前五页，即林釬的序之前可能还有一序。此外，卷三缺赋一首、五言古诗十八首、七言古诗三首、歌二首；卷四缺集句四首；卷七缺记一篇。如此遗缺，甚是可惜，作为存世孤本，岂可任之漶漫？我们征得同安区图书馆的同意，交由厦门市古籍保护中心代为修复。如今收藏于同安区图书馆的《结毵堂遗稿》，已是焕然如新。

刘存德从宦二十多年，任职自中央至地方，经历丰富，遍阅沧桑。而归田后，又热心梓里，故其著述颇具一定的史料价值。有鉴于此，我们将其纳入《厦门文献丛刊》的整理对象，对其进行校注刊行，以便于研究利用。

感谢同安区图书馆黄水木馆长和古籍室的同志无私提供底本，从而使这部尘封经年的先贤文献能够与家乡父老重新见面。感谢本丛书顾问何丙仲先生拨冗审校，感谢厦门大学出版社薛鹏志主任尽瘁校理，俾本书校注质量更趋完善。在本书编纂过程中，厦门市图书馆流通服务部的李冰、张元基及诸多同仁承担了大量的组织协调、复印打字工作，默默无闻、无私奉献，在此也特别献上诚挚的敬意！

限于编者水平，本书的整理与校注难免有疏漏之处，敬祈诸位方家予以教正。

编 者
2014 年 8 月

图书在版编目(CIP)数据

结毡堂遗稿/(明)刘存德撰;陈峰校注.—厦门:厦门大学出版社,
2014.9
(厦门文献丛刊)
ISBN 978-7-5615-5164-6

I.①结… II.①刘…②陈… III.①中国文学-古典文学-作品综
合集-明代 IV.①I214.82

中国版本图书馆 CIP 数据核字(2014)第 149867 号

官方合作网络销售商:　当当 dangdang.com　亚马逊 amazon.cn　JD 京东 JD.COM

厦门大学出版社出版发行

(地址:厦门市软件园二期望海路 39 号　邮编:361008)
总编办电话:0592-2182177　传真:0592-2181253
营销中心电话:0592-2184458　传真:0592-2181365
网址:http://www.xmupress.com
邮箱:xmup @ xmupress.com
厦门市明亮彩印有限公司印刷
2014 年 9 月第 1 版　2014 年 9 月第 1 次印刷
开本:889×1194　1/32　印张:8.75　插页:2
字数:230 千字　印数:1～2 000 册
定价:32.00 元
本书如有印装质量问题请直接寄承印厂调换